高等学校"十三五"规划教材

创造性思维与创新方法

张德琦　主编

化学工业出版社

·北京·

《创造性思维与创新方法》共分三个部分：绪论、创造性思维、创新方法，重点介绍了思维定势、方向性思维、形象思维和逻辑与批判性思维五种创造性思维，以及智力激励法、设问法、列举法、类比法、组合法、TRIZ 创新方法基础等六种常见的创新方法。结合各章内容设置了"教学目标""案例""拓展阅读""思考题"等栏目，结构合理、内容充实、案例丰富。

通过本书的学习可以启发学生进行创造性思考，激发潜在的创新能力，具有很强的实用性和启发性。

《创造性思维与创新方法》可作为高等学校学生创新创业教育通识课程的教学用书，也可作为有志于创新创业的各界人士的参考用书。

图书在版编目（CIP）数据

创造性思维与创新方法/张德琦主编. —北京：化学工业出版社，2018.4（2024.2重印）
高等学校"十三五"规划教材
ISBN 978-7-122-31616-5

Ⅰ.①创⋯ Ⅱ.①张⋯ Ⅲ.①创造性思维-高等学校-教材②创造学-高等学校-教材 Ⅳ.①B804.4②G305

中国版本图书馆 CIP 数据核字（2018）第 040716 号

责任编辑：唐旭华　王淑燕　尉迟梦迪　　　　　　装帧设计：关　飞
责任校对：王素芹

出版发行：化学工业出版社（北京市东城区青年湖南街 13 号　邮政编码 100011）
印　　装：三河市延风印装有限公司
787mm×1092mm　1/16　印张 19¼　字数 514 千字　2024 年 2 月北京第 1 版第 11 次印刷

购书咨询：010-64518888　　　　　　　　　　　售后服务：010-64518899
网　　址：http://www.cip.com.cn
凡购买本书，如有缺损质量问题，本社销售中心负责调换。

定　价：40.00 元　　　　　　　　　　　　　　　　　　版权所有　违者必究

前　言

中国共产党第十九次全国代表大会提出，创新是引领发展的第一动力，是建设现代化经济体系的战略支撑。十九大报告中 50 余次强调创新，深刻阐释了创新对于进入新时代的中国经济和社会的关键引领地位。

创新是一个民族进步的灵魂，是国家兴旺发达的不朽动力，创新能力是一个国家和地区竞争力的决定性因素之一。近年来，我国日益重视创新在经济社会发展中的重要作用，不断加强和完善创新驱动发展战略。中华人民共和国国民经济和社会发展第十三个五年规划纲要（简称"十三五"规划）中明确提出"创新、协调、绿色、开放、共享"的发展理念，并将创新发展确定为五大发展理念之首，强调要"把发展基点放在创新上"。在这种大背景下，国家、各级地方政府及其他创新主体不断加大对创新的投入力度。

创新是一个人国家和民族持续发展的源泉和动力，同样对于个人的发展也意义非凡。纵观古今，能够在各个领域做出巨大成就的人都具备善于创新和创造的共同特征。创新是融责任、勇气、方法、态度、精神于一体的实践，需要科学理论的指导、循序渐进的培养、融合专业的实践。

2015 年 5 月，国务院专门出台了《关于深化高等学校创新创业教育改革的实施意见》，明确要求到 2020 年要建立健全集创新创业课程教学、自主学习、结合实践、指导帮扶、文化引领为一体的高校创新创业教育体系，实现人才培养质量显著提升，学生的创新精神、创业意识和创新创业能力明显增强，投身创业实践的学生比例显著增加的教育教学改革目标。可见，高校创新创业教育改革与探索时不我待。

多年来，辽宁石油化工大学"创造性思维与创新方法"课程一直作为实验班的必选课开设，随着创新创业教育改革整体推进，该课程已成为创新创业教育系列课程之一，是本科学生的必修课。本书就是为适应本科大学生的创新思维与创新方法的能力培养而编写的。它是一门融知识性、实践性于一体的课程。本书具备以下几个特点。第一是实用性。本书注重从大学生自身的特点和需求出发，教材从激发学生的学习兴趣入手，引入大量创新方法和贴近生活的应用案例，让学生体会到知识和方法在应用中的价值。第二是可读性。本书侧重于基本理论和方法，让学生能够通过通俗易懂的文字对理论知识进行理解和掌握，真正体会到什么是轻松学习、快乐学习。第三是启发性。本书力求打破学科界限，注重从当前社会实际出发，通过理论联系实际的方式，激发每一个学生潜在的创新能力，开发其创造性思维。

本书分为绪论、创造性思维和创新方法三个部分，由张德琦担任主编，具体分工：张德琦、何娇撰写第一章，高兴军撰写第二章和第十一章，石元博撰写第三章，刘鑫撰写第四章，刘伟撰写第五章，何娇撰写第六章，贾冯睿撰写第七章，陈青鹤撰写第八章，张德琦撰写第九章和第十章。张德琦对全书进行统稿和审定。

本书的编者在辽宁石油化工大学主要从事创新相关课程的教学、实践和研究工作。在撰写过程中，吸收了国内外创新创业教育教学研究的最新成果，参阅了大量国内外有关创新的教材、著作、文献及网络资料，吸收了其中不少有益见解和经典案例。本书在出版过程中还得到了化学工业出版社的大力支持和帮助，在此一并致以诚挚的谢意！

由于水平所限，书中不当之处在所难免，恳请各位专家和读者批评指正，以使本书不断充实和完善。

编　者
2018 年 1 月

目 录

第一章　绪论　/1

第一节　创造与创新 1
第二节　创造性思维 14
第三节　创造性思维的特征 16
第四节　创造性思维的过程 22
思考题 27

第一篇　创造性思维

第二章　思维定势　/29

第一节　从众型思维定势 34
第二节　书本型思维定势 38
第三节　经验型思维定势 40
第四节　权威型思维定势 44
第五节　思维定势的突破 46
思考题 53

第三章　方向性思维　/55

第一节　发散思维与收敛思维 55
第二节　正向思维与逆向思维 62
第三节　横向思维与纵向思维 70
思考题 85

第四章　形象思维　/87

第一节　形象思维 87

第二节　想象思维 88
　　第三节　联想思维 92
　　第四节　直觉思维 98
　　第五节　灵感思维 102
　　思考题 108

第五章　逻辑与批判性思维　/ 109

　　第一节　逻辑思维 110
　　第二节　逻辑思维方法 117
　　第三节　批判性思维 123
　　第四节　批判性思维与创造性思维 129
　　思考题 134

第二篇　创新方法

第六章　智力激励法　/ 135

　　第一节　智力激励法概述 135
　　第二节　智力激励法的作用 137
　　第三节　典型方法——头脑风暴法 139
　　思考题 159

第七章　设问法　/ 160

　　第一节　设问法概述 160
　　第二节　典型方法——奥斯本检核表法 163
　　第三节　引申方法 175
　　思考题 185

第八章　列举法　/ 186

　　第一节　列举法概述 186
　　第二节　典型方法——属性列举法 187
　　第三节　引申方法 193
　　思考题 209

第九章　类比法　/ 210

　　第一节　类比法概述 210
　　第二节　典型方法——综摄法 223

第三节　引申方法 227
　　思考题 236

第十章　组合法 / 237

　　第一节　组合法概述 237
　　第二节　典型方法——形态分析法 246
　　第三节　引申方法 250
　　思考题 263

第十一章　TRIZ 创新方法基础 / 264

　　第一节　TRIZ 理论的起源与发展 264
　　第二节　TRIZ 理论的重要概念 268
　　第三节　TRIZ 理论的核心思想 273
　　第四节　TRIZ 理论的体系结构 275
　　第五节　物理矛盾及解决原理 277
　　第六节　技术矛盾及解决原理 285
　　思考题 297

参考文献　/ 299

第一章 绪 论

★【教学目标】
1. 了解创造和创新的内涵与分类；
2. 掌握创造与创新的关系；
3. 理解创新能力的构成、创新人格的基本素质；
4. 了解创新方法的三个阶段；
5. 理解创造性思维的内涵；
6. 掌握创造性思维的特征和过程。

第一节 创造与创新

人类初始，没有火，吃的是生的，住的是洞穴，没有衣服穿。正是不断的发明创造，才把一个混沌的世界，变成了今天这个令人眼花缭乱的现实世界。没有发明创造，就没有今天的大千世界，特别是那些划时代的发明创造，如蒸汽机的发明引起了波澜壮阔的工业革命。虽然蒸汽机已完成它的历史使命，退出历史舞台，而由内燃机和电动机所代替，但是它为人类社会现代工业的诞生和发展立下了汗马功劳。发电机、电动机、电灯泡以及电子无线电技术等的发明，使人类社会进入电气化时代。随着核动力发电和电子计算机的发明与广泛应用，人类社会开始进入高科技时代，并迎接知识经济时代的全面到来。近几年3D打印技术与能源动力研究的飞速发展，即将使人类迎来崭新的世界。总之，人类的发展离不开科学发现与技术发明。

一、创造

人类的文明史就是一部不断创造的历史，人类生活的本质就是创造，人类文明的源泉就是创造。

（一）创造的内涵

在《辞海》中，"创造"一词被解释为"首创前所未有的事物"。

莱特兄弟发明的飞机就是首创前所未有的事物，因为飞机是从无到有的新事物。创造的对象不一定是产品，比如国内生产总值（GDP）是指一个国家（国界范围内）所有常驻单位在一定时期内生产的所有最终产品和劳务的市场价值，它是一种统计方式，也是一种创造。最近几年在我们国家广泛使用的通过微信、支付宝等方式支付费用或发"红包",它是经济领域中的创造(图1-1)。同样,爱因斯坦创立"相对论"理论也是创造。

从以上创造实例可以看出,不仅仅是新事物属于创造,新方法、新理论也是创造,在《现代汉语词典(第7版)》里,创造被解释为:"想出新方法、建立新理论、做出新的成绩或东西。"将创造的外延进行了扩展,也就是说三百六十行,在每个行业都可以进行创造。

图1-1 经济领域中的创造

从广义上说,创造是指个体发展过程中对个人生活的价值创新。一个人对某一问题的解决,如果富于创造性,不管这一问题及其解决过程是否有前人提出过,都可以被看作是广义的创造。

从狭义上说,创造是指对整个人类社会的进步过程的价值创新。如科学上的新发现,技术上的新发明,文学艺术上的杰作等,都是前人不曾实现的创造活动,都能对整个人类社会产生新的价值。

创造是一种开拓性的实践活动。在人与环境的适应过程中,信息的处理不是总停留在一个固有的水平上,人自身需要发展,而人的发展又融入新的环境之中,对环境的变化起到相应的作用。创造性带来了人、环境的积极变化。人们通过自己的创造过程的完成,实际上也取得两个方面的积极意义,即人自身能力的提高及对社会进步的贡献。

创造决定了知识和技术的方向。信息中的不和谐因素,从本质上讲就是问题,就是矛盾,通过创造性活动可以解决这些问题或矛盾,这就决定了其目的性和方向性,正是知识和技术发展和进步的表现。

实际上,能够进行首创前所未有的新事物的人比较少,现有事物不是很完美、总有这样或那样的缺点,大多数人可以针对这些不足进行改进,这也是创造。据此,可以对创造下一个通用的定义:所谓创造,是指人们首创或改进某种思想、理论、方法、技术和产品的活动。

(二)创造的分类

创造的领域很广,有不同的分类方式,可以按创造性的大小、创造的内容、创造过程的表现形式等方面进行分类。

1. 按创造性的大小分类

创造就是首创的或改进的形形色色的事物和方法,首创和改进的事物的创造性差别很大,有关学者根据创造性的大小将创造分为第一创造性和第二创造性。

首创就属于第一创造性,它是指人类历史中出现的重大发明和创造。如中国的"四大发明"、达尔文创立的生物进化论、莱特兄弟发明的飞机、爱迪生发明的白炽灯等。它们都是从无到有的创造成果,具有很高的创造性,属于第一创造性。第一创造性通常是属于少数人所拥有的活动。

改进属于第二创造性,它是指人们在理解和把握某些理论与技术的基础上,根据自身的条件加以吸收和融合,再创造出大量的具有社会价值的新事物或方法。如工厂的技术革新、产品升级换代等。大多数人都是开展改进发明活动,取得的成果属于第二创造性。

> **【案例 1-1】**

美国私企成功回收太空火箭，希望大幅降低发射成本

据 SpaceX 公司网站提供的发射直播显示，美国私人航天企业太空探索技术公司（SpaceX）的升级版"猎鹰9号"运载火箭，于美国东部时间 2015 年 12 月 21 日晚从佛罗里达州卡纳维拉尔角空军基地升空，把 11 颗美国卫星送至地球低轨道。在发射 10 分钟后，"猎鹰9号"一级火箭从天而降，在目标降落地点引起一片火光，但火光迅速熄灭，露出耸立在茫茫夜色中的白色火箭。现场观看发射的人群顿时爆发出阵阵欢呼与掌声。

众所周知，目前全世界绝大多数火箭都是一次性运载系统，因而价格昂贵。火箭一旦能够回收，只要稍加修复，重新加注燃料便可再次发射，能大大降低发射成本。SpaceX 公司首席执行官埃隆·马斯克曾形容火箭使用的浪费程度，就和一架波音客机仅做了单趟的飞行就将它报废一般。他指出，火箭成功自主回收具有跨时代意义。因为火箭摆脱"一次性"的角色，将大幅缩减太空旅行的花销，发射成本将大幅降低。

值得注意的是，可重复使用的火箭有利于帮助人类实现前往火星的载人任务，搭载登陆火星的宇航员重返地球。可重复使用的火箭是在一次性火箭技术基础上改进而来的，因而属于第二创造性，但是它具有极大的社会效益和经济效益。

2. 按创造的内容分类

根据创造的内容不同将人类的创造分为物质财富的创造、精神财富的创造和社会组织的创造。

（1）物质财富的创造

物质财富的创造指创造的成果是物质领域的事物。例如研究设计生产一种有形的物质产品，如桥梁、卫星、新产品等。

（2）精神财富的创造

精神财富的创造指创造的成果是精神领域的东西，如小说家创作一本小说、编剧创作一出新话剧、画家创作一幅新作、作曲和作词家创作一首新歌等。例如：《唐诗三百首》《诗经》《楚辞》等是古人留给我们宝贵的精神财富的创造。

（3）社会组织的创造

社会组织的创造指人类为了一定目的，从社会宏观和微观等方面建立的新的组织机构，如不同的社会制度、不同的公司制度等。当前国企改革的方向是改造为混合所有制企业，混合所有制企业是指由公有资本（国有资本和集体资本）与非公有制资本（民营资本和外国资本）共同参股组建而成的新型企业形式。混合所有制企业就是社会组织的创造。

3. 按创造过程的表现形式分类

按照创造过程的表现形式将创造分为科学研究、技术发明和艺术创作。

（1）科学研究

科学研究是指人类科学领域的探索，利用科研手段和装备，为了认识客观事物的内在本质和运动规律而进行的调查研究、实验、试制等一系列的活动。科学研究为创造发明新产品和新技术提供理论依据，探索认识未知是它的基本任务，这一切都源于高度的创造性。科学上的创造也称发现。

从中医古籍里，屠呦呦教授得到启发与研究思路，通过对提取方法的改进，首先发现了中药青蒿的提取物有高效抑制疟原虫的成分，她的发现在抗疟疾新药青蒿素的开发过程中起到关键性的作用。由于这一发现在全球范围内挽救了数以百万人的生命，屠呦呦教授于 2015 年获得了诺贝尔生理学或医学奖。

科学研究的主要任务是科学发现，科学发现分为两种类型。

科学发现第一种类型是发现科学事实，是指经过研究、探索等看到或找到前人没有看到和找到的科学事物。如哥伦布发现美洲新大陆、陕西农民发现秦始皇兵马俑、紫金山天文台发现小行星等属于这一类发现。

科学发现第二种类型是发现科学规律，如哥白尼的"日心说"、达尔文的"进化论"、爱因斯坦的"相对论"，均属于这类发现。如2007年德法科学家发现巨磁电阻效应获得诺贝尔物理学奖。

科学研究成果最好的表现形式是发表学术论文，因此，在科学研究取得成果后应该撰写学术论文，并投到相关学术刊物上发表，比如 Nature、Science 和 Cell 三大国际顶级学术期刊。

（2）技术发明

技术发明是指人类技术领域的实践，发明的成果或是提供前所未有的人工自然物模型，或是提供加工制作的新工艺、新方法。机器设备、仪表装备和各种消费用品以及有关制造工艺、生产流程和检测控制方法的创新和改造，均属于技术发明，技术发明也同样需要高度的创造性。

2009年诺贝尔物理学奖由英国华裔科学家高锟及美国科学家威拉德·博伊尔和乔治·史密斯获得。博伊尔和史密斯发明了半导体成像器件——电荷耦合器件（CCD）图像传感器，这个传感器就像数码照相机的电子眼，通过用电子捕获光线来替代以往的胶片成像，这一发明彻底革新了摄影技术。此外，这一发明也促进了医学和天文学的发展，在疾病诊断、人体透视及显微外科等领域都有着广泛用途。可见，技术发明更接近我们的生活，能够产生很大的社会效益和经济效益。

技术发明包括新产品的研制和新方法的发明两类。我国四大发明中的火药和指南针是新产品的研制，造纸术和印刷术是新方法的发明，古人是发明了造纸的方法和印刷的方法，而不是发明了纸和印刷机。纳米技术、克隆技术也分别是20世纪60年代和90年代发明的新技术方法。

当然，技术上的创造也有不同层次，按创造性由低到高可分为技术革新、方案设计、发明和技术创新等。

技术革新是指在已有技术的基础上所进行的局部改进。例如，工厂的工艺规程、机器部件等的改进。

发明是发明人的一种思想的创造，这种思想可以在实践中解决技术领域里特有的问题。技术发明成果表现形式是专利，因此，在取得技术发明成果后应该申请专利，比如国家发明专利；还可以申请国际专利，如专利合作条约（PCT）。中华人民共和国专利法规定可以获得专利保护的发明创造有发明、实用新型和外观设计三种。

技术创新一词源于经济学领域，它最早是作为一个经济学概念提出的。技术创新有广义与狭义之分，广义的技术创新概念等同于创新概念，包括组织管理创新。但是广义的技术创新概念并不符合人们一般的思考习惯，在实际应用中没有得到广泛应用。根据技术创新的狭义定义，技术创新是指与产品制造、工艺过程或设备有关的包括技术、设计、生产及商业的活动的改进或创造。

技术创新一般涉及"硬技术"的变化，侧重于对产品和生产过程的改变，但技术创新并不只是一个技术问题，而是一个涉及技术、生产、管理、财务和市场等一系列环节的综合化的过程。它包括产品和工艺创新（发明），以及组织创新和市场创新等。所以，它已经接近于广义的创新行为。

（3）艺术创作

艺术创作是指艺术家以一定的世界观为指导，运用一定的创作方法，通过对现实生活观察、体验、研究、分析、选择、加工、提炼生活素材，塑造艺术形象，创作艺术作品的创造性劳动。如2017年电视剧《白夜追凶》就是一部深受观众喜爱的艺术作品，是艺术创作的结果。

艺术创作是人类为自身审美需要而进行的精神生产活动，是一种独立的、纯粹的、高级形态的审美创造活动，它是一个复杂的过程，通常分为生活积累、创作构思、艺术表达三个阶段。如舞蹈艺术家杨丽萍在各地采风获得灵感而创作出多种表现形式的舞蹈，如《孔雀》《云南映象》等。

4. 创造的主观动因与过程

创造的主体也称创造者，一般是指进行创造的国家、团体或个人。创造者会源于各种不同需求而进行创造。如想要一种新的楼房风格而进行楼房设计，想写一本小说而进行创造性写作，想要开发一种新产品而进行产品创造，如此等等。因此，人们的创造活动归根到底是为了满足需求的。

如图1-2所示，因为人们有了创造性需求，才会引起创造者想要进行创造的动机，投入一定的资源与精力进行创造性活动，再经过各种努力，暂时达到了一定的创造性目标，这时人们会感到满足。但是，人们对一种新事物不会总是感到满足的，随着时间的推移，条件与环境的变化，会导致新的创造性需求的产生，从而进入下一轮创造活动，这样不断循环，就不断产生新的发明创造，推动社会的不断进步。比如，躺在床上看手机需要用手举起，一会儿手就酸了，很不舒服，那么能不能躺在床上很舒服地看手机呢？这就是一个创造性的需求。有了需求，就有人去行动，发明了"懒人支架"，满足了躺在床上很舒服地看手机这个需求。当然，这个发明能够彻底满足人们的需求吗？不见得。比如使用"懒人支架"时，使用者调整躺着的方向时，就需要调整支架的角度，因此，能不能发明一种随着人们躺着的方向而自动改变角度的"懒人支架"呢？这又是新的创造性需求，促使人们继续发明。正是因为人们不断地产生创造性需求，从而促使大量的创造发明诞生，推动着社会不断向前发展进步。

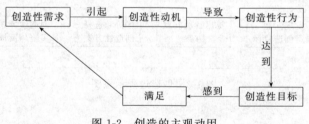

图1-2　创造的主观动因

创造活动作为人的一种社会行为有其过程性，人们在创造活动中具体的思维过程和实践过程，包括选题过程、分析思维过程、实施过程及运用方法解题过程等。20世纪以来，有不少学者或是基于自己的创造经验，或是通过分析研究他人的创造行为进行探讨，提出了各种创造过程理论或猜测。关于创造过程的构成模式，主要有以下几种。

① 1926年，英国心理学家G沃勒斯（G.Wallas）提出"创造性思维四阶段论"或称作"创造性解决问题的理论"，即四阶段模式。

a. 准备期：主要指发现问题，收集有关资料，掌握必要的创造技能，积累知识和经验并从中得到一定启示等。

b. 孕育期：对问题和资料冥思苦想，做各种试探性解决。如思路受阻，暂时搁置。

c. 明朗期：在孕育期长时间思考之后受偶然事件的触发而豁然开朗，产生了灵感、直觉或顿悟，使问题迎刃而解。

d. 验证期：即对灵感或顿悟得到的新想法进行验证（逻辑验证、理论验证、实践验证），补充和修正，使之趋于完善。

② 加拿大内分泌专家、应力学说的创立者 G·塞利尔提出了"七阶段说"，他把创造的过程比喻成生殖经历的七个阶段。

a. 恋爱与情欲：指创造者对知识的渴求，对真理追求的强烈欲望与热情。

b. 受胎：指创造者发现问题，提出问题，确定问题，并做充分的资料准备。

c. 怀孕：指创造者孕育新思想。这期间经历了无意识孕育阶段的漫长过程和十月怀胎的全过程。

d. 产前阵痛：当新思想完全发育成熟时，那种独特的"答案临近感"只有真正的创造者才能体会到。

e. 分娩：指新思想的诞生，灵感到来、创意清晰出现。

f. 查看和检验：像检查新生儿一样，使新观念受到逻辑和实验的验证。

g. 生活：新思想被确认后，开始存活下来，独立生存，并可能被广泛接受、使用。

③ 美国的创造学者帕内斯提出了创造性解决问题的五步模式：事实发现—问题发现—设想发现—解法发现—接受发现，这五步构成了完整的、创造性解决问题的过程。每阶段都包括发散与收敛两种思维。

④ 奥斯本提出了三阶段结构模式：寻找事实（即寻找问题）—寻找构想（即提出假设）—寻找解答（即得出答案）。

⑤ 我国创造学家提出了五阶段结构模式：发现问题—发散酝酿—顿悟创新—验证假说—成功实施。

其实，创造活动也就是一类特殊的问题解决过程，这样的问题解决过程具有创造活动所指明的特征，即目的性、新颖性、否定性、实践性、过程性、持续性和普遍性等。考察人们的创造过程，可以把创造活动划分为相对独立的四个阶段，即发现问题、确定创造目标阶段，提出解决问题的创造性方案阶段，评价和选择方案阶段，进行创造性实施和反馈阶段。创造过程如图 1-3 所示。

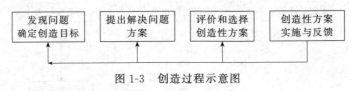

图 1-3 创造过程示意图

二、创新

【案例 1-2】

钢琴楼梯

电梯的发明节省了人们上下楼的时间和力气，在低碳环保和健康生活的理念影响下，希望人们能够更多以走楼梯代替乘电梯的习惯。为了提升人们走楼梯的积极性，瑞典的一个地铁站别出心裁，设计出一个钢琴楼梯，楼梯的每一个台阶变成了一个个钢琴琴键，走在上面可以弹出美妙的琴声。它是由德国大众汽车瑞典分公司的工作人员为改善人们的行为方式，根据游戏化思维设计的。将爬楼梯与弹钢琴结合起来，让人们在爬楼梯时获得即时有效的反馈，就这样一个新奇、有趣的设计，让人们心甘情愿地做了以前他们不一定想做的事情。有趣的钢琴楼梯吸引了很多人走楼梯，达到了节能环保同时促进人们运动的目的。现在，在世界各地很多地方都可以看到这样的钢琴楼梯（图 1-4）。

图1-4 钢琴楼梯

【案例1-3】

3D打印技术的发明

传统制造技术是"减材制造",制造一个机械零件,需要对一整块金属原料进行加工,减除多余部分,保留有用部分,不仅浪费原材料,而且加工工艺烦琐,对于复杂形状甚至无法直接加工。如果借助3D打印,你只需要在电脑中绘制一个三维图形,按下"确定"键,稍等一会儿,一个实实在在的零件就可"打印"出来,从复杂的工业零件到日常生活中的锅碗瓢盆,只要有三维数据和相应的材料,无需借助模具或刀具,就可以被"打印"出来。1982年,美国3D打印设备巨头3D systems的创始人查尔斯·胡尔(Charles w. Hu)在一家紫外线设备生产企业任职,他尝试把光学技术应用于快速成型领域。他将一种液态光敏树脂倒入大容器中,在容器里放置个升降平台,容器上方的紫外激光器根据计算机指令照射液面,所到之处材料会发生光聚合反应,迅速从液态转变为固态,当一层打印完成后,未被照射的地方仍保持液态,此时在液面以下0.05~0.15毫米的升降平台会下降一层,激光器开始打印第二层。这个过程不断重复,直到整个物件制造完毕,这项立体光刻(SLA)技术就是最早的3D打印。

除了省去制造模具的成本以外,相比传统制造工艺,3D打印对材料的利用率也惊人,美国F-22猛禽战斗机大量使用钛合金结构件,如使用传统的整体锻造方法,最大的钛合金整体加强框材料利用率不到49%,使用3D打印利用率接近100%。

2013年,大连理工大学姚山教授及其团队与大连优利特科技发展有限公司共同研发成功了当时世界上最大的激光3D打印机,最大加工尺寸达1.8米,可以制作大型工业样件及结构复杂的铸造模具。由于其采用了"轮廓线扫描"的独特技术路线,比其他激光3D打印机加工时间缩短35%,制造成本降低40%。

与传统的制造技术相比,3D打印技术无疑是一项革命性的、创新性的技术,3D打印将工业制造业的设计、制造、存储、运输、维修等流程变成一种创造性的打印,不仅革命性地缩短了工业制造业的全过程,而且也带来了人类工业制造的全新概念。

(一)创新的内涵

创新是从英文innovate(动词)或innovation(名词)翻译过来的,根据《韦氏词典》

所下的定义，创新的含义为：引进新概念、新东西和革新。

首先，创新不是一个独立的新词，它是指以新思维、新发明和新描述为特征的一种概念化过程，是一个续存已久的基本概念。

创新的常见定义是：以现有的思维模式提出有别于常规或常人思路的见解为导向，利用现有的知识和物质，在特定的环境中，本着理想化需要或为满足社会需求，而改进或创造新的事物（包括但不限于各种方法、元素、路径、环境等），并能获得一定有益效果的行为。因此，可以从如下三层含义上来理解创新。

更新：指在已有的事物上有所进展，可以在任意领域。比如以前的果蔬上都没有字，有一个菜农采用某种办法让他的果实上有了字，这就是果农的创新。

改变：创新也可以是一些观念、做法甚至是手段的改变。比如，原本不使用移动互联网支付的零售业（如小摊、小贩）开始使用移动支付（支付宝、微信等），这种改变也认为是创新的一种形式。

创造：这当然是创新的最好方式。原本没有的蔬菜水果品种被创造出来，原本没有的计算机代码程序或者硬件设施被发明出来，原本没有的药品疫苗问世，这都是改变人类生产生活方式、让世人受益的创新。

创新理论（innovation theory）最早是由奥地利经济学家熊彼特（J. A. Schumpeter，1883～1950）于1912年在其成名作《经济发展理论》一书中首先提出来的。此书在1934年译成英文时，使用了"创新"（innovation）一词。根据熊彼特的观点，"创新"是指新技术、新发明在生产中的首次应用，是指建立一种新的生产函数或供应函数，是在生产体系中引进一种生产要素和生产条件的新组合。他认为创新包含五个方面的内容。

① 引入新产品或提供产品的新质量。
② 开辟新的市场。
③ 获得一种原料或半成品的新的供给来源。
④ 采用新的生产方法（主要是工艺）。
⑤ 实现新的组织形式。

有很多学者认为，熊彼特的创新概念过于强调经济学上的意义。大体上可以认为：创新是对已有创造成果的改进、完善和应用，是建立在已有创造成果基础上的再创造。这说明已有创造成果既可以是有形的事物（如各种产品），也可以是无形的事物（如理论、技术、工艺、机构等）。

20世纪60年代，随着新技术革命的迅猛发展，美国经济学家华尔特·罗斯托提出了"起飞"六阶段理论，"创新"的概念发展为"技术创新"，把"技术创新"提高到"创新"的主导地位。

目前，在现阶段社会上普遍理解的创新多数是科技创新和商业创新，这主要得益于新技术的发展和经济学家的贡献。

（二）创新的分类

创新按照成果性质的不同可分为多种类型，以下是近年来国内外研究者对创新的不同分类方法。

1. 按照创新成果是否原创分类

根据创新成果是否具有原创性，分为原始创新和改进创新。

原始创新，就是指重大科学发现、技术发明、原理性主导技术等原始性创新活动。如诺贝尔科学奖的获奖成果是一个国家在推动原始性创新中处于领先地位的标志。

改进创新是对原有的科学技术进行改进所做的创新。比如，火车的驱动方式从最初的蒸汽机发展到内燃机，再发展到电力驱动，行驶速度也在不断提升，最终构建了遍布全球的高速铁路网。改进创新可分为材质的改进、原理结构的改进和生产技术的改进等。

2. 按照创新成果是否首创分类

根据成果是否属于全世界范围内实现的首例，分为绝对创新和相对创新。

绝对创新是在全世界范围内实现首创的创新。例如，牛顿的运动定律、我国的四大发明等，这些都是在全世界范围内实现的首创，属于绝对创新。

相对创新是不考虑其成果是否属于全世界范围内实现的首创的创新。相对创新不考虑外界环境，创造者针对自己原来的基础实现了新的突破就属于相对创新。

3. 按照创新成果是否具有自主知识产权分类

根据创新成果是否由自己创造出来的、是否有自主知识产权，分为自主创新和模仿创新。自主创新是指通过拥有自主知识产权的独特的核心技术及在此基础上实现新产品的价值的过程。自主创新的成果，一般体现为新的科学发现及拥有自主知识产权的技术、产品、品牌等。

模仿创新即通过模仿而进行的创新活动，一般包括完全模仿创新和模仿后再创新两种模式。模仿创新难免会在技术上受制于人，随着人们知识产权保护意识的不断增强和专利制度的不断完善，这种创新要获得效益显著的技术十分困难。

4. 按照创新活动涉及的领域分类

根据创新活动所涉及的不同领域，又可分为技术创新、制度创新、观念创新、文化创新、教育创新、理论创新和营销创新等。

（三）创造与创新的关系

从一般意义上讲，创造强调的是新颖性和独特性，而创新强调的则是创造的某种具体实现。创造与创新在概念上的差别体现在以下几个方面：

创造相对而然比较强调过程，创新比较强调结果。例如，可以说"他创造了一种新方法，这种方法具有创新价值"。

在程度上，创造强调"首创""第一""破旧立新"，主要是指自身的新颖性，不一定有与其比较的对象；创新是建立在已经创造出的既有概念、想法、做法等基础之上，其着重点基于"由旧到新"，强调与原有事物进行比较。因此，在一定程度上，创造的目的和结果可以看作创新。例如，黑白电视机的出现可以看作一种创造成果的诞生，因为在其出现之前根本就没有电视机；而彩色电视机的出现是一种创新，因为它是在黑白电视机的基础上，利用其他的科学理论和技术对其进行改造而出现的一种全新的产品，同时，液晶电视的出现也是一种创新。再如，飞机的出现是一种创造，而各式飞机的出现（如螺旋桨式飞机和喷气式飞机）则是创新。

在范畴上，创造一般指的多是知识、概念、理论、艺术等方面；创新一般指的多是技术、方法、产品等。

在思维过程上，创造应是独到的，其思维始终站在新异的尖端；创新则是在已经创造出的既有概念、想法和做法等的基础上，将别人的原始想法组织起来，并应用到自己的思维活动中去。

在目的上，创造注重的是科学性和探索性；创新更注重经济性和社会性。

（四）创新能力及其构成

创新能力，也称创造力、创造商数（创商），英文也称作"CQ"，即英语"creativity

quotient"的简称。它是一个人的能力智商,与智商(IQ)和情商(EQ)一起构成人类的三大商数。

创新能力一般包括创新意识、创新思维、创新知识、创新人格等多个方面,而所有这些方面表现出来就是,"面对任何未知的问题、未知的领域,有勇于尝试的冲动,有不断探索、勤于思考、善于发现并提出问题、求新、求异的兴趣和欲望。"

创新能力是指每个正常人或群体在支持的环境下运用已知的信息发现新问题,并对问题寻求答案,以及产生出某种新颖而独特、有社会价值或个人价值的物质或精神产品的能力。也可以通俗地解释为发现和解决新问题、提出新设想、创造新事物的能力。

创新能力是人类特有的一种综合性本领。《创造学》认为,创新能力是人人皆有的一种潜在的自然属性,即人人都有创新能力,只是它是隐性的,需要进行不断的开发。在我国古代,孟子就曾说"人人皆尧舜"这样的话,可以说这是"创新能力人人皆有"的一种朴素思想。我国近代教育学家陶行知先生也曾说:"处处是创造之地,天天是创造之时,人人是创造之人。"

此外,可以通过科学的教育和训练而不断激发出来人们的创新能力,将隐性的创造潜能转化为显性的创造能力,并不断得到提高。一些所谓"无创新能力"的人,其实他们并不是真的没有创新能力,而是因为他们的创新能力没有得到有效的开发。只要进行科学开发,人们的创新能力是完全可以被激发并转变为显性创新能力的。

创新能力是人类大脑思维功能和社会实践能力的综合体现。因此,可以说"创新能力是人们进行创造性活动的心智能力与个性素质的

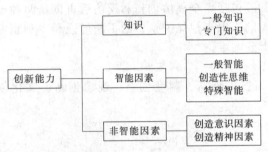

图1-5 创新能力要素构成图

总和"。我国学者根据创新能力与智力的密切关系,提出了如图1-5所示的创新能力要素构成图。

美国创造心理学家格林提出创新能力由10个要素构成,即知识、自学能力、好奇心、观察力、记忆力、客观性、怀疑态度、专心致志、恒心和毅力。

日本创造学家进藤隆夫等提出创新能力是由活力、扩力、结力及个性4个要素构成。其中活力是指精力、魄力、冲动性、热情等的集合;扩力是指发展行为、思考、探索性、冒险性等因素的共同效应;结力是指联想力、组合力、设计力等的综合。

我国学者提出了如下创新能力的表达公式:

$$创新能力 = K \times 创造性 \times 知识量^2$$

式中K为一个常量,可以视为个体的潜在创新能力;式中的创造性主要包括创造者的创新人格、创新思维、批判性思维及其所掌握的创新方法的总和。因此,该公式又可表示为:

$$创新能力 = K \times (创新人格 + 创新思维 + 批判性思维 + 创新方法) \times 知识量^2$$

国内学者还提出创新能力由智力因素和非智力因素构成。其中智力因素包含有视知觉能力,即观察力、记忆力、直觉力、想象力、逻辑思维力、辩证思维力、操作力、选择力、表达力等;非智力因素主要包含有创造欲、求知欲、好奇心、自信心、进取心、意志力等。

因此,开发创新能力的途径是:在掌握大量知识和经验的基础上,塑造创新人格、开发创新思维、培养批判性思维、掌握创新方法,并将这些应用于解决问题之中。

(五)创新人格

所谓创新人格,也称为创造性人格,是指主体在后天学习活动中逐步养成,在创造活动

中表现和发展起来，对促进人的成才和促进创造成果的产生起导向和决定作用的优良的理想、信念、意志、情感、情绪、道德等非智力素质的总和。根据对古今中外的多位杰出创造性人才典型案例的研究，可以概括出创造性人格的几种基本素质。

1. 批判继承、综合创新

创造过程既是对旧理论、旧观点的批判与继承过程，又是对多种经批判、鉴别、选择后的观点、材料进行综合创新的过程，所以创造者，特别是堪称大师的创造者最具有批判继承、综合创新的精神。

"革命性"是苹果创始人乔布斯最喜欢的单词之一。然而，这些革命性的创造是对已经存在的技术的组合与翻版，在iPod诞生前，就存在音乐播放器，智能手机的诞生也早于iPhone，但是苹果公司是一个伟大的创造者，它善于改现有产品的缺点并创造性地发挥创新的优势，iPad就是一个最好的例子。比尔·盖茨曾于2001年展示过一款基于Windows的平板电脑，并预言5年内将成为一款主导产品。但微软的平板电脑并没有成为当时的主导产品，这是为什么？因为微软没有完全改革台式机的界面，需要使用蹩脚的触控笔来完成所有任务，盖茨也不鼓励开发者开发专门针对平板电脑的应用程序。乔布斯和苹果公司则不同，iPad重新定义了平板电脑，在iPhone用户体验的基础上，批判性地继承了其他产品的优势，再加上对设计和营销的大量思考造就了这款风靡世界并改变了人们生活习惯的平板电脑。

2. 探索精神

创造过程实质上是以质疑和发现问题为起点，通过辩证综合创立新理论、新方法、新设计，并在实践中加以检验或制作，获得新成果的过程。既然创造的起点是质疑和发现问题，那么，十分重要的创造性人格就是善于质疑、发现问题的探索精神。科学史证明，创造始于问题，怀疑引出问题，怀疑是创造之母。没有对旧理论、旧工艺、旧制度的怀疑，就不会有新理论、新工艺、新制度的创造。

中国青年发明家徐荣祥之所以能发明"湿润烧伤膏"和"湿润疗法"，关键原因之一就是他在青岛读医科大学时受到上述观点的影响，培养了质疑和提出问题的精神。他敢于对传统的烧伤疗法提出质疑，提出了一系列问题。

3. 敢冒风险的大无畏勇气

创造活动，特别是重大的发明创造活动，是破旧立新的过程，要破除旧理论，就可能遭到维护旧理论的社会势力的打击；要立新，就要探索未知的领域，就可能遇到各种意外的风险和失败。因此，创造者必须具有不怕风险、不惧失败的大无畏勇气。

在Walkman随身听问世之前，人们只能在家里或在汽车中用立体声录音机欣赏音乐。20世纪70年代，索尼公司的创始人盛田昭夫决心开发一种能够让年轻人随身携带的音乐播放设备，当盛田昭夫将这一想法与工程师们讨论时似乎没有人喜欢他的想法。在Walkman的研发过程中，一些市场观察家，甚至索尼的员工对这一产品的市场前景均持怀疑的态度。一位工程师说："听起来像是个好主意，但如果没有录音功能，还会有人买吗？我看不会。"销售人员认为这必定是一款失败的产品，将承担巨大的销售压力，然而，盛田昭夫相信这将是一个伟大的产品，"我对这个产品的生命力非常自信，所以我表态说，我个人愿意对它负责。这种想法就这样坚持下来了。"盛田昭夫在回忆录中写道：索尼的勇气成就了Walkman的巨大成功。在诞生后的20年时间里，索尼的Walkman共售出3.5亿台，并带动了整个便携式影音设备领域的发展，一度使索尼在20世纪成为全球电子产品制造业的典范。

4. 抗压精神

这种创造性人格是许多遭遇失败或身处逆境的创造者，能够战胜千难万险、扫除重重障碍、承受多次失败的压力，最终达到成功或获得创造成果的决定性因素。

美国计划生育的开拓者桑格夫人（1883~1966）为了减轻多生育妇女的痛苦、疾病和贫穷，在美国创办了第一家实行节育手术的诊所，创办了第一本宣传计划生育的刊物，由于她的言行触犯了美国当时的法律，她的诊所曾先后三次被警察捣毁，她也先后三次被捕入狱。但她坚信自己的主张和行为有利于百万妇女和家庭，每次释放出狱后，她又再次创办起节育诊所和宣传计划生育的刊物。正是她这种为坚持正确主张，不怕坐牢和杀头，敢于承受失败和委屈的压力，百折不挠、持之以恒的精神，获得了广大人民的理解和支持，终于迫使国会修改了有关法律，使她开创的节育手术和计划生育主张传遍了全美国、全世界。1921年美国控制生育联合会成立，她成为第一任主席；1953年，国际计划生育联合会成立，她成为第一任主席。

5. 开拓精神

开拓精神是许多科学家、发明家、改革家、企业家之所以有所发现、有所发明、有所创新的重要原因。创新不是有大胆、离奇、敢打破禁忌的奇思妙想就可以实现，其实真正的颠覆性创新不但要求新颖，更要求正确和有用，把别人眼中的"不可能的魔镜之花"变成从"坚实的土壤里开出的绚丽牡丹"，当然这个开拓的过程是非常艰苦的，因为人们面对新事物的时候总是质疑、打压甚至嘲讽。

埃隆·马斯克是一个传奇般的创造家，他在12岁时成功设计并卖出一款视频游戏；在大学获得两个学士学位，参与设计并售出网络时代第一个内容发布平台；担任美国最大的私人太阳能供应商Solar City的董事长；创立全球最大的网络支付平台Paypal；投资全球第一家私人航天公司SpaceX，参与设计能把飞行器送上空间站的新型火箭，价格全世界最低，研发时间全世界最短；投资创立世界最大的纯电动汽车生产商Tesla，成功生产世界上第一辆能在3秒内从0加速到100km/h的电动跑车，并热销全球。所有的这些开拓性的成就任意一件放在普通人身上都是了不起的事业，而马斯克在他四十岁之前悉数完成。

2002年1月的一天，马斯克正躺在里约热内卢的一片海滩上晒太阳。那年他30岁，Paypal眼看就要上市了，在这家他1999年创立的公司里，他是最大的股东。他并没有沉浸在即将获得巨大商业利益的欣喜之中，也不像其他游客样悠闲地度假，他的手边摆着一本严肃得似乎不合时宜的书《火箭推进基本原理》，他在思索着一项更加具有开拓性的事业。在那之前的四个月，他成立了一家私人航天公司SpaceX，旨在研究如何降低火箭发射成本，他的雄心壮志是将发射费用降低到商业航天发射市场的1/10，并计划在未来研制世界最大的火箭用于星际移民。

2010年，SpaceX的火箭搭载着名为"Dragon"的宇宙飞船飞往国际空间站，并成功地进行对接，这是历史上第一次由私人公司发射火箭，承担地面与太空之间物资运送的任务。马斯克的理想不仅局限于此，他还将目光聚在未来的新能源和电动汽车上。2010年，他的电动汽车公司Tesla在纳斯达克成功上市，获得数亿美元的融资，同时得到美国国家能源部、丰田、奔驰的大力支持。如今，Tesla电动车热销全球，在市场上取得了巨大的成功，成功地开创了一个时代，对于这些开拓性的成就，马斯克说："若我不这么投入，才是最大的冒险，因为成功的希望为零。"

6. 勤俭、艰苦、自信自强的精神

开拓型企业家，要在企业的经营创造活动中使企业从无到有，从小到大，乃至成为第一流的企业，特别需要养成勤俭节约、艰苦创业的创造性人格。

创造活动是前无古人的事业，必将碰到万般险阻，只有树立知难而进的创造性人格，创造者才可能在创造的蜿蜒小道上不断攀登高峰；面对艰难险阻，只有树立自信自强的创造性人格，创造者才能在探索未知的曲折征途中产生用之不竭的动力。

(六) 创新方法

【案例 1-4】

如图 1-6 所示,以交通工具的发展变化为例,对于马车我们有很多的东西可以研究,比如研究马的育种、饲养、驯服等;又如研究轱辘、研究车体结构等,但是这些研究仅仅局限在牵引式的思路下,成果再好也不能超出马跑的速度。假如跳出传统的牵引式思维方式,转入驱动式的思维方式,通过不断创新就有了蒸汽机、火车、飞机、轮船、宇宙飞船等发明。

图 1-6 交通工具的发展变化

【案例 1-5】

勾股定理的发现

若一直角三角形的两股为 a,b,斜边为 c,则有 $a^2+b^2=c^2$,今天我们都很熟悉这个公式,它是毕达哥拉斯约公元前 560 年至公元前 480 年发现的,因此把它叫作毕氏定理。毕氏定理也可以用几何的形式来解释,那就是直角三角形直角边上的两个正方形的面积和等于斜边上正方形的面积。

据我国现存最早的数学专著《九章算术》记载,勾股定理是由周朝(公元前 11 世纪~前 771 年)的商高发现的。另一成书于公元前 1 世纪以前的数学著作《周髀算经》上卷第一部分中,用商高回答周公提问求教的方式,介绍了这一定理,有"勾股各自乘,并而开方除之",又有"勾广三,股修四,径隅五"。这些陈述与今天关于勾股定理的通俗说法"勾三股四弦五"几乎无异,因此,在我国,勾股定理一般又称作"商高定理"。在西方国家,又称作"毕达哥拉斯定理"。其实,毕氏发现勾股定理要比商高晚得多。魏晋时期,数学家刘徽得出"5,12,13""8,15,17""7,24,25""20,21,29"等勾股弦解,清代陈杰则得出了勾股弦的整数通解,汉代著名数学家赵爽用勾股圆方图对商高定理作了严格而巧妙的证明,这种证法被西方数学家认为是"最省力的",其中包含有割补原理的思想,体现出的象数一致性,意义更为深远。

但是遗憾的是,中国虽然很早就发现了勾三股四弦五,我们称为"商高定理",但是国外不认可,因为我们只知道勾三股四弦五,没有上升到一般规律,没有总结出来 $a^2+b^2=c^2$ 这样一个定理。

回顾人类发展历史以及科学技术进步历程,每一次重大跨越和重要发现都与思维创新、方法创新、工具创新密切相关。我国古代有一部《孙子兵法》,千百年来享誉中外。它不仅是世界各国军事家必读之书,也为现代商业、政治以及人们的日常行为与处世之道所广泛应用。《孙子兵法》之所以被如此推崇,主要是因为它从无数战争胜败的实践经验中,创造性地总结、集成了军事上的谋略。技巧和套路,是我国古代集军事"方法创新"之大成的杰出成果,充分反映了"创新方法"的重大影响。

1. 创新方法的含义

创新方法是创造学家根据创造性思维发展规律和大量成功的创造与创新的实例总结出来的一些原理、技巧和方法。如果把创造、创新活动比喻成过河的话,那么方法就是过河的桥或船。

自近代科学产生,尤其进入20世纪以来,思维、方法和工具的创新与重大科学发现之间的关系更加密切。据统计,从1901年诺贝尔奖首次颁发以来,有60%~70%是由于科学观念、思维、方法和手段上的创新而取得的。例如,1924年哈勃望远镜的发明与应用揭开了人类对星系研究的序幕,为人类的宇宙观带来新的革命;1941年,"分配色层分析法"的发明,解决了青霉素提纯的关键问题,使医学进入了抗生素防治疾病的新时代;20世纪70年代,我国科学家袁隆平提出了将杂交优势用于水稻育种的新思想,并创立了水稻育种的三系配套方法,从而实现了杂交水稻的历史性突破,解决了千千万万人民的温饱问题。

法国著名的生理学家贝尔纳曾经说过:"良好方法能使我们更好地发挥天赋的才能,而笨拙的方法则可能阻碍才能的发挥。"英国著名哲学家卡尔·皮尔逊曾将科学方法看作是"通向绝对知识或真理的唯一道路。"法国著名数学家笛卡尔认为,"最有用的知识是关于方法的知识"。蔡元培先生在评价当时中国科学落后的原因时曾说过:"中国没有科学的原因在于没有科学的方法。"

2. 创新方法的三个阶段

创新方法按照发展历程分为尝试法、试错法和现代创新方法三个阶段。

第一阶段:尝试法。在人类发展早期,效率极低的尝试法是人们从事发明创造活动所采用的方法。"神农氏尝百草,日中七十毒",便是这种尝试法的生动反映。中国人自古就有神农尝百草的传说,意思是,古代中国人不知什么可以吃什么不可以吃,吃错了就会生病、丧命,神农于是尝百草,日中七十毒,遇茶而解,基本摸清了可以吃什么样的食物。

第二阶段:试错法。试错法是纯粹经验的学习方法。主体行为的成败是用它趋近目标的程度或达到中间目标的过程评价的。趋近目标的信息反馈给主体,主体就会继续采取成功的行为方式;偏离目标的信息反馈给主体,主体就会避免采取失败的行为方式,通过这种不断的试错和不断的评价,主体就能逐渐达到所要追求的目标。如爱迪生在发明灯泡的过程中,曾试用了上千种材料,经历过无数次失败,这便是试错法的生动写照。

第三阶段:现代创新方法。在漫长的人类发展的历史长河中,曾涌现过无数的科学家、发明家,产生过无数的创造发明和创新技术。他们的创新实践、创新经验和所取得的丰硕成果,对后来的创造者具有重要的借鉴意义,而创新方法正是从前人成功的创造经验中总结出来的,并被用于实践而得到证实的方法。

一般常用的创新方法可分为七类:智力激励型创新方法、列举型创新方法、类比型创新方法、组分型创新方法、设问型创新方法、思维导图和发明问题解决理论(TRIZ理论)。

第二节 创造性思维

【案例1-6】

圆珠笔漏油问题

圆珠笔是一种使用很方便的书写工具。它是1938年匈牙利人拉奥丁·拜罗发明的,拜罗圆珠笔专利采用的是活塞式笔芯(图1-7)。由于有油墨经常外漏的缺点,曾风行一时的

"拜罗笔"在20世纪40年代几乎被消费者所抛弃。

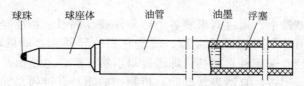

图1-7　圆珠笔笔芯结构示意图

解决措施：第一种方式是从分析圆珠笔漏油的原因入手去寻找解决的办法。采用增加圆珠的耐磨性来解决，如用耐磨性能好的宝石和不锈钢材料制造圆珠。此方式的结果并不令人满意。

第二种方式是从控制油量方面寻找解决的办法。1950年，日本发明家中田藤三郎发现，圆珠笔一般写到2万个字就漏油，于是产生奇妙的构想，控制圆珠笔的油量，使之写到15000字左右刚好写完，再换新的笔芯。

面对同一个问题，人们采取不同的思维方式，去寻求解决问题的方法。本例中的第一种解决方案是大多数人习惯使用的思维方式，即利用现有信息进行分析、综合、判断、推理而产生解决办法，将所需解决的问题与头脑中已储存的过去曾经经历过的问题作比较，以寻找解决问题的办法，其本质是通过学习、记忆和记忆迁移的方式去思考问题。这种思维被称为再现性思维，也称为习惯性思维。而本例中的第二种方案是在已有经验的基础上，寻找另外的途径，从某些事实中探求新思路、发现新关系、创造新方法以解决问题，这就是创造性思维的表现。

一、创造性思维的内涵

目前学术界对此尚无统一定义。各个领域中的专家，已经从不同的分析角度，根据不同的理解对其有很多的提法和阐述。

从广义上看，创造性思维是创造者利用已掌握的知识和经验，从某些事物中寻找新关系、新答案，创造新成果的高级的、综合的、复杂的思维活动。它通常包含三层含义。

第一层含义是创造性思维的基础是创造者已掌握的知识和经验。

第二层含义是创造性思维的结果是创新，即需要从某些事物中寻找新关系、新答案，创造出新成果。

第三层含义是创造性思维是一种高级的、综合的、复杂的思维活动。

从狭义上看，创造性思维也可具体地指在思维角度、思维过程的某个或某些方面富有独创性，并由此而产生创造性成果的思维。也就是指在整个思维中的更具体的方面，如他人意想不到的某个思维角度，在整个思维过程中的某一小阶段，其思维具有独特性、新颖性，而且主要是因为其独创性、新颖性而产生了创造性成果的思维。

二、典型的创造性思维活动

典型的创造性思维活动主要包括：分析和综合、比较和概括、抽象和具体、迁移、判断和推理、想象等，人们总是采用这些思维活动而认识更全面、更本质的客观事物。

1. 分析和综合

对事物的分析是思维过程的开始。所谓分析，就是通过思想上把客观事物分解为若干部分，分析各个部分的特征和作用；所谓综合，是在思想上把事物的各个部分、不同特征、不同作用联系起来。通过分析和综合，可以显露客观事物的本质，并通过语言或文字把它们表达出来。在思维分析、综合中逐步形成人类的语言、文字。

2. 比较和概括

在分析和综合的基础上，通过对事物各个部分外观、特性、特征等的比较，把诸多事物中的一般和特殊区分开来，并以此为基础，确定它们的异同和之间的联系，这就称之为概括。在创造过程中，经常采用科学概括，即通过对事物比较，总结出某一事物和某一系列事物的本质方面的特性。宇宙、自然界、动物、植物、矿物、有机物、无机物的分类，就是按其本质特征加以概括分类的。

3. 抽象和具体

抽象的前提是比较和概括，通过概括，事物中的本质和非本质的东西已被区分，舍弃非本质的特征，保留本质的特征，这就称之为抽象。与抽象的过程相反，具体是指从一般抽象的东西中找出特殊东西，它能使人们对一般事物中的个别得到更加深刻的了解。抽象和具体是在创新思考中频繁使用的思维。

4. 迁移

迁移是思维过程中的特有现象，是人的思维发生空间的转移。人们对一些问题的解决经过迁移往往可以促使另一些问题的解决，例如掌握了数学的基本原理，就有利于了解众多普通科学技术规律；掌握了创新的基本原理，便有助于了解人工制造产物的演变规律。

5. 判断和推理

人们对某个事物肯定或否定的概念，往往都是通过一定的判断和推理过程形成的。判断分为直接判断和间接判断。直接判断属于感知形式，无须深刻的思维活动，通过直觉或动作就可以表达出来，如两个人比较胖瘦，直接就可以判断出来。间接判断是针对一些复杂事物，由于因果、时间、空间条件等方面的影响，必须通过科学的推理才能实现的判断，其中因果关系推理特别重要。判断事物的过程首先把外在的影响分离出去，通过一系列的分析、综合和归纳，找出隐蔽的内在因素，从而对客观事物作出准确的判断和推理。

6. 想象

想象是人们在原有感性认识的基础上，在头脑中对各种表象进行改造、重组、设想、猜想而形成新表象的思维过程。爱因斯坦认为，想象比知识更重要、更可贵。有限的是知识，而想象是无限的。正是有了想象，人们才能不断地创造出世界上前所未有的新事物。人们已经逐步认识到，世界上的一切没有做不到的，只怕想不到。想象分为再造性想象和创造性想象两类。人有修改头脑记忆中表象的能力，根据已有的表述和情景的描述（图样、说明书等）在头脑中形成事物的形象称再造性想象；不依靠已有的描述，独特地、创造性地产生事物的新形象称创造性想象。把想象视为超现实的观念并不正确，想象总是在人类改造世界的同时产生，是对现实表象的优化和提升。

第三节 创造性思维的特征

▶【案例1-7】

松下无线电熨斗

在日本，松下电器的熨斗事业部很有权威性，因为它在20世纪40年代发明了日本第一台电熨斗。虽然该部门不断创新，但到了20世纪80年代，电熨斗还是进入滞销行列，如何开发新产品，使电熨斗再现生机，是当时该部门很头疼的一件事。

一天，被称为"熨斗博士"的事业部部长召集了几十名年龄不同的家庭主妇，使她们从使用者的角度来提要求。一位家庭主妇说："熨斗要是没有电线就方便多了。""妙，无线熨斗!"部长兴奋低叫起来,马上成立了攻关小组研究该项目。

攻关小组首先想到用蓄电池,但研制出来的熨斗很笨重,不方便使用,于是研发人员又观察、研究妇女的熨衣过程,发现妇女熨衣并非总拿着熨斗一直熨,整理衣服时,就把熨斗竖立一边。经过统计发现,一次熨烫最长时间为23.7秒,平均为15秒,竖立的时间为8秒。于是根据实际操作情况对蓄电熨斗进行了改进,设计了一个充电槽,每次熨后将熨斗放进充电槽充电,8秒即可充足,这样使得熨斗重量大大减轻。新型无线熨斗终于诞生了,成为当年最畅销的产品。

从松下的技术革新带来巨大的收益来看,在竞争激烈的市场上,只有通过不断的创新才能在市场竞争中处于优势地位。

创新思维不是天生就有的,也不是少数天才人物的专属,它是一种技能,就像做饭和开车一样,可以通过人们的学习和实践而不断培养和发展起来的。学习和掌握创新思维,应从了解创新思维的典型特征开始。

和一般思维相比,创新思维主要有下列几个特点:求异性、灵活性、反常规性,还有突发性、新颖性等。

一、求异性

有人把创新思维称之为求异思维,因为大多数发明创造都表现出求异性的特征。所谓求异性,就是在别人司空见惯、习以为常、不认为有问题的地方看出问题,经常表现出标新立异、常中见奇的能力。简单地说,这种求异,就是你无论看到什么东西、事物,都有可能想到还会有别的形式存在,还会有更好的方法和方案,可以另搞一套、独树一帜。求异,往往要求对权威性理论、传统的观念持怀疑、分析、批判的态度,另辟蹊径看问题。

爱因斯坦的相对论,即时间、空间尺度是与速度相关的;罗巴切夫斯基的非欧几何,即三角形内角和小于180°;黎曼几何,即三角形内角和大于180度;居里夫人发现镭和钋,即认定除了铀之外还会有别的放射性元素······这些划时代的重大发现,都是思维求异的结果。

【案例1-8】

真正的自动表

机械手表有2种,一种是用手上发条才能走的,另一种是所谓自动表,它要戴在手上靠手的摆动上发条才能走,所以自动表并非是真正的自动表。于是就有人想,能不能制作真正的自动表,放在那里不动它就能自己走呢?生活在美国康狄洛的菲利普先生,花了两年半的时间研制成功一种真正的自动表,制成实物,并在2002年获得美国专利。放在那里不动的一只表,外界环境能给它提供什么能量呢?经过分析,最值得关注的就是环境温度变化。什么东西能感受温度的变化并把它转化为能量呢?这就是我们目前所熟知的双金属片。装在手表中的双金属片,感受温度的变化,时而收缩、时而膨胀,就可以上紧发条,使手表永远走下去。

【案例1-9】

人造丝

中国是丝绸之都,中国丝绸的原料是蚕丝,是蚕吃了桑叶而吐出的丝。1855年,有一个叫奥杰马尔的法国人,思维求异,看见蚕吐丝,就提出了一个问题,既然蚕吃了桑叶能吐丝,那么让机器吃进桑叶,依照蚕的法子,是否也可以吐出丝呢?于是,他开始实验。发现桑叶的主要成分是纤维素,蚕丝是一种蛋白质,比纤维素多了氮元素,能不能把"氮"合成到纤维中去呢?他把从桑叶中提取出来纤维素浸泡在硝酸溶液中(因为硝酸中含有氮),结果成功了,桑叶真的变成那种蛋白质黏液。将这种黏液通过一个小孔挤压,一根根连绵不断的细丝,就从机器的小孔中"吐"了出来。这就是人类最早制造出来的人造丝——人造纤维。后来又发现木屑、竹子、棉花杆、甘蔗渣等多种含有纤维素的物质,都可以用来制造人造纤维。后来又创造出了化学纤维。

【案例1-10】
磁流体发电

火力发电的过程是,首先用煤烧锅炉产生蒸汽,蒸汽推动汽轮机转动,汽轮机再带动发电机转动发电。这样的发电效率只有30%,显然太低。效率降低的主要原因是锅炉和汽轮机这两大部分消耗了能量。这就引起了人们的思维求异:能不能把这两部分甩掉不用,让煤直接进入发电机燃烧发电,这样效率肯定会提高。人们按照这样的求异思路探索,终于发明了"磁流体发电机"。磁流体发电机的原理,就是导线切割磁力线产生电流的法拉第电磁感应原理。磁流体发电机就是直接按照这个原理生成。它由三大部分组成:磁场、电离导电气流通过的通道、电极。由煤等燃料燃烧形成的高温(3000℃)、高速(1000米/秒)电离导电气流通过磁场切割磁力线,在两电极之间即有电流产生。所以,磁流体发电说起来是很简单的,就是导电的气流通过磁场,切割磁力线而产生电流。这种发电机1959年在美国试验可行,效率达60%,污染小,但至今还没有进入实用阶段,说明技术上有相当大的难度。这是一个思维求异的结果,终究是要成功的。

【案例1-11】
玻璃瓶里的蜜蜂和苍蝇

一个美国教授曾经做过以下实验:把几只蜜蜂放进一个平放的瓶子中,瓶底向着有光的一方,瓶口敞开。蜜蜂们都是向着光亮处不断飞行,却又不断撞在瓶壁上。最后,它们似乎都明白自己永远也飞不出这个瓶子,谁也不再尝试,一个个奄奄一息地落在瓶底。

教授把这些蜜蜂倒出来,把瓶子按原样放好,再放入几只苍蝇。苍蝇和蜜蜂不一样,它们除了向有光亮处飞动外,还向其他方向飞行,或向上,或向下,或向逆光的地方,总之,它们不停地碰壁,但最终都飞出了狭小的瓶颈,它们用自己的不懈努力改变了像蜜蜂那样的命运(图1-8)。

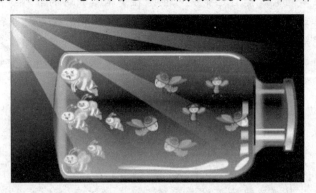

图1-8 玻璃瓶里的蜜蜂和苍蝇命运不同

蜜蜂的命运固然可悲，但其反映出来的问题却耐人寻味，蜜蜂在判断出口的方向时，只是凭借过往的"经验"，经验告诉它光亮处才有可能是出口。墨守成规、生搬硬套、不愿改变，这些才是这起蜜蜂"惨剧"的主要原因。相反，苍蝇利于思维求异挽救了自己的生命。

⊙【案例 1-12】

飞船上的减速器

在美国早期设计的飞船上按照经验都安装了一个小小的减速器（图 1-9），用来降低太阳能发射板的开启速度。科学家嫌这种减速器太笨重，而且容易沾上油污，但重新设计的减速器经过试验并不可靠，多次改进后仍不令人满意。正当研制小组几乎绝望的时候，有位科学家突破经验型思维定势，提出可以不用这个减速器。最终的实验证明这个建议完全正确，也就是说这个减速器从一开始就是多余的，只是经过多次的成功飞行强化了人们的思维定势。

⊙【案例 1-13】

带齿轮的铁轨

最初问世的火车的车轮上有齿轮，铁轨上有齿条（图 1-10）。火车行进时，车轮上的齿轮和铁轨上的齿条正好啮合。这样的设计是从安全经验角度出发，是为了防止火车打滑出轨的事故出现。火车的设计者和制造者为什么会采取这样的加齿轮的做法呢？它既不是直接来自书本的知识，也不是来自实验的结果，设计者认为车轮上的齿与铁轨上的齿啮合后能够避免打滑。设计者并没有对这种设计进行认真分析、研究和论证，便认定齿轮对防止打滑出轨是必不可少的。后来取消齿轮后的火车不但依然能够安全行驶，还大大提高了行车速度，降低了制造成本。

图 1-9　带减速器的飞船

图 1-10　带齿条的铁轨

二、灵活性

创新思维表现为视角能随着条件的变化而转变，能摆脱思维定势的消极影响，善于变换视角看待同一问题，善于变通与转化，重新解释信息。它反对一成不变的教条，而是根据不同的对象和条件,具体情况具体对待,灵活应用各种思维方式。创新视角是多种多样的,我们要学会转化视角,不同的视角会得出不同的结论。俗话说"公说公有理,婆说婆有理"就是这个道理。换一个角度,换一种思维,或许一切都会有所不同,或许整个世界都明亮了。

每一项失败都包含着成功。一件失败的事,只需转换一下视角,就是一件成功的事。有一次,洛克菲勒的合伙人贝德福德在南美洲投资失败,损失了100多万美元。而洛克菲勒不仅没有抱怨他,反而以赞扬的口吻说:"干得不错,如果是我,说不定损失得更多!"历史上有不少的新发明都是在犯了错误之后而"将错就错"的产物。在很久以前,有一位发明家,他研制的高强度胶水生产出来之后黏性很低。他不认为失败,沿着"黏性低"的思路造出了不干胶。德国某个造纸厂因为配方出错,造出的纸太洇而没法写字。有位技师却用肯定的视角看待这件事,开发出了吸墨纸。

所以,当众人都在欢呼成功的时候,你采用"肯定视角",那没有什么大的意义;而当众人都在叹息失败的时候,你能够采用"肯定视角",这本身就是一种创意思考。

电影放映机就是爱迪生思维灵活变通的发明。19世纪后半叶,英国两位赛马迷在赛马场上争论:"马全速奔跑时,四蹄是否会全部离地?"最后,用24台照相机排成一行,依次拍下马的动作,又将相片一一等距地嵌在转动的圆盘上,在另一相配的圆盘上开有一个窗口,把嵌有相片的圆盘转动起来,从窗口上就看到马奔跑起来,证实了奔马的四蹄确实是腾空的。不久,思维灵活的爱迪生知道了这件事,立即将照相机加以改进,终于变成了电影放映机。

"种豆得瓜",往往也是思维灵活的结果。科学家赫罗金用了20多年的时间研究将高频电流用于加热金属的问题。但是,无数次的实验表明,高频电流无论如何也不能进入金属毛坯的内部,被加热的只是金属表层,实验以失败告终。后来的人们思维灵活变通,将这一"失败的结果"用于金属零件的表层加热,进行表层淬火,这正符合零件的使用要求:外硬内韧。

【案例1-14】
丑的就是美的

有一次,美国艾士隆公司董事长布希耐为公司陷入困境而束手无策。心烦意乱之时,他驾车到郊外散步,看到几个孩子在玩一只肮脏而且异常丑陋的昆虫,简直到了爱不释手的地步。布希耐意识到,某些丑陋的玩物在部分儿童心理上占有位置。于是他机敏的头脑产生一股感悟,促使他部署自己的公司研制一套"丑陋玩具",并迅速向市场推出。结果一炮打响,而且引发美国掀起行销"丑陋玩具"的热潮。

从此艾士隆公司开发的这类新品种极尽丑陋之能事,例如"疯球""粗鲁陋夫"和臭得令人作呕的"臭死人""狗味""呕吐人",售价也超过正常玩具的水准。但出乎人们预料的是:这些玩具问世以后一直畅销不衰,其中仅"疯球"一种已销售近千万个。"丑陋玩具"给艾士隆公司带来丰厚的利润。

可以有把握地说,只要我们用心,就能从任何一件事情中找到其中的正面含义和积极因素。关键是头脑中要有这种意识和习惯,只需视角转换一下。

三、反常规性

追求新、奇、特,也是创造性思维的一大特点。为了获得新、奇、特的构思,必须采用

"反常规"的思路,即程序上的非逻辑性,也就是只有奇思异想,才能避免"构思平庸""与人雷同"而不落俗套。

◯【案例1-15】

飞机在空中飞翔,为了克服空气的阻力,必须将机身及机翼做得非常光滑。可是,美国道格拉斯公司的科技人员用"反常规思维"提出:"在飞机机翼上钻很多小孔会怎么样?"他们真的在机翼表面打了无数的微孔,结果在试验中发现,微孔可以吸附周围的空气,消除紊流,从而大大地减小了空气的阻力。据此,做出样机后,终于产生了可节油40%的飞机。

◯【案例1-16】

在日本和西欧,人们都爱洗蒸汽浴(桑拿浴)。为了使人们在家中也可洗蒸汽浴,市面上出现了一些常规产品,如电热蒸汽发生器、蒸汽袋等。但由于售价高、耗能大、不方便等缺点,销量都不大。日本有个人采用"反常规思维",推出了一种廉价、实用、简单的聚乙烯蒸汽浴袋,结果一鸣惊人,大获成功:人们光着身子套上这种睡袋式的塑料套子,从颈部把袋口收紧,然后躺进浴盆。在热水的影响下,闷在袋中的人不久就会大汗淋漓,和洗蒸汽浴的效果几乎一样。

在创造活动中,常常要用到直觉思维的形式,事实上,许多伟大发现都使用了直觉思维的方式,当然这种非逻辑性的思维也是以丰富的知识和经验为基础的,例如伦琴发现X射线。

需要指出的是,创造性思维的过程,往往是既包含逻辑思维,又包含非逻辑思维,是两者相结合的过程。

在创造性思维活动中,新观念的提出、问题的突破,往往表现为从"逻辑的中断"到"思想的飞跃"。这一过程通常都伴随着直觉,顿悟和灵感,从而使创造性思维具有超常的预感力和洞察力。

四、突发性

所谓突发性,就是在时间上,以一种突发的形式,迸发出创造性的思想火花,新的观念在极短的时间里,脱颖而出。这种创造性思维的突发性,或者是在长期构思酝酿后的自然爆发,或者是受某一偶然因素的触发。突发性往往都是灵感思维的展现。

阿基米德与金冠之谜的故事,就是这种突发性的灵感思维一个很好的例子。想象、直觉、灵感等非逻辑思维,对突发性起着决定性的作用。

五、新颖性

创新思维是以求异、新颖、独特为目标的。思路上的新颖性是在思路的选择和思考的技巧上都具有独特之处,表现出首创性和开拓性。思路上的新颖性表现在不盲从、不满足现有的方式或方法,需要更多的经过自己的独立思考,形成自己的观点和见解,突破前人成果的束缚,超越常规,学会用新的眼光去看待问题,从而产生崭新的思维成果。如果缺少独立自主的思考,一切循规蹈矩、照章办事,就不可能产生新颖的思路,更谈不上创新。

【案例1-17】

亚默尔的成功之路

亚默尔肉食品加工公司的创始人、亿万富翁菲利普·亚默尔17岁的时候，加利福尼亚发现了大金矿，亚默尔也和其他人一样到西部淘金。包括亚默尔在内的所有人都拼命地干活，似乎掘金是大家生存的唯一信念，谁也没有想到过其他。太阳火辣辣的，水在这里成了最金贵的宝贝，矿工们渴得难以忍受，于是有人说："如果有谁马上让我痛饮一顿凉水，我送他两块金元！花一块金元买一壶凉水，我也干！"人们太需要水了，水就是金子，卖水照样能换回金子，何不去难求易地赚钱呢？亚默尔放弃了掘金，而挖了一条水渠，把附近清澈的河水引了过来，灌满了挖好的水池，然后装成一壶一壶的水，拉到矿场上去卖。许多掘金人日复一日地挖掘，终于不堪劳累之苦，要么命归黄泉，要么另谋生路，而亚默尔一枝独秀靠卖水发了大财，迈上了亿万富翁的征途。

地面下的黄金诚然不会少，但地面上的黄金则会更多。据有关资料记载，当年进军加州的掘金人中发财者寥寥无几，相反，却有数千人沦为乞丐，更有甚者命丧他乡。可是，贫穷的亚默尔却"不同凡响"，他凭借了地面上别人看不见的黄金而富甲一方。

第四节 创造性思维的过程

创造性思维既然是有一定运行机制的多元综合系统，人们就可以通过对创造性思维实践的研究，概括出创造性思维的运行规律，以便对创造性思维全过程有一个清晰的把握。

推陈出新的创造活动过程可以看成一个渐变与突变相结合的变革过程，而推动突变与变革的主因是创造性思维。因此，创造性思维在构成上不可能是单一的思维形式，而是若干具有创造功能的思维形式的集成。从其过程可以发现，创造性思维过程实际上存在两类思维形式：一种是具有连续渐变功能的逻辑思维形式，如分析与综合、抽象与概括、归纳与演绎、判断与推理等；另一种是具有跳跃突变功能的非逻辑思维形式，如联想与想象、直觉与灵感等。以英国心理学家沃勒斯提出的"准备—酝酿—顿悟—验证"的四阶段模式为例。

一、准备阶段

准备阶段即提出问题阶段，这是提出问题、分析问题，并为问题解决搜集各种材料的过程，也就是有意识积累相关背景知识的阶段。

从事创造或创新活动，首先要提出有价值的问题，决定着创新的意义和价值的是问题的深度，并引导着思维的方向。因此，提出有意义、有价值的问题成为这个阶段的重要一环。提出问题后，接下来就是进行周密的调查研究，搜集与问题有关的研究成果，然后进行资料分析、信息识别，同时进行一些初步的试验，认识问题的特点，通过反复思考和尝试来努力解决问题。

二、酝酿阶段

酝酿阶段，即问题求解阶段，假如不能立即得到直接的解决方案，酝酿阶段随即来临。这个阶段重点是对前一阶段所获得的各种信息、资料加以研究分析，从而推断出问题的关键所在，并提出解决问题的假想方案。

酝酿在其性质和持续时间上变化很大，它可能只需要几分钟，也可能要几天、几星期、几个月，甚至几年。在此阶段，逻辑思维和非逻辑思维互补、显意识和潜意识交替，采用分析、抽象与概括、归纳与演绎、推理与判断等逻辑思维方法，经过反复思考、酝酿，有些问题仍未得到理想的解决方案，还有可能会出现一次或多次"思维中断"。创造者此时往往处于高度兴奋状态，给人如痴如醉和非常狂热的感觉。这一过程可能是短暂的，也可能是十分漫长的，甚至进入"冬眠"状态，孕育着灵感和突变思维的降临。

日本创造心理学家高桥浩认为这一阶段创新思维的特点是："和造酒一样，需要有个酝酿期。在第一阶段中，经有意识的努力而得到的东西大都是勉勉强强、比常识稍胜一等的东西，不能有大作用。到了下一步的酝酿期，和酿造名酒一样，新的思想方案才逐渐成熟起来。一般的人不能忍耐这个酝酿期，也没想到有经历这一个时期的必要，因而总是在第一阶段里徘徊。"

三、顿悟阶段

顿悟阶段，即问题突破的阶段，又把这一阶段称为"豁朗"或"启发"阶段。顿悟一般不是通过有意识的努力而得到的，它常出现在长期深度思索不得而小憩之后，或转移注意力于其他事情，却被一件毫不相干的事触动。这种顿悟一出现，就不同于别的许多经验，它是突然的、完整的、强烈的，以致会脱口喊出"是这样的！""哈！没错儿！"华莱士把这种经验称为"尤瑞卡经验"(eureka experience)。如阿基米德终于找到了国王向他提出的检验王冠含金量问题的解答时，从浴盆里跳出来狂喜地在大街上边跑边喊，向世界大声宣告："我已经找到它了！我已经找到它了！"

这个阶段是创新思维的关键阶段，新观念、新思想、新方法，以及整个解决方案都是在这个阶段提出的。需要注意的是，提出一个闪光的新观念和新假说可能很快，甚至仅仅是一瞬间的事情，但如果想要形成完整的方案，还必须经历整理、修改和完善的逻辑加工过程，这个过程一般是一个比较漫长的过程。

四、验证阶段

验证阶段即成果证明和验证阶段，这一阶段多采用逻辑思维方法，是有意识地进行的。对于科学上的新理论，验证的主要手段是设计、安排观察或试验，所要检验的是由新假说所推演出来的新结论，验证时间一般比较长。门捷列夫耗费了十几年时间验证化学元素周期率；哥白尼的日心说经过三百多年才得到验证。对于工程技术上的创新成果——新工艺、新技术、新产品，检验的基本方法是实践，就是看它在实践中能否提高产品的质量和生产效率，能否大规模推广，从而产生社会经济效益。

在对创造性思维因子探讨时，侧重点应放在对具有跳跃突变功能的那些非逻辑思维形式要素上，一般认为直觉、想象与联想以及灵感是创造性思维中最具活力、最富创造性、最有挖掘潜力的思维因子。

多位学者对创造性思维过程提出了许多不同的模式，以下是几种最具代表性的模式。

美国创造学奠基人奥斯本提出了"寻找事实—寻找构想—寻找解答"的三阶段模式；美国实用主义者杜威提出了"感到困难存在—认清是什么问题—搜集资料进行分类并提出假说—接受或抛弃实验性假说—得出结论并加以评论"的五阶段模式。模式的不同，只说明不同的学者对创造性思维所划分的阶段和强调的重点有所不同。总体来看，各种模式基本上都离不开"发现问题—分析问题—提出假说—检验假说"这几个阶段。正如中国清代学者王国维在《人间词话》中曾用借喻手法生动地描绘从向往到苦思再到惊喜的发现的三个境界。

1. 昨夜西风凋碧树，独上高楼，望尽天涯路。此第一境也

此句出自晏殊的《蝶恋花》，原意是说，"我"上高楼眺望所见的更为萧飒的秋景，西风黄叶，山阔水长，寮书何达？成大事业者，首先要有执著追求的理想，登高望远，洞察路径，明确所追求的目标与方向，了解事物的概貌。

2. 衣带渐宽终不悔，为伊消得人憔悴。此第二境也

此处出自北宋柳永的《蝶恋花》，原词是表现作者对男欢女爱的追求，对爱的艰辛和爱的无悔。在这里，也可把"伊"字理解为词人所追求的理想和毕生从事的事业。王国维则别有用心，以此两句来比喻成大事业、大学问者，不是轻而易举，随便可得的，必须坚定不移，经过一番辛勤劳动，废寝忘食，孜孜以求，直至人瘦带宽也不后悔。

3. 众里寻他千百度，蓦然回首，那人却在灯火阑珊处。此第三境也

此处引用的是南宋辛弃疾《青玉案》，王国维以此词最后的四句为"境界"之第三，即最终最高境界。这虽然不是辛弃疾的原来的想法，但也可以引出深刻的意境，做学问、成大事业者，有所建树，要达到第三境界，必须有专注的精神，反复追寻、研究，下足功夫，自然会豁然贯通，有所发现，有所发明。人生有时候需要一种顿悟，需要有猛然顿悟的机缘，我们要抓住机遇。

如果我们把这三个境界应用到创造发明过程之中，创造必然要经历从刚开始的向往，然后到苦思，最后到发现三个阶段。我们要想有所创造，首先要耐得住寂寞，要有向往，要有理想；然后要经过大量的实践，经历艰苦卓绝的过程；最后会惊喜地发现解决问题的办法。这个时候，就会感到满心的喜悦。

拓展阅读 1

"中国式创新"范本：屠呦呦发现青蒿素
——屠呦呦接受美国《临床研究期刊》访谈

"生物医学的发展主要通过两种不同的途径，一是发现，二是发明创造。"——诺贝尔医学奖得主约瑟夫·戈尔斯坦

"很荣幸，这两条路我都走了"——2011年度拉斯克奖得主屠呦呦

青蒿是传统中药，最早载于《五十二病方》。《神农本草经》名草蒿，又名青蒿，自公元340年东晋葛洪《肘后备急方》以后，各代书籍屡有青蒿治疗疟疾的记载。

但是，"原生态中药"就其外观、质量控制、效价、适应证、服用方法等，很难被国际上接受。所以，青蒿素类药物的成功，不但是世界抗疟药物的一大突破，而且在中药现代化和国际化方面也是一个典范。

据世界卫生组织2016年统计数据，世界上约有2.16亿人感染疟疾，将近44.5万人因感染疟原虫而死亡，如果没有屠呦呦发现的青蒿素，那么2.16亿疟疾感染者中将有更多的人无法幸存下来。中国中医研究院的屠呦呦和她的课题组，经过多年的研究探索，提取了中国传统中草药青蒿中的有效成分青蒿素，成为如今最有效的疟疾防治药物。

最早治疗疟疾的药物是奎宁，一种取自于金鸡纳树树皮的药物。1934年科学家合成了疟疾特效药之一氯喹，因其毒副作用至少被搁置了10年，直到第二次世界大战期间，美国进行的临床实验表明氯喹是一种非常有效的抗疟药物，1947年才被引入临床实践，用于预防和治疗疟疾。遗憾的是，后来又出现了一些对氯喹产生抗药性的疟原虫。

由疟原虫引起的疟疾几千年来一直是威胁人类生命的传染性疾病，20世纪50年代，由于疟原虫对氯喹等现有抗疟疾药物产生了抗药性，一度被压制的疟疾又卷土重来，研制新的抗疟疾药物已是刻不容缓。1967年，由中国60多个研究机构、500多名植物化学和药理学研究人员共同参与，旨在尽快研制出抗疟新药的"523项目"正式启动，1969年年初，屠呦呦被任命为中国中医研究院中药研究所"523项目"的课题组长，在中国传统医学医药宝库中寻找分离治疗疟疾的有效成分。

生物学家和医学家、诺贝尔医学奖得主约瑟夫·戈尔斯坦曾说，生物医学的发展主要通过两种不同的途径，一是发现，二是发明创造，而屠呦呦作为一位药学家，特别是在20世纪60年代至80年代期间，却有幸同时通过这两种途径发现了青蒿素及其抗疟功效，开创了人类抗疟之路的一个新的里程碑，为人类作出了巨大的贡献，她和她的同事们挽救了数百万人的生命，并得到了世卫组织和世界医学界的肯定和高度赞赏。

自1969年起，屠呦呦和她的研究小组查阅了大量文献资料，经过一次又一次的失败和两年的艰苦努力，在2000多种中草药中筛选出了最有希望的青蒿，但初期研究并非一帆风顺，最初的实验结果并不十分理想。

在查阅了大量文献后，屠呦呦在公元340年间东晋葛洪的《肘后备急方》中发现了对青蒿治疗方法的描述。为何古人将青蒿"绞取汁"，而不用传统的水煎熬煮中药之法呢？屠呦呦意识到可能是煮沸和高温提取破坏了青蒿中的活性成分，于是她改变了原来的提取方法，以低沸点溶剂乙醚来提取其有效成分，并去除了没有抗疟活性且有毒副作用的酸性部分，保留了抗疟活性强、安全可靠的中性部分，在明显提高青蒿防治疟疾效果的同时，也大幅降低了其毒性。1971年提取的编号为191的青蒿萃取液，在治疗被伯氏疟原虫感染的小鼠和被食蟹猴疟原虫感染的猴子时，有效率达到了100%。这一发现是青蒿中有效成分青蒿素发现过程中的一个重大突破。

尽管从中国传统医学文献中得到了很大的启发，但大量筛选鉴别工作还需要屠呦呦亲自去做。例如，青蒿只是传统中草药中的一个类别，其中包括了6种不同的中草药，每一种都包含了不同的化学成分，治疗疟疾的效果也有所不同。葛洪的著作中并没有具体指明哪一种青蒿可用来治疗疟疾，也没有指明入药的是青蒿植物的哪一部分，是根、茎，还是叶子？"523项目"云南的研究人员发现，有一种学名叫作"黄花蒿"的青蒿提取物对治疗疟疾最有效，但这种效果在之后的实验中并没有重复出现，与文献记载中所说的效果并不完全吻合，这又是怎么回事？

为了弄清楚这是怎么回事，屠呦呦一方面继续在文献中寻找答案，一方面进行实验求证。反复实验和研究分析，屠呦呦发现青蒿药材含有抗疟活性的部分是叶片，而非其他部位，而且只有新鲜的叶子才含有青蒿素有效成分。此外，课题组还发现了最佳采摘时机是在植物即将开花之前，那时叶片中所含的青蒿素最为丰富。屠呦呦还对不同产地"黄花蒿"中的青蒿素含量进行了分析评估。她说："所有这些不确定因素，正是导致我们初期研究结果不理想不稳定，并让我们备感困惑的原因。"然而，她在研究中的坚持和毅力却着实令人敬佩。

青蒿素治疗疟疾在动物实验中获得了完全的成功，那么，它对人类也有效吗？作用于人类身上是否安全有效呢？为了尽快确定这一点，屠呦呦和她的同事们勇敢地充当了首批志愿者，在他们自己身上进行实验，在当时没有关于药物安全性和临床效果评估程序的情况下，这是他们用中草药治疗疟疾获得信心的唯一办法。她表示："我们需要尽可能快地证明这种好不容易发现的治疟药物的临床效果，这就是我们以身试药的真正动机。"

在自己身上实验获得成功之后，屠呦呦和她的课题组深入到海南地区，进行实地考察。在21位感染了间日疟原虫和恶性疟原虫这两种疟原虫的患者身上试用之后，发现青蒿素治疗疟疾的临床效果出奇之好，与使用氯喹的对照组疟疾病人相比较，使用青蒿素治疗的病人很快退烧，血液中的疟原虫也很快消失。

屠呦呦下一步要做的就是提取青蒿中的有效成分。之前，青蒿中的有效成分青蒿素未提纯分离出来，这种有效成分的化学结构也还未知。1972年，屠呦呦和她的同事在青蒿中提取到了一种分子式为 $C_{15}H_{22}O_5$ 的无色结晶体，一种熔点为 $156\sim157℃$ 的活性成分，他们将这种无色的结晶体物质命名为青蒿素。屠呦呦知道，正如约瑟夫·戈尔斯坦所说的那样，这一发现只是第一步，接下来的第二步才是创造性的工作，如何将这种具有抗疟功效的天然分子转化为一种强效抗疟药物是关键。

接下来对疟疾患者的临床实验表明，屠呦呦他们分离出来的晶体，即青蒿素的抗疟疾效果极好，他们终于找到了一种抗疟疾的有效药物。屠呦呦说："我们注意到，病人开始退烧，这是疟疾患者症状消除，病情好转的迹象。更重要的是，我们还发现，病人血样中的疟原虫也消失了。这时候，我们得出结论，这种药物不仅仅只是减轻症状，而是能够治愈这种疾病。我们观察发现，青蒿素能够在疟原虫生命周期中任何一个阶段将其杀灭。"

1979年12月，青蒿素最早的英文报道出现时，青蒿素及其衍生物已在2000名患者身上进行了测试，其中一些患者感染了氯喹抗药性疟原虫。

屠呦呦研究小组最初进行临床测试的药物形式是片剂，但结果并不太理想，后来改成一种新的形式——青蒿素提纯物的胶囊，由此开辟了发明一种抗疟疾新药的道路。除了考虑药物的配方和生产之外，屠呦呦和她的研究小组还考虑如何将这一发现推向世界，以造福于全人类。

1973年，屠呦呦合成出了双氢青蒿素，以证实其羟（基）氢氧基族的化学结构，但当时她却不知道自己合成出来的这种化学物质以后被证明比天然青蒿素的效果还要强得多。1975年，在中国科学院上海有机所和中科院生物物理所的协助下，确定了青蒿素的立体化学结构。

20世纪70年代中期，广州中医药大学的李国桥教授用青蒿素和其衍生物进行了临床试验，试验结果表明，以青蒿素为基础的抗疟药物比一些传统抗疟药物，如氯喹和奎宁有着更好的疗效。

继第一次大规模试验之后，香港远东研究基金会的基斯·阿罗德加入到了李国桥对青蒿素的测试研究中，两年后，他们联合发表了一篇有关青蒿素临床试验的论文。之后，他们将青蒿素与其他已知抗疟疾药物进行对比，在不增加副作用的情况下，青蒿素的疗效明显有所提高。多年的临床实践表明，青蒿素被认为是目前最为有效的抗疟药物。

1977年，青蒿素的化学结构公开发表，同一年，青蒿素的分子式和相关论文很快被美国《化学文摘》所引用。1979年，中国科学技术委员会授予屠呦呦科研小组的此项工作为国家科技发明奖，以表彰他们发现青蒿素及其抗疟疾功效。

1981年，由联合国开发计划署、世界银行和世界卫生组织发起，在北京举办的抗疟疾科研工作小组第四次会议上，青蒿素及其抗疟功效引起了热烈的反响。屠呦呦在会议上第一个发言，作了关于青蒿素研究的学术报告。20世纪80年代，青蒿素及其衍生药物在中国治愈了成千上万名感染了疟原虫的患者，并引起了世界广泛的关注。2005年，世界卫生组织宣布采用青蒿素综合疗法的策略，可大大减轻疟疾的各种症状，在世界各地被普遍采用，挽救了无数的生命，大多数为非洲的儿童。

遗憾的是，目前一些对青蒿素产生了抗药性的疟原虫已经出现。屠呦呦对此深感忧虑，她说，"像这一领域内的其他研究人员一样，对最近一些报告中提及对青蒿素产生抗药性疟原虫的出现，我深感忧虑。世卫组织为此作出了正确的战略决策，建议为了避免出现这种抗性，须停止单一使用青蒿素的治疗方法。一些地区大规模使用青蒿素作为预防疟疾的做法确实让我感到忧虑，这是产生药物抗药性的一种潜在因素，我希望国际社会采取一些负责任的措施，规范疟疾治疗方法，停止对青蒿素的药物滥用。"

当被问及对这一重大发现的感触时，屠呦呦表示，很难描述自己的心情，特别是在经过了那么多次的失败之后，当时自己都怀疑路子是不是走对了，当发现青蒿素正是疟疾克星的时候，那种激动的心情也是难以表述的。屠呦呦对获得2011年拉斯克奖深感荣幸，她表示，自己只是一个普通的植物化学研究人员，但作为一个在中国医药学宝库中有所发现，并为国际科学界所认可的中国科学家，她为此感到自豪。

2015年10月5日，中国女科学家屠呦呦获得2015年诺贝尔生理学与医学奖，这是中国人第一次将科学类诺贝尔奖收入囊中。屠呦呦以发明青蒿素而闻名，此次获奖理由也正是因为其发现的青蒿素可以有效降低疟疾患者的死亡率。

拓展阅读 2

辽宁石油化工大学自主研发的"百万吨级乙烯装置自动控制系统工程技术研究（APC技术）"成果于2014年在中国石油四川石化有限责任公司新建成投产的80万吨/年乙烯装置中进行了全面应用，各项性能指标均满足工艺技术要求，产生了良好的经济效益。为装置"安、稳、长、满、优"运行奠定了坚实的基础，年经济效益在8000万元以上。

拓展阅读 3

高危工业管道安全评价技术与应用

2013年，辽宁石油化工大学某科研团队完成了"高危工业管道安全评价技术与应用"项目，该项目针对高危工业管道结构完整性评价问题开展了系统的研究工作，将概率方法与含缺陷压力管道安全评定技术相结合，形成了独有的含缺陷压力管道断裂失效风险分析技术；提出了基于蒙特·卡罗（Monte Carlo）方法的断裂参量核心抽样算法，解决了多随机变量情况下断裂参量的抽样问题；提出手应力强度因子的新计算方法，开发出了包括海底油气输送管道在内的环向裂纹应力强度因子计算技术；结合安全评定规范GB/T 19624—2004，开发出含缺陷压力管道断裂和泄漏失效风险分析评估系统。

该项目的研究成果已在中国石油抚顺石化公司30余条管线的断裂失效风险和剩余寿命评估中得到实际应用，有效地提高了石化生产装置安全性和管理水平，产生了可观的经济效益和重大的社会效益。

思考题

1. 一个人具有创造性思维表现在哪些方面？

2. 用四根首尾相连的线段将图 1-11 中九个黑点全部串在一起。要求：笔不离纸，用不多于四条直线连在一起。

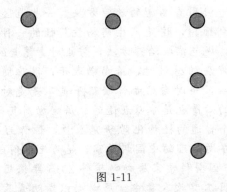

图 1-11

3. 有两间房，一间房里有三盏灯，另一间房有控制这三盏灯的三个开关（这两间房是分割开的，毫无联系）。请分别进入这两间房各一次，然后判断这三盏灯分别由哪个开关控制的。（注意每间房只能进入一次，三盏灯均为白炽灯泡）

4. 左右脑思考类型测试

① 对于化妆和发型，你会：
   A. 尝试各种造型　　　　　B. 有时会试着改变　　　　　C. 几乎从不改变

② 在急需决断的时候，你会：
   A. 凭直觉决定　　　　　　B. 小事当机立断，大事认真思考
   C. 左思右想，难以决断

③ 正在制订旅行计划，你会：
   A. 渴望冒险，不怕危险
   B. 一般不会冒险，但也会根据周围的意见，做适当改变
   C. 经过了曾经的失败，要慎重制订计划

④ 阅读传记文学时，你会：
   A. "写得都是真的吗？"，心存疑问
   B. 能接受书中的内容，偶尔有疑问
   C. 不抱任何猜疑

⑤ 有一位被别人提醒要注意的人物，你会
   A. 没有先入为主的观念，接触后，再判断
   B. 稍有戒备之心
   C. 表面正常，内心却非常戒备

⑥ 查阅说明书时，你会：
   A. 只看必要的地方　　　　B. 从头到尾通读一遍　　　　C. 从第一页开始仔细阅读

⑦ 看电影时，你会：
   A 坐右边　　　　　　　　B. 坐左边

⑧ 学生时代，你擅长：
   A. 几何　　　　　　　　　B. 代数

⑨ 看展览时，你会：
   A. 依照喜好，喜欢的才看　B. 依次看

⑩ 从事于热衷的活动时，你会忘记工作吗？
   A. 是　　　　　　　　　　B. 否

第一篇　创造性思维

第二章　思维定势

★【教学目标】
1. 了解思维定势的概念、特征与基本类型，了解思维定势的影响。
2. 掌握从众型思维定势的内涵、训练的方法。
3. 掌握书本型思维定势的内涵、训练的方法。
4. 掌握经验型思维定势的内涵、训练的方法。
5. 掌握权威型思维定势的内涵、训练的方法。
6. 了解思维定势突破的方法。

"妨碍人们学习的最大障碍，并不是未知的东西，而是已知的东西。"

——贝尔纳

心理学家认为，思维是人脑对客观事物概括的、间接的反映。从字面上理解思维的含义，思就是思考，维就是方向，思维可以理解为沿着一定方向进行思考。思维是人脑对客观事物的间接和概括的反映，是认识的高级形式。间接性和概括性是思维这种心理活动的最基本特征，间接性和概括性这两大特征是密切相关的，即思维的概括性是间接性的前提。人们在进行间接认识或推导、推理时，必须运用已概括出的知识经验作为中介环节，去判断、推论没有直接感知的事物。一般来说，概括的知识、经验越多，间接的推导认识水平也越高。

如果对于自己长期从事的事情或日常生活中经常发生的事物产生了思维惯性，多次以这种惯性思维来对待客观事物，就形成了非常固定的思维模式，即"思维定势"。所谓思维定势，就是按照积累的思维活动、经验教训和已有的思维规律，在反复使用中所形成的比较稳定的、定型化了的思维路线、方式、程序、模式。我们的头脑在筛选信息、分析问题、作出决策的时候，总是自觉或不自觉地沿着以前熟悉的方向和路径进行思考，先前形成的知识、经验、习惯，都会使人们形成认知的固定倾向，从而影响后来的分析、判断，形成"思维定势"，即思维总是摆脱不了已有"框框"的束缚，表现出消极的思维定势。

【案例 2-1】

人像识别

苏联心理学家曾做过这样一个经典的关于"思维定势"的实验：研究者向参加实验的两组大学生出示同一张照片，但在出示照片前，向第一组学生说：这个人是一个无恶不作的罪犯；对第二组学生却说：这个人是一位大科学家。然后他让两组学生各自用文字描述照片上这个人的相貌。

第一组学生的描述是：深陷的双眼表明他内心充满仇恨，突出的下巴证明他沿着犯罪道路顽固到底的决心；

第二组的描述是：深陷的双眼表明此人思想的深度，突出的下巴表明此人在认识道路上克服困难的意志。

对同一个人的评价，仅仅因为先前得到的关于此人身份的提示不同，得到的描述竟然有如此戏剧性的差异，可见思维定势对人们认识过程的巨大影响！

【案例 2-2】

阿西莫夫的故事

美国科普作家阿西莫夫曾经讲过一个关于自己的故事。阿西莫夫从小就聪明，年轻时多次参加"智商测试"，得分总在160左右，属于"天赋极高者"之列，他一直为此而洋洋得意。有一次，他遇到一位汽车修理工，是他的老熟人。修理工对阿西莫夫说："嗨，博士！我来考考你的智力，出一道思考题，看你能不能回答正确。"

阿西莫夫点头同意。修理工便开始说思考题："有一位既聋又哑的人，想买几根钉子，来到五金商店，对售货员做了这样一个手势：左手两个指头立在柜台上，右手缩成拳头做出敲击状的样子。售货员见状，先给他拿来一把锤子；聋哑人摇摇头，指了指立着的那两根指头。于是售货员就明白了，聋哑人想买的是钉子。聋哑人买好钉子，刚走出商店，接着进来一位盲人。这位盲人想买一把剪刀，请问：盲人将会怎样做？"阿西莫夫顺口答道："盲人肯定会这样。"说着，伸出食指和中指，做出剪刀的形状。汽车修理工一听笑了："哈哈，你答错了吧！盲人想买剪刀，只需要开口说'我买剪刀'就行了，他干嘛要做手势呀？"

智商160的阿西莫夫，这时不得不承认自己确实是个"笨蛋"。而那位汽车修理工人却得理不饶人，用教训的口吻说："在考你之前，我就料定你肯定你要答错，因为，你所受的教育太多了，不可能很聪明。"实际上，修理工所说的受教育多与不可能聪明之间关系，并不是因为学的知识多了人反而变笨了，而是因为人的知识和经验多，会在头脑中形成较多的思维定势。这种思维定势会束缚人的思维，使思维按照固有的路径展开。

思维定势缘于先前心理活动形成的一种准备状态，它决定着后继心理活动的发展。日常生活中，人们都会无意识地按照年龄、性别、外貌、衣着、言谈举止和职业等外部特征把人归为各种类型，每一类型的人都有其共同的特点，在交往观察中，凡属同一类型的人，便用这同一类型人的共同特点去理解他们，定势可以使人们在从事某些活动时能够相当熟练，可以节省很多时间和精力，甚至自动化，而另一方面，也会束缚我们的思维，使我们只用常规方法去解决问题，总是凭借自己的经验进行认识、判断、归类，而不求用其他"捷径"突破，因而也会给解决问题带来一些消极影响。在概括偏颇或忽略个体差异时，就会出现认知错觉，这种错觉也被称之为"定势效应"。

美国心理学家迈克曾经做过这样一个实验：他从天花板上悬下两根绳子，两根绳子之间的距离超过人的两臂长，如果你用一只手抓住一根绳子，那么另一只手无论如何也抓不到另外一根。在这种情况下，他要求一个人把两根绳子系在一起。不过他在离绳子不远的地方放了一个滑轮，意思是想给系绳的人以帮助。然而尽管系绳的人早就看到了这个滑轮，却没有想到它的用处，没有想到滑轮会与系绳活动有关，结果没有完成任务和解决问题。其实，这个问题也很简单。如果系绳的人将滑轮系到一根绳子的末端，用力使它荡起来，然后抓住另一根绳子的末端，待滑轮荡到他面前时抓住它，就能把两根绳子系到一起，问题就解决了。

思维定势有两个特点：一是思维模式，即通过各种思维内容体现出来的思维程序、模式，既与具体内容有联系，却又不是具体内容，而是许多具体的思维活动所具有的逐渐定型化了一般路线、方式、程序、模式；二是强大的惯性或顽固性，不仅逐渐成为思维习惯，甚至深入到潜意识，成为不自觉的、类似于本能的反应。尤其表现在，要改变一种思维定势是有一定难度的，首先需要有明确的认识，自觉地进行，其次要有勇气和决心。

思维定势通常有两种表现形式：适合思维定势和错觉思维定势。前者是指人们在思维过程中形成了某种定势，在条件不变时，能迅速地感知现实环境中的事物并作出正确的反应，可促进人们更好地适应环境。后者是指人们由于意识不清或精神活动障碍，对现实环境中的事物感知错误，作出错误解释。

思维定势有时有助于问题的解决，有时会妨碍问题的解决。心理学家迈尔曾经于1930年研究过定势在解决问题中的作用。在他的实验中，对部分参加试验者利用指导语给以指向性的暗示，对另一些参加者则不给以指向性暗示。结果，前者绝大多数被试能解决问题，而后者则几乎没有一个能解决问题。这可以说是定势对于解决问题的帮助作用。比如同学们在做同一类型和事情时，你做得熟悉了，熟能生巧，下次碰到时就轻而易举、游刃有余了，有时甚至一看到题目就可以猜到答案了；或者我们骑车看到前面突然有只小猫我们就会本能地停下或者绕道而行，而不会撞过去。因此，在环境不变的条件下，思维定势使人能够应用已掌握的方法迅速解决问题。在问题解决活动中，根据面临的问题联想起已经解决的类似的问题，将新问题的特征与旧问题的特征进行比较，抓住新旧问题的共同特征，将已有的知识和经验与当前问题情境建立联系，利用处理过类似的旧问题的知识和经验处理新问题，或把新问题转化成一个已解决的熟悉的问题，从而为新问题的解决做好积极的心理准备。思维定势是一种按常规处理问题的思维方式，它可以省去许多摸索、试探的步骤，缩短思考时间，提高效率。在日常生活中，思维定势可以帮助人们解决每天碰到的90%以上的问题。但是思维定势不利于创新思考，不利于创造。

但是同时，思维定势对问题解决也有妨碍作用，这些情况在很多现实事件中都可以理解到。有这样一个问题：一位公安局长在路边同一位老人谈话，这时跑过来一位小孩，急促的对公安局长说："你爸爸和我爸爸吵起来了！"老人问："这孩子是你什么人？"公安局长说："是我儿子。"请你回答：这两个吵架的人和公安局长是什么关系？这一问题，在100名被试中只有两人答对！后来对一个三口之家问这个问题，父母没答对，孩子却很快答了出来："局长是个女的，吵架的一个是局长的丈夫，即孩子的爸爸；另一个是局长的爸爸，即孩子的外公。"为什么那么多成年人对如此简单的问题解答反而不如孩子呢？这就是定势效应：按照成人的经验，公安局长应该是男的，从男局长这个心理定势去推想，自然找不到答案；而小孩子没有这方面的经验，也就没有思维定势的限制，因而一下子就找到了正确答案。

思维定势可能都是在过去某一阶段的经验总结，是经过成功的经验或失败的教训验证的

"正确思维"。但是当事物的内外环境变化时，仍然固守"正确的"定势思维却行不通了，甚至要吃大亏。有两个经典小故事很形象说明了这个道理。

故事一：一家马戏团突然失火，人们四处逃窜，虽然没有人员伤亡，但那只值钱的大象却被活活地烧死了。原来，当这头小象被捕捉时，马戏团害怕它会逃跑，便以铁链锁住它的脚，然后绑在一棵大树上。每当小象企图挣脱时，它的脚被铁链磨得疼痛和流血，经过无数次的尝试后，小象并没有成功逃脱。于是在它的脑海中形成了一个思维定势：只要有条绳子绑在它的脚上，它便无法逃脱。因此，当它长大后，虽然绑在它脚上的只是一条细小的绳子，它也不会再做自认为徒劳无功的努力。

故事二：美国一位科学家在海洋馆里做了一个实验。他用玻璃板把一条具有攻击性的大鲨鱼和一条小鱼隔开。刚开始，这条大鲨鱼不断撞击玻璃，企图捕食隔壁的小鱼。无奈，玻璃隔板太坚硬，无论怎么发威，玻璃隔板丝毫未损。攻击了一段时间之后，它便放弃了。于是，科学家便把隔板悄悄地移开。意想不到的是，大鲨鱼再也没有攻击过小鱼。它们都温和地在各自的领域活动，互不侵犯。

可见，如果长期保持这种思维定势，就容易使我们思维僵化，它容易使我们产生思维的惰性，养成一种呆板、机械、千篇一律的解题习惯。当新旧问题形似质异时，思维的定势往往会使解题者步入误区。当情境发生变化时，它则会妨碍人采用新的方法，难以涌出新思维，作出新决策，造成知识和经验的负迁移。消极的思维定势是束缚创造性思维的枷锁。因此，我们要打破这种常规，进行创新思维训练。

▶【案例2-3】

抓 阄

清朝时期，通山县有个叫谭振兆的人，小时候因为家里比较宽裕，父亲给他定了亲，亲家是同村的乐进士。后来，谭父死了，谭家渐渐衰退，经济条件远不如以前，乐进士便想赖婚。

一天，谭振兆卖菜路过岳父家，就进去拜见岳父。乐进士对他说："我做了两个阄，一个写着'婚'字，另一个写着'罢'字。你拿到'婚'，就把女儿嫁给你；拿到'罢'字，咱们就退婚，从此谭乐两家既不沾亲也不带故。不过，两个阄你只看一个就行了。"说完就把阄摆出来。

谭振兆心想：这两个阄分明都是"罢"字，我不能上他的当。想到这，他立刻拿了一个阄吞在腹中，指着另一个对乐进士说："你把那个阄打开看看，如果是'婚'字，我马上就离开这里，咱们退婚；若是'罢'字，那就说明我吞下的是'婚'字，这门亲事算定了。"乐进士煞费苦心制造骗局却被谭振兆识破，没办法只好把女儿嫁给谭振兆。

谭振兆突破思维定势，依靠自己的智慧进行了创新思维，赢取了自己的人生幸福。

能够把人限制住的，只有人自己。人的思维空间是无限的，像曲别针一样，至少有亿万种可能的变化。也许我们正在被困在一个看似走投无路的境地，也许我们正困于一种两难选择之间，这时一定要明白，这种境遇只是因为我们固执的思维定势所致，只在勇于重新考虑，一定能够找到不止一条跳出困境的出路。

▶【案例2-4】

小草的创新

市面上出现了一种新的娃娃，它与传统玩具娃娃的最大区别就是能在头顶上"种"

草。其做法是，先在娃娃的头皮上植入生长基并均匀地种上草籽，然后喷水使小草长出，待小草长到一定高度，再修剪成人们所喜爱的发型。由于那小草绿茸茸的，齐崭崭的，还可以随时修剪，不断地变换花样，所以一时间谁见了谁爱。大家不仅争着买，细细把玩，还把它放在桌前案边，让它为生活增加了不少诗意。在德国，艾玛有辆独特的小轿车，车顶上就长满了嫩绿的小草，其做法是，先在车顶上缚上营养土，然后在上面种上绿茵茵的青草，由于艾玛常常小心翼翼地修剪，她的车顶总是美不胜收，不论跑到哪，都像开来一片美丽的草坪。兰州市李炯发明了一种能长青草的"环保绿化砖"，此砖刚问世就轰动一时，同时获得了国家知识产权局和甘肃省人民政府颁发的金奖，用这种砖做屋顶，不仅美丽而且保暖，此砖的绿色寿命可长达9年，也的确让人刮目相看，赞叹不已。

当然，我们也可以通过"在车上种草""让砖草合一"等事例得到一个启发，这就是，"创造"与"创新"并不神秘，关键是必须勇敢地打破思维定势，开展创新思维模式。

创新思维是人类创造力的核心和思维的最高级形式，是人类思维活动中最积极、最活跃和最富有成果的一种思维形式。人类社会的进步与发展离不开知识的增长与发展，而知识的增长与发展又是创新思维的结果。所以，创新思维更能体现人的主观能动性。

创新思维作为一种思维活动，既有一般思维的共同特点，又有不同于一般思维的独特之处，具体表现在以下六点。

① 独创性。独创性是创新思维的基本特征和主要标志，任何创新活动都离不开思维智力品质的独创性。有心理学家指出："思维的独创性，是人类思维的高级形态，是智力的高级表现；它是在新异情况或困难面前采取对策，独特地和新颖地解决问题的过程中表现出来的智力品质"。思维的独创性还体现在创新不是重复，它必须与众人、与前人有所不同而独具远见卓识，有独特的观点与看法，要求有探索性、求实性、应变性。

② 新颖性。所谓新颖性是对于新情况、新问题，力求找到它新的本质、新的解决方法，表现出不同于一般之处。求异思维的创新并不是无中生有、凭空捏造，而是有其客观根据的，其客观根据就是事物的特殊性。

③ 超越性。创新思维一个很突出的特点是敢于自我否定，勤于自我否定，具有极为强烈的超越性。自我超越是创新思维无穷的生命力的搏动，它以自我超越战胜他者，取代他者，从而将现代科技革命向前不断推进。创新思维的本质即是超越，可以是对于过去的超越，对于现在的超越，对空间的超越，对具体事物、具体现象、具体物品等的超越，对"有"与"无"的超越，对"传统"的超越等。

④ 主动性。主动性也称能动性，即创新思维具有不同于一般思维的主体能动性。它主要表现在创新过程中主体具有极强的创新意识和突破思维定势的冲击力。因此创新思维首先需要主体具有勇于进取、不断探索的创新意识，具有强烈的好奇心、求知欲和使命感，具有坚定的信念和顽强执着、不屈不挠的无畏精神。坚持日心说的布鲁诺，即使在火刑面前也要大声呼喊"地球仍在转动！"如果一个人没有突破思维定势的主动性，他就只能固守旧的思维模式，创新思维也就根本无法产生。

⑤ 综合性。综合性也称多元性。任何创新思维的产生都不是偶然的，都需要综合，创新思维是许多因素的综合性思维活动。日本著名创造学家高桥浩说"创造性思维的过程是一种身心的综合性劳动，因而单是掌握方法是不能解决问题的，这里既需要具备发现问题的自觉性，又不能缺少信息的积累，而更重要的则是身心健康且斗志旺盛。"创新思维过程，就是一个由智力因素、知识信息因素、实际能力因素，个性因素以及身体因素等多种因素参与的过程。

⑥ 价值性。创新的目的不是单纯地求新求异，而是在传统的思维方式、方法不能有效解决现实面临的问题时采取的，能更好地认识思维对象的新方式。创新的本质在于对认识发展和科学进步具有开拓和推动作用，具有新发现和产生新结果的价值。因此，创新思维的目的是获得新价值，是求真、求善、求美的统一。

思维定势是集中思维活动的重要形式，是逻辑思维活动的前提，是创造思维的基础，并与创造思维可以相互转化，但对形成创造思维起消极作用。简单说，思维定势就是人脑中形成的一些固定思维模式，这些模式的形成可能来自所接受的教育、亲身经历或经验、某些领域权威专家或大众等，因此也就形成了从众型定势、书本定势、经验定势、权威定势、习惯性定势、局限性定势、循规蹈矩式定势、偏执型定势、直线型定势以及太极式定势等多种类型。

第一节　从众型思维定势

一、从众型思维定势的内涵

【案例 2-5】

毛毛虫实验

法国心理学专家约翰·法伯曾经做过一个著名的"毛毛虫实验"：把许多毛毛虫放在一个花盆的边缘上，首尾相连，围成一圈，并在花盆周围不远处撒了一些毛毛虫比较爱吃的松针。毛毛虫天生有一种"跟随"性。毛毛虫一个跟着一个，绕着花盆的边缘一圈一圈地走，一小时过去了，一天过去了，又一天过去了，这些毛毛虫还是夜以继日地绕着花盆的边缘在转圈，一连走了七天七夜，它们最终因为饥饿和精疲力竭而相继死去。

法国心理学家约翰·法伯在做这个实验前曾经设想：毛毛虫会很快厌倦这种毫无意义的绕圈而转向它们比较爱吃的食物，遗憾的是毛毛虫并没有这样做。导致这种悲剧的原因就在于毛毛虫的盲从，在于毛毛虫总习惯于固守原有的本能、习惯、先例和经验。毛毛虫付出了生命，但没有任何成果。其实，如果有一个毛毛虫能够破除尾随从众的习惯而转向去觅食，就完全可以避免悲剧的发生。

人的思维和毛毛虫一样，人一旦形成了从众型思维定势，就会习惯地顺着大众的思维思考问题，不愿也不会转个方向、换个角度想问题。

【案例 2-6】

翻新自由女神像的故事

有位犹太人带着儿子到美国做生意。一天，父亲问儿子一磅铜的价格是多少？儿子答40美分。父亲说："对，整个美国都知道每磅铜的价格是40美分，但作为犹太人的儿子，你应该说4美元。你试着把一磅铜做成门把手看看。" 10年后，父亲死了，儿子独自经营铜器店，他曾把一磅铜卖到4000美元，这时他已是一家公司的董事长了。1974年，美国政府为清理给自由女神像翻新扔下的废料，向社会广泛招标。但好几个月过去了，没人应标。他听说后，看了看自由女神像下堆积如山的铜块、螺丝和木料，未提任何条件就签了字。当时不少人觉得他的这一举动不可思议。因为在美国垃圾处理有严格的规定，弄不好会受到环保组织的起诉。他却开始组织工人对废料进行分类：让人把废铜熔化，铸成小自由女神像，把木头加工成木座，废铅、废铝做成纽约广场的钥匙。最后，他甚至把从自由女神像身上扫下的灰尘都包装起来,出售给花店。不到一个月时间,他让这堆废料变成了400万美元,每磅铜的价格整整翻了上万倍。

翻新自由女神像的故事告诉我们,踩着别人足迹走路的人,永远不会留下自己成功的脚印。要想成功,必须改变从众型思维定势,必须要有创意,在创意中成功,靠创意持续成功。只有拥有与别人不一样的想法才能脱颖而出,才能超越自己,超越对手们的竞争。

【案例2-7】

阿希试验

阿希实验是研究从众现象的经典心理学实验,它是由美国心理学家所罗门·阿希在1956年设计实施的。阿希要大家做一个非常容易的判断——比较线段的长度。他拿出一张画有一条竖线的卡片,然后让大家比较这条线和另一张卡片上的3条线中的哪一条线等长。判断共进行了18次。事实上这些线条的长短差异很明显,正常人是很容易作出正确判断的。

然而,在两次正常判断之后,5个假测试者故意异口同声地说出一个错误答案。于是许多真测试者开始迷惑了,他是坚定地相信自己的眼力呢,还是说出一个和其他人一样、但自己心里认为不正确的答案呢?

从总体结果看,平均有33%的人判断是从众的,有76%的人至少作了一次从众的判断,而在正常的情况下,人们判断错的可能性还不到1%。当然,还有24%的人一直没有从众,他们按照自己的正确判断来回答。

学者阿希曾进行过从众心理实验,结果在测试人群中仅有$\frac{1}{4} \sim \frac{1}{3}$的被试者没有发生过从众行为,保持了独立性。可见它是一种常见的心理现象。从众性是人们与独立性相对立的一种意志品质;从众性强的人缺乏主见,易受暗示,容易不加分析地接受别人意见并付诸实行。

从众型思维定势指个人受到外界人群行为的影响,而在自己的知觉、判断、认识上表现出符合于公众舆论或多数人的行为方式。通常情况下,多数人的意见往往是对的。从众服从多数,一般是不错的。但缺乏分析,不作独立思考,不顾是非曲直地一概服从多数,随大流走,则是不可取的,是消极的"盲目从众心理"。从众也是指个体在社会群体的无形压力下,不知不觉或不由自主地与多数人保持一致行为的社会心理现象。

二、从众型思维定势产生的原因

从众就是服从大众、随大流,别人怎么做我也怎么做,别人怎么想我也怎么想,因此,从众不仅表现在行为层次,也表现在感情态度层次和价值观念层次。从众型思维定势产生的原因主要有三个。

1. 社会学原因

从社会学角度分析,作为社会群体的一员,个人与个人之见总存在着差异性及冲突性,而一旦繁盛这种情况,为维持群里的相对稳定,要么是服从群体中的权威,如首领、宗教领袖、思想家等,要么是少数服从多数,与多数人保持一致。因此,这种生存的行为准则在长期的社会生活中逐步泛化和内化为普通的社会实践准则和个人思想准则。

2. 心理学原因

从心理学角度分析,人内心都需要一种归属感和安全感,对孤独的恐惧是普遍心理。和他人不一致,意味着没有归宿感和认同感,意味着不被鼓励,饱尝着孤独与寂寞,因此随大流、以众人的是非为是非、人云亦云不失为一种安全的处事原则,即使错了也与多数人站在一起,"法不责众",无须自己一人承担。

3. 社会强化作用

社会不断强化大众行为。文化传统,尤其是统治阶级的意识形态是社会强化的主要力量和形式。千百年来,统治者通过社会意识形态宣传统治地位的思想,以维持社会的统一,铲除异端和言行独立的异己分子。同时心理惩罚也是社会强化的另一种重要手段,一个从众定势弱的人,常被人讥笑为"古怪""不合群",从而被人攻击和排挤。

三、从众型思维定势的特点

【案例 2-8】

抢盐风波

2011年3月11日13时46分,日本东部临近海域发生里氏8.9级地震,并引发10米高海啸。12日,日本东京电力公司对外宣布,福岛县第一核电站1号机组发生氢气爆炸,很快确认发生核泄漏。日本世纪大地震导致日本福岛核电站核泄漏事故发生后,欧美部分地区公众开始购买碘盐防止核辐射,我国一些地方也出现了公众盲目抢购碘盐的情况。我国公众抢盐的动机主要是为了传说中的防辐射;另外一个原因就是受传言影响担心海盐也遭受到污染。很快,全国多地超市的食盐被抢购一空。3月21日,抢购潮逐步退去,各地又纷纷涌现退盐一族,可谓"买也匆匆,退也匆匆"。

从众心理产生恐慌,很多人并不是真正认为买盐有用,而是看到很多人去买,所以自己也跟着去买。从众心理的弊端显而易见,从众心理可能抹杀人的个性和创造性,使人放弃独立思考的习惯,丧失独立思考的能力,使人变得无主见。

生活中有不少从众的人,也有一些专门利用人们从众心理来达到某种目的的人,某些商业广告就是利用人们的从众心理,把自己的商品炒热,从而达到目的。生活中也确有些震撼人心的大事会引起轰动效应,群众竞相传播、议论、参与。但也有许多情况是人为的宣传、渲染而引起大众关注的。常常是舆论一"炒",人们就易跟着"热"。广告宣传、新闻媒介报道本属平常之事,但有从众心理的人常就会跟着"凑热闹"。

不加分析地"顺从"某种宣传效应,到随大流跟着众人走的"从众"行为,以至发展到"盲从",这已经是不健康的心态了。多一些独立思考的精神,少一些盲目从众,以免上当受骗,方为健康的心理。

从众心理的弊端显而易见,从众心理可能抹杀人的个性和创造性,使人放弃独立思考的习惯,丧失独立思考的能力,使人变得无主见。如果一个学生变得这样,也是一件非常可怕的事情,会出现下列情况。

① 消极的学习从众现象,如学生的考试作弊。有的学生从主观上并不赞成作弊,但是看到少数原来不如自己的同学通过作弊取得了好成绩而且没被发现,就会对自己的信念产生动摇,进而带着一种不正确的理性从众观或盲目从众也参与作弊,以致对自己各方面都产生不良的影响。

② 期末考试提前交卷现象。原本考试时间并未结束,就因为有一两个同学提前交了卷,然后越来越多的同学交了卷,哪怕没做完,也有同学跟着把卷子交了,好像觉得自己一个人坐在考场上的压力似乎超过了没完成题目的压力。

③ 进入21世纪以来,家长都开始重视特长学习,周围各种补课班应运而生,这是因为大家都在学,而且大有不学就落伍的感觉,于是乎也不管孩子是否适合或者有天赋,英语、奥数、作文、足球、跆拳道、围棋……什么都学,有的孩子甚至在一年内学了6种特长,业余时间被剥夺

不说，连正规的文化课都没学好，结果想弄些个性，却什么也不精。这就是这种从众的心理，造成的个性消失，不仅过去发挥作用，现在也在发生作用，估计以后也逃脱不了。

从众型思维表现三种形式：一是表面服从，内心也接受，所谓口服心服；二是口服心不服，出于无奈只得表面服从，违心从众；三是完全随大流，谈不上服不服的问题。就从众心理的客观影响来看，既有积极意义，也有消极意义，主要看从众行为的具体内容。对于知识、经验都不足，自制能力又不强的人来说，在多数情况下，从众行为不同程度地带有盲目性。他们既有口服心服的"真从众"，也有口服心不服的"假从众"。"真从众"往往是所提出的意见或建议正合本人心意，或者自己原无固定意向，或者是"跟多数人在一起不会错"的随大流思想。"假从众"则往往是碍于情面或者免受群体的指责和惩罚，如许多行人闯了红灯自己也紧跟着冲了过去，这种违心的从众现象，尤其在学生中还是比较多的。

从众型思维既有消极的一面，也有积极的一面。消极的一面是抑制个性发展，束缚思维，扼杀创造力，使人变得无主见和墨守成规；积极的一面有助于学习他人的智慧经验，扩大视野，克服固执己见、盲目自信，修正自己的思维方式、减少不必要的烦恼，如误会等。不仅如此，在客观存在的公理与事实面前，有时我们也不得不"从众"。如"母鸡会下蛋，公鸡不会下蛋"，这个众人承认的常识。在日常交往中，点头意味着肯定，摇头意味着否定，而这种肯定与否定的表示法在印度某地恰恰相反。当你到该地时，若不"入乡随俗"，往往寸步难行。因此，对"从众"这一社会心理和行为，要具体问题具体分析，不能认为"从众"就是无主见。生活中，我们要扬"从众"的积极面，避"从众"的消极面，努力培养和提高自己独立思考和明辨是非的能力；遇事和看待问题，既要慎重考虑多数人的意见和做法，也要有自己的思考和分析，从而使判断能够正确，并以此来决定自己的行动。凡事或都"从众"或都"反从众"都是要不得的。正确的态度是养成独立思考的习惯，形成自己的观点。

四、改变从众型思维定势的训练

【案例2-9】

新乌鸦喝水

我们从小就知道乌鸦喝水的故事，讲的是乌鸦为了喝到瓶子里的水，用嘴把衔到的小石子放到瓶子里，使没装满水的瓶子里的水位得到提升，喝到了水。大家都夸乌鸦聪明。

几年后，老乌鸦的后代，三只小乌鸦之间进行了一场新乌鸦喝水竞赛。第一只小乌鸦得到了老乌鸦的嫡传，采用被大家公认为好的办法，到处去找小石子，用数量多的小石子来提升水位，水是喝到了，就是有点费时费力。在场的观众都叫好，说还是老办法好。

第二只小乌鸦善于观察，看了看瓶子放的倾斜角度，在倾斜的基底处用嘴凿了凿，然后把瓶子推了推，产生一个倾斜角，水就流出来了一些，也喝到了水，要比第一只快一些。这时，台下的观众开始七嘴八舌地议论起来了，说这是什么办法呀，不算数。

就在大家议论的时候，第三只小乌鸦心想我得动点脑筋，要是仿照前两只小乌鸦的做法最多和他们打个平手，灵感一闪，衔了个麦秆，直接放到瓶子里，吸着喝，结果最快。此时，台下观众像捅了马蜂窝一样，大多数人都说这是违规，应该判第一只赢。但也有的说比赛就是看谁最先喝到水，谁就赢。

最后，老乌鸦颇为感慨，真是长江后浪推前浪，一代更比一代强，想当初自己不也是打破常规才被大家表扬的么，遂判第三只赢。

其实，并不是大家都说好的办法是最佳的办法。第二、三只小乌鸦打破从众思维定势和老乌鸦敢于承认的勇气都值得我们深思。如果在处理和决断事情时，缺乏独立思考的能力，没有或不敢坚持主见，仅仅是服从众人，最终形成的是人的惰性、盲从性。

个性的解放和发展是创新的前提，没有个性就没有创新。从众型思维定势则恰恰相反，它会湮没人们的个性，是对人们个性的一种抹杀，极不利于个人独立思考和创新。因此，必须破除从众思维定势，要时刻保持清醒的头脑，不人云亦云，敢于保持自我见解的孤立性。突破从众型思维定势训练的方法主要有以下三种。

1. "自以为是"的训练

"自以为是"与"从众定势"是针锋相对的。方法是在讨论问题时，经过自己的独立思考，提出自己的意见，并有意识地"坚持"，不接受别人的观点，并主动"反驳"。不论最终结果如何，其意义在于实际体会自己动脑筋思考问题并维护自己意见的过程和其中的感受。多次进行这种训练，从众思维定势自然得以削弱。当然，这里不是要培养真正的自以为是，而是由此体验来克服从众意识，养成遇事独立思考的习惯。

2. 轮流当"领导"的训练

当"领导"的必须有主见，遇事能拿出意见和办法。倘若当"领导"的有从众意识，那他就成了群众的"尾巴"，就无法率领和引导群众了。因此，当"领导"能有效地克服从众思维定势。

3. 提出一种与众不同的观念

开动脑筋，想出一种与众不同的观念，不追求这种观念有多么高明和多么实用，只要求与人们的日常习惯相冲突。然后把自己的观念告诉朋友、同学等，听他们对这种观念的反应，体会一下你的周围从众势力有多大，从中就能锻炼你"自立""自主"甚至"逆潮流而动"的勇气和胆量。

【案例 2-10】

突破从众型思维定势训练题

（1）两个人，一个脸朝东，一个脸朝西站着。不准回头，不准走动，怎样才能看到对方的脸？

（2）汽车停在一条不转弯的路上，车头朝东，怎样才能使汽车不转弯行驶，车却停在离原停车点西面一千米处？

（3）在北国的严冬，一个戴着大棉帽子、穿着大衣的人领着一个男孩在路上走，有人问这个人："这是你的儿子吗？"这人说："是的，他是我儿子。"这人又问这个小孩："这是你爸爸吗？"孩子摇头说："不是。"请你想一下，这是怎么回事？

（4）有一辆卡车，装着很高的货，当要通过一处铁路桥时，发现货物高出桥洞一点点，卡车无法通过，卸货重装则很费事，请你想个简单的办法解决这一难题。

第二节 书本型思维定势

一、书本型思维定势的内涵

【案例 2-11】

纸上谈兵

战国时期，赵国大将赵奢的儿子赵括，从小熟读兵书，爱谈军事，别人往往说不过他。因此他很骄傲，自以为天下无敌。公元前259年，秦军又来犯，赵军在长平（今山西高平县附近）坚持抗敌，那时赵奢已经去世。廉颇负责指挥全军，他年纪虽高，打仗仍然很有办法，使得秦军无法取胜。秦国知道拖下去于己不利，就施行了反间计，派人到赵国散布"秦军最害怕赵奢的儿子赵括将军"的话。赵王上当受骗，派赵括替代了廉颇。赵括自认为很会打仗,死搬兵书上的条文,到长平后完全改变了廉颇的作战方案,结果四十多万赵军尽被歼灭,他自己也被秦军箭射身亡。

赵括纸上谈兵的故事告诉我们,做事情还要学会具体问题具体分析,生搬硬套书本上的东西是行不通的。

事实说明,实践是检验真理的唯一标准,读死书或者死书读是不行的。成功来自丰富的实践生活,而不是书本上的条条框框。书本是人类获取知识的主要来源,前人的研究成果和经验总结大部分是通过书本传递给后人的。很多人认为书本上的一切都是正确的、动不得的,必须严格按照书本上的去做,不能有怀疑和违反。把这种由于对书本知识的过分相信而不能突破和创新的思维模式就叫作书本型思维定势。

【案例 2-12】

人的大腿骨问题

公元前 2 世纪罗马时代伟大的医学家盖伦,一生写了 256 本书。医学家、生物学家一直都把他的书及他本人视为至高无上的权威。他说人的大腿骨是弯的。后来人们通过解剖发现不是。按常理说应该纠正他的这个错误,但无人敢说。最后大家找了个说法:说他那个时代的人穿长袍,所以弯曲的大腿骨得不到矫正,所以是弯的。

人们常说知识就是力量,但是如果不能将所学的知识灵活运用,知识并非就是力量。实际上只能认为知识是潜在的力量,要能够正确、有效地应用知识,它才能成为现实力量,不能认为谁读的书多,知识丰富,谁的力量就大,创造性思维就强。

二、书本型思维定势的特征

"开卷有益"这是自古以来人们的共识。每一个人要想在知识的山峰上,登得越高,眼前展现的景色越壮阔,就要拥有渊博的知识。知识是人类通向进步、文明和发展的唯一途径,书是前人劳动与智慧的结晶,它是我们获取知识的源泉。读书不仅对我们的学习有着重要作用,对道德素质和思想意识也有重大影响。"一本好书,可以影响人的一生。"我们在进行阅读时,会潜意识地将自己的思想和行为与书中所描述的人物形象进行比较,无形中就提高了自身的思想意识和道德素质。

书本知识对人类所起的积极作用确实是巨大的。但书本知识也和任何事物一样有弱点,即滞后性,知识也会过时,知识只有不断更新才能成为有效行动的信息,才能推动事业的进步和发展。如:"两脚战立的书柜";秀才买肉的故事;徐道觉错失了重大发现;战国的赵括纸上谈兵;三国的马谡失守街亭等。

俗话说,尽信书不如无书。也就是说,书本知识固然重要,但是书本毕竟是前人知识和经验的总结,时代发展了,社会进步了,书本知识也可能过时。更何况,书本上写的东西可能就是错误或是片面的,即使正确,也有一定的适用范围,不能无条件地照抄照搬。

三、改变书本型思维定势的训练

为了克服人们的"唯书本定势",可以进行以下训练。

1. 正反合读书法

所谓"正反合"读书法,即把读书过程分为"正"读、"反"读、"合"读三步。"正"读,即从正面去读。拿到一本书或者一篇文章,先认定书中的观点是完全正确的,你不仅全面赞同，而且还要对其进行补充、完善，使其更加丰富、充实。"反"读，即从反面去读。在正读完后，再认定书中的观点都是片面的或错误的，你要下功夫找出这些片面和错误之处，进而想方设法，对片面进行纠正或修正，将错误统统驳倒，并给出正确答案。"合"读就是将"正"读的结果和"反"读的结果综合起来，提出自己对该书的看法和见解，对于正确的观点加以肯定并进一步完善，对于错误的观点加以修正并有新的发现，做到既继承又超越。

2. 在实践中学习

人的一生，仅学习书本知识是远远不够的，书本不是唯一的知识来源，重要的是面向现实，在实践中学习，现实和实践才是知识的源泉。我们看重"书本"而不唯"书本"，更不能形成"书本型思维定势"，我们承认书本知识的科学性，也要清醒地认识书本知识的局限性，从而面向现实，面向实践，并在实践的过程中学习，就能有效地破除书本型思维定势。

尽信书不如无书。饱学之士，大家见过，天文地理，三教九流，无所不知，是一部活的百科全书。但是，他们不会动手，不会处世，想不出新点子，解决不了问题，除了书本上的知识，他们一无所知。在现实生活里有读书不多，甚至没有受过正规的高等教育，却思维敏捷，创意不断，甚至成为叱咤风云的人物，比如爱迪生，不是说不读书，但不必要追求无所不知。

芝加哥的一家报社在一篇社论中说美国汽车大王福特是"无知的和平主义者"，福特很生气，向法庭控告该报恶意诽谤。开庭时，报社的律师向福特提出了许多"常识性"的问题，以此来证明福特确是一个"无知的人"。比如："美国宪法的第五条内容是什么？""英国在1776年派了多少军队来美国镇压反叛？"等。福特对这些提问有些不耐烦，他气愤地对报社的律师说："请让我来提醒你，在我的办公桌上有一排电钮，只要我按下某个电钮，就能把我所需要的助手招来，他能够回答我的企业中的任何问题。至于我企业之外的问题，只要我想知道，也可以用同样的方法获得。既然我周围的人能够提供我所需要的任何知识，难道仅仅为了在法庭上能回答出你的提问，我就应该满脑子都塞满那些东西吗？"最后，法官认为福特有理，"无知的"福特战胜了学富五车的律师。

所以，正确对待书本知识的态度应当是既要学习书本知识，接受书本知识的理论指导，又要防止书本知识可能包含的缺陷、错误或落后于现实的局限性。要善于思维创新，要敢于否定前人，培养提出问题的能力。学习新知识，不能盲目迷信书本，要勇于质疑，提出问题，这时创造的萌芽，是一种可贵的探索求知的创新精神。

第三节 经验型思维定势

一、经验型思维定势的内涵

▶【案例2-13】

经验主义害死"兔"

野兔是一种十分敏感的动物，为了防止敌人的侵袭，它总是走走停停，然后企高而盼，竖起能拢音的大耳朵东西南北聆听音迹，在判断没有危险的情况下才动若脱兔。野兔的行迹十分有规律性，因为它对熟悉的生存路线有着强烈的自信心，这种自信是建立在它经过多次行走而不出危险的前提下的。然而它在春、夏、秋季安然无恙的情况下，而冬天则露出了蛛丝马迹，因为冬天的雪地会清晰地留下它的行迹，而兔子依然故我，猎人只要找到哪个是兔子的真正行迹，就会在那路线上下一个套，一下一个准。这就是经验型思维定势导致的结果。

> 【案例 2-14】

不会跑掉的水牛

一位老农把一头大水牛拴在一个小木桩上。有人走过去对老农说:"大伯,它会跑掉的。"老农呵呵一笑,语气十分肯定地说:"它不会跑掉的,从来就是这样。"那人有些迷惑,忍不住又问:"为什么不会跑走?这么小的一个木桩,牛只要稍稍用力,不就拔出来了吗?"这时,老农压低声音说:"小伙子,我告诉你,当这头牛还是小牛的时候,就给拴在这个木桩上了。刚开始时,它不是那么老实待着,有时也撒野想从木桩上挣脱,但是,当时的它力气小,折腾了一阵子还是在原地打转,见没法子,它就蔫了。后来,他长大了,却再也没有这个心思跟这个木桩斗了。有一次,我拿着草料去喂它,故意把草料放到它脖子伸不到的地方,我想它会挣脱木桩去吃草的。可是它没有,只是叫了两声,就站在原地呆呆地望着草料。"

动物生活在经验的世界里,而我们人类更善于总结经验,依赖经验。所谓经验就是人们通过大量实践获得的知识、掌握的规律或技能。通常情况下,经验对于我们处理日常问题是有好处的,要是没有经验的积累,人类和社会的进步是不可想象的。但经验又有局限性,常常会妨碍思考,成为创新的枷锁,会形成经验式思维定势。

经验型思维定势是指过分依赖以往的经验,不敢越出经验半步,而且习惯以经验为标准来衡量是非。经验是我们日常生活和工作的好帮手,但是,经验成为定势就变成了创新的枷锁。因为经验有多方面的局限性,比如经验的时空狭隘性和经验的主体狭隘性。

首先,经验是宝贵的,但经验有局限性,每一种情况能完全符合过去的经验。一方面,前人的经验及自己总结的经验会对我们办事带来方便;如品茶大师拿着茶叶一看一品,就知道它的产地和等级;老农抓起一把土一看,就知道适宜种什么庄稼。另一方面,经验也会经常成为发挥创新能力的障碍。其次,运用创新思维,突破经验的局限性就会创造财富、创造奇迹,从而改变自己组织和国家的命运。总之,经验型思维定势会削弱大脑的想象力,造成创新能力的下降,这正是创造发明的大敌。

二、改变经验型思维定势的训练

> 【案例 2-15】

电扇的销售

日本的东芝电气公司 1952 年前后曾一度积压了大量的电扇卖不出去,7 万多名职工为了打开销路,费尽心机地想了不少办法,依然进展不大。有一天,一个小职员向当时的董事长石坂提出了改变电扇颜色的建议。在当时,全世界的电扇都是黑色的,东芝公司生产的电扇自然也不例外。这个小职员建议把黑色改为浅色。这一建议引起了石坂董事长的重视。经过研究,公司采纳了这个建议。第二年夏天东芝公司推出了一批浅蓝色电扇,大受顾客欢迎,市场上还掀起了一阵抢购热潮,几个月之内就卖出了几十万台。从此以后,在日本,以及在全世界,电扇就不再都是一副统一的黑色面孔了。

此案例具有很强的启发性。只是改变了一下颜色,大量积压滞销的电扇,几个月之内就销售了几十万台。这一改变颜色的设想,效益竟如此巨大。而提出它,既不需要有渊博的科技知识,也不需要有丰富的商业经验,为什么东芝公司其他的几万名职工就没人想到、没人提出来?为什么日本以及其他国家的成千上万的电气公司,以前都没人想到、没人提出来?这显然是因为,自有电扇以来都是黑色的。虽然谁也没有规定过电扇必须是黑色的,而彼此仿效,代代相袭,渐渐地就形成了一种惯例、一种传统,一种经验,似乎电扇都只能是黑色的,不是黑色的就不称其为电扇。这样的惯例、常规、传统和经验,反映在人们的头脑中,便形成一种经验型思维定势。时间越长,这种定势对人们的创新思维的束缚力就越强,要摆脱它的束缚也就越困难,越需要作出更大的努力。东芝公司这位小职员提出的建议,从思考方法的角度来看,其可贵之处就在于,他突破了"电扇只能漆成黑色"这一思维定势的束缚。

【案例 2-16】

猜 球

数学家华罗庚讲过一个故事,如果我们去摸一个袋子,第一次,我们从中摸出一个红玻璃球,第二次、第三次、第四次、第五次我们还是摸出了红玻璃球,于是,我们会想,这个袋子里装的是红玻璃球,可是,当我们继续摸到第六次时,摸出了一个白玻璃球,那么,我们会认为,这个袋子里装的是一些玻璃球罢了。可是,当我们继续摸,又摸出了一个小木球,我们又会想,这里面装的是一些球吧。可是,如果我们再继续摸下去,结论可能又有改变。

我们在一个有限的范围里,得出了一定的类似概念以后,往往会形成一定的思维定势,并且在一定的范围里似乎它是没有错的,可是如果跳出了这个范围,我们面对的是如此浩瀚的世界,你又如何能探尽这个世界?

【案例 2-17】

与众不同的进球

在一次欧洲篮球锦标赛上,保加利亚队与捷克斯洛伐克队相遇。当比赛剩下 8 秒钟时,保加利亚队领先 2 分,按说已稳操胜券,但那次锦标赛是循环制,保加利亚必须赢够 5 分才能获胜。但在剩下的 8 秒钟里,保加利亚队要想赢得 3 分是不可能了,所有人都这么想。这时,保加利亚队的教练突然要求暂停,借机向队员们面授机宜。比赛继续进行后,球场上出现了众人意想不到的事情:只见保加利亚队员突然运球向自己篮下跑去,并迅速起跳投篮,球应声入网。全场观众目瞪口呆。此时比赛时间到。等到裁判宣布双方打成平局,需要加时赛时,观众才恍然大悟。保加利亚队以出人意料之举,为自己创造了一次起死回生的机会。加时赛的结果,保加利亚赢球 6 分,如愿以偿地出了线。

保加利亚队的成功,全凭这位教练突破经验定势,用独特的视角看事物,转换了解决问题的思路。这给我们的反思是,经验是正确的,但是要是变成绝对的、永久不变的结论,或者把局部的狭隘的经验认定为普遍的真理就不正确了。本来是一步死棋,换一个角度,说不定就是"柳暗花明又一村"。

进行创新思考,必须警惕和摆脱思维定势的束缚作用。无论是在创新思考的开始,还是在它的其他某个环节上,当我们的思考陷入了困境时,往往都有必要检查一下是否被某种思维定势捆住了手脚。一个人的创新思考陷入了某种思维定势大都是不自觉的;而跳出一种思维定势,则常常都需要自觉地作出努力。

经验思维定势容易束缚人们的头脑,影响创新思维的发挥。为破除经验定势,要有"初生牛犊不怕虎"的精神。在科学史上有着重大突破的人几乎都不是当时的名家,而是学问不多、经验不足的年轻人,因为他们的大脑有着无限的想象力和创造力,什么都敢想,什么都敢做。例如:帕斯卡17岁写成关于圆锥曲线的著作,西门子19岁发明电镀术,牛顿23岁创立微积分,爱因斯坦26岁提出狭义相对论,达尔文29岁提出生物进化论,爱迪生29岁发明留声机,贝尔29岁发明电话。

突破经验型思维定势,从时空、经验的主体以及对偶然性问题等多方面进行考虑。

1. 突破时空的狭隘性

中国古代的晏子曾说:"桔生淮南则为桔,生于淮北则为枳",二者结出的果实相似,但味道就差远了,那是由于"水土"不同的原因。由于受到时间和空间的局限,人类经验的有效运用范围,实际上是十分狭窄的。任何经验总是在一定的时空范围中产生的,而往往也只适应于一定的时空范围。一旦超出这个范围,这种经验能否有效,就要打上一个问号。

2. 突破经验的主体狭隘性

请在头脑中想一想以下这个问题:你面前有一张很大很大的正方形普通打字纸,你把它从正中折叠一次,纸的面积减小一半,而厚度则增加一倍。然后,再从正中折叠第二次,面积又减小一半,而厚度又增加一倍。如此连续不断地进行下去,一直折叠50次。请问,这张纸的厚度将达到多少?

如果你以前从来没有想过或计算过类似的问题,那么,你根本无法想象这张纸折叠50次之后所达到的令人吃惊的厚度。也许你能够根据日常经验,随便估猜一个厚度,比如,像一座摩天大楼那样高,或者像珠穆朗玛峰那样高等。但是你的"经验性"估猜肯定与真实的答案相距千里之遥。因为在你的生活经验中从来不可能遇到这种情况。

稍懂一些数学的读者能够计算出,一张普通打字纸折叠50次之后,其厚度将增加"2的50次方"倍,也就是说,其厚度将达到5000万公里左右,比从地球到太阳整个距离的一半还要多。所以,这张纸无论多么大、多么薄,你都不可能把它折叠50次。

从这道测试题中,我们也许应该领悟到:你从未经历过的事物,往往很难对它进行正确的想象。每一个思维主体,不管经验多么丰富,从数量上说总是有限的,他没有经历过的事情总是无穷多的。这样,当他面临自己所从没遇到过的事物或者问题的时候,他常常会手中无措,如果单凭已有的经验推断,其结果大多是错误的。

3. 对偶然性问题应多加考虑

有一道简单的"动脑筋"题目:某位举重运动员有个弟弟,但是这位弟弟却根本没有哥哥。请问是怎么回事?心理学家曾经拿这道同样的题目,测试了100名高中学生和100名幼儿园的小朋友。结果出乎意料,高中学生答题的思维时间和答错率都超过了幼儿园的小朋友。对此的解释只能是,举重运动员"最常见的"是男性,高中生有这种"经验",而幼儿们没有这种"经验",因而不受它的束缚。

个人的经验在内容上仅仅抓住了常见的东西,而忽略了少见的、偶然的东西。但是在每一个具体的现实环境中,总会有大量的平常很少见到的、偶然性的东西出现,如果我们仍然用以往的经验来处理、则不可避免地要产生偏差和失误。

我们应该多触摸生活、品尝人生、勤变换视角、勤更新观念,不认死理、不作茧自缚、不"一条路走到黑",可使自己的生活更加丰富多彩。

▶【案例2-18】

突破经验型思维定势训练题

请试一试:

——试着倒着走路;

第二章 思维定势

——习惯坐后排的同学改坐前排；
——喜欢收拾东西的同学不妨随意一下；
——下雨的时候不打伞走出去；
——改变一下到教室的路线；
——换一种方式和别人打招呼或问好；
——尝试另外的运动项目；
——把吸收式读书改为批判式读书；
——以欣赏的心态看待自己曾不感兴趣的课程。

第四节　权威型思维定势

一、权威型思维定势的内涵

▶【案例 2-19】

指鹿为马

相传秦二世时，丞相赵高野心勃勃，试图谋朝篡位，可朝中大臣有多少人能听他摆布，有多少人反对，他心中没底。于是，他想了一个办法，准备试一试自己的威信，同时也可以摸清敢于反对他的人。一天上朝时，赵高让人牵来一只鹿，满脸堆笑地对秦二世说："陛下，臣献给您一匹好马。"秦二世一看，心想：这哪里是马，这分明是一只鹿嘛！便笑着对赵高说："丞相搞错了，此乃鹿也！"赵高面不改色心不慌地说："请陛下看清楚了，这的的确确是一匹千里好马。"秦二世又看了看那只鹿，将信将疑地说："马的头上怎么会长角呢？"赵高一看时机到了，转过身，用手指着众大臣们，大声说："陛下如果不信我的话，可以问问众位大臣。"大臣们愣了一会儿，忽然明白了他的用意。一些胆小又有正义感的人都低下头，不敢说话；有些正直的人，坚持认为是鹿而不是马；还有一些平时就紧跟赵高的奸佞之人立刻表示拥护赵高的说法，对皇上说，"此乃千里好马也！"事后，赵高通过各种手段把那些不顺从自己的正直大臣纷纷治罪，甚至满门抄斩。

"指鹿为马"就是一种以权代理、以权代法的思维方式，一切只服从于权力、权威，完全不尊重客观规律，因而，它是一种彻底的反科学思维，只能将人带入狂妄、无知的愚蠢境地。

▶【案例 2-20】

苏东坡与《苏沈良方》

在我国古代有一本医书叫《苏沈良方》，书中记载了一些治疗伤寒病的所谓秘方。宋朝时大名鼎鼎的苏东坡介绍了这本书。苏东坡没有认真审查，更没有经过实践检验，就写了一篇序言对此书大加推崇，序言里还写了"真济世卫生之宝也"。经他这么一推荐，人们纷纷采用书中的"秘方"，结果医死了无数的人。后来有一位医生在自己所写的一本书里。为了避免谬种流传，贻害无穷，他先照录了苏东坡的那篇序言，接着便直言不讳地说："此药治伤寒，因东坡作序，天下通行。辛未年，永嘉瘟疫，被害者不可胜数。"

随着社会化分工越来越细，一个人不可能通晓所有的事情，这时就需要领域的专家或权威充当导师、顾问、领导和教练等角色。在一个尊重知识、崇尚科学的社会，权威是应该得到人们尊重的。我们在长期的学习、工作和生活中，逐渐形成了对权威的尊敬甚至崇拜。这是因为这些权威们或是领导、或是长辈、或是专家，经常被社会舆论作为有学问、有经验的人广为宣传，使他们有了很高的名望。尊重权威当然没有什么错，但一切都按照权威的意见办，既不敢怀疑权威的理论或观点，也不敢逾越权威半步，将会成为创新思维的极大障碍。尤其是青年学生和参加工作不久的年轻人，往往觉得人家有那么高的地位、那么丰富的学识，哪有我们年轻人说话的份。其实，权威的意见只是在一定时间、一定范围是正确的，而实践才是检验权威的唯一标准。正是一些创新者克服了对权威的无条件崇拜、打破了迷信权威的思维障碍才取得了创新成果。

权威型思维定势就是在思维过程中盲目迷信权威，以权威的是非为是非，缺乏独立思考能力，不敢怀疑权威的理论或观点，一切都按照权威的意见办事。这是一种思维惰性的表现，是对权威的迷信、崇拜与夸大，属于权威的泛化。权威型思维定势不是人类先天固有的，而是在社会中经历了一个长期过程逐渐建立起来的。

权威型思维定势对人类的发展与进步有着一定的积极意义。因为有了权威的存在，节省了人们无数重复探索的时间和精力，例如我们不必再从头去研究几何学，只需要学一学欧几里德的几何理论就行；我们不必亲自去"看云识天气"，只需要听一听中央气象台的天气预报就行。这些权威定势都是简便有效的方法。尊重权威当然没有什么错，但一切都按照权威的意见办事，盲目崇拜和服从权威，不敢怀疑权威的理论或观点，不敢逾越权威半步，就会严重阻碍人们创造性思维的发挥。

权威型思维定势有利于常规思维，却有害于创新思维。在需要推陈出新的时候，它使人们很难突破破旧权威的束缚，而敢于提出推翻权威，这本身就是一种创新行为。历史上创新常常是从打倒权威开始的，像五四时期的"打倒孔家店"，像古希腊哲学家的名句"我爱老师，但我更爱真理"，都鲜明地表现出与旧权威决裂的决心和勇气。伽利略不相信亚里士多德的权威，后者认为自由下落的物体重量越大则下落速度越快，重量越轻下落的速度越慢。伽利略设计了一个巧妙的逻辑试验，便把流传1000多年的亚里士多德结论推翻了。为了保持创新思维的活力，我们要时刻警惕权威型思维定势，我们尊崇权威，但决不应该把权威的结论变为我们头脑中的思维定势。

二、改变权威型思维定势的训练

权威定势来源于儿童走向成年的过程中所接受的"教育权威"和由于社会分工和知识技能方面的差异所导致的"专业权威"。权威定势形成后，个性从此消失。在崇尚权威的环境下生活习惯了的人们，惯于奉命行事而失去了独立思考的能力。使权威产生晕轮效应，即将权威们不足的方面、谬误之处掩盖了起来，不管其对还是错，都盲目地认为是正确的，加以信从。它阻碍着创新思维，所以要进行弱化训练。权威型思维定势的突破，要敢于大胆怀疑，审视权威，是不是本专业的权威，是不是不地域的权威，是不是当今最新的权威，是不是借助外部力量的权威，其引论是否与权威自身利益相关。

为破除权威定势，可进行如下训练：去阅读某一权威人物的论著，注意从中找出你有疑问的论点，并针对这一论点查阅相关资料，展开深入研究，看该论点是否科学、是否严密、是否正确。其实，只要有了这个过程，不管能否找出问题，也不论研究的结果如何，你都已经达到了训练目的。这是因为，一方面验证了权威不一定处处正确，从而破除了权威效应；另一方面，你确实已经有所发现，有所前进，收获了创新的成果。这才是名副其实的"一举两得"。

第五节　思维定势的突破

牛顿从苹果落地发现了万有引力，瓦特看见炉子上烧水的壶盖被水汽顶起而受到启发，发明了蒸汽机。苹果与万有引力、水壶盖与蒸汽机，在一般人看来是风马牛不相及的事物，牛顿和瓦特却能够从这些不同的事物中揭露客观事物的本质及其内部联系，并且在此基础上产生新颖、独创和有价值的思维成果，这种解决问题的思维活动就是创新思维。作为创新主体的个人，其创新思维能力受到思维定势的影响，要提高创新思维能力，就应该突破思维定势，而突破思维定势的关键就是转换思维视角。

创造学里将思维开始的切入点称为思维视角。对于同一事物以不同的切入点进行思考，其结果是大相径庭的。转换思维视角就是把当前或即将到来的事情放在一个更大的或新的参照系中进行思考。实际上，对于创新活动来说，思维视角是非常重要的。

为什么思维视角对于创新者来说非常重要呢？因为创新就是对客观事物进行前所未有的改变，取得更加符合人类自身利益的结果，而要改变客观事物，就得正确认识客观事物，若仅从旧的视角观察和认识客观事物和前人完成了的业绩，你也很难超越。要想创新，你就必须从新的视角切入，才能借助创新思维，有所发现，有所发明，有所创造，有所前进。

扩展视角对认识客观事物会有极大的影响，原因如下。

① 事物本身都有不同的侧面，从不同的角度去考察，就能更加全面地接近事物的本质。

例如，盲人摸象的故事就说明：只从一个角度、一个局部去考察事物，是不能准确地反映事物的本来面貌的。

② 世界上的各种事物都不是孤立存在的，它们与周围的其他事物有着千丝万缕的联系，观察研究某一未显露本质的事物，可以从与它有联系的另一事物中寻找切入点。

例如，墨西哥火山爆发与粮食紧缺看似毫不相干，却被精明的美国人发现并利用来大赚了一笔钱。

③ 事物是发展变化的，发展变化的趋势又是有多种可能性的。一般情况下，人们在观察和思考的时候，大多只注意到事物发展趋势比较明显的特征，因为它容易被看出来，这就叫常规视角。而对于那些很难被注意和捕捉的事物或发展趋势不明显的可能性，就要选取非常规的视角去观察和认识了。从这种非常规的视角发现的事物特征或发展趋势，往往就是新的发现，也往往就是创新思维的出发点。

【案例 2-21】
推销员非洲卖鞋

美国一个制鞋公司派一名推销员去非洲卖皮鞋，他到了那里一看，那里的居民都打赤脚，根本就不穿鞋，于是发回电报："这里的人都不穿鞋，没有市场，我马上返回。"公司又派了另一名推销员，拍回来的电报却是："这里的人没有鞋穿，市场巨大，速发货。"

结果，后一名推销员经过宣传，创造了新的市场，取得了很好的业绩。思维方式转换，取得了市场，这是市场营销学里多次提到的经典案例。

④ 对于某个领域的一些事物，特别是社会生活或专业技术领域里的常见事物，许多人都观察思考过了，你自己也经常接触。别人的和自己的观察角度、思考方式，已经成了一种固定的模式，就是我们前一节讲的思维定式。在这种情况下，我们如果不改变思维视角，要

想获得新的认识是非常困难的。因此，我们必须寻找或获得更多的新的视角。

生活中往往有这样的情况：你是从事某个专业的技术人员，在你的工作范围内，有一些现象你习以为常；一些规章制度、工作方式方法虽然有问题，你也适应了；对于专业领域的技术规范、操作规程，你熟悉得不能再熟悉了。可是，当你的工作环境里来了一个外行，说不定就能发现很多问题，提出很多合理化建议来。反过来，你到一个新的单位，可能很快就能发现那里的问题，提出有创见的意见来。这就是思维视角改变的作用和效果。

一、改变万事顺着想的思路

从古到今，大多数人对问题的思考，都是按照常情、常理、常规去想的，或者按照事物发生的时间、空间顺序去想，这就是所谓的万事顺着想。万事顺着想容易找到切入点，解决问题的效率比较高，大家都是这么想的，彼此之间的交流就比较方便。但是在互相竞争的情况下，很难出奇制胜。更重要的是，客观事物本身并不是那么简单的，而是很复杂的、千变万化的，顺着想不可能完全揭示事物内部的矛盾，发现客观规律。

【案例 2-22】

苏联军队星夜进攻柏林

第二次世界大战后期，苏联军队向柏林发动总攻击的前夜，朱可夫元帅遇到了一个难题。本来，苏联军队是想趁着天黑发动突然袭击的，可是这天夜晚星光灿烂，部队难以隐蔽。如果贸然发起攻击，敌人对苏军的行动看得很清楚，苏军的损失巨大；如果放弃机会，就会贻误战机。他下令把所有的探照灯都集中起来，用最强的光照射敌军阵地。在 140 台探照灯的强烈光线照射下，德军眼睛都睁不开。苏军在明晃晃的灯光下突然进攻，冲破防线，打得敌人措手不及，迅速解决了战斗。

朱可夫元帅在发现顺着想不能很好解决战斗问题时，采用直接打开探照灯的这种倒着想的办法也是一种非常好的选择。

【案例 2-23】

熊田长吉改进锅炉

日本科学家熊田长吉在从事锅炉研究改造工作中，开始时主要考虑怎样在炉内加热，但热效率总是提高不了。后来，他想到，冷和热是对立的，不能只考虑热的方面，不考虑冷的方面，只加热水管，热水就上升，但没有考虑冷水的下降，冷热水循环不畅，热效率当然不高。他又进一步实验，把原来的许多热水管加粗，在粗管内再安装一根使冷水下降的细管，这样，粗管里的热水上升，细管里的冷水下降，水流和蒸汽的循环加快，热效率果然提高了。按照他设计而生产的锅炉，在实际使用时，热效率提高了 10%。

过去的工业锅炉和生活用锅炉，都是在炉内安装许多水管，用给水管加热的方法，使热水上升，产生蒸汽。但这种锅炉的热效率不高。熊田长吉从矛盾的对立面出发，进行大胆尝试，果然收到奇效。

【案例 2-24】

乙醇冷浸法的发明

我们知道，中医学中提取药物的有效成分都是采取"热提取工艺"，就像我们熬中药那样。古典中医书上记载，青蒿中含有抗疟疾的成分。但采取热提取工艺却不能将青蒿素提取出来，越是提高温度，出来的有效成分越少。这使我国的许多中医药研究人员百思不得其解。后来，中医研究院研究人员屠呦呦查阅大量资料并反复思考后认为，对于青蒿来说，加热的办法不仅提取不出有效成分，相反还会破坏它。要想提取有效成分，不能加热，而是要降低温度。于是，她采用"乙醇冷浸法"，经过反复实验，终于获得成功，分离提纯出抗疟新药——青蒿素。而这一创新成果也达到了世界先进水平。在此基础上，她又进一步改造其化学结构，研制出蒿甲醚、蒿乙醚、双氢青蒿素等衍生物，为我国中医药事业的发展做出了重大贡献，并赢得了国际声誉。

遇到问题时可以直接跳到事物中矛盾一方的对立面去想。因为对立的双方是既对立又统一的，改变这一方不行，改变另一方则可能是有助于问题的解决。

【案例 2-25】
农夫与和尚

过去有一个农民在田间劳动，感到非常辛苦，尤其是在炎热的夏天，感到更是苦不堪言。他每天去田里劳动都要经过一座庙，看到一个和尚经常坐在山门前的一株大树树荫下，悠然地摇着芭蕉扇纳凉，他很羡慕这个和尚的舒服生活。一天他告诉妻子，想到庙里做和尚。他妻子很聪明，没有强烈反对，只说："出家做和尚是一件大事，去了就不会回来了，平时我做织布等家务事较多，我明天开始和你一起到田间劳动，一方面向你学些没有做过的农活，另外及早把当前重要农活做完了，可以让你早些到庙里去。"

从此，两人早上同出，晚上同归，为不耽误时间，中午妻子提早回家做了饭菜送到田头，在庙前的树荫下两人同吃。时间过得很快，田里的主要农活也完成了，择了吉日，妻子帮他把贴身穿的衣服洗洗补补，打个小包，亲自送他到庙里，并说明了来意。庙里的和尚听了非常诧异，说："我看到你俩，早同出，晚同归，中午饭菜送到田头来同吃。家事，有商有量；讲话，有说有笑，恩恩爱爱。我看到你们生活过得这样幸福，羡慕得我已经下决心还俗了，你反而来做和尚？"

这则故事不仅表现农民的妻子聪明贤惠，更体现了一个换位思考的道理。

【案例 2-26】
如何提高降落伞的合格率

第二次世界大战期间，美国空军降落伞的合格率为 99.9%。这就意味着从概率上来说，每一千个跳伞的士兵中会有一个因为降落伞不合格而丧命。军方要求，厂家必须让合格率达到 100% 才行。厂家负责人说，我们竭尽全力了，99.9% 已是极限，除非出现奇迹。军方改变了检查制度，每次交货前从降落伞中随机挑出几个，让厂家负责人亲自跳伞检测。

从此，奇迹出现了，降落伞的合格率达到了百分之百。换位思考，往往会起到意想不到的结果。

【案例 2-27】
电不粘锅的发明

日本有一位家庭主妇，煎鱼时发现鱼肉总是粘锅，铲起来很费事，还会使煎好的鱼缺损，不好看。其实这个问题许多人都遇到过，但都没有好的办法。这位家庭主妇经过观察，发现是因为锅底加热后，油流到热锅底造成的。有一天，她突发奇想：既然在下面加热不好，何不换个加热位置，从上面加热呢？经过多次实验，她终于发明了在锅盖上安装电阻丝的电加热方法，研制出了煎鱼不煳的锅。

改变思考者自己的位置，从另外角度看问题，这就是换位思考或易位思考。换位思考，是设身处地为他人着想，即想人所想，理解至上的一种处理人际关系的思考方式。在生活中，当我们面对某一问题时，如果仅仅只是从自己的利益得失出发去考虑，而置别人于不顾，往往就会失之偏颇，甚至伤害他人。凡事设身处地，换一角度为他人着想，原本疑惑不解的问题也好，都可能会变得豁然开朗而迎刃而解。如果你是思考社会问题，你可以把自己换到其他人的位置上，特别是应当换到你考察的对象的位置上。如果你研究的是科学技术问题，你可以更换观察的位置，从前后、左右、上下等各个方向去分析问题。如果你是位企业家，在管理过程中主客体双方在发生矛盾时，能站在对方的立场上思考问题，对内管理者应当站在员工的角度去思考问题和解决问题、同事与同事站在对方角度考虑对方的立场，对外企业应当站在用户的角度，想用户之所想，急用户之所急，只有真正做好换位思考才能使企业运营合理、效益提神、事半功倍。在到我们的日常工作生活中突破思维定势，进行换位思考，将它当作自身素质修养提高，慢慢会发现工作开展的顺利了，人际关系也不像以前那么僵化了，人们开始友好起来了，工作也比以前更加自信和充满干劲了，不再是负担，而是一种乐趣。思维定势的突破是一个人格独立、自我意识觉醒的过程，一旦走出思维定势，也许可以看到许多别样的人生风景，甚至可以创造新的奇迹。换个位置，换个角度，换个思考，也许我们面前是一番新的天地。

二、转换问题获得新视角

虽然我们遇到的问题是多种多样的，但彼此之间有相通的地方。对于难以解决的问题，与其死盯住不放，不如把问题转变一下。把几何问题转换为代数问题，把物理问题转换为数学问题，把复杂问题转化为简单问题，把自己生疏的问题转换成熟悉的问题等。

【案例 2-28】
爱迪生测量灯泡容积

一次，爱迪生让助手帮助自己测量一下一个梨形灯泡的容积。事情看上去很简单，但由于灯泡不是规范的圆形，而是梨形，因此计算起来就不那么容易了。

助手接过后，立即开始了工作，他一会儿拿标尺测量，一会儿计算，又运用一些复杂的数学公式。可几个小时过去了，他忙得满头大汗，还是没有计算出来。就在助手又搬出大学里学过的几何知识，准备再一次计算灯泡的容积时，爱迪生进来了。他看到助手面前的一沓稿纸和工具书，立即明白了是怎么回事。于是，爱迪生拿起灯泡，朝里面倒满水，递给助手说："你去把灯泡里的水倒入量杯，就会得出我们所需要的答案。"

助手这才恍然大悟：简单就是高效！

这个故事给人们一个重要启示：学会把问题简单化，才是一种大智慧。简单就是高效，换个思维方式，问题迎刃而解。

【案例 2-29】
某石材公司客户管理简单化

某石材公司在管理过程中，流程越来越完备，制度越来越完善，战略越来越完美。然而，员工似乎总是提不起精神，客户也总是找不到感觉，并且市场份额在明显下滑。走投无路之时，这家公司的首席执行官想到了利用客户的力量。他决定采取"减免付款"的独特方式启发内在的潜能，将竞争能力提升到新的水准。"减免付款"方式授权客户根据自己的满意程度决定是否付款以及付多少，企业绝不与客户讨价还价，客户只需要填写一张简单的表格，说明原因即可，没有任何附带条件。

"减免付款"确保了客户的需求和不满可以直截了当地传递到企业内部。因此，企业也就将自己赤裸裸地暴露于外部市场的风风雨雨。这最终让公司的全体员工对客户的需求始终保持着最高程度的警觉和关注。在这样的背景下，企业顺利推行了一系列旨在增强竞争力的改革措施。结果，该公司的产品价格不仅没有因为"减免付款"而降低，反而比市场平均价格高出了6%。

大道至简。"道不远人，远人非道"。简单就是核心，简单就是统一，简单就是和谐，简单就是力量，简单就是高效。企业的管理不必太复杂化，使事情保持简单是中小企业与成长型企业发展的要旨。让管理回归简单，把复杂的问题简单化。

一个手艺精湛的锁匠，因得罪了皇帝而被投入牢房，他花了10年时间研究牢房门上的锁，但最终没打开。获释后才知道锁一直是开的，与其说是锁锁住了锁匠，倒不如说是表面上的复杂吓住了锁匠。爱因斯坦说："解决问题很简单时，上帝在回应。"一种方法的简单性，保证了它的正确性。有一句话说：聪明人可以把复杂的问题越搞越简单，不聪明的人可以把简单的问题越搞越复杂。事实上，在解决复杂问题时能够化繁为简，就体现了一种新的视角。

【案例 2-30】

于振善"称"面积

解放初期，河北有个农民于振善，特别喜爱数学计算，经常把很难的数学问题简化后迅速计算出来。他认为珠算就是用简单方法计算的很好工具，还发明了一种"于振善算盘"。有一次，他参加土改工作队从事丈量土地工作，在把地主的土地分给农民时，有一块土地形状非常奇怪，为了能分配得公平合理，就一定要把每块土地的面积计算得非常准确，土改才能取得成功。怎样测算这块土地的面积呢？不用说用几何和三角，就是用积分的方法，也很难计算，因为形状太复杂了。于振善想了一想，有了好办法。原来，他过去是个木匠，他回去把土地的形状按比例画在一块均匀的木板上，再用钢丝锯锯下来，称称重量；然后与同样的木料的方形木块比较，找到同样重量的方形木料。这样，方形木料的面积就是复杂形状木料的面积，再乘以事先定好的比例，土地的面积就出来了。

【案例 2-31】

钢筋水泥的发明

19世纪末，法国园艺学家莫尼哀想设计一种牢固坚实的花坛。可是，他只熟悉园艺，对于建筑结构和建筑材料一窍不通。经过思考，他发挥了自己的特长：他对植物再熟悉不过，他就把花坛的构造转换成植物的根系作为出发点。植物根系是盘根错节的，牢牢地和土壤结合在一起，非常结实。他把土壤转换为水泥，把根系转换为一根一根的钢筋，并用水泥包住钢筋，就制成了新型的花坛。这样，不仅花坛造出来了，而且，建筑史上划时代意义的新型建筑材料——钢筋水泥，也由这个建筑业的门外汉发明出来了。

对于从未接触过的生疏的问题，可能一时无法下手，找不到切入点，但不要望而却步，试着把它转换成你熟悉的问题，可能就会有新的视角，也许还会有出色的成果诞生。

【案例 2-32】

孙宝公平断案

汉朝有个京兆尹（相当于今天的首都市长）叫孙宝。一天，有一个农民和一个摊贩要打官司。原来，农民在进城时不小心把摊贩卖的馓子碰碎后撒了一地。摊贩让农民赔，该农民也认赔。但是，在赔偿的数量上二人起了争执：农民说只有50个，摊贩说起码有300个。由于馓子全碎了，根本无法复原，也就无法数出有多少个，也正是利用碎了的馓子不能复原这一点，农民可能往少了说，摊贩可能会尽量往多了说。孙宝想，按农民说的，摊贩不干；按摊贩说的，农民觉得吃亏。自己给定个数量，两个人肯定都不干，而且也无从定起。孙宝决定不能糊涂判案，一定要让双方都服气。于是，他让人买来一个馓子，并称了重量，又叫人把撒了一地的馓子收在一起，也称了重量，再相除，就得出了馓子的数量。按此结果，让农民赔偿，双方均无话可说，旁观者无不称赞。

世间有些事情是能够办到的，有些难以办到，有些根本就不能办到。但是，能不能将不能办的转换成能够办的呢？如果能，我们不就多了一种新的观察和解决问题的视角吗？

在解决比较复杂、比较困难的问题时，要想直接解决问题，往往会遇到极大的阻力。这就需要改变一下思维视角，或是退一步来考虑，或是采取迂回路线，或是先设置一个相对简单的问题作为铺垫，为最终实现原来的目标创造条件。

不同的人在不同情况下思维定势的情况也有所不同。不管遇到的思维定势是什么，只要能冷静客观地发现自己的思维定势，分析它产生的原因，换一种方式去思考，有意识地去克服它，去突破它，那么，这就是一个了不起的进步。因为突破思维障碍，就是创造性思维的开始。

拓展阅读

一、突破思维定势案例

一个被日本老板百万年薪聘请的中国人

有个年轻人决定凭自己的智慧赚钱，就跟着人家一起来到山上，开山卖石头。

别人把石块砸成石子，运到路边，卖给附近建筑房屋的人，这个年轻人竟直接把石块运到码头，卖给杭州的花鸟商人了。因为他觉得这儿的石头奇形怪状，卖重量不如卖造型。就这样，这个年轻人很快就富裕起来了。3年后，卖怪石的年轻人成了村子里第一座漂亮瓦房的主人。

后来，不许开山，只许种树，于是这儿成了果园。当地的鸭梨汁浓肉脆，香甜无比。每到秋天，漫山遍野的鸭梨引来了四面八方的客商。乡亲们把堆积如山的鸭梨整车整车地运往北京、上海，然后再发往韩国和日本。

鸭梨带来了小康日子，村民们欢呼雀跃。这时候，那个卖怪石的年轻人却卖掉果树，开始种柳树。因为他发现，来这儿的客商不愁挑不上好梨，只愁买不到盘梨的筐。

5年后，他成了村子里第一个在城里买商品房的人。再后来，一条铁路从这儿贯穿南北。这儿的人上车后，可以北到北京，南抵九龙。小小的山庄更加开放了。乡亲们由单一的种梨卖梨起步，开始发展果品加工和市场开发。

就在乡亲们开始集资办厂的时候，那个年轻人却又在他的地头，砌了一道三米高百米长的墙。这道墙面朝铁路，背依翠柳，两旁是一望无际的万亩梨园。坐火车经过这里的人，在欣赏盛开的梨花时，会醒目地看到4个大字：可口可乐。

据说这是五百里山川中唯一的一个广告。那道墙的主人仅凭这座墙，每年又有4万元的额外收入。

20世纪90年代末，日本某著名公司的老板来华考察。当他坐火车经过那个小山庄的时候，听到上边的故事，马上被那个年轻人惊人的商业智慧所震惊，当即决定下车寻找此人。当日本人寻找到这个年轻人的时候，他却正在自己的店门口与对门的店主吵架。

原来，他店里的西装标价800元一套，对门就把同样的西装标价750元；他标750元，对门就标700元。一个月下来，他仅卖出8套，而对门的客户却越来越多，一下子批发出了800套。

日本人一看这情形，顿时失望不已。但当他弄清真相后，又惊喜万分，当即决定以百万年薪聘请他。原来，对面那家店也是他的。

也许，赚钱的智慧，只需要一点点创新思维。

二、突破思维定势案例

过滤孔的加工

一家工厂收到一个大订单，产品是一个圆柱形过滤器，圆柱的直径1米，长度2米，轴向均匀分布直径0.5毫米的密密麻麻的很多过滤通孔。

工程师们看到图纸后都惊呆了，每个过滤器要加工出成千上万个轴向小孔。"我们该如何来加工这么多的小孔呢？"总工程师问题大家。

"用钻床来钻吗？"

"显然，钻这么长的小孔是不可能实现的，也许可以用高温铁针来扎出这些孔。"一位年轻工程师毫无把握地说。

所有工程师都陷入了沉默。

其实，突破思维定势，可以这么考虑：我们既不需要钻床，也不需要铁针，这件事应该这样来考虑：将过滤器的功能进行分解，其主要构成元素是过滤孔和基体，有用功能的元素是过滤孔，每个过滤孔不就是一条管子吗！

三、思维定势案例

黄鼠狼给鸡拜年，没安好心？

上海华东师范大生物系的一位老师也是自小就知道这句谚语，但是后来他产生了怀疑，他决定通过实验查查这条谚语的真实性。

他做了两个实验。一个是他花了20年的时间解剖了1000多只黄鼠狼的胃。他从黄鼠狼的胃里的残余物中发现黄鼠狼的主要食物是老鼠，另外还有各种各样的害虫，但是从来没有发现过鸡肉、鸡骨等残余物；另一个实验是他多次把黄鼠狼和鸡关在一个笼子里，笼子里的黄鼠狼不仅不会向鸡发动进攻，而且他们还相处得十分融洽，各吃各的，互不相扰。

四、思维定势案例

跳蚤的思维定势

科学家做过这样一个有趣的实验：把跳蚤放在桌子上，一拍桌子，跳蚤立即跳起，跳起的高度超过其身高的一百倍以上。接着，在跳蚤头上罩一个玻璃罩，再让它跳，跳蚤碰到玻璃罩弹了回来。如此连续多次以后，跳蚤每次跳跃都保持在罩顶以下的高度。然后再逐渐降低玻璃罩的高度，跳蚤总是在碰壁后跳得低一点。最后，当玻璃接近桌面时，跳蚤已无法再跳。科学家移开玻璃罩，再拍桌子，跳蚤还是不跳。这时的跳蚤已从当初的"跳高冠军"变成了一只跳不起来的"爬蚤"。

我们知道，跳是跳蚤的天生能力，而跳蚤变成"爬蚤"是它丧失了跳跃的能力吗？当然不是。之所以这样，是跳蚤在一次次碰壁后，产生了一种消极的思维定势：我再跳高了还会碰壁，为了适应环境而主动地降低跳跃的高度，一次次受挫慢慢地吞噬了它的信心，在失败面前变得习惯、麻木了。更为可悲的是，头上的玻璃罩早已不存在，它却丧失了再跳一次的勇气。行动的欲望和潜能被自己的消极思维定势扼杀，科学家把这种现象称为"自我设限"。

很多时候，我们人类也同这跳蚤一样，在学习、工作、生活中，我们会碰到很多挫折和失败：当我们需要帮助时，可能得到的是拒绝；当我们屡次努力，可能成绩依旧没有起色；当我们想做好一件事而没有做好时，可能会受到他人的嘲笑、歧视甚至否定；当我们努力想证明自己，却可能时时碰壁……这些屡屡受挫的失败经验往往会令我们怀疑自己的能力，对自己失去信心，丧失奋发向上的热情和克服困难的勇气，从而限制了潜能的发挥，使我们在事业上不能成功，这就是"自我设限"的结果。

作为大学生，在学习生活中，难免会遇到挫折：如考试的失利，活动中发挥失常，某些方面技不如人……再加上老师家长的不客观评价，这些很可能使自己产生"我本来不行"的思维定势，因而，妄自菲薄，自暴自弃，破罐破摔，放弃努力，使自己变成"爬蚤"。为避免这种现象，就应该充分认识自己的潜能，相信自己，不惧怕失败，牢记"失败是成功之母"这句格言，不断从失败和挫折中总结经验，吸取教训，作为奋斗的动力，屡仆屡起，奋斗不息，坚定地朝着自己确定的目标不懈努力。用"我能行"取掉罩在头上的"玻璃罩"，用坚定的信心突破"自我设限"。

思考题

1. 篮子里有四个苹果，由四个小孩平均分。分到最后，篮子里还有一个苹果。请问：他们是怎样分的？

2. 有一户人家有两个女儿，两个妈妈，你认为这户人家至少有几个人？

3. 公安局长在路边同一位老人谈话，这时跑来一小孩，对公安局长说："你爸爸和我爸爸吵起来了！"老人问："这孩子是你什么人？"公安局长说："是我儿子。"请回答：这两个吵架的人和公安局长是什么关系？

4. 在8个同样能大小的杯子中，有7杯盛的是凉开水，1杯盛的是白糖水。你能否只常3次就能找出盛有白糖水的杯子来？

5. 要求种4棵数，每两棵之间距离相等，怎样种？

6. 有三个学生到一家小旅店住宿，他们准备住1个晚上，每人交了10元钱，老板见是学生说少收5元吧，退回5元。服务员拿着这5元心想：5元分给3人不好分，于是自己收起2元，退给每个学生1元，事后服务员自己心中不解：每个学生交9元共27元，自己拿了2元总计29元，可学生给了30元，那1元到哪儿去了？请大家帮他想一想。

7. 把一张报纸铺在地上，不允许把报纸剪开或撕开，有什么办法让两个人面对面站在报纸上面，不允许把两个人捆绑起来，不许他们不动，却碰不到对方。

8. 抽屉里有黑白尼龙袜子各7只，假如你在黑暗中取袜，至少要拿出几只才能保证取到一双颜色相同的袜子？

第三章 方向性思维

⭐【教学目标】
1. 了解方向性思维有关的基本概念,掌握发散思维与收敛思维的含义、特点及常见形式;理解发散思维与收敛思维的区别与联系。
2. 掌握正向思维与逆向思维的含义、分类;理解两面性思维的表现方式。
3. 掌握横向思维与纵向思维的含义、特点与表现形式;理解横向思维与纵向思维的区别。
4. 通过课程案例进一步了解方向性思维的应用。

思维是人脑对客观事物的概括和间接的反应过程。它能够探索与发现事物的内部本质联系和规律,是认知过程的高级阶段。把人们开展思维时的趋势或思路作为一个形象化的比喻,将其比作思维方向。这样,将按照趋势和思路来开展的思维统称为方向性思维。方向性思维可以充分发挥人们的探索性和想象力,它包括发散思维与收敛思维、正向思维与逆向思维、横向思维与纵向思维等。

第一节 发散思维与收敛思维

根据思维探索答案的方向来划分,将思维分为发散思维和收敛思维。发散思维和收敛思维,是人们进行创造活动时,运用的两种不同方向思维。发散思维,是整个创造性思维的基础和核心。它追求思维的广阔性,大跨度地进行联想,发散思维的质量直接决定集中性思维的取得结果和想要达到的目的。收敛思维,是人们在生活中最经常使用的一种思维方式。它采用已有的知识和经验,把众多的信息逐步引导到条理化的逻辑程序中去,以便最终得到一个合乎逻辑规范的结论。

一、发散思维

▶【案例 3-1】

洛杉矶成功举办奥运会

美国洛杉矶商界奇才尤伯罗斯创造的奥运商业化运作模式。1984 年洛杉矶奥运会以前,现代奥林匹克运动会因为 1976 年蒙特利尔奥运会高达 10 多亿美元的负债和 1980 年莫斯科奥运会遭到政治抵制而陷入了低谷。举办奥运会基本上是"赔本赚吆喝",这令每一个即将举办奥运会的城市生畏。

尤伯罗斯对奥运会采取了商业化运作。他通过出卖电视转播权、吸引企业赞助和销售门票这3种手法赚钱,甚至连火炬接力也成了赚钱的项目之一。这创下了奥运会商业运作的先例,并且为洛杉矶奥运会(图3-1)带来了2.25亿美元的赢利。在尤伯罗斯创造性地推动下,1984年奥运会留给洛杉矶一个炫目的光环"一个成功的奥运会的典范"。后来,尤伯罗斯说,这主要归功于他尝试运用了发散思维去运筹帷幄。

图3-1　1989年洛杉矶奥运会

【案例3-2】

微型电冰箱的发明

很长时期以来,电冰箱市场一直被美国人所垄断,几乎每个家庭都有,这种高度成熟的产品竞争激烈,利润率很低,美国的厂商显得束手无策,而日本人却异军突起,发明创造了微型电冰箱(图3-2)。人们发现除了可以在办公室、家里使用外,还可安装在野营车、娱乐车上,使得全家人外出旅游的舒适度大大提高。微型电冰箱与家用电冰箱在工作原理上没有区别,其差别只是产品所处的环境不同。日本人把冰箱的使用方向由家居转换到了办公室、汽车、旅游等其他侧翼方向,有意识地改变了产品的使用环境,引导和开发了人们潜在的消费需求,从而达到了创造需求,开发新市场的目的。

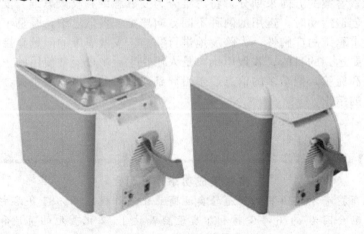

图3-2　微型电冰箱

微型电冰箱的成功主要归功于人们的思维方式的发散。通过发散的思维，想出了电冰箱所有可能的使用环境，最终发明了微型电冰箱。微型电冰箱改变了一些人的生活方式，也改变了它进入市场默默无闻的命运。

（一）发散思维的含义

发散思维（图 3-3）也叫辐射思维、放射思维、扩散思维或求异思维，是指大脑在思维时呈现的一种扩散状态的思维模式，它表现为思维视野广阔，呈多维发散状，如图 3-2 所示。如"一题多解""一事多写""一物多用"等方式，都可培养发散思维能力。不少心理学家认为，发散思维是创造性思维最主要的特点，是测定创新能力的主要标志之一。

心理学家吉尔福德把发散思维定义为：从所给定的信息中产生信息，从同一来源中产生各式各样的为数众多的输出。他还认为，智力结构中的每一种能力都与创造性有关，但发散思维与创造性的关系最密切。

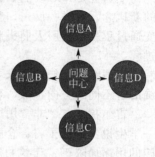

图 3-3　发散思维

发散思维是根据已有的某一点信息，运用已有的知识、经验，通过推测、想象，沿着各种不同的方向去思考，重组记忆中的信息和眼前的信息，从多方面寻找问题答案的思维方式。这种思维方式最根本的特色是多方面、多思路地思考问题，而不是限于一种思路、一个角度、一条路走到黑。对于发散思维来说，当一种说法、一个角度不能解决问题时，它会主动否定这一方法、角度，而向另一方法、另一角度跨越。它不满足已有的思维成果，力图向新的方法、领域探索，并力图在各种方法、角度中，寻找一种更好的方法、角度。如风筝的用途可以"辐射"出：放到空中去玩、测量风向、传递军事情报、做联络暗号、当射击靶子等。类似的例子在科学史和实践史上数不胜数。

发散思维体现了思维的开放性、创造性，是事物普遍联系在头脑中的反映。

发散思维的客观依据是，由于事物的内部及其所处客观环境的复杂性，事物的发展往往不是单一的可能性，而是多种可能性，而其中的每一种可能性都可以作为一个解决问题的依据。事物是相互联系的，是多种方面关系的总和，我们应从多个方面、多个角度去认识事物，向四面八方发散出去，从而寻找解决问题更多、更好的方法。发散思维是创造性思维中最基本、最普通的方式，它广泛存在于人的创造活动中。

（二）发散思维的特点

发散思维具有流畅性、变通性和独特性三大特点。

1. 流畅性

流畅性是指短时间内就任意给定的发散源，选出较多的观念和方案，即对提出的问题反应敏捷，表达流畅。机智与流畅性密切相关。流畅性反映的是发散思维的速度和数量特征。

目前我们课堂教学往往注重的是收敛思维的培养和训练，追求标准答案，缺乏的恰恰是那种能充分发挥学生的主动性和创造性的发散思维训练，应该让学生追求多种答案。法国哲学家查提尔说："当只有一个点子时，这个点子再危险不过了。"美国的罗杰博士说："习于寻求单一正确答案，会严重影响我们面对问题和思考问题的方式。"

曾有人请教爱因斯坦，他与普通人的区别何在。爱因斯坦答道："如果让一位普通人在一个干草垛里寻找一根针，那个人在找到一根针之后就会停下来。而我则会把整个草垛掀开，把可能散落在草里的针全都找出来。"爱因斯坦在科学领域之所以能够取得那么大的成就，就是因为他在科学研究的过程中，不会找到一个方法后就停下来，而是不断地想出更多的方法，找到解决问题的方案，这充分体现了发散思维的流畅性。

2. 变通性

变通性是指思维能触类旁通、随机应变，不受消极思维定势的影响，能够提出类别较多的新概念。可举一反三，触类旁通，提出不同凡响的新观念、解决方案，产生超常的构想。变通过程就是克服人们头脑中某种自己设置的僵化思维框架，按照新的方向来思索问题的过程。

变通性比流畅性要求更高，需要借助横向类比、跨域转化、触类旁通等方法，使发散思维沿着不同的方向扩散，表现出极其丰富的多样性和多面性。

吉尔福德在"非常用途测验"中，要求学生在八分钟之内列出红砖的所有可能用途。某一学生说：盖房子、盖仓库、建教室、修烟囱、铺路、修炉灶等。所有这些回答，都是把红砖的用途局限于"建筑材料"这个范围之内，缺乏变通。另一学生说：打狗、压纸、支书架、打钉子、磨红粉等。这些回答的变通性较大，多数是红砖的非常规用途。因此后者的变通性好，创新能力比前者高。

3. 独特性

所谓思维的独特性，就是指超越固定的、习惯的认知方式，以前所未有的新角度、新观点去认识事物，提出不为一般人所有的、超乎寻常的新观念。它更多地表征发散思维的本质，属于最高层次。红砖能够当尺子、画笔、交通标志等就是独特性思维。

例如，英国著名作家毛姆的小说有一段时间销售不畅，他便在报刊上刊登了一则征婚启事：本人年轻英俊，家有百万资产，希望获得和毛姆小说中主人公一样的爱情。结果毛姆的这一独特举动使他的小说在短时间内被抢购一空。毛姆在推销他的小说时，就运用了思维的独特性，得到了意想不到的效果。

变通性、独特性、流畅性三个特征彼此是相互关联的。思路的流畅性是产生其他两个特征的前提，变通性则是提出具有独特性新设想的关键。独特性是发散思维的最高目标，是在流畅性和变通基础上形成的，没有发散思维的流畅性和变通性，也就没有其独特性。

（三）发散思维的常见形式

1. 多路思维

多路思维就是解决问题时不是一条路走到黑，而是从多角度、多方面思考，以取得更多解决方案的发散思维，这是发散思维最一般的形式。用多路思维进行思考可以化复杂为简单，化整为零，且使条理更清楚，总路更周密，使思维的流畅性、变通性大幅度提高，产生的有价值方案也大大增加。

多路思维要求思考者善于一路又一路地想问题，而不要在"一条道上苦苦的探索"。

例如，以"电线"为题，设想它的各种用途，学生们自然地把它和"电、信号"等联系起来，作为导体；也可以把它当作绳用来捆东西、扎口袋等。但如果你把电线分成铜质、重量、体积、长度、韧性、直线、轻度等要素再重新思考，你会发现电线的用途无穷无尽。如可加工成织针，弯曲做成鱼钩，做成弹簧，缠绕加工制成电磁铁，铜丝熔化后可以铸铜字、铜像，变形加工可以作文字拼图，作运算符号等。

多路思维需要涉及各方面的知识，同时还要综合社会生活经验，这就需要同学们在日常生活中细心观察，认真学习，拓宽知识面，要敢于冲破陈规陋习的束缚，进行创造性思维训练。

2. 立体思维

立体思维就是在考虑问题时突破点、线、面的限制，从上下左右、四面八方去思考问题，即在三维空间解决问题。有些问题在平面上是不可能解决的，想到立体空间，就十分简单了。其实，有不少东西都是跃出平面、伸向空间的结果。小到弹簧、发条，大到奔驰长啸的列车、耸入云天的摩天大厦等。最典型的例子要数电子王国中的"格里佛小人"——集成电路了。立体型的电子线路板制造出来后，不仅在上下两面有导电层，而且在线路板的中间设有许多导电层，从而大大节约了原材料，提高了效率。

立体思维在日常生活和生产上是非常有用的。例如，在养鱼业中，根据各种鱼的习性，合理搭配饲养的鱼种，就可以充分利用鱼塘的空间，提高单位面积产量，在农业生产中，利用空间，采取间作、套种等多种措施，都是运用立体思维的结果。

2010年美国《时代》周刊年度50大"最佳发明"中，北京立体快速巴士（图3-4）获得交通类最佳发明。立体快速巴士由深圳一家公司设计，其设计思路是将地铁或轻轨列车车厢与铁轨间的垂直距离增高，以便使小汽车能在车厢下通行，避免了城市公共交通工具与小汽车争路的情况，提高了城市道路利用率。立体快速巴士的设计就是立体思维的结果。

图3-4 立体快速巴士

二、收敛思维

【案例3-3】

洗衣机的发明

在探讨洗衣服的问题时，人们首先围绕"洗"这个关键词，列出各种各样的洗涤方法：用洗衣板搓洗、用刷子刷洗、用棒槌敲打、在河中漂洗、用流水冲洗、用脚踩洗等，然后再进行思维收敛，对各种洗涤方法进行分析和综合，充分吸收各种方法的优点，结合现有的技术条件，制定出设计方案，然后再不断改进，最终发明了洗衣机（图3-5）。洗衣机的发明，使烦琐的手工洗衣方式演变为自动化的机械洗衣方式，改善了人们的生活。

在洗衣机的发明过程中，人们利用收敛的思维方式，对发散思维的结果加以总结，

图 3-5 洗衣机

最终创造出洗衣机。收敛思维能够从各种不同的方案和方法中选取解决问题的最佳方案或方法。

【案例 3-4】

林肯的故事

亚伯拉罕·林肯是美国的第十六位总统,他曾接手过著名的阿姆斯特朗案件。原告坚称看见阿姆斯特朗躲在大树后面向被害人开枪射击,林肯作为被告律师围绕夜晚辨认问题反复向原告提问,逼迫其承认当天夜晚在十一点钟月光很亮这一事实,然而事实上当晚是上弦月,在十一点钟已经没有月亮了。林肯完美的应用收敛思维解决了这一案件。

(一)收敛思维的含义

收敛思维与发散思维是一对互逆的思维方式。收敛思维也叫作"聚合思维""求同思维""辐集思维"或"集中思维",是指在解决问题的过程中,尽可能利用已有的知识和经验,把众多的信息和解题的可能性逐步引导到条理化的逻辑序列中去,最终得出一个合乎逻辑规范的结论。如图 3-6 所示。

收敛思维也是创造性思维的一种形式,与发散思维不同,发散思维是为了解决某个问题,从这一问题出发,想的办法、途径越多越好,总是追求更多的办法;而收敛思维使我们直接对准思维目标,如图 3-6 所示。收敛思维也是为了解决某一问题。在众多的现象、线索、信息中,朝着问题的一个方向思考,根据已有的经验,知识或发散思维中针对问题的最好办法而得出最好的结论。如果说,发散思维是由"一到多"的话,那么,收敛思维则是由"多到一",当然,在集中到中心点的过程中也要注意吸收其他思维的优点和长处。吉尔福德认为,收敛思维属于逻辑思维推理的领域。可纳入智力范围。虽然发散思维是创造性思维中最基本、最普遍的方式,但是,没

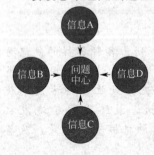

图 3-6 收敛思维

有收敛思维，就没有办法确定由发散思维所得到的众多方案中，究竟哪一个方案最合适，有最佳效果。

(二) 收敛思维的特点

1. 唯一性

尽管解决问题有多种多样的方法和方案，但最终总是要根据需要，从各种不同的方案和方法中选取解决问题的最佳方法或方案，收敛思维所选取的方案是唯一的，不允许含糊其辞、模棱两可，一旦选择不当就可能会造成难以弥补的损失。

2. 逻辑性

收敛思维强调严密的逻辑性需要冷静的科学分析。它不仅要进行定性分析，还要进行定量分析，要善于对已有信息进行加工，由表及里，去伪存真，仔细分析各种方案可能产生什么样的后果以及应采用的对策。

3. 比较性

在收敛思维的过程中，对现有的各种方案进行比较才能确定优劣。比较时既要考虑单项因素，更要考虑总体效果。

收敛思维对创造活动的作用是正面的、积极的，和发散思维同样是创造性思维不可缺少的。这两种思维方式运用得当，会对创造活动起促进作用；使用不当，就不能发挥应有的作用。但我们国家很长一段时间里，教育方法上忽视了发散思维。这对创新能力的培养是不利的，需要进行改变。杨振宁教授在谈中美两国教育哲学的差异时，得到的结论是：如果你讨论的是一个美国学生，就要鼓励他进行一些有规则的训练；如果讨论的是一个中国的学生，那么就鼓励他去挑战权威，以免他永远胆怯。

三、发散思维与收敛思维的区别和联系

作为两种思维方式，发散思维与收敛思维是有显著区别的。从思维方向上来讲，二者恰好相反，发散思维的方向是由中心向四面八方扩散，如图3-3所示。收敛思维的方向是由四面八方向中心集中，如图3-6所示。从作用上讲，发散思维更有利于人们思维的广阔性、开放性，使人的思维极限尽量放宽，更利于在空间的拓广和时间上的延伸。而收敛思维则有利于从各种思维中选取精华，有利于使问题的解决取得突破性进展。

从一个相对完整的思维过程来说，发散思维与收敛思维相辅相成，缺一不可。研究证明，大多数创造性发现需要收敛和发散两种思维，即一个问题的解决，往往是这个人的思维沿着一些不同的道路发散；另外，又必须应用一个人的知识和逻辑规律，运用收敛思维，综合发散结果，敏锐地抓住其中的最佳线索，使发散结果去假存真，去粗取精，升华发展，最后找出问题的创新答案。

发散性思维与收敛性思维，具有互补的性质。不仅在思维方向上互补，而且在思维操作的性质上也互补。发散性思维与收敛性思维在思维方向上的互补，以及在思维过程上的互补，是创造性解决问题所必需的。发散性思维向四面八方发散，收敛性思维向一个方向聚集，在解决问题的早期，发散性思维起到更主要的作用；在解决问题后期，收敛性思维则扮演着越来越重要的角色。收敛思维与发散思维各有优缺点，在创新思维中相辅相成，互为补充。只有发散，没有收敛，必然导致混乱。只有收敛，没有发散，必然导致呆板僵化，抑制思维的创新。因此，创新思维一般是先发散而后集中。

在创造性解决问题的过程中，可以通过发散思维推测出许多假设和新的构想，也可通过收敛思维，从中找出一个最正确的答案。如图3-7所示，在发散思维之后，尚需进行收敛思维，也就是把众多的信息逐步引导到条理化的逻辑序列中去，都是发散思维与收敛思维的对

立统一，往往是发散-集中-再发散-再集中，直至完成的过程。

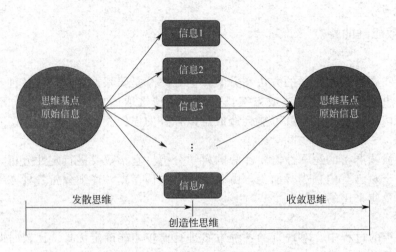

图 3-7　发散思维与收敛思维的关系

第二节　正向思维与逆向思维

根据思维思考的方向来划分，将思维分为正向思维、逆向思维、两面神思维和侧向思维。人们在日常生活中，对见到的事物、听到的言语、嗅到的气味……都要通过各自的感官，输送到大脑，然后由大脑分析、思考发出指令性行动。这一过程，并非是杂乱无章的，而是按照一定的模式进行，即人们在生活中自然形成的一种习惯性思维方式。人们依据各自的、习以为常的分析事物的方法来对待外界事物进行心理活动。这种习惯性的思维活动，在人们的思想活动中常常表现为"正向"思维方式。如 $8 \times 5 = 40$ 这样一个算式，人们大都考虑的是 8×5 的结果，这种思考活动就是思维的"正向"；而对 40 这一结果的形成都需要哪两个数的积，这种思考活动就是思维的"逆向"。

一、正向思维

▶【案例 3-5】

海王星和冥王星的发现

发现天王星后的几十年里，人们又发现天王星的实测轨道同理论数据存在偏差，表现出轨道上下摆动的现象。有的天文学家大胆推测，天王星的外边还有一颗未发现的行星。19世纪40年代，英国的亚当斯花费了近两年的时间，终于用万有引力定律和天王星实测数据推算出这颗尚未被发现的新星轨道。几乎与亚当斯同时，法国天文学家勒维烈也用艰难的数学方法推算出这颗新星的可能位置。1846年9月23日，柏林天文台台长加勒按勒维烈推算的位置找到了一颗未列入星标的八等小星，即海王星。它的发现又使太阳系的空间范围增加了一倍半，80多年之后，天文学家们又通过类似的推理演绎方法，在海王星的外面发现了冥王星。

在海王星和冥王星的发现过程中，人们按照常规的思维方式去思考，利用已知的理论对实测数据进行分析，并大胆的推测出了新行星的存在。这些太阳系行星（图 3-8）的发现均是正向思维为的结果。

图 3-8　太阳系中的天体

◉【案例 3-6】

奇怪的服务器

某天,有位微软工程师接到了客户的电话,说他的服务器(图 3-9)每到深夜就会宕机,问怎么回事。工程师查了各种报告,找不到原因。于是他就建议说:你能不能找个人在机房里面值夜班,观察到底发生了什么。客户答应了。

图 3-9　服务器

结果当天晚上:服务器居然没宕机!大家很高兴,以为没事了。可第二天没值班,服务器又宕机了。试了几次,只要有人在就没事;没人在,就宕机。

难道这是薛定谔的量子服务器吗?一观察就没事,不观察就宕机?

后来工程师终于发现,问题的根本原因是"空调"!这个客户的机房平常不开空调。但有人值班守夜的时候,因为太热,他就会打开空调。不开空调,机器的 CPU 过热就会出问题;打开空调,系统就会安然无恙。令人叹为观止。

(一)正向思维的含义

所谓正向思维,就是人们在创造性思维活动中,沿袭某些常规方法去分析问题,按事物发展的进程思考、推测，是一种从已知进到未知，通过已知来揭示事物本质的思维方法。这种方法一般只限于对一种事物的思考，坚持正向思维，就应充分估计自己现有的工作，生活条件及自身所具备的能力，就应了解事物发展的内在逻辑，环境条件性能等。这是自己获得预见能力和保证预测正确的条件，也是正向思维发的基本要求。

正向思维是依据事物都是一个过程这一客观事实而建立的。任何事物都有产生、发展和灭亡的过程，都从过去走到现在、由现在进向未来。只要我们能够把握事物的特性，了解其过去和现在，就可以在已掌握的材料的基础上，预测其未来。例如，根据居民的货币收入与商品销售量的相关性，根据新建的住宅和新婚人数的相关性，根据婴儿服装销售量与当年婴儿出生数量的相关性，进行大量的数据统计分析，找出其变量之间的关系，推算出其将来的发展状况，也是运用了正向思维方法。说"正向思维为主"，是因为任何一个方法，尤其是解决复杂问题的方法都不是某一种单一的方法，而是多种方法的综合运用，只不过某一种方法占主导地位罢了。正向思维虽然一次只限对某一种事物的思考，但它都是对事物的过去、现在作了充分分析、对事物的发展规律作了充分了解的基础上，推知事物的未知部分，提出解决方案，因而它又是一种较深刻的方法，是一种不可忽视的领导工作、科学研究等的方法。在领导工作中，职业经理想了解某一具体问题，对其做出合理解决时，此方法较为有效。大家知道，汽车已成为发达国家的"灾祸"，大量的汽车阻塞、交通事故、环境污染等问题日益困惑着发达国家，尤其是1994年法国农民罢工，不再以传统的示威游行方式进行，而是开车游行，并把车停放在交通要道，让车"静坐"。而要解决此问题，警察可以增加警力，进行疏通；也可以增修高速公路立交桥，以保畅流；可以限制车辆上路时间等。但这终究是治标不治本，要想真正解决，就得思考从汽车引入家庭至今，它给人民生活、环境、社会发展、安全等带来了哪些方便与不便，还将继续向何方向发展等，即从家庭拥有汽车这件事情本身的产生、发展过程入手，寻求解决办法。目前，在发达国家已基本达成共识：发展公交事业，提倡公民出入乘公共交通工具。这是根本的解决办法。

中国古代的"月晕而风，础润而雨""朝霞不出门，晚霞行千里""鱼鳞天，不雨也风颠"之类天气预报的言语，也都体现为正向思维。

在案例3-6中，有四个首位呼应的因果逻辑：①人不在，关空调；②关空调，温度高；③温度高，CPU过热；④CPU过热，就宕机。这四个条件，只要有一个因果逻辑缺失了，比如你从来没有意识到，这世界上居然会有人为了省电，人不在就关掉机房的空调，缺了这一环正向思维，那你这辈子也解决不了这个问题。

（二）正向思维的优势与缺点

为什么正向思维有自身的价值？在思维方式中，有初拓思维和知控思维。初拓思维是一种无思维方式的思维，是一种没有经验可循的思维活动。所谓"摸着石头过河"，就是初拓思维。正向思维就是知控思维，因为它是以已有的公理、原理、定理为指导的。所以，否定正向思维，就是放弃前人总结出来的知识、经验，事事都要"摸着石头过河"；否定正向思维，就是否定人类的进步，人类就要回到幼年时期，人类社会就无法发展。事实上，任何一个国家、民族或每一个人，常常都在运用正向思维，都在运用前人或别人的经验去解决问题。

正向思维有它自身的价值，我们必须充分肯定。但是，正向思维又是我国的传统思维，长期以来，我们过分强调正向思维，比较少逆向思考问题。所以，我们在充分肯定正向思维的同时，也要特别注意正向思维的局限性。正向思维会产生以下的局限性。

1. 过分强调正向思维，会出现思想僵化和教条主义

世界上的事情有常规、常理。然而，固守常理，不敢越雷池一步，也可能陷入错误。因为有些常理有合理之处,同时又蕴含着片面性,常理有真理的颗粒,也可能包含着错误的成分。如果死守常理,以为必定有据可循,也会犯错误。人们的思想往往受常理的统治,常理固然给人们解决常规问题以准则,却束缚了人们的思想。

2. 过分强调正向思维会失去思维的主体性

人是认识的主体,认识的主体有自主性的特点。自主性表示主体有相对独立性。在主客体的关系中,主体采取什么行动、这种行动采取什么方式进行,都有一定的选择自由和一定的决断权。正向思维会使人们在观察问题时,预先带有成见。正向思维的本质,不是进行创新、选择,而是服从。因为正向思维的特点是顺向逻辑演绎,是对既有规范的顺从。

二、逆向思维

▶【案例 3-7】

电磁感应定律的发现

1820 年丹麦哥本哈根大学物理教授奥斯特,通过多次实验发现了电流的磁效应,这一发现传到了欧洲大陆后,吸引了许多人参与电磁学的研究。英国物理学家法拉第怀着极大的兴趣重复了奥斯特的实验。果然,只要导线通上电流,导线附近的磁针立即会发生偏转,他深深地被这种奇异现象所吸引。

当时,德国古典哲学中的辩证思想已传入英国,法拉第受其影响,认为电和磁之间必然存在联系并且能相互转化。他想既然电能产生磁场,那么磁场也能产生电。为了使这种设想能够实现,他从 1821 年开始做磁产生电的实验,无数次实验都失败了,但他坚信,从反向思考问题的方法是正确的,继续坚持这一思维方式。

十年后,法拉第设计了一种新的实验,他把一块条形磁铁插入一只缠着导线的空心圆筒里,结果导线两端连接的电流计上的指针发生了微弱的转动,电流产生了!随后,他又设计了各种各样的实验,如两个线圈相对运动,磁作用力的变化同样也能产生电流。法拉第十年不懈的努力并没有白费,1831 年他提出了著名的电磁感应定律,并根据这一定律发明了世界上第一台发电装置。如今,他的定律正深刻地改变着我们的生活。

法拉第成功地发现了电磁感应定律,是运用逆向思维方法的一次重大胜利。与常规思维不同,逆向思维是反过来思考问题,是用与绝大多数人相反的思维方式去思考问题。运用逆向思维去思考和处理问题,实际上就是以"出奇"达到"制胜"。因此,逆向思维的结果常常会令人大吃一惊,喜出望外。

▶【案例 3-8】

鲁人做鞋帽生意

鲁国有一个人,非常擅长编织麻鞋,他的妻子也是织绸缎的能手,他们准备一起到越国做生意。有人劝告他说:"你不要去,不然会失败的。你善编鞋,而越人习惯于赤足走路;你妻子善织绸缎,那是用来做帽子的,可越人习惯于披头散发,从不戴帽子。你们擅长的技术,在越国却派不上用场,能不失败吗?"可鲁人并没有改变初衷,几年后,他不但没有失败,反而成了有名的大富翁。

一般来说,做鞋帽生意,当然是应该去有鞋帽需求的地区,但鲁人则打破了这种习惯性的思维方式,认为就是因为越人不穿鞋不戴帽,那里才有着广阔的市场前景和巨大的销售潜力,只要改变了越人的粗陋习惯,越国就会变成一个巨大的鞋帽市场。鲁人成果的秘密就在这里，逆向思维帮了他的大忙。

（一）逆向思维的含义

逆向思维也称逆反思维或反向思维，它是相对正向思维而言的一种思维方式。正向思维是人们习以为常、合情合理的思维方式，而逆向思维则与正向思维背道而驰，朝着它的相反方向去想，常常有悖常理。而创造学中的逆向思维是指为了更好地想出解决问题的办法，有意识地从正向思维的反方向去思考问题。平常所说的反过来想一想、看一看，唱唱反调，推推不行、拉拉看等都属于逆向思维。如：有人落水，常规的思维模式是"救人离水"，而司马光面对紧急险情，运用了逆向思维，果断地用石头把缸砸破，"让水离人"，救了小伙伴性命。

逆向思维也会被利用在人们的生产生活中，美国汽车大王福特一世在一次上街散步的时候，偶然间看到肉铺仓库里的几个工人顺次分别切割牛的里脊肉、胸肉、头肉，他的脑海里马上浮现出与这一过程相反的操作：让工人顺次分别装上汽车的各种零部件。就是这种用流水线组装汽车的方法和以前让每一个工人自始至终地装配一辆汽车相比，由于每个工人只负责汽车中组装的一小部分，操作简单、容易熟练，因此工人劳动效率大大提高，而且很少出差错。因而使福特公司脱颖而出，奠定了福特在汽车行业中的地位。后来，其他汽车厂商甚至其他行业都纷纷效仿福特公司的这一方法，至今流水线作业仍是现代化生产管理的一个有力手段。

逆向思维作为一种思维方法是有其客观依据的。辩证唯物法的对立统一规律揭示了任何事物或过程都包含有相互对立的因素，都是相反的对立面的统一体。由于事物内都相互对立因素的存在，事物的发展就存在两种相反的可能性，不同的人就可能以相反的因素为依据沿着相反的方向进行思考，产生相互对立的看法。

（二）逆向思维的分类

逆向思维可分为四类，即结构逆向、功能逆向、状态逆向、原理逆向。

1. 结构逆向

结构逆向就是从已有事物的结构形式出发所进行的逆向思维，通过结构位置的颠倒、置换等技巧，使该事物产生新的性能。

例如，在第四届中国青少年发明创造比赛中获一等奖的"双尖绣花针"发明者是武汉市义烈巷小学的学生王帆，他把针孔的位置设计到中间，两端变成针尖，从而使绣花的速度提高近一倍。这是一个结构逆向思维的典型实例。

2. 功能逆向

功能逆向是指从原有事物功能的角度进行逆向思维，以寻求解决问题的措施，获得新的创造发明的思维方法。

例如，我国生产抽油烟机的厂家都在如何能"不粘油"上下功夫，但绝对不粘油是做不到的，用户每隔半年左右还得清洗一次抽油烟机。美国有一位发明家却从反方向去考虑问题，他发明了一种专门能吸附油污的纸，贴在抽油烟机的内壁上，油污就被纸吸收，用户只需定期更换吸油纸，就能保证抽油烟机干净如初。

3. 状态逆向

状态逆向是指人们根据事物的某一状态的反向来认识事物，从中找出解决问题的办法或方案的思维方法。

例如，过去木匠用锯和刨来加工木料，都是木料不动而工具动，实际上是人在动，因此人的体力消耗大，质量还得不到保证。为了改变这种状况，人们将工作状态反过来，让工具不动而木料动，并据此设计发明了电锯和电刨，从而大大提高了工作效率和工艺水平，减轻了劳动强度。

4. 原理逆向

原理逆向是指从相反的方面或者相反的途径对原理及其应用进行思考的思维方法。

例如，1800年，意大利物理学家伏特发明了伏特电池，第一次将化学能转换成电能。英国化学家戴维想，既然化学能可以转换成电能，那么，电能是否也可以反过来转化为化学能呢？他做了电解化学的实验并获得成功。他通过电解各种物质，于1807年发现了钾（K）和钠（Na），1808年又发现了钙（Ca）、锶（Sr）、镁（Mg）、钡（Ba）、硼（B）等5种元素。迄今人类发现的109种元素中，他一人竟发现了7种。

化学家戴维通过化学能转换为电能而反向求索，成功完成电解化学实验，并接连发现了7种元素，就是运用原理逆向思维的结果。

（三）思维的转换

正向思维与逆向思维的转换就是人们在思维活动过程中造成的一种可逆性，由只是向一个方向起作用的单向的 A→B 型思维模式转换为双向的（或是可逆的）A↔B 型的思维模式。

思维的可逆性是一种积极的心理活动，对学生思维活动的发展有着正确的影响。数学定义的正向叙述与逆向叙述，是形成双向（可逆）思维的有效手段之一。实践证明：逆向思维是可以在正向思维建立的同时形成的。

三、两面神思维

【案例3-9】

爱因斯坦的创造力

在学生时期，爱因斯坦就喜欢走自己的路。1899年6月，爱因斯坦不按规定的程序和方法做实验，结果在进行一次实验时发生了爆炸，右手受了重伤。他的物理学教授对这次事故非常生气，曾问助教："你认为爱因斯坦怎么样？他老是不按我规定的去做。"这位助教回答："不错，教授先生，他的确是这样。不过他的答案是正确的，他用的方法总是有趣的。"使用与众不同的方法，开拓新的途径，虽然失败是难免的，不过在科学研究中却需要这样一种精神。在爱因斯坦的一切活动中，无论是他的物理学研究，还是发表或陈述他对自然、人及哲学的见解，都蕴含了两面神思维。这种思维是一种具有一定目标的思维过程，是积极的表述形式；它积极支持特殊对立的或相反的东西，并且能对表面上看来似乎不合逻辑的情形提出合乎逻辑的假设。

爱因斯坦说："十分有力地吸引住我的特殊目标，是物理学领域中逻辑的统一。开始使我烦恼的是，电动力学必须挑选一种比别种运动状态都优越的运动状态，而这种优先选择在实验上都没有任何根据。这样就出现了狭义相对论；而且，它还把电场和磁场融合成一个可理解的统一体，对于质量和能量，以及动量和能量也都如此。后来，由于力求理解惯性和引力的统一性质而产生了广义相对论。"

史实表明：爱因斯坦所取得的伟大成就，与其超人的智慧和创造性思维是分不开的，他相信把对立的或相反的东西统一起来会产生奇迹，会产生科学上的伟大发现。这就是神奇的两面神思维。

【案例 3-10】

兄弟赛马

阿拉伯的一个大财主，有一天把他的两个儿子叫到面前，对他们说："你们赛马跑到沙漠里的绿洲去吧。谁的马赢了，我就把全部财产给谁。但是这场比赛不比往常，不是比快，而是比慢。我到绿洲去等你们，我要看看谁的马到得较迟。"兄弟俩照着父亲的话，骑着各自的马开始慢吞吞地赛跑。可是干燥炎热的沙漠里，火盆一样的太阳烧烤着大地，慢吞吞地走怎么得了啊，两人正在痛苦难熬下马休息的时候，前边来了一位有名的学者，听了两人的难处，就告诉他们一个非常好的办法，兄弟俩听了很高兴，这可真是口渴遇甘泉，兄弟俩快马加鞭，一溜烟奔驰在炎热的沙漠中。那么，你知道学者的办法是什么吗？答案是兄弟俩互换乘马。因为父亲叫他们俩比赛是以迟到为胜，这样一来，不就一下子变成真正的赛马了吗！

（一）两面神思维的含义

精神病学家卢森堡曾把具有创造性的人物的思维归结为"两面神思维"。两面神，是古罗马神话中的门神，它有两个面孔，能同时转向两个相反的方向，如图 3-10 所示。所谓两面神思维，是指同时积极地构想出两个或更多并存的，或同样起作用的，或同样正确的相反或对立的概念、思想或印象。

两面神思维实质上是一种从对立之中把握统一的方法。这种善于从差异中见到统一或从相反的两极来构想统一的积极思维，是种高级的创造性思维。爱因斯坦的创造力就是两面神思维的一个典型例子。

两面神思维的过程大致包括两个方面：一是积极地构想出两个或更多并存的事物，倘若把这些事物合并成一个事物，即能产生创造性的新发现；另一方面，如果把同样起作用，同样正确，但彼此完全对立的概念印象和思想统一起来，也会产生创造性的结果。

图 3-10　两面神

（二）两面神思维的表现方式

两面神思维有四种表现方式：思维逆向、相反相成、缺点逆用和以毒攻毒。

1. 思维逆向

思维逆向就是不采用人们通常思考问题的思路，而是反过来，从对立的、相反的角度和途径去思考。通俗地讲就是"反过来想一想"的意思。这是指人们为了达到某一目标，将通常考虑问题的思路反转过来，以悖逆常规、常理常识的方式，出奇制胜地找到解决问题的良策。

现实生活中的事物和现象，都有正反两个方面，我们常常只看到其中的正面，对相反的方面则视而不见或不加考虑。如果我们有意识地寻找对立面，就可以创造新的概念。

德国青年摄影师莫泽尔·梅蒂乌斯研究了电影的原理，并以逆反的方式运用在地铁中。他在与车窗等高处的地铁墙壁上挂出一幅幅连续变化的图画，当车辆运行时，图画正好以每秒 24 幅的速度映入乘客眼帘，于是乘客就会看见墙壁上的"活电影"了。

德国青年马谢·布鲁尔产生了用空心材料替代实心材料做家具的想法，率先用空心钢管制成了名曰"瓦西里"的椅子，在社会上产生轰动并一直风靡至今。从那以后，马谢·布鲁尔又用这一空心取代实心的属性逆反原理完成包括日内瓦联合国教科文组织大厦在内的许多著名设计，成为新型建筑师和产品设计师的杰出代表。

以上案例充分表现出了两面神思维的思维逆向的特点。

2. 相反相成

相反相成是指我们有意将事物的对立面联系在一起，相互转化，使对立的性质在联系中消失，从而出现事物的新功能和新作用。

例如，数学方面的微分与积分，加法与减法，乘方与开方；物理学方面的凝固与溶化，吸引与排斥，膨胀与收缩；化学方面的氧化与还原；生物方面的遗传与变异；工业技术方面的除锈与镀膜，加热与冷却，焊接与切割等都是两面神思维的相反相成特点的表现形式。

3. 缺点逆用

在创新过程中，利用事物的缺点化弊为利的方法就是缺点逆用法，如果巧妙地利用事物的缺点，就可以化腐朽为神奇，寻找新的技术创新。

缺点逆用的要点就是充分发挥缺点的特征，为我所用，将缺点看成是可应用的一种属性，或置缺点于人的控制之下而变害为利。

例如，金属的腐蚀本来是件坏事，但有人利用腐蚀的原理发明了蚀刻和电化学加工工艺。机械的不平衡转动，会产生剧烈的振动，利用这个特点，有人发明了夯实地基的蛤蟆夯等。1964年，美国化学家西尔费研制发明了一种新胶，但它黏东西不牢固，不符合标准，难以推广，9年后被一个"慧眼识珠"的开发商看中，他巧妙地改变了用途——用于可更换的不干胶而迅速得到普及。

又如，在人来人往的繁华场所，门廊的地面由于经不住千人踩万人踏，天长日久连水磨地面也会凹损，这是缺点。有人就设想用一种可微微上下移动的特制踏板，来收集人们脚踏的动能发电，据说通过这项发明足可解决全部厅、室的用电。门廊凹陷不平是令人烦恼的缺点，但可以通过逆用改变使用方式和目的，缺点就变成优点。

上面的案例都是将缺点看成了属性，同时充分利用这些属性为我们所用，最终取得了意想不到的效果。

4. 以毒攻毒

"以毒攻毒"是我国中医宝库中出奇制胜的方略。例如，蜈蚣、蝎子有毒，但用来治疗惊风抽搐，口歪眼斜则有奇效；毒蛇的毒液有剧毒，但蛇毒制备成药品可溶解致命的血栓。

有人曾利用逆向变革的方法，一反常规的治疗措施，把风湿病患者放到冰天雪地的恶劣条件中，利用人所具有的高强的适应能力，以及以毒攻毒的原理增强患者肌体的抵抗力。在实验中，许多患者疼痛症状完全消失，肌体功能恢复正常，虽然少数患者没有完全恢复，但症状均明显减轻。这正是大胆运用逆向思维取得的理想效果，从事这项试验的主治医生也因此独创了风湿病的"冷治疗法"。

技术史上一些别具一格的创新，也不乏这种"以毒攻毒"的思路。例如，科学工作者制造出一种振幅相同、相位相反的反噪音，抵消了危害人类的噪音，这也体现出了两面神思维的"以毒攻毒"的特性。21世纪的科学界已经再次掀起了两面神思维的浪潮。

除了以上四种表现形式，像"欲擒故纵""明修栈道，暗度陈仓""空城计""以子之矛，攻子之盾"都是两面神思维的具体表现形式。

"两面神思维"作为一种具有辩证特性的创造性思维，它对于人类的认识活动具有普遍的指导意义，尤其在企业的决策中，决策者善于运用"两面神思维"，辩证分析、认识问题，可使自己对客观事物的认识更加全面、充分，从而为自己的决策提供多维的思路和方法。例如，海尔集团在某一年的"3.15"晚会上接到农民的投诉，反映海尔洗衣机质量不好。不好在哪里？你看，农民不仅拿它洗衣服，也用它洗土豆、地瓜，结果发现下水管泥巴糊糊，流水不畅，不好用！海尔集团总裁听说后，第一反应与常人一样，很是吃惊，但第二反应却不同，常人会"扑哧"一笑，捧腹喷饭，笑老农"刘姥姥"相。可精明的总裁从农民的这种看似不合情之举、不合理之求中若有所思、思有所悟，当即拍板决断：好！马上研制开发一种功率大、出水管子粗的多功能洗衣机，既可洗衣，又可洗土豆、地瓜，投放广大的农村市场。聪明的"海尔人"敏锐地捕捉了这一信息，据此迅速作出了自己的决策，不可谓不明智之举，从科学决策理论的角度看，它正是决策者在企业决策过程中调整自己的思维角度，积极捕捉相关信息，逆向思考决策对象，出奇制胜形成决策目标的成功范例。

第三节　横向思维与纵向思维

根据思维进行的方向可以将思维划分为横向思维和纵向思维两种方式。一个决定你思维的宽度；另一个决定你思维的广度。在实际生活和思维活动中，横向思维和纵向思维往往会结合进行，有时还会结合逆向思维和发散思维等思维方式来进一步加强思维的深度和广度。

【案例3-11】

博诺的提问

牛津大学的爱德华·博诺先生非常推崇横向思维，在一次讲座中，博诺先生提出了这样一个问题：某工厂的办公楼原是一片2层楼建筑，占地面积很大，为了有效利用地皮，工厂新建了一幢12层的办公大楼，并准备拆掉旧办公楼，员工搬进新办公大楼不久，便开始抱怨大楼的电梯不够快、不够多。尤其是在上下班高峰期，他们得花很长时间等电梯。顾问们想出了几个解决方案。

(1) 在上下班高峰期，让一部分电梯只在奇数楼层停，另一部分只在偶数楼层。从而减少那些为了上下一层楼而搭电梯的人。

(2) 安装几部室外电梯。

(3) 把公司各部门上下班的时间错开。从而解决上高峰期拥挤情况。

(4) 在所有电梯旁边的墙面上安装镜子。

(5) 搬回旧办公楼。

你会选哪一个方案？

博诺先生说，如果你选了(1)、(2)、(3)、(5)，那么你用的是纵向思维，也就是传统思维。如果选了(4)，你就是个横向思维者，你考虑问题时能跳出思维惯性。这家工厂最后采用了第4种方案，并成功地解决了问题。"员工们忙着在镜子前审视自己，或是偷偷观察别人。"博诺先生解释说，"人们的注意力不再集中于等待电梯上，焦急的心情得到放松。大楼并不缺电梯，而是人们缺乏耐心。"

一、横向思维

【案例3-12】

茅台酒巴拿马万国博览会获金奖

茅台酒第一次出现在巴拿马万国博览会上时默默无闻，无人问津。为了打破僵局，酒厂参展人员一对一地劝说别人品尝,大喇叭宣传都不尽如人意。最后,有一位工作人员急中生智,故意将一坛酒打翻在地,整个参展大厅弥漫着茅台特有的醇香,吸引了所有来宾。国酒茅台征服了金发碧眼的外国友人,一举荣获金奖。

【案例 3-13】

点石成金的横向思维

很多年以前,一个英国商人因为不能偿还债务而面临牢狱之灾,正当商人愁眉不展、惊慌失措之时,他的债主主动登门拜访,并伪善地提出了一个交易:"如果把你年轻美貌的女儿嫁给我,我可以免除你所有的债务,怎么样?"商人和他的女儿听后非常震惊!准备回绝这个又老又丑的男人。狡诈的债主眼珠一转,又提出一个建议:"这样吧,我们就让上天来决定这件事:我把一黑一白两枚石子,放入口袋之中,让姑娘任意摸出一粒,如果摸出的是黑色的,则姑娘嫁给我,我免除你所有的债务。如果摸出的是白色的,姑娘继续留在你的身边,我照样免除你的所有债务。如果姑娘拒绝摸石子,我将起诉你赖债不还,让你受尽牢狱之苦,而这姑娘也将生无所依,何去何从好好想想吧!"商人勉为其难地同意了这个方法,他们一同来到商人的花园中,站在一条铺满石子的小路上,债主躬身捡起两粒石子,放入一个口袋之中。就在他拾起石子的一刹那,机警的姑娘瞥见他捡起的是两粒黑色石子,姑娘并没有声张。债主殷勤地请姑娘来摸出一粒石子,用石子的颜色来决定父女的命运。姑娘把手伸到口袋之中,摸出了一粒石子,看都不看,让石子直接滑落到满是黑黑白白石子的小路上,犹如一滴水落入了脸盆中,立刻与盆中水溶成一体,再也分辨不出了。"啊哦,我太不小心了。"姑娘很自责:"不过,也不用介意,只要看看袋子里剩下石子的颜色,就可以知道摸出石子的颜色了。"当然剩在袋子里的石子是黑色的,可以断定姑娘摸出的是白色。因为债主不敢承认自己当初的弄虚作假。

用横向思维的方法,姑娘改变了看似不可改变的境况,得到了最优的结果。这就是姑娘继续留在父亲的身边,而父亲的欠债也一概全免。点石成金,化腐朽为神奇!如果你是那个不幸的姑娘,将如何选择呢?或者说你想提出怎样的建议来挽救父女的命运?

首先,你用怎样的思维模式来解决这个问题?你是否相信用仔细严谨的逻辑分析,就可以找到最佳答案——如果存在这样的答案。这种逐步直接推论的思维就是纵向思维,还存在另一种思维模式——横向思维。

(一)横向思维的含义

所谓横向思维,是指突破问题的结构范围,从其他领域的事物、事实中得到启示而产生新设想的思维方式。由于横向思维改变了解决问题的一般思路,试图从别的方面、方向入手,其思维广度大大增加,因此,横向思维常常在创造活动中起到巨大的作用。

横向思维是一种打破逻辑局限,将思维往更宽广领域拓展的前进式思考模式,它的特点是不限制任何范畴,以偶然性概念来逃离逻辑思维,从而可以创造出更多匪夷所思的新想法、新观点、新事物的一种创造性思维。所谓横向,是因为逻辑思维的思考形态是垂直纵向走向,而横向思维则可以创造多点切入,甚至可以是从终点返回起点式的思考!横向思维其实就是一种难题解决方法,它的职能只有一个,就是创新!一个横向思维的人,他的思路打开了,有的会很有逻辑性,有的则可能较散漫无序,这就需要通过它自体结构的稳定与否来判断。

横向思维是对问题本身提出问题、重构问题,它倾向于探求观察事物的所有方法,而不是接受最有希望的方法。这对打破既有的思维模式是十分有用的。

例如,两个妇女被带到所罗门(Solomon)王面前,她们都自称是一个婴儿的母亲。所罗门下令拟将那个婴儿切成两半，给两个妇女一人一半。所罗门的本意是要处以公正，找出婴儿的母亲，但这条命令乍听起来显然与此背道而驰。然而最终的结果是发现了真正的母亲，她宁愿让另一个妇女占有自己的孩子，也不愿让他死去。

横向思维在解决问题时可能需要绕个弯，甚至是逆向而行，但是最终能有效地解决棘手的难题。横向思维的缺点是深度不够，但这只是一般性，一个具有横向思维笔迹特征的人，如果他的笔画非常富有弹性，且都有一个统一的重心和指向的话，那么这个人则可能是一个既思路宽广又很有深度的人。

（二）促进横向思维的方法

例如，战国时代齐将田忌与齐王赛马，孙膑所出主意："今以君之下驷与彼之上驷，取君上驷与彼中驷，取君中驷与彼下驷"，终使田忌三局两胜，得金五千，这是横向思维所生妙想之实例。

一个学生提出一个有趣的理论，认为蜘蛛的腿有听觉，他说他可以证明这一点。他把蜘蛛放在桌子中央，而后说"跳"，蜘蛛跳了。男孩重复表演，然后他切掉蜘蛛的腿，再把它放在桌子中央，再说"跳"。这次，蜘蛛纹丝不动。"明白了吧！你切掉蜘蛛的腿，它就聋了。"男孩说。这个故事被认为是对于受控于某一思想的纵向思维（即逻辑思维）者的最妙的讽刺。

爱德华·德·博诺提出了一些促进横向思维的方法：

第一，对问题本身产生多种选择方案（类似于发散）；

第二，打破定势，提出富有挑战性的假设；

第三，对头脑中冒出的新主意不要急着作是非判断；

第四，反向思考，用与已建立的模式完全相反的方式思维，以产生新的思想；

第五，对他人的建议持开放态度，让一个人头脑中的主意刺激另一个人头脑里的东西，形成交叉刺激；

第六，扩大接触面，寻求随机信息刺激，以获得有益的联想和启发（如到图书馆随便找本书翻翻；从事一些非专业工作等）等。

"六顶思考帽"，是德·博诺开发出来的一种帮助人们进行横向思维的实用方法。红帽子代表感性直觉式的思维方式；白帽子代表中立客观式的思维方式；黄帽子代表乐观积极型的思维方式；黑帽子代表谨慎消极型的思维方式；绿帽子代表跳跃式创造性思维方式；蓝帽子代表冷静的逻辑性思维方式。

"六顶思考帽"有两种使用方法。

① 平行思维法：每个人戴自己的帽子，按照自己习惯进行头脑风暴，也可任意指派角色。头脑风暴发起人自己必须戴蓝帽子。

② 转换思维法：每个人都戴红色（找商业机会）；再换白色（搜集信息论证）；再黄色（分析利益）；再黑色（分析风险）；再绿色（建设性方案）；最后再蓝色（逻辑性综合判断）。

（三）横向思维的方式

1. 横向移入

横向移入是指跳出本专业、本行业的范围，摆脱习惯性思维，侧视其他方向，将注意力引向更广阔的领域；或者将其他领域已成熟的、较好的技术方法、原理等直接移植过来加以利用；或者从其他领域的事物特征、属性、机理中得到启发，产生对原有问题的创新设想。美国著名科学家、电话的发明人贝尔说过："有时需要离开常走的大道，潜入森林，你就肯定会发现前所未见的东西。"

18世纪，奥地利的医生奥恩布鲁格想解决怎样检查出人的胸腔积水这个问题。他想来想去，突然想到了自己的父亲，他的父亲是酒商，在经营酒业时，只要用手敲一敲酒桶，凭叩击声就能知道桶内有多少酒。奥恩布鲁格想：人的胸腔和酒桶相似，如果用手敲一敲胸腔，凭声音不也能诊断出胸腔中积水的病情吗？"叩诊"方法就这样被发明出来了。

2. 横向移出

与横向移入相反，横向移出是指将现有的设想、已取得的发明、已有的感兴趣的技术和产品，从现有的使用领域、使用对象中摆脱出来，将其外推到其他领域或对象上。这也是一种立足于跳出本领域，克服思维定势的思考方式。

例如，法国细菌学家巴斯德发现酒变酸、肉汤变质都是细菌作怪，经过处理，消灭或隔离细菌，就可以防止酒和肉汤变质。李斯特把巴斯德的理论用于医学界，发明了外科手术消毒法，拯救了千百万人的性命。再如仿生技术等，这些发明都是利用了横向移出的方法取得成功的案例。

3. 横向转换

横向转换是不直接解决问题，而是将其转换成其他问题。

例如，曹冲称象，把测重量问题转换成测船入水的深度。又如，美国柯达公司是生产胶卷的，但在1963年时没有急于卖胶卷，而是生产了一种大众化的自动照相机，并宣布各厂家都可以仿制，于是世界各地出现了生产自动相机热，这就为柯达胶卷开辟了广阔的销售市场。通过横向转换，把复杂的问题简单化，取得了意想不到的效果。

二、纵向思维

▶ **【案例3-14】**

丰田生产方式

丰田汽车公司总经理大野耐一认为，他之所以找到能发明"丰田生产方式"，根本原因在于他从不满足，善于"在没有问题中找出问题"。

在世人看来，"不满足现状"总是不好的，但在丰田工厂里却有一个口号："不满足是进步之母"。丰田工厂鼓励员工对现状不满，但要求把这个不满足同改革结合起来，而不是和牢骚结合起来。大野本人就是个善于从不满中发现问题，加以改进的人。大野曾总结他发现问题的秘诀，在于凡事要"问5次为什么"。

有一次，生产线上有台机器老是停转，修了多次都无效。大野就问："为什么机器停了？"工人答："因为超负荷，保险丝烧断了。"

大野又问："为什么超负荷呢？"

答："因为轴承的润滑不够。"

大野再问："为什么润滑不够？"

答："因为润滑泵吸不上油来。"

大野再问："为什么润滑泵吸不上油来呢？"

答："因为油泵轴磨损，松动了。"这样，大野还不放过，又问："为什么磨损了呢？"答："因为没有安装过滤器，混进了铁屑。"

于是，大野下令给油泵安上过滤器，终于使生产线恢复了正常。

"丰田生产方式"是基于这种反复问5次"为什么"的科学探索方法而创造出来的。倘若不是这样打破砂锅问到底，只满足于换一根保险丝，或者换一下油泵轴，过一阵仍会出现同样的故障，并不能从根本上解决问题。当你就一个问题探索其原因时，一定要追根溯源，深入探查问题的核心，而不要满足于停留在问题的表面，这就是人们所说的纵向思维。

【案例 3-15】
苏秦合纵，张仪连横

苏秦合纵：游说联合六国共同抗秦。苏秦是东周洛阳人，曾到齐国受业于鬼谷先生，后出游数岁，一无所获而归。遭到家人的讥笑。于是他发愤用功，得周书《阴符》而读之，领会出如何方能投人主之所好的奥秘。他先去游说周显王、秦惠王和赵肃侯，但都未成功。接着又到燕国去见燕文侯，文侯接受了他的合纵主张，并资助他车马金帛，使他能到赵、韩、魏、齐、楚几国去游说。六国经过他的劝说而联合起来，苏秦成为纵约长，"并相六国"。

张仪连横：通过激化六国间的矛盾，瓦解六国联盟，使秦国逐一击破。张仪在商鞅变法的基础上，"外连衡而斗诸侯"，与秦国的耕战政策相配合，运用雄辩的口才，诡谲的谋略，纵横捭阖，游说诸侯，建树了诸多功绩，在秦国的政治、外交和军事上成为举足轻重的人物。他在风云多变的险恶环境中，主要凭借外交手段，采用连横策略，"散六国之从，使之西面事秦"，使秦国的国威大张，在诸侯国中产生了巨大的威慑作用。孟子的弟子景春称赞说："公孙衍、张仪，岂不诚大丈夫哉！一怒而诸侯惧，安居而天下熄。"张仪使用军事和外交手段，使得秦国东"拔三川之地，西并巴、蜀，北收上郡，南取汉中"，这为秦国的霸业和将来的统一起了积极的作用。

（一）纵向思维的含义

所谓纵向思维，是指在一种结构范围内，按照有顺序的、可预测的、程式化的方向进行思考的思维形式，这是一种符合事物发展方向和人类认识习惯的思维方式，遵循由低到高、由浅到深、由始到终等线索，因而清晰明了，合乎逻辑，我们平常的生活、学习中大都采用这种思维方式。纵向思维是从对象的不同层面切入，具有纵向跳跃性、突破性、递进性、渐变的连续过程等特点。具有这种思维特点的人，对事物的见解往往入木三分，一针见血，对事物动态把握能力较强，具有预见性。拿破仑·希尔曾经说过这样一句话："由于我们的大脑限制了我们的手脚，因此，我们掌握不了出奇制胜的方法，往往会简单地放弃。"深入一步，就能够增加思维的深度，进行有效的突破。因此，可以说深入一步就是人们获取成功的一柄利器，很多创造和办法都是在深入一步的思考中诞生的。

那么，怎样才能"深入一步"呢？这就需要我们不轻易对问题的进展表示满足，多一些疑问，努力揭示出问题的本质，解决问题不仅能治标，还能治本。纵向思维就是要问"为什么"，实际上"为什么"这三个字表达了一种深入开掘的欲望。主张进行积极的思维活动，不管遇到什么问题，都要多问几个为什么。当人们恰到好处地利用纵向思维这把开启脑力的钥匙后，整个世界也就敞开了大门。

（二）纵向思维的特点

1. 由轴线贯穿始终

当人们对事物进行纵向思维时，会抓住事物的不同发展阶段所具有的特征进行考量、比照、分析。事物体现出发生、发展等连续的动态演变特性，而所有片段都由其本质轴线贯串始终，如人类历史由人类的不同发展阶段串联而成，这里时间轴是最常见的一种方式，特别是在各种各样的专项研究中，轴的概念类型就丰富多了。如在物理研究中，水在不同温度中表现的物理特性，则是由温度轴来贯穿的。

2. 清晰的等级、层次、阶段性

纵向思维考察事物的背景由参数量变到质变的特征，能够准确地把握临界值，清晰界定事物的各个发展阶段。

3. 良好的稳定性

运用纵向思维，人们会在设定条件下进行一种沉浸式的思考，思路清晰、连续、单纯，不易受干扰。

4. 明确的目标性和方向性

纵向思维有着明确的目标，执行时就如同导弹根据设定的参数锁定目标一样，直到运行条件溢出才会终止。

5. 强烈的风格化

纵向思维具有极高的严密性和独立性，个性突出，难以被复制而广泛流传。在人的性情方面显得泾渭分明，甚至格格不入，很多专家都是这种性格。

（三）纵向思维的表现形式

纵向思维有多种不同的表现形式，其中一种为连环法，具体应用这种方法时要遵循四个步骤。

① 确定最后要达到的理想成果是什么，即按照理想，希望得到什么样的东西。
② 确定妨碍成果实现的障碍是什么。
③ 找出障碍的因素，即产生障碍的直接原因是什么。
④ 找出消除障碍的条件，即在哪种条件下障碍不再存在。

这是一种较为严密的方法，用这种方法进行思考，虽说比较费时，但不至于思考不周，发生遗漏。这种思考方法把问题一步步地推演下去，像链条一样，最终找到解决问题的办法，它对于那些不喜欢直观，而喜欢按逻辑思考问题的人，是一种非常适用的方法。

（四）横向思维与纵向思维的区别

纵向思维是分析性的，横向思维是启发性的；纵向思维按部就班，横向思维可以跳跃；做纵向思维时，每一步必须准确无误，否则无法得出正确的结论，而横向思维旨在寻找创造性的新想法，不必要求思维过程的每一步都正确无误；在纵向思维中，使用否定来堵死某些途径，而横向思维中没有否定。如果把纵向思维比喻成在深挖一个洞，横向思维则是尝试在别处挖洞。把一个洞挖得再深，你也不可能得到两个洞，因此纵向思维是为了把一个洞挖得更深的工具，而横向思维则是用来在别的地方另外挖一个洞的工具。

拓展阅读

一、案例点评

挖 井

我们来看这样一幅图（图3-11）。它是1983年的高考作文试题，叫作"挖井"。

这幅漫画很容易看懂：我们做事情的时候，不能像图中的挖井人一样，东挖挖、西挖挖，三心二意，浅尝辄止，最后还埋怨地下没有水。实际上只要他多努力往下挖一点，就可以找到水源了。所以说，干什么事情都要专心致志、坚持到底，只有这样才能取得成功。这个寓意当然很好，不过现实情况和这幅漫画的情况有所差别。大家比较一下，下面这幅图（图3-12）和前图有什么区别？哪个更符合现实？

—这下面没有水,再换个地方挖　　张新华画　　　　—这下面没有水,再换个地方挖

图 3-11　挖井一　　　　　　　　　　　　图 3-12　挖井二

　　在现实中,要想成功必须坚持不懈,但坚持不懈不一定能取得成功,关键在于你坚持的方向对不对。鲁迅先生说过:"世界上本没有路,走的人多了,也就有了路。"道理很深刻,但是不能胡乱套用,比如说:"地下面本来没有水,挖得深了,也就有了水。"这就错了,地下如果本来没有水,挖得再深,也挖不出水来。真正要把水挖出来,实际上需要两个步骤:第一是横向挖,然后是纵向挖。纵向挖大家都明白,就是往深了挖。但在费力深挖之前,先要估计一下地下有没有水,值不值得费那么大的劲挖那么大的坑,这就需要横着挖。所谓横着挖,就是在地面上多换几个点试着挖一下,如果越挖泥土越潮湿,那有水的可能性就大,就值得深挖;如果越挖越干,那有水的可能性就小,或者发现石头太多,根本挖不动,就应该换个地方试一试。

　　我们在学习和解题的时候,也跟挖井一样,同时需要横向的思维和纵向的思维。一道题目拿到手以后,除非你是天才或者以前做过这道题,否则不可能一下子就想出答案。正常的思考过程应该是:根据条件和问题想一想从哪些方面着手可能做出来,每个方面都试一试,如果此路不通,那就再换一条,这是横着挖。不断地尝试,发现有一条路可以走通,于是深入思考,精确计算最后找出答案,这是纵着挖。

　　但实际情况是,我们现在往往只重视纵向的思考,而忽视了横向的思维。比如老师讲题:"这道题的思路是这样的:从这个点出发,这样推理、推理、推理,就把答案算出来了。"至于这个点是怎么找到的,推理过程为什么是这样而不是那样,则很少去讲。很少去讲的原因也很简单,因为不这样做就找不到正确答案。这就好比我们去向挖井高手请教怎么挖出水来,他把我们带到某个地说:"看我的。"说完只见铁锹乱舞、尘土飞扬,一会儿挖出一个深坑出来,里面咕噜咕噜地往外冒水,然后对我们说:"明白了吧?就是这样挖的。"大家一看,哇!原来挖井这么简单。于是自己也拿着铁锹找个地方猛挖一通,也挖出一模一样的深坑出来,只是里边不冒水。大家挖得腰酸胳膊疼,却看不见一丁点水。想想自己的动作跟挖井高手没什么两样啊?于是得出一个结论:人家就是比我聪明。

解题的过程并不等于思考的过程，就好像挖坑的过程，并不等于挖井的过程一样。这是我们很多人存在的认识误区，你向别人请教问题，他不仅给了你答案，还讲了一遍解题过程，这就好像他不仅让你看到水，还让看到他在挖坑。但是，这并不是问题的核心，真正的核心他没有讲出来：为什么要在这里往下挖？

所以，只有把横向和纵向思维结合起来，全面思考，逐级排除，找准方向，一针见血，才能使我们普通人成为解题能手。

二、发散思维训练

发散思维可以使人思路活跃，思维敏捷，考虑问题周全，能提出许多可供选择的方案、办法及建议，特别能提出一些别出心裁、一语惊人、甚至完全出乎人们意料的见解，使问题奇迹般的得到解决。为了提高发散性思维的能力，可以从以下8个方面进行训练。

（1）材料发散。以某事物作为材料，以它为发散点，设想它的用途。例如：列举幻灯机、雪碧瓶、电吹风的用途等。

（2）功能发散。以某事物的功能为发散点，设想实现该功能的途径。例如：怎样实现自行车防盗？怎样高效地利用太阳能？怎样使聋哑人可以打电话？

（3）结构发散。以某事物的结构为发散点，设想具有该结构的事物或该结构的用途。例如：四面体结构有何用途，书页式结构有何用途等。

（4）形态发散。以事物的形态为发散点，设想出利用该形态的可能性。例如：椭圆形可以用在哪里，红颜色可以用在哪里等。

（5）组合发散。以某事物为发散点，尽可能多地设想与另一事物组合成有新价值的事物的可能性。例如：钢笔可以与什么组合，铅笔盒可以与何物组合等。

（6）方法发散。以某种方法为发散点，设想该方法的多种用途。例如：爆炸的方法可以办成哪些事情，把空气压缩的方法可以用在何处等。

（7）因果发散。以某事物发展的结果为发散点，推测产生该结果的原因或以某事物的起因为发散点推测其可能产生的结果。例如：分析造成学生负担过重的原因有哪些，列举重男轻女会造成怎样的后果等。

（8）关系发散。以某事物为发散点，尽可能多地设想与其他事物的关系。例如：回答你是谁，月亮与人类有哪些关系等。

【发散思维训练1】 雨伞存在的问题

人们常用的雨伞在早期存在着如下的问题：①容易刺伤人；②拿伞的那只手不能再派其他用途；③乘车时伞会弄湿乘客的衣物；④伞骨容易折断；⑤伞布透水；⑥开伞收伞不够方便；⑦样式单调、花色太少；⑧晴雨两用伞在使用时不能兼顾；⑨伞具携带收藏不够方便等。如何通过对雨伞的改进能够让人们更加方便地使用呢？

解决方案：①增加折叠伞品种；②伞布进行特殊处理；③伞顶加装集水器，倒过来后雨水不会弄湿地面；④增加透明伞、照明伞、椭圆形的情侣伞、折卸式伞布等；⑤制成"灶伞"，除了挡风遮雨外，在晴天撑开伞面对准太阳，伞面聚集点可产生500℃的高温，太阳伞成了名副其实的"太阳灶"，用途一下子就拓宽了许多。

【发散思维训练2】 方法发散

（1）每天早晨有许多职工乘汽车上班，交通非常紧张，有哪些办法可以改变这种状况呢？

（2）你对电话机的铃声可以做哪些改变？

（3）要调动学生学习的积极性，有哪些方式可以运用？

【发散思维训练3】 结构扩散

用8根火柴作2个正方形和4个三角形（火柴不能弯曲和折断）。

一般在正方形中作三角形都容易从对角线入手，但对角线的长度大于正方形的边长，所以反过来想，又组成三角形，又有相同的边长，那就要错开对角线。

【发散思维训练4】 因果关系发散

如果人没有了文字，会发生什么事情？

【发散思维训练5】 材料扩散

如果可以不计算成本，还可以用哪些材料做衣服？

三、收敛思维训练

收敛思维是相对于发散思维而言的。它的特点是以某个思考对象为中心，尽可能运用已有的经验和知识，将各种信息重新进行组织，从而达到解决问题的目的。训练时可以按照：①概括地考虑问题，例如：对某个事物进行观察、分析、整理。删除一些表面的、细枝末叶的信息，从整体上把握事物，概括出事物的本质特征。②有方向地考虑问题，例如：我们在思考问题时，最初认识的仅仅是问题的表面，因此，也是很肤浅的东西，然后，层层分析，向问题的核心一步一步地逼近，抛弃那些非本质的、繁杂的特征，以便揭示出隐蔽在事物表面现象内的深层本质。③合理的考虑问题，例如：我们在思考问题核心内容时，要将已有的经验和知识与问题的本质相结合。

收敛思维训练作业：

① 提出旅行婴儿车设计应具有的功能。

② 为雨天骑车人设计一把伞，提出产品应具备的特征。

【收敛思维训练1】

有一个人用60美元买了一匹马，又以70美元卖了出去。然后他又用80美元买回来，再以90美元卖了出去。在这场交易中，他一共赚了多少钱？

答案：20美元。

【收敛思维训练2】

《唐阙史》中有个故事：有两个资历和贡献都差不多的办事员需要提升，但只能提升一人。人事部门只好去请教上司杨损。杨损是个正直的官员，他想了半天后说："办事应有计算能力，现在我出一道题，谁先做对就提谁。一群小偷商量如何分偷来的布，如果每人分六匹，就剩下五匹；分七匹却又短少八匹，问有几匹布，几个小偷？"

答案：共有十三个小偷，八十三匹布。

【收敛思维训练3】

有一口井深15米，一只蜗牛从井底往上爬，它每天爬三米，同时又下滑一米，问蜗牛爬出井口需要多少天？

答案：7天。

【收敛思维训练4】

一天，三位好朋友小白、小蓝、小黄在路上相遇了。我们之中背黄书包的一个人说："真巧，我们三个人的书包一个是黄色的，一个是白色的，一个是蓝色的，但却没有谁的书包和自己的姓所表示的颜色相同。"小蓝想了一想也赞同地说："是呀！真是这样！"请问，这三个小朋友的书包各是什么颜色的？

答案：小蓝背白书包、小白背黄书包、小黄背蓝书包。

四、正向思维训练

思维方式的建立,是一个长期的调整、强化、反复的过程,这种过程,并非脱离实践的修身养性,而是在追求成功的过程中反复实践和成功循环。不断强化这种思维方式,即正向思维—导向成功—强化正向思维—进一步成功。正向思维使我们的大脑处于开放状态,处于积极的激活的状态。

【正向思维训练1】 福尔摩斯的推理

在推理小说《血字的研究》中,福尔摩斯勘查了一件谋杀案的现场后,对该案的凶手进行了分析认定:

"'这是一件谋杀案。凶手是个男人,他六尺多高,正当中年……穿着一双粗皮方头靴子,抽的是印度雪茄烟……'

雷斯垂德(官方侦探)问道:'如果这个人是杀死的,那么又是怎样谋杀的呢?'

'毒死的。'福尔摩斯简单地说。……

我(华生,福尔摩斯的助手)说:'福尔摩斯,你真叫我莫名其妙。刚才你说的那些细节,你自己也不见得像你假装的那样有把握吧。'

'我的话绝对没错。'

'……其中一个人的身高你又是怎样知道的呢?'

'唔,一个人的身高,十有八九可以从他步伐的长度上知道。……我是在黏土地上和屋内的尘土上量出那个人步伐的距离的。接着我又发现了一个验算我的计算结果是否正确的办法。大凡人在墙壁上写字的时候,很自然会写在和视线相平行的地方。现在壁上的字迹离地刚好六尺。'

'至于他的年龄呢?'我又问道。

'好的,假若一个人能够不费力地一步跨过四尺半,他决不会是一个老头子。小花园里的通道上就有那样宽的一个水洼,他分明是一步迈过去的,而漆皮靴子却是绕着走的,方头靴子是从上面迈过去的。'

'手指甲和印度雪茄烟呢?'我又提醒他说。

'墙上的字是一个人用食指蘸着血写的。我用放大镜看出写字时有些粉被刮了下来。如果这个人指甲修剪过,绝不会是这样的。我还从地板上收集到一些散落的烟灰,它的颜色很深而且是呈片状的,只有印度雪茄的烟灰才是这样的'"(摘自《福尔摩斯探案集》第一集第35~36页)

福尔摩斯是怎样推理的?他的推理都绝对没错吗?

答案:

福尔摩斯经过推理分析,大致描绘了凶手的特征:六尺多高、中年人、手指甲未修剪、抽印度雪茄烟。这些结论,是通过演绎推理得出的。其推理过程所用的推理形式如下:

1. 推断凶手的身高

第一步,用蕴涵命题推理的肯定前件式推理:

如果知道一个人的步伐长度,就可计算出他的身高;

我量出了凶手的步伐长度;

所以,我可以计算出凶手的身高。

第二步,为了检验计算结果,用三段论第一格推断:

大凡人在墙壁上写字时,都写在与自己视线相平行的地方;

凶手在墙壁上写了字；

所以，凶手写字的位置大致与他的视线平行。

第三步，用蕴涵命题推理的肯定前件式推出凶手身高：

如果一个人在墙上写字的位置与他视线平行，那么，墙上字迹离地的高度大约是他的身高；

凶手在墙上写字的位置与他的视线平行；

因此，凶手的身高大约就是墙上字迹距地的高度。

福尔摩斯量得墙壁上的字迹距地面六尺，于是，他得出了凶手身高六尺多的结论。

2. 推断凶手的年龄

第一步，用蕴涵命题推理的肯定前件式：

假如一个人不费力地一步跨过四尺半，他决不会是一个老头子；

凶手不费力地一步跨过了四尺半（一个四尺半的水洼）；

所以，凶手不是一个老头子。

第二步，用不相容析取推理的否定肯定式确定凶手年龄：

凶手要么是老年人，要么是中年人，要么是青年人；

凶手不是老年人；

所以，凶手是中年人。

显然，这个析取推理违反了不相容析取推理否定肯定式的规则，只否定了"老年人"这个选言肢，就肯定了凶手是"中年人"这一选言肢，而漏掉了"青年人"这一选言肢，所以结论带有很大的或然性。但是，福尔摩斯根据勘查现场以及其他情况，实际上已经把"青年人"这个选言肢排除在杀人凶手之外。因而其结论仍然是正确的，后来也得到了印证。

3. 推断凶手的生活习惯

第一步，用蕴涵命题推理的否定后件式推出凶手的手指甲未修剪：

如果一个人的手指甲修剪过，那么在墙上写字就不会刮下墙粉；

凶手用手指在墙上写字时刮下了墙粉；

所以，凶手的手指甲没有修剪。

第二步，用必要条件推理的肯定后件式，推断凶手抽印度雪茄烟：

只有印度雪茄烟的烟灰，才是颜色很深而且呈片状的；

这地板上的烟灰（观察判断为凶手所吸）颜色很深而且呈片状；

所以，这地板上的烟灰是印度雪茄烟的烟灰。

这样，福尔摩斯通过一系列推理，推断出了凶手的基本特征，就为侦查破案确定了一定的方向和范围，从而避免了盲目性。

【正向思维训练2】 四只猫的性别

这儿有两只猫已住在一起。

猫先生：亲爱的，我们的新房舍中有几只猫？

猫太太：你不会数呀？四只，你这个笨蛋。

猫先生：几只雄猫？

猫太太：很难说，我也不知道呢。

猫先生：四只猫都是雄的不太可能。

猫太太：也不可能四只都是雌猫。

猫先生：也许只有一只是雄猫。

猫太太：或许只有一只是雌猫。

猫先生：这也不是很难想出来的，亲爱的。每只猫是雄是雌的机会是一半对一半，所以很明显，最有可能的结果是两个雄的，两个雌的。你还不能把它们算出来吗？

猫先生的答案对不对？请用逻辑概率的知识来分析四只猫的性别是什么样的组合的概率最大？

答案：直观上看，猫先生的答案似乎是合情合理的，但情况是否真的如此，让我们来检验它的理论。用 Y 表示雄猫，用 X 表示雌猫，这样我们就很容易列出四只猫的性别组合的十六种同等可能的情况：

1	YYYY
2	YYYX
3	YYXY
4	YYXX
5	YXYY
6	YXYX
7	YXXY
8	YXXX
9	XXXX
10	XXXY
11	XXYX
12	XXYY
13	XYXX
14	XYXY
15	XYYX
16	XYYY

在十六种情况中，只有两种是所有猫都具有同样性别（YYYY 都是雄的；XXXX 都是雌的），这时的 $M=2$，$N=16$，所以，这种情况发生的概率是：
$$P(A)=M/N=2/16=1/8$$

那么，四只猫都是雄的，这样的概率就是：
$$\frac{1}{8}\times\frac{1}{2}=\frac{1}{16}$$

同样，四只猫都是雌的，其概率也是 1/16。

看来，猫先生和猫太太认为这种情况具有最低概率是对的。

现在，让我们检验一下 2-2 分配，即有两只雄的，两只雌的。猫先生认为这是可能性最大的一种。从上表可以看出，这种情况有六次，分别是：YYXX、YXYX、YXXY、XXYY、XYXY、XYYX，所以其概率是：
$$P(A)=6/16=3/8。$$

这显然比 1/8 高。猫先生也许是对的，但这是不是就是最有可能的性别组合情况呢？我们还有一个更大可能的情况要考虑：3∶1 或 1∶3 分配。由于这种情况有 8 次，分别是：YYYX、YYXY、YXYY、XYYY、YXXX、XXXY、XXYX、XYXX。所以，其概率是：
$$P(A)=8/16=1/2$$

这就比 2-2 分配的概率高。也就是说，四只猫的性别组合，性别均衡不是最可能的。

回过头来验证一下我们的算法是否有误。如果我们算出的概率是对的，它们相加应等于 1。

$$\frac{1}{8}+\frac{3}{8}+\frac{1}{2}=1$$

这就表明，三种情况（性别清一色、性别均衡、性别失衡）都会发生，猫先生猜错了，最可能的情况是3∶1或1∶3，而不是2∶2。

这个例子告诉我们，在求类似的概率问题的时候，直觉可能会有问题，尽管直觉上不习惯。

五、逆向思维训练

逆向思维是一种反向性思维模式，是改变常规思维，反其道而行之的思考方式。对于某些问题，尤其是一些特殊问题，从结论往回推，倒过来思考，从求解回到已知条件，反过去想或许会使问题简单化。如果具备良好的逆向思维能力，往往会使你比别人看得更远。下面有8个逆向思维训练的案例。

【逆向思维训练1】 如何得到美女的电话号码

（1）傍晚陪爷爷在公园散步，不远处有一个气质美女，忍不住多看了两眼。爷爷问我："喜欢吗？"我不好意思地笑笑点点头。爷爷又问："想要她的电话号码吗？"我瞬间脸红了。爷爷说看我的，然后转身向美女走去。

（2）几分钟后我的电话响了，里面传来一个甜美的声音："你好，你是×××吗？你爷爷迷路了，赶紧过来吧，我们在公园×××处。"

（3）我对爷爷简直佩服得五体投地，然后默默地把这个电话存下了。

【逆向思维训练2】 如何让孩子做作业

（1）孩子不愿意做爸爸留的课外作业，于是爸爸灵机一动说："儿子，我来做作业，你来检查如何？"孩子高兴地答应了，并且把爸爸的"作业"认真地检查了一遍，还列出算式给爸爸讲解了一遍。

（2）只是他可能不明白为什么爸爸所有作业都做错了。

【逆向思维训练3】 惹不起的大爷

大爷买西红柿挑了3个到秤盘，摊主秤了下："一斤半3块7。"大爷："做汤不用那么多。"去掉了最大的西红柿。摊主，"一斤二两，3块。"正当我想提醒大爷注意秤时，大爷从容地掏出了七毛钱，拿起刚刚去掉的那个大的西红柿，扭头就走。摊主当场无风凌乱。

【逆向思维训练4】 换个角度看问题海阔天空

小伙子站在天台上要自杀，众人围观。不一会警察来了，问其原因，小伙回答："谈了八年的女朋友跟土豪跑了，明天要结婚了，感觉活着没意思！"旁边一位老者答："睡了别人的老婆八年，你还有脸在这里自杀？"小伙想了想，也对啊，笑了笑，就走下来了。

【逆向思维训练5】 大爷损失了多少钱

（1）王老板花30元进了一双鞋，零售价40元。一个小伙子来买鞋，拿一张100元人民币，王老板找不开，只能去找邻居换了这100，然后找给了小伙子60元。后来邻居发现这个100是假币，没办法王老板又还了邻居50。

（2）问这场交易里，王大爷一共损失了多少钱？

（3）在数据化管理的培训中经常用这个题测试学员的数据思维，结果是只有约20%的人能算出准确答案。此题用财物的收支两条线的方法能算出答案，不过还有更简单的方法，就是逆向思维。题中问王老板损失多少钱，其实就是问小伙子赚走了多少钱（不用考虑邻居）。

（4）小伙子赚了多少钱？

【逆向思维训练6】 猪八戒就是斗不过师傅的原因

七仙女在湖中洗澡，八戒很想看。他想仙女喜欢鲜花，便摘鲜花大喊："快来看呀！"仙女不为所动。唐僧朝湖面轻声道："施主，小心鳄鱼啊！"众仙女们飞奔上岸！

【逆向思维训练7】 吃亏还是占便宜？

（1）一个自助餐厅因顾客浪费严重而效益不好，没办法餐厅规定：凡是浪费食物者罚款十元！结果生意一落千丈！后经人提点将该规定改为：凡没有浪费食物者奖励十元！结果生意火爆且杜绝了浪费行为！

（2）不要让顾客"吃亏"，一定要让他们占便宜。

【逆向思维训练8】 买菜小贩的智慧

（1）一人去买牛奶。小贩说："1瓶3块，3瓶10块。"他无语，遂掏出3块买1瓶，重复三次。他对小贩说："看到没，我花9块就买了3瓶。你定价定错了。"小贩心头说："自从我这么干，每次都能一下卖掉3瓶。"

（2）大家记住：客户要的不是便宜而是占便宜。

六、横向思维训练

横向思维其实就是借鉴和运用的思维模式，借鉴其他方面的知识其实也是一种创造性的体现。下面有3个横向思维训练的案例。

【横向思维训练1】

在某一个城市里，地铁里的灯泡经常被偷。窃贼常常拧下灯泡，这会导致安全问题。接手此事的工程师不能改变灯泡的位置，也没多少预算供他使用，但他提出了一个非常好的横向解决方案，是什么方案呢？

答案：这位工程师把电灯泡的螺纹改为左手方向或者是逆时针方向，而不再用传统的右手方向或顺时针方向。这意味着当小偷认为他们正在试图拧下电灯泡时，实际上他们反而是在拧紧它们。

【横向思维训练2】

在一个小镇里有四家鞋店，它们销售同样型号、同一系列的鞋子，然而，其中一家鞋店丢失的鞋子是其他三家平均每家的3倍，为什么会出现这种情况，又如何解决这个问题呢？

答案：鞋店在外摆一双鞋子中的一只作为陈列品，一家鞋店摆的是左鞋，其他三家摆的是右鞋。小偷偷走这些陈列的鞋子之后，还必须把它配成对，因此，摆列左鞋的鞋店被偷的鞋子要多于其他三家。管理者把陈列的鞋子改成右鞋，这样被偷的数量就大幅度减少了。

【横向思维训练3】

一位富翁临终之前，身边只有一个奴隶，他唯一的儿子还在远方无法回来。于是富翁就立下了遗嘱："我死之后，我的全部财产归奴隶所有，其他人不得动用。但是，我儿子可任意选一件物品为他所有。"富翁写完之后，就咽了气。

奴隶高兴地拿着遗嘱去找富翁的儿子。儿子见到遗嘱，不由得大怒："父亲怎么会把他一辈子辛辛苦苦积攒下来的财富全部都给了奴隶，而我只能挑选一件物品呢？"他百思不得其解，于是去请教村里的智者拉比。

拉比听了，微微一笑，对他说："你父亲真是聪明，他给你留下了他的全部财产啊。你再好好看看你父亲的遗嘱吧。"

富翁的儿子拿起遗嘱又看了半天，还是不明白，拉比只好直接告诉了他。结果富翁的儿子得到了富翁的所有财产。这是为什么？富翁为什么要把所有的财产都给奴隶而不给自己的儿子呢？

答案：拉比对富翁的儿子说："遗嘱上不是说得很清楚吗？让你任意选择一件物品，你选择了那个奴隶不就是选择了全部的财产吗？"富翁之所以要写下这样的遗嘱，是为了防止奴隶带着财产逃走。只有写下全部财产归奴隶，才能稳住奴隶，让他找到自己的儿子。而儿子只要选择奴隶，就等于选择了全部财产。而且，当时的法律规定，奴隶的全部财产属于主人，就算富翁立下遗嘱把财产给了奴隶，事实上，从法律的角度来说，财产还是属于自己的儿子的。这一点，奴隶是不会注意到的。

七、纵向思维训练

纵向思维是以事物的现有为落点，遵循原有思路，对事物进行深入细致的分析和研究。下面有3个逆向思维训练的案例：

【纵向思维训练1】

有一年在海安县邓庄乡双元村附近，稻田里一片金黄，稻浪随风起伏，一派丰收景象。令人奇怪的是，就在这片稻浪中，有一块地的水稻稀稀落落，黄矮瘦小，与大片齐刷刷、金灿灿的田块成了鲜明的对照。

这是怎么回事呢？原来这块面积为2.5亩的田块普遍被挖去一尺深的表土，卖给了砖瓦厂，田块主人得了1000元。由于表面熟土被挖，有机质含量锐减，今年春上的麦苗长得像锈钉，夏熟麦子收成每亩还不到150斤。水稻栽上后，尽管下足了基肥，施足了化肥，可是水稻长势仍不见好。

有人给他算了一笔账，夏熟麦子少收1000多斤，损失400元，而秋熟大减产已成定局，损失更大。今后即使加倍施用有机肥，要想这块地恢复元气，至少需要五年时间，经济损失至少在二万以上。这么一算，这位中年庄稼汉叫苦不迭，后悔地说："早知道这样，当初真不应该赚这块良田的黑心钱。"

这个农民错在哪里？

答案：除了他只为了赚钱，属于思想认识问题外，在思维方法上，他缺乏纵向整体思维的素养，只顾部分，不顾全体，只顾一时得利，不顾长远利益，破坏了生态平衡，违背自然规律，受到了惩罚。

【纵向思维训练2】

在过去的几百年间流传至今的466幅圣母玛利亚的画像中，有373幅里的基督是左边吸吮圣母的乳汁。这一数字大约是全部被统计画幅的80%左右。为什么会这样？

答案：艺术是生活之概括，如果你稍微注意一下的话，就会发现，大多数母亲喂奶时，也是把婴儿抱在自己的左边。据心理学家统计，80%之母亲都是把婴儿抱在左边的。为什么会这样？为此，有个心理学家做了以下两个实验。

一个实验是让一些婴儿间断地听每分钟72次心跳录音。结果发现，这些婴儿在不听录音时啼哭时间是60%，而在听录音时，就比较安静，啼哭之时间降至38%。

另一个实验是任选四组婴儿，每组人数相同，把他们放在声音环境不同的房间里。第一个房间保持寂静；第二个房间放催眠曲；第三个房间放模拟的心跳声；第四个房间放真实的心跳声的录音。用这样的方法，试验一下哪一个房间的婴儿最先入睡。结果是第四个房间的婴儿，只用了其他房间中婴儿入睡所需时间的一半，就进入梦乡。然后依次是第三个房间、第二个房间、第一个房间里的婴儿先后入睡。这个实验不但证明心跳声是一种有很强镇静作用的外界刺激，而且表明模拟的心跳声的效果不如真的心跳声的效果。

在这两个实验中，心理学家所作的第一个实验运用的是求同法，第二个实验运用的共变法。通过实验证明听到母亲的心跳声对婴儿有某种抚慰作用。

【纵向思维训练3】

加利福尼亚州的阿尔托斯市政府被森林大火所困扰，他们想清除城镇周围山坡上的灌木丛，但如果用螺旋桨飞机来操作，反而极易引起火花，导致火灾，他们该怎么办？

答案：政府当局购买或者租借了成群的山羊，把它们放在山坡上放牧。由于山羊吃掉草木，控制了灌木丛的生长，并且达到了靠其他方法难以到达的陡峭坡段，灌木丛火灾因此大大减少。

八、侧向思维推理

侧向思维是相对于正向思维而言的，但是不同于逆向思维。正向思维遇到问题，是从正面去想，逆向思维是按照正向思维的反方向去思考，但是侧向思维是要你避开问题的锋芒，从侧面去想，是在最不打眼的地方，也就是次要的地方，进行挖掘。这样往往会有意想不到的效果，会更简单方便。侧向思维又称"旁通思维"，是发散思维的又一种形式。侧向思维的特点是：思路活泼多变，善于联想推导，随机应变。其应用方法包括：侧向移入、侧向转换、侧向移出。

【案例3-16】

军事领域中有许多应用侧向思维的地方，例如《孙子兵法》云："先知迂直之计者胜。"所谓迂直之计，就是懂得迂与直的侧向思维。这个谋略表面上是迂回曲折的道路，而实际上却能更有效、更迅速地制胜。一般来说，常规思维方式是讲求"抢人之先""先发制人""争夺制高点"，只为抢先一步天地宽。但在特定时期、特殊条件下，采用"后发制人"的侧向思维方式也能取得意想不到的效果。

思考题

1. 怎样带走20个鸡蛋

有一个篮球运动员，有一天只穿了一条内裤，带了一块手表，在球场上练习投篮。有个人给了他20个鸡蛋，这个人把鸡蛋放到球场边上的地上就走了。这时，球场边上没有任何用来装鸡蛋的东西，也找不到可以帮忙的人，实在让这位运动员感到为难。可是，他想了一会儿，还是想出了办法，请问这名运动员想的是什么方法。

2. 巧解运输难题

有一位南方乡镇企业的厂长，在东北买了两车皮木材，准备回去制造纺织用的模梭子，但是运输紧张，几个月后才能排上，他等了1个月，连回去的路费都不够用了，你能帮他想个好办法吗？

3. 差一点的价格

许多商店把价格定得略微低于一个整数，9.99美元而不是10美元，或者99.95美元而不是100美元。通常假设这样做会使顾客觉得价格看起来更低。但是这并不是这种做法开始的原因，那么这种定价方式最初始的目的是什么呢？

4. 尝试利用逆向思维回答下列问题

（1）有个教徒在祈祷时来了烟瘾，他问在场的神父，祈祷时可以不可以抽香烟。神父回答"不行"。另一个教徒也想抽烟，但他换了一种问法，结果得到了神父的许可，你知道他是怎么问的吗？

（2）据说俄国大作家托尔斯泰设计了这样一道题：从前有个农夫，死后留下了几头牛，他在遗书中写道：妻子得全部牛的半数加半头；长子得剩下的牛的半数加半头，正好是妻子所得的一半；次子得还剩下的牛的半数加半头，正好是长子的一半；长女分给最后剩下的半数加半头，正好等于次子所得牛的一半。结果一头牛也没杀，也没剩下，问农夫总共留下多少头牛？

思考和解答这道题，如果先假设一些情况（例如假设共有20头牛），然后再对它们逐一验证和排除，自然是可以的。但这样不免有些烦琐，要费很多的时间和精力，是一个较笨的方法，还有没有其他的方法？

第四章 形象思维

★【教学目标】
1. 了解与形象思维有关的基本概念，理解想象思维、联想思维、直觉思维与联想思维的含义、特征及作用；
2. 掌握培养想象思维能力的途径，联想思维、灵感思维的训练方法。

第一节 形象思维

【案例 4-1】

达·芬奇之《最后的晚餐》

达·芬奇在创作《最后的晚餐》时，出卖基督的叛徒犹大的形象一直没有合适的构思。他循着正常的思路冥思苦想，始终没有找到理想的犹大形象的原型。直到有一天，修道院院长前来警告达·芬奇，再不动手画就要扣他的酬金。达·芬奇本来就对这个院长的贪婪和丑恶感到憎恶，这时候仔细观察了修道院院长，突然觉得她非常符合叛徒的形象。达·芬奇转念一想，何不以她作为犹大的原型呢？于是他立即动笔把修道院院长画下来，使这幅不朽名作中每个人都具有准确而鲜明的形象。达·芬奇就是运用形象思维完成了他的创作。

一、形象思维的含义

形象思维或形象思考又称右脑思维，是对形象信息传递的客观形象体系进行感受，储存的基础上，结合主观的认识和情感进行识别（包括审美判断和科学判断等），并用一定的形式、手段和工具（包括文学语言、线条色彩、节奏旋律和操作工具等）创造和描述形象（包括艺术形象和科学形象）的一种基本的思维形式。它是指以具体的形式或图像为思维内容的思维形态，是人的一种本能思维，人一出生就会无师自通地以形象思维方式考虑问题。

形象思维不仅存在于文学艺术创作领域，而且在科学研究、发明创造、技术应用，乃至日常生活中都被广泛运用。

在科学研究过程中，科学家观察、识别自然现象并描述相关理论也是形象思维的结果。比如，一次，一位不知相对论为何物的年轻人向爱因斯坦请教相对论。相对论是爱因斯坦创立的既高深又抽象的物理理论，要在几分钟内让一个门外汉弄懂什么是相对论，简直比登天还难。然而爱因斯坦却用十分简洁、形象的话语对深奥的相对论作出了解释："比方说，你同最亲爱的人在一起聊天，一个钟头过去了，你觉得只过了5分钟；可如果让你一个人在大热天孤单地坐在炽热的火炉旁，5分钟就好像一个小时。这就是相对论！"爱因斯坦所运用的就是形象思维。对于较难说清楚的问题，爱因斯坦使用形象思维打一个比方，使得对方豁然开朗。

形象思维不仅存在于文学艺术创作领域、科学研究领域，而且在发明创造、技术应用、医疗工作、工程技术和生产过程，乃至日常生活中都被广泛运用。例如，天文学家观测满天繁星的夜空，想象银河星系的形态；动物学家解剖动物的肢体，在显微镜下观察细胞的结构；医生通过察言观色、搭脉、看舌苔、听心音等诊断疾病；工程师构思设计建筑物或机器零件的模型；炼钢工人从钢水的色彩变化中识别判断转炉的温度；火车司机用小锤敲打车轮从声音中判断车轮的好坏。

随着思考的逐渐成熟和后天的教育，人们的思考方式逐渐由形象思维向抽象思维过渡，并最终由抽象思考取代形象思考的主要地位。但这并不意味着形象思维就一定是低层次的思考方式，因为当大脑在抽象思考的进化道路上走到极致的时候，形象思维又会以一种新的姿态焕发新生，并引导思考向更高的层次发展，它不仅适用于不同的领域，而且适用于任何层次，尤其是在一些极度抽象的高尖端的科研领域，形象思考的作用更是不可替代的。

形象思维又具体分为想象思维、联想思维、直觉思维、灵感思维等思维方式。

二、形象思维的特征

形象思维的特征主要包括形象性、非逻辑性、粗略性、想象性。

1. 形象性

形象性是形象思维最基本的特征。形象思维所反映的对象是事物的形象，形象思维是意象、直感、想象等形象性的观念，其表达的工具和手段是能为感官所感知的图形、图像、图式和形象性的符号。形象思维的形象性使它具有生动性、直观性和整体性的优点。

2. 非逻辑性

形象思维不像抽象思维那样，对信息加工是一步一步地、首尾相接地、线性地进行，而是可以调用许多形象性材料，合在一起形成新的形象，或由一个形象跳跃到另一个形象。它对信息的加工过程不是系列加工，而是平行加工，是平面性的或立体性的。它可以使思维主体迅速从整体上把握问题，形象思维是或然性或似真性的思维，思维的结果有待于逻辑的证明或实践的检验。

3. 粗略性

形象思维对问题的反映是粗线条的反映，对问题的把握是大体上的把握，对问题的分析是定性的或半定量的。形象思维通常用于问题的定性分析，抽象思维可以给出精确的数量关系。所以，在实际的思维活动中，往往需要将抽象思维与形象思维巧妙结合，协同使用。

4. 想象性

想象是思维主体运用已有的形象形成新形象的过程。形象思维并不满足于对已有形象的再现，它更致力于追求对已有形象的加工，从而获得新形象产品的输出。想象性使形象思维具有创造性的优点，这也说明了一个道理：富有创造力的人通常都具有极强的想象力。

第二节　想象思维

【案例4-2】

想象力的胜利

2002年到2012年，10年8部《哈利·波特》电影以横扫千军之势，在美国积累了超过22.34亿美元总票房,打破了《星球大战》系列电影创下的22.18亿美元票房纪录,成为美国史上最卖座的系列电影,相关专家研讨《哈利·波特》系列原著时指出:"它的成功,从某种程度上说,是想象力的胜利。"而影视编导对《哈利·波特》系列小说进行的二次创作,极其成功地使现代电影数码技术、化妆技术与原著完美结合,使其画面更为逼真,电影中展现的大量古怪精灵造型和魔法施展特技,视觉效果奇趣怪诞。当观众观赏着孩子们冲入墙上的站台,乘坐着开往魔法学校的老式火车;当骑着扫把的小魔法师飞来飞去追踪金色飞贼;当国际象棋在现实世界的黑白方砖上展开厮杀……无不钦佩作者与编导高超的想象力。尽管影片采用仍然是善恶斗争模式及英雄成长的主题,但它的想象力内容之丰富,范围之宽广,构思之新奇,足以吸引儿童、成年人,甚至老年人在内的所有观众。这就是想象力的胜利。

想象是人类的智慧,没有想象就不会有现代文明,也不会有文学艺术。对于任何事情,我们只有不断想象、不断实践,才能不断创新、不断发展。每个人都具有想象思维,但想象的质量却因人而异,这与个人的人生阅历、知识积累、艺术修养、天赋高低等密切相关。吴承恩的《西游记》来源于想象思维;牛顿看见苹果落地,想象出地球的引力;阿Q的"精神胜利法"是一种想象;袁隆平想象水稻杂交能够高产;塞万提斯想象《堂吉诃德》……

一、想象思维的含义

想象思维是人脑通过形象化的概括作用对脑内已有的记忆表象进行加工、改造或重组的思维活动。它是形象思维的具体化,是人脑借助表象进行加工操作的最主要形式。

西方最早提到想象思维的是古希腊的亚里士多德。他在《心灵论》中说:"想象和判断是不同的思考方式。"罗马时代的裴罗斯屈拉塔斯也曾说过:"想象是用心来创造形象。"文艺复兴时期的美学家和文艺理论家都谈到了想象。例如,马佐尼把想象看作是"制造形象的能力。"德国古典美学的奠基人康德把想象力与理解力的自由和谐看成是审美活动的基本特点之一。黑格尔也很重视想象,他说:"最杰出的艺术本领就是想象。"

在中国思想史上,第一个给"想象"一词作本质说明的是战国末期的韩非,他不仅从词源学上说明了想象一词的产生,而且从思维学上解释了想象的本质:不是感觉,而是思维。他从客体关系方面阐明:想象中客体的具体形象并不直接呈现在主题的感官之前,而是显现为心灵的回顾与前瞻。中国古代文论家和画论家的很多研究也都揭示出想象的意义。

二、想象思维的分类

根据想象是否受人的主体意识支配,想象思考可分为无意想象和有意想象两大类型。

(一) 无意想象

无意想象也称消极想象,它是不受意识主体支配的想象。思维主体,没有特定的目的性,可以让思维的翅膀任意飞翔,达到一种非常自由的状态。无意想象虽然是无法控制的,但有时候也会产生积极的结果,使日思夜想却未能解决的问题突然在梦中得到解决。例如,德国化学家凯库勒花费了许多时间和精力却一直没有发现苯分子结构的奥秘。有一天,凯库勒由于疲惫,坐在椅子上打起了瞌睡,睡梦中,他看到成群的原子在眼前飞舞跳跃,还有些较小的原子在远处躲闪着。接着众多的原子排成了一个队列,长长的队列像一条蛇那样蠕动着,缠绕着。忽然,蛇头咬住了蛇尾,形成了一个在凯库勒眼前旋转的圆环,像嘲笑他似的。此时,凯库勒像遭到电击一样猛然清醒过来,并想到:苯分子结构是不是封闭环形式?凯库勒苯环的化学结构假说,对有机化学的革新起到了奠基的作用。

(二)有意想象

有意想象是事先有预定的目的,受主体意识支配的想象。它是人们根据一定的目的,为塑造某种事物的形象而进行的想象活动,这种想象活动具有一定的遇见性和方向性。

有意想象又可分为再造性想象、创造性想象和憧憬性想象。

1. 再造性想象

再造性想象形象是曾经存在过的,或者现在还存在着的,但是想象者在实践中没有遇到它们,而是根据别人的语言、文字、图像的描述,在头脑中形成相应的新形象的心理过程。例如,机械工人根据机械图纸而想象出机器的结构和形状;技术人员根据他人从国外回来所描述的某种产品的外形和功能,想象出它的基本原理及内部大致构造;在学习历史时,头脑中构想出种种历史场景;阅读文字作品时,眼前会浮现出各种人物形象。这都是再造性想象。

2. 创造性想象

创造性想象是根据一定的目的和任务在头脑中创造出新形象的心理过程。作家在头脑中构成新的典型人物形象就属于创造性想象。这种想象不是仅仅根据别人的描述,而是想象者根据生活提供的素材,在头脑中通过创造性的综合,从而构成前所未有的新形象。鲁迅先生曾说:"小说也如绘画一样,有模特儿,我从来不用某一整个,但一肢一节,总不免和某一个人相似,倘使无一和活人相似处,即非具象化了的作品。""模特儿不是一个特定的人,看得多了,凑合起来的。"他笔下的阿Q、祥林嫂和狂人等都是这样的艺术形象。再如,飞机设计师设计新型飞机,建筑装潢设计师设计音乐厅、客厅的装潢图等也都需运用创造性想象。

创造性想象也是科学发现、技术发明和其他发明创造的基础。例如,1923年的诺贝尔生理学和医学奖颁给了加拿大医生班廷,原因是他和助手一起发现了能控制糖尿病的胰岛素,糖尿病在当时被看作是一种不治之症,许多科学家对此进行过大量研究,最终却没有找到有效的控制方法。班廷的这个发现源于他的一个假说和想象。他在研究中发现:糖尿病患者的胰腺暗点比正常人要小得多,胰腺中岛屿状的细胞所起的作用,是把健康身体内部的多余糖分转变成热能,而当这些细胞不再发生这种作用时,体内的糖分就会成倍增加,于是他就想,这会不会就是患者体内糖分成倍增长引发糖尿病的原因呢?经过反复实验,班廷成功地发现了治疗糖尿病的有效药物——胰岛素。

创造性想象是一种比再造性想象更复杂的智力活动,但二者之间又密切联系。首先,它们都以感知为基础,都是在原有表象基础上进行加工改造、重新组合的新形象。其次,依据描述进行再造性想象时,对想象者来说或多或少都含有不同程度的创造性想象成分,而创造性想象中也有再造性想象的因素,如参照已有的资料等。所以,在理解上绝对不能把二者对立起来。

3. 憧憬性想象

憧憬性想象是一种对美好的未来、对希望的事物、对某种成功的向往。憧憬性想象也就是我们平时所说的幻想。积极的、符合现实生活发展规律的幻想,反映了人们美好的理想境界,往往是人的正确思想行为的先行。列宁曾高度评价这种想象在科学研究和人们实践活动中的重要作用。他指出:"这种才能是极其可贵的。有人认为,只有诗人才需要幻想，这是没有理由的，没有幻想，就不能发明微积分。幻想是极其可贵的品质……"

例如，18世纪法国著名科幻作家儒勒．凡尔纳（1828～1905年）一生中运用憧憬性想象写出了104部科幻小说和探险小说，书中写的霓虹灯、直升机、导弹、雷达、电视台等，当时虽都不存在，但在20世纪都已实现，更令人难以置信的是，凡尔纳曾预言：在美国的佛罗里达州将建造火箭发射基地，发射飞向月球的火箭。一个世纪以后，美国果然在佛罗里达州肯尼迪航天中心发射了第一艘载人宇宙飞船。凡尔纳幻想的事物70%如今已经成为现实。这足以证明，憧憬性想象的确是科学创造发明的前导。

想象思维用于发明创造，使发明的过程变得简单明了。想象思维使我们的头脑充满了生动的画面，为我们展现了一个更为丰富多彩的世界，是需要我们学习、掌握的一种必备的思考方法。

三、想象思维的特征

想象思维的特征主要包括形象性、概括性、超越性。

1. 形象性

形象思维的操作活动的基本单元是表象，是一些画面，静止的画面像照片，活动的画面像电影。想象思维是个体对已有表象进行加工，产生新形象的过程。想象以记忆表象为基础，但它不是记忆表象的简单再现。想象是以组织起来的形象系统对客观现实的超前反映。设计师根据自己在建筑方面的知识经验，设计出建筑物的形象。在想象中，这些记忆表象的画面就像过电影一样，在脑中涌现，经过黏合、夸张、人格化、典型化等加工，当形成新的有价值的表象时，新想法、新技术、新产品就出现了。

2. 概括性

想象思维实质上是一种思维的并行操作，即一方面反映已有的记忆表象，同时把已有的表象变换、组合成新的图像，达到对外部时间的整体把握，所以其概括性强。例如，把地球想象成鸡蛋，蛋壳是地壳，蛋白是地幔，蛋黄是地核，非常概括。科学家把原子结构想象成太阳系，太阳是原子核，核外电子是行星，围绕原子核高速旋转。鲁迅创作的阿Q形象，是反映辛亥革命不彻底性的落后农民的概括。

3. 超越性

想象的最宝贵特性是可以超越已有的记忆表象的范围而产生许多新的表象，这正是人脑的创造活动最重要的表现。这方面的例子是很多的，特别是一些重大的发明创造，都离不开超越性的想象。

四、想象思维的作用

想象思维的作用具体体现在以下三方面。

1. 想象在创造性思维中的主干作用

创造性思维要产生具有新颖性的结果，但这一结果并不是凭空产生的，要在已有的记忆表象的基础上，加工、改组或改造。创造活动中经常出现的灵感或顿悟，也离不开想象思维。著名物理学家普朗克说："每一种假设都是想象力发挥作用的产物。"巴甫洛夫说："鸟儿要飞翔，必须借助于空气与翅膀，科学家要有所创造则必须占有事实和开展想象。"以上名言充分说明了想象在创造性思维中起到主干作用。

2. 想象思维在人的精神文化生活中的灵魂作用

精神生活对个人是很重要的。一个精神生活丰富的人，对生活常有感情，便能更多领略到生活的情趣与美，而人的精神生活是否丰富多彩，主要就看想象力是否丰富。如欣赏艺术家的作品，要能解读作品的内涵，领略作品的美，就必须借助想象力来完成。想象力越丰富，则能感受到的美感就越多，对作者的认同感越强，即产生了共鸣。比如读李清照的词："梧桐更兼细雨，到黄昏，点点滴滴，这次第，怎一个愁字了得。"你能感受到词中透出的那丝丝凄凉吗？

3. 想象思维在发明创造中的主导作用

发明一件新的产品，一般都要在头脑中，想象出新的功能或外形，而这新的功能或外形都是人的头脑调动已有的记忆表象，加以扩展或改造而来的。就好像工程师要建楼，没有图纸就不知道该怎样下手，我们有目的地进行创造活动，就好像要在头脑里画好这样一张图纸，先把头脑中已有的记忆表象调动出来，再运用自己的想象选择加工，最终图画好了，我们所需要的结果就清晰地呈现在脑海里了，创新的目的就达到了。在无数的发明创造中，我们都可以看到想象思维的主导作用。大哲学家康德说过："想象力是一个创造性的认识功能，它能从真实的自然界中创造一个相似的自然界。"那么，如何发挥自己的想象力呢？德国的一名学者曾经说过这样的话："眺望风景，仰望天空，观察云彩，常常坐着或躺着，什么事情也不做。只有在静下来思考，让幻想力毫无拘束地奔驰，才会有冲动。否则任何工作都会失去目标，变得频繁空洞。谁若每天不给自己一点做梦的机会，那颗引领他工作和生活的明星就会暗淡下来。"

五、想象思维的培养和训练

想象思维的培养和训练主要方式有以下两类。

1. 克服抑制想象思维的障碍

抑制想象思维的障碍主要有环境方面的障碍、内部心理障碍和内部职能障碍。

环境方面的障碍，如人际关系不协调，学习思考环境恶劣等。心理状态如果是积极、愉快、兴奋的，人就容易进行想象思维；如果是消极、压抑，甚至悲观、沮丧，那就很难进入良好的想象思维。但是，人的心理状态是可以调整的。内部智能障碍主要是思维方法的僵化，也就是思维模式的固定化，即所谓的思维定势或习惯性思维。

2. 培养想象思维能力的途径

第一个途径是强化创新意识。人的意志和意识的强弱决定了人的思维积极性和活跃性。

第二个途径是学习。学习，包括从书本上学习，也包括从实践中学习，还包括向一切有知识、有经验的人学习。

第三个途径是静思。人有时需要交往，需要热闹，需要和别人产生思维碰撞，但有时也需要孤独，需要沉静地思考。

第三节 联想思维

【案例 4-3】

可口可乐玻璃瓶的设计

路透，是美国某玻璃厂的一名普通工人，负责生产玻璃瓶。显然，如果他只满足于当一名按图纸、按程序制作玻璃的工人，即使他每天 24 小时不吃不喝玩命地干，至死也不可能富起来。但他却成了亿万富翁，不是靠别的，而是靠他的联想意识。1923 年的一天，久别的女朋友来看他，这天她穿着流行的紧身裙，美极了。这种裙子在膝部附近变窄了，强调了人体的线条美。约会归来后，路透突发奇想：为什么不将又笨又重的可口可乐瓶，设计成这种紧腿裙的式样呢？于是，他迅速按照裙子的样式，制作了一个瓶子的样品，然后作为图案设计进行了专利登记,并将此瓶子设计带到了可口可乐公司。公司看了大为赞赏,当即与路透签订了一份合同,答应每 12 打(1 打 12 支)付给他 5 美分。这就是可口可乐饮料现在所用的瓶样。目前已经生产了 760 亿只。这样,路透所得的金额,据说约值 18 亿美元之巨。路透运用了联想思维设计了可口可乐的瓶样。

人几乎每天都在联想。比如当你某一天在路上遇到你的大学老师时,你就可能联想到他过去讲课时的情景,甚至联想到他曾经对你说过的一句话。你甚至可能在不经意间看到一样东西,就会联想到另外一样东西。当你看到一件事物时,你的大脑就像搜索引擎一样,自动根据你的经历和经验,搜索和看到的事物相关的信息并推送到你眼前。

一、联想思维的含义

【案例 4-4】

充气雨衣的发明

有位小学生放学回家正值大雨倾盆,这位小学生虽然身着雨衣,但是雨衣贴着裤腿,雨水顺着雨衣灌满了两只雨鞋。"有没有办法让雨衣不贴身呢?"这个问题一直在他脑中盘旋。有一次,他和父亲一同去观看文艺演出,舞台上的演员在跳舞旋转时,长裙的下摆像雨伞一样徐徐张开了。立刻在他的头脑中闪现出了使雨衣不贴裤腿的灵感:"对啊!如果雨衣也能像裙子那样张开,问题不就解决了吗?可是走路又不能旋转,这怎么办呢?"回到家,他眼前还是旋转的长裙,目光却落到了一个塑料救生圈上,终于灵感又一次帮助他解决了难题。他将雨衣下边做成一个救生圈,穿的时候吹足气,不就不贴在身上了吗?"充气雨衣"诞生了,他因此获得了第一届全国青少年科学创造发明比赛一等奖。

上面这个案例中,由张开的长裙下摆想到不贴身雨衣,是由眼前感知的事物想到了一个现实中还没有的新事物。这一过程不是曾有经历的简单重现,而是通过分析、综合、比较、抽象、概括等一系列思维活动,认识了一个事物的关键或两种不同事物的共同属性,从而产生出新的信息的过程,就是联系思维。所以,它的作用是使两个看上去不相关联的事物建立联系,从而产生创新设想和成果。

什么是联想思维呢?联想思维又称联想思考,就是根据当前感知到的事物、概念或现象,想到与之相关的事物、概念或现象的一种思考活动。更具体地说,联想就是根据输入的信息,在大脑的记忆库中搜寻与之相关的信息,或者利用大脑记忆库中的一些信息,形成与之相关的新信息的过程。搜寻的结果主要是再现,但形成的新信息则需进行创造。

人们运用联想思考可以很快地从记忆里追索出需要的信息,构成一条链,通过事物的接近、对比、同化等条件,把许多事物联系起来思考,开阔思路,加深对事物之间联系的认识,并由此形成创意和方案。在创新过程中,运用概念的语义和属性的衍生、意义的相似性来激发创意思考的方法,是打开沉睡在头脑深处记忆的最简便和最适宜的钥匙。有一种说法:"如果大风吹起来,木桶店就会赚钱。"这两者是怎么联系起来的呢?原来它经历了下面的思考过程:当大风吹起来的时候,砂石就会满天飞舞,这会导致瞎子的增加,从而琵琶师父也会增多,越来越多的人会以猫的毛代替琵琶弦,因而猫会减少,结果老鼠的数量就会大大增加。由于老鼠会咬破木桶,所以做木桶的店会赚钱了。上面的每段联想都十分合理,而获得的结论却大大出乎人们意料,这就是运用了联想思考的结果。

二、联想思维的特征

联想思维的特征主要包括连续性、形象性和概括性。

1. 连续性

联想思考一般是由某事或某物引起的其他思考，也就是从某一个事物的表象、动作或特征联想到其他事物的表象、动作或特征。例如，在第一次世界大战期间，德国和法国交战，双方在某战地对峙。因不了解对方军情，两国军队都躲在自己战壕里，不敢贸然出兵。有一天，德军发现法军阵地上有一只波斯猫在晒太阳，随后注意观察了几天都是如此。德军由此作出分析，战场附近没有居民住宅，野猫也绝不可能在战地如此休闲，而且波斯猫在猫类里算是比较名贵的品种，所以猫的主人应该是军队中较大的指挥官。由此，德军马上集中火力，向波斯猫所在地发动轰炸和攻击，彻底摧毁了该阵地。后来经查看，摧毁了的果然是法军的一个旅司令部的地下指挥所，所里人员已全部阵亡，惹祸的波斯猫当然也难逃厄运。

联想思维的主要特征是由此及彼，连绵不断地进行，可以是直接的，也可以是迂回曲折地形成闪电般的联想链，而链的首尾两端往往是风马牛不相及的。

2. 形象性

联想思维属于形象思维的范畴，它的思考过程需要借助于一个个表象得以完成。例如，由平和亿坤公司兴建，厦门雅克设计的"蜜柚博物馆"已开工建设。蜜柚博物馆坐落在林语堂文博园林语花溪旅游配套项目内。从外观造型上看，它就像两颗巨大的琯溪蜜柚，而其内部会让人想到是个巨大的温室。该博物馆以平和的特产琯溪蜜柚为主题，让游客感受和体验蜜柚世界、蜜柚文化。馆内介绍蜜柚的产生、历史、文化、产业、劳动现场和种类，以及栽培的各种渠道和方法，还在玻璃温室中展示全世界近百种柚子，让游客一年四季都能看到新鲜的柚子，体验和学习关于柚子的一切知识。

联想思维是形象思维的具体化，其基本的思考操作单元是表象，是一幅幅画面。所以，联想思维和想象思维一样显得十分生动，具有鲜明的形象。

3. 概括性

联想思维可以很快把联想到的思考结果呈现在联想者的眼前，而不顾及其细节如何，是一种整体把握的思考操作活动，因此可以说有很强的概括性。例如，1982年2月底至3月初，墨西哥爱尔基琼斯火山喷发，亿万吨火山灰冲上云霄。美国政府联想到悬浮在空中的火山灰会把一部分从遥远的宇宙射向地球的太阳能反射回去，从而形成大面积的低温、多雨天气，造成世界范围内的粮食减产。于是，美国政府及时调整了国内粮食政策。第二年，世界各国粮食产量果然大幅下降，而美国由于及时采取了有效措施，成了唯一的粮食出口国。不但大赚"横财"还又一次在国际事务中占据了上风。

三、联想思维的分类

联想思维分为以下七种。

1. 相似联想

相似联想就是由某一事物或现象，想到与它相似的其他事物或现象，进而产生某种新设想。这种相似，可以是事物的形状、结构、功能、性质等某一方面或某几个方面。例如，俄国著名生理学家梅契尼科夫一天仔细观察"海盘车"的透明幼虫，并把几根蔷薇刺包围起来，一个个地加以"吞噬"，这是以往从未发现过的现象。梅契尼科夫联想到自己在挑除扎进手指中的刺尖时看到过的情境。刺尖断留在肌肉里一时取不出来，而过上几天，刺尖却奇迹般地在肌肉里消失了。这刺尖突然消失的现象，一直是他心中的一个谜。现在他领悟到，这是由于当刺扎进手指时，白细胞就会把它包围起来，然后把它吞噬掉。"细胞的吞噬作用"这一重要理论就这样诞生了。它告诉我们，在高等动物和人体内部都存在着细胞吞噬现象，这种现象发生在炎症的过程中能起到保护机体的作用。

2. 相关联想

相关联想是由给定事物联想到经常与之同时出现或在某个方面与之有内在联系的事物的思考活动。比如，苏格兰有一家用橡胶生产橡皮擦的工厂。一天，一个叫马辛托斯的工人端起一大盆橡胶汁往模型里倒，一不小心，脚被绊了一下，橡胶汁淌了出来，浇到了马辛托斯的衣服上，下班后，马辛托斯穿着这件被橡胶汁涂满了的衣服回家，正巧路上遇到了大雨。回家换衣服时，马辛托斯惊奇地发现，被橡胶汁浇过的地方，竟没有渗入半点雨水。善于联想的马辛托斯立即想到，如果把衣服全部浇上橡胶汁，那不就变成了一件防雨衣吗？雨衣也就应运而生了。

千变万化的客观事物，正是由于组成了环环紧扣的、彼此之间相互制约牵制的锁链，才使世界保持了相对的平衡与和谐。这也是我们进行相关联想的一个前提。恰当地应用这种方法，相信会越来越多的创造性事物产生。苏联心理学家哥洛万认为，任何两个概念都经过四五个步骤建立起相关联想的联系。比如，"木质"和"皮球"是两个离得很远的概念。但是，只要经过四步中间联想就可以从"木质"联想到"皮球"。其环节是：木质-树林，树林-田野，田野-足球场，足球场-皮球。

3. 对比联想

对比联想是根据事物之间存在着的互不相同或彼此相反的情况进行联想，从而引发出某种新设想的思维方式。比如，由黑想到白，由书写想到擦拭，由温暖想到寒冷，由黑暗想到光明，由好看的玩具想到丑陋的玩具等。

在使用对比联想法的过程中，我们需要将视角放在与该事物的特征相对的特点上，并加以巧妙利用。

当物理学家开尔文了解到巴斯德已经证明了细菌可以在高温下被杀死，食品经过煮沸可以保存后，他大胆地运用对比联想：既然细菌在高温下会死亡，那么在低温下是否也会停止活动？在这种思维的启发下，经过精心研究，终于发明了"冷藏"工艺，为人类的健康做出了重要的贡献。

18世纪，拉瓦把金刚石煅烧成二氧化碳的实验，证明了金刚石的成分是碳。1799年，摩尔沃成功地把金刚石转化为石墨。金刚石既然能够转变为石墨，用对比联想来考虑，那么反过来石墨能不能转变成金刚石呢？后来人们终于用石墨制成了金刚石。

对比联想法在学习中得到广泛的应用，它可以帮助我们从一个方面联想起另一个方面：两个相反的对象，只要想到一个，便自然而然地会想出相对的那个来。

4. 因果联想

因果联想是指由事物的某种原因而联想到它的结果，或指由一个事物的因果关系联想到另一种与它有因果联系的事物。比如，人们由冰想到冷，由风想到凉，由火想到热，由科技进步想到经济发展，这些都是因果联想。

例如，"劳力士"手表是瑞士生产的一种高档名表，专供富有上层人士佩戴。厂家选择了全世界公认的最优秀的登山健将莱茵霍尔德·梅斯纳来做广告。1978年，梅斯纳令人难以置信地不用氧气瓶登上了海拔8848的世界最高峰——珠穆朗玛峰。莱茵霍尔德·梅斯纳在广告中向世界宣称：我可以不带氧气筒，但我决不会不带我的劳力士去登山。登山者不带上一块可以信赖的、走时准确的手表，简直是不可思议的。莱茵霍尔德·梅斯纳曾成功地登上6座海拔8000米以上的山峰，选用他为劳力士手表做广告，可以令人信赖地展示劳力士手表的优良性能。

5. 类比联想

类比联想是指对一件事物的认识引起对与该事物在形态或性质上相似的另一事物的联想。这种联想是借助对某一事物的认识，通过比较它与另一类事物的某些相似性，达到对另一事物的推测理解。其特点是以大量联想为基础，以不同事物间的相同、类似为纽带。例如，生物学家都知道，响尾蛇的视力很差，几十厘米近的东西看不清，但是在黑夜里却能准确地捕获十多米远的田鼠，其秘密在于它的眼睛和鼻子之间的颊窝。这个部位是一个生物的红外感受器，能感受到远处动物活动时由于有热量产生而发出的微量红外线，从而实现"热定位"。美国导弹专家由此产生联想，若用电子器件制造出和响尾蛇的生物红外感受器类似的"电子红外感受器"，用于接收飞行中的飞机因发动机运转发热而辐射的红外线，就能通过这种"热定位"来实现对目标的自动跟踪。所谓红外跟踪响尾蛇导弹就是在这种"类比联想"的基础上设计出来的。

再比如，天然牛黄是一种珍贵药材，它只有在牛胆中偶尔获得，数量少，供不应求。某医药厂的科技人员，联想到人工培育珍珠与天然牛黄的成长过程相似，于是将能生成牛黄的异物植入牛胆中形成胆结石，就这样实现了人工培育牛黄。

6. 飞跃联想

飞跃联想是在看上去没有任何联系，或相距甚远的事物之间形成联想，以引发出某种新的设想。例如，早些年，人们对用煤油代替汽油在内燃机中使用一直持怀疑态度，因为煤油不像汽油那么容易气化。后来，有个人看到一种红色叶子的野花，能够在早春季节的雪地里开放。由此，他进行了大跨度的联想：因为煤油吸收热量比汽油慢，所以，煤油不像汽油那样容易气化。野花能依靠红叶子在微寒的早春雪地里快速地吸收热量而存活，如果把煤油染上红色，也许也会像红叶那样更快地吸收热量。经过试验之后，结果正如他所料，煤油气化的难题解决了。这样，煤油就可以同汽油一样在内燃机中使用了。

7. 连锁联想

连锁联想是根据事物之间这样或那样的联系，一环紧扣一环地进行联想，从而引发出新的设想。例如，19世纪的北京，有个鞋店店主叫赵廷。赵廷为了能够大批而且长期地招揽顾客，想出了一个办法：把来店里做鞋的文武官员所穿鞋的长短、宽窄、样式、特殊要求等，一一地详细记录下来，并且分类汇集成册。这就是所谓的"履中备载"。赵廷想，有了这个，以后官员再做鞋，就可以只派人来店说明要求，而不必再亲自登门量尺码了。同时，他想这样一来，凡是曾来店里做过鞋的官员，不就都成为长期主顾了吗？他还进一步想到：这样做，还可以为那些想定做朝靴，去巴结上司的人提供方便。他们只要到店里来查查"履中备载"就行了。采取"履中备载"这样的做法，显然大大有利于扩大顾客队伍，有利于鞋店日后经营业务的不断发展壮大。

此例中，赵廷通过记录客户的穿鞋信息，想到不用亲自来即可做鞋，发展了大量的长期客户。又进一步联想到，肯定有很多人要巴结官员，而自己可以为他们送礼提供方便，这样就进一步拓展了客户数量。

四、联想思维的作用

联想思维的作用体现在以下四个方面。

1. 在两个以上的思维对象之间建立联系

通过联想，可以在较短时间内在问题对象和某些思维对象间建立起联系，这种联系会帮助人们找到解决问题的方法。例如，自古以来，人类架桥都是靠修筑桥墩实现的，当遇到水太深，或水底砂石条件难以打桥桩时，架桥就其极其困难。发明家布伦特从蜘蛛吊丝织网中受到了启发，联想到造桥，从而发明了吊桥。

2. 为其他思维方法提供一定的基础

联想思维一般不能直接产生有创新价值的新形象，但是，它往往能为产生新形象的想象思维提供一定的基础。

3. 活化创造性思维的活动空间

联想，就像风一样，扰动了人脑的活动空间。由于联想思维有由此及彼、触类旁通的特性，常常把思维引向深处或更加广阔的天地，促使想象思维的形成，甚至灵感、直觉、顿悟的产生。

4. 有利于信息的存储和检索

思维操作系统的重要功能之一，就是把知识信息按一定的规则存储在信息存储系统，并在需要的时候把其中有用的信息检索出来。联想思维就是思维操作系统的一种重要操作方式。

五、联想思维的方法

联想思维的方法包括类比法和移植法。

1. 类比法

类比法是把陌生的对象与熟悉的对象、把未知的东西与已知的东西进行比较，从中获得启发而解决问题的方法。它的原理是根据对某一对象的成分、结构、功能、性质等方面特性的认识，推导出当前要解决问题的可能性的设想。

它在实施的时候可以进行直接类比，根据原型的启发，直接将一类事物的现象或规律用到另一类事物上，例如，古埃及人曾用不断转动的链条运送水桶以灌溉农田，1783 年，英国人埃文斯运用类比法将该方法用于磨坊以传送谷粒。

再如，美国一家制糖公司，每次向南美洲运方糖，都因方糖受潮而遭受巨大损失。结果有人考虑，既然方糖用蜡密封还会受潮，不如用小针戳一个小孔使之通风，经试验，果然取得了意想不到的好效果。他申请了专利，据媒体报道，该专利的转让费高达 100 万美元。

再实施的时候，也可以进行仿生类比，类比生物结构、功能或原理而产生新成果。例如，根据鱼类、鸟类的身体形状的流体力学特性，研制出各种各样的船舶和空间飞行物；根据蛋壳、乌龟壳、贝壳等弯曲表面，发明了建筑物上的薄壳结构；狗鼻子灵敏度高，能嗅出 200 万种物质和不同浓度的气味，嗅觉比人灵敏 10000 倍，据此研制出的"电子警犬"，其灵敏度可比狗灵敏 1000 倍等。

还可以进行对称类比，利用对称关系进行类比而产生新成果。例如，根据常见的女性化妆品进行类比联想，发明出专门针对男性消费者的男性化妆品。

2. 移植法

移植法是把某一事物的原理、结构、方法、材料等转到当前研究对象中，从而产生新成果的方法。它的原理是把已经成熟的技术转移到新的领域，用来解决新问题。

它在实施时可以根据原理进行移植，将某种科学技术原理转移到新的研究领域。例如，电子语音合成技术最初用到贺年卡上，随后，我国台湾地区的一位业余发明家将其移植到汽车倒车显示器上。后来，有人把它移植到公交车辆上报站名，促使了无人售票车的出现。后来，又有人把它移植到玩具上。我国东北的一位大学生，把它移植到了婴儿的尿布上等。

它也可以根据结构进行移植，将某事物的结构形式和结构特征转用到另一事物上，以产生新的事物。例如，拉链除了用在衣服、裤子、鞋子、被子等方面外，许多人将其移植到新的领域。某公司为一个有口蹄疫传染病的地区的羊群做了成百上千双"短筒拉链靴"，以防止这种传染病的蔓延。美国的 ATROX 医疗公司，已正式将拉链移植到外科手术，完全取代用线缝合的传统技术。

它还可以根据方法进行移植，将新方法转用到新的情景中，以产生新的成果。例如，把荷兰著名的"小人国"移植到中国,变成"世界公园"。

它还可以根据材料进行移植,将材料转用到新的载体上,以产生新的成果。例如,纸造房屋、塑料坦克、夜光工艺品和夜光油墨等。

六、联想综合训练

对联想思维进行综合训练,可以按以下四个阶段进行。

第一阶段,从给定信息出发,尽快用某种联想类型,想到其他的事物,越多、越离奇越好。例如,从月亮展开联想。

第二阶段,从给定信息出发,尽可能多地用到各种类型,形成多种多样的综合联想链。例如,从鸡通过相似联想想到鸭,再通过相关联想想到鸭蛋,再通过因果联想想到快速腌蛋罐,再通过对比联想想到真空保鲜罐。

第三阶段,从给定的两个没有关联的信息,寻找各种各样的联想链将它们连接起来。例如,试建立一个从"粉笔"到"原子弹"的联想链。在这一阶段,可以标明类型,要追求联想的速度和数量(主要是联想链的数量)。

第四阶段,寻找任意两个事物的联系,可以省去联想链,但要建立两个事物间有价值的联系,并由此形成创造性设想。例如,教师—听诊器。这一阶段联想的难度较大,但却是有价值的联想,应当多进行训练。

第四节 直觉思维

【案例4-5】

梅里美特工

梅里美是一名出色的特工。一次,他接受了一项任务——潜入某使馆获取一份间谍名单。这是一项艰巨而棘手的任务,因为此名单放在一个密码保险箱内,梅里美只有想方设法获知密码,才能打开保险箱安全返回,否则任务完不成还将暴露自己。据情报透露,保险箱的密码只有老奸巨猾的格力高里知道。于是,梅里美在所在机构的安排下,进入使馆成为格力高里的秘书。他凭着自己的才智逐步获得了格力高里的信任。可是尽管这样,格力高里始终没提过保险箱密码一事。梅里美多次试探打听也毫无结果。这时上级已经下达命令,限3天时间让梅里美交出间谍名单。梅里美焦急万分,到了最后一天的晚上他决定铤而走险。

梅里美进入格力高里的办公室,试图用自己掌握的解密码技术打开保险箱。可是一阵忙碌之后他发现一切都是徒劳,一看表发现离警卫巡查的时间仅剩10分钟了。怎么办?突然,他的目光盯上了墙上高挂着的一部旧式挂钟,挂钟的指针都分别指向一个数字,而且从来没有走过。梅里美猛然想起自己曾经问过格力高里是否需要修钟,格力高里摇头说自己年龄大了,记性不好,这样设置挂钟是为了纪念一个特殊时刻的。想到这,梅里美热血沸腾,他立即按照钟面上的指针指定的数字,在关键的几分钟内打开保险箱拿到了名单。

梅里美的急智天才在同行中传为佳话。科学家把这种急智称为直觉,这种思维方式是与逻辑思维相对应的。梅里美对当时自己的想法也是知其然不知其所以然,用他的话说就是"这部挂钟肯定与密码有关,它一定能告诉我密码。"

一、直觉思维的含义

直觉思维又称直觉思考,是一种未经逐步分析,不受某种固定的逻辑规则约束,而是凭借已有的知识与经验,便能对问题的答案作出迅速而合理的判断的一种思考方式。它是一种无意识的、非逻辑的思考活动,其所得出的结论没有明确的思考步骤,主体对其思考过程没有清晰的意识。

人们对直觉的理解有广义和狭义之分:广义上的直觉是指包括直接的认知、情感和意志活动在内的一种心理现象,也就是说,它不仅是一个认知过程、认知方式,还是一种情感和意志的活动。而狭义上的直觉是指人类的一种基本的思考方式,当把直觉作为一种认知过程和思考方式时,便称之为直觉思考。狭义上的直觉或直觉思考,就是人脑对于突然出现在面前的新事物、新现象、新问题及其关系的一种迅速识别、敏锐而深入的洞察、直接的本质理解和综合的整体判断。简言之,直觉就是直接的觉察。

直觉是人们在生活中经常应用的一种思考方式,作为一种心理现象不仅贯穿于日常生活之中,也贯穿于科学研究之中。小孩亲近或疏远一个人凭的是直觉;男女"一见钟情"凭的是各自的直觉;军事将领在紧急情况下,下达命令首先凭直觉;足球运动员临门一脚,更是毫无思考余地,只能凭借直觉。伊恩·斯图加特曾说:"直觉是真正数学家赖以生存的东西。"许多重大的发现都是基于直觉。欧几里得几何学的五个公理都是基于直觉,正是在直觉的基础上建立起欧几里得几何学这栋辉煌的大厦;哈密顿在散步的路上迸发了构造四元数的火花。

二、直觉思维的产生

尽管直觉的产生极为突然,然而其生成绝非偶然,直觉的生成有其极为复杂的原因与条件。

首先,一定直觉的生成必须要有相关知识的积累。这里所说的"相关知识"既包括有关的经验知识,又包括有关的专业理论知识。"知识的理论积累"是指经过人们的反复实践和反复认知而积淀并存储于大脑皮层上,生成为深层的下意识并形成相应的经验认知模块或有关学科专业认知模块。所谓"认知模块",是指一定的运作程序、经验知识或学科知识组合方式。人们常说,"三句话不离本行",正说明一定的认知模块在人们日常思维和相互交流中的作用。

其次,直觉的生成有其内在的机制。这里所说的"内在机制",是指主体在问题的激发下,思维处于愤悱状态,进而对这一问题进行多方面、多层次,甚至是长时间的思索或考察;然而却百思不得其解,于是便处于极度的困惑状态。

再者,直觉的生成须有一种特定的情境:主体或者处于特定的场景之中,或者观察到特定的现象,或者在突发性的压力下,或者是主体思维愤悱状态的暂时"缓冲",进而,使思维出现了突发性的脉动,直觉出现了,随之,思如泉涌。

直觉思维生成有其不同的境界:一是灵感,即主体在瞬间突然捕捉到解决问题的思路,然而还不够清晰;二是顿悟,亦称恍然大悟,即主体突然间达到了对事物本质的了解,或者对问题的关键的把握;三是直观,即主体在瞬间突然对要解决的问题及其发展达到了整体性的了悟。

三、直觉思维的特征

直觉思维的特征主要包括直接性、突发性、非逻辑性、或然性和理智性。

1. 直接性

倘若我们用最简洁的语言来表述直觉思维的最基本特征,那就是思维过程与结果的直接性。直觉思维是一种直接领悟事物的本质或规律,而不受固定逻辑规律所束缚的思维方式。它不依赖于严格的证明过程,是以对问题全局的总体把握为前提,以直接的、跨越的方式直接获取问题答案的思维过程。正因为如此,许多哲学家和科学家在谈到直觉时,常把它与"直接的知识"放在一起讨论。

2. 突发性

直觉思维的过程极短,稍纵即逝,所获得的结果是突如其来和出乎意料的。人们对某一问题苦思冥想,却不得其解,反而往往在不经意间突然顿悟问题的答案,或瞬间闪现出创造性的设想。据说著名的"万有引力定律"就是牛顿在苹果园休息时,观察到苹果掉落的现象而顿悟发现的。

3. 非逻辑性

直觉思维常常使人遇到问题时很快就能找到答案或想出对策。其过程非常短暂,速度非常快,通常是在一念之间完成的。它不是按照通常的逻辑规则按部就班地进行,既不是演绎式的推理,也不是归纳式的概括,主要依靠想象、猜测和洞察力等非逻辑因素,直接把握事物的本质或规律。它不受形式逻辑规则的约束,常常打破既有的逻辑规则,提出一些反逻辑的创造性思想,如爱因斯坦提出的"追光悖论";它也可能压缩或简化既有的逻辑程序,省略中间烦琐的推理过程,直接对事物的本质或规律作出判断。

4. 或然性

非逻辑的直觉也是非必然的,它具有或然性,即有可能正确,也可能错误,这对任何人来说都是如此。虽然直觉思维能力较强的科学家作出正确结论的概率较大,但也可能出错。许多科学家都承认这一点,爱因斯坦在高度评价直觉在科学创造中的作用时也没有把它看作是万能灵药。他在1931年回答挚友贝索提出的问题时说:"我从直觉来回答,并不囿于实际知识,因此,大可不必相信我。"

5. 理智性

在日常生活中,人们会经常遇到一些资深医生,在第一眼看到某一重病患者时,他们会立即感觉到此人的病因、病源所在,而他们下一步的全面检查就会自觉地围绕这些感觉展开。医生们的"感觉",即直觉,是同他们丰富的经验、高深的医学理论和娴熟的技术分不开的。

直觉思维过程体现出来的不是草率、浮躁和鲁莽行为,而是一种理智性思维的过程。在直觉思维过程中,思维主体并不着眼于细节的逻辑分析,而是对事物或现象形成一个整体的"智力图像",从整体上识别事物的本质和规律。

四、直觉思维的局限性

正是因为直觉具有直接性、快速性、非逻辑性等特征,导致直觉容易局限在狭窄的观察范围里。有时,甚至经验丰富的研究者,像心理学家、医生和生物学家也常常根据范围有限、数量不足的观察事实,仅凭直觉错误地提出假说或引出结论。比如,在没有对病人进行周密的观察之前,匆匆根据直觉作判断,医生就有可能作出错误的诊断。

直觉有时会使人把两个风马牛不相及的事件纳入虚假的联系之中。因此,直觉得出的发现或者猜测,应当由实践来检验它的正确性,这是科学创造的一个极其重要的阶段。

在进行直觉思维的训练过程中,应该注意以下几个问题。

第一,要有广博而坚实的基础知识。直觉判断不是凭主观意愿,而是凭知识、规律。

第二,要有丰富的生活经验。产生直觉仅凭书本知识是不够的,直觉思维迅速、灵活、机智，需要有较多的经历，解决过各种复杂的问题。

第三，要有敏锐的观察力。要有审查全局的能力，较快地看清全貌。

五、直觉思维在创新中的作用

直觉思维能把埋藏在潜意识中的思维成果和显意识中所要解决的问题相沟通，从而使问题得到突发式、顿悟式的解决。然而，直觉思维没有明确、具体的凭借物，也没有明确的形式和步骤。所以，它显得有些神秘，这也使人们对它产生了误解，把它当作一种原始、初级的思维方式。但是科学实践证明，直觉思维是人类的一种基本思维方式，它在人类的创新与发展中具有十分特殊的重要意义。

1. 直觉思维有利于人们突破思维定势，促使人们对事物本质和规律的把握

人的思维一旦形成定势，就使人难以从客观实际出发，去正确认识事物的本质和规律，而倾向于以权威的思想为标准，从书本知识出发，从习惯、经验出发，从而在人的思维与客观事物之间形成一道巨大的屏障，使人们难以正确发现事物的本质和规律。这样，人们就容易犯教条主义和经验主义的错误，这又怎么能够创新呢？所以，创新的关键是突破思维定势，突破原有的知识排列和组合关系，在以往知识经验的基础上产生大胆、丰富的想象，进而迸发出灵感和顿悟，取得创新成果。

爱因斯坦就善于运用直觉思维，突破用力学说明一切的思维定势，即从牛顿的"绝对时间"和"绝对空间"中解放出来，确立起"相对时间"和"相对空间"的观念，进而创立了狭义相对论，完成了物理学的伟大革命。

2. 直觉思维有利于人们模糊估量研究前景，大胆提出假说和猜想

在面临一个课题或解决一道难题时，人们往往先对其结果作大致的估量与猜测，然后再对这个结果进行实验验证或逻辑论证，这就是直觉思维中的模糊估量法。这种直觉思维方法，是思维主体依据以往的知识经验，凭借自身的自觉判断能力，大致、模糊地估量某一课题的研究结果，并大致选择研究方案。这种模糊估量法，能够帮助研究者形成一种总体的、战略的眼光，有利于把握研究的总方向，有时会导致一种假说的提出。

德国地质学家魏格纳于1910年在家卧床养病，百无聊赖时，便观看墙壁上挂着的一幅世界地图来消磨时光。看的时间长了，他突然发现大西洋两岸大陆的海岸线十分相似，如果把它们拼起来，非洲西部和南美洲东部就十分吻合，简直像一块完整的大陆。于是，他凭直觉大胆猜想，非洲和南美洲原来是连在一起的，后来由于某种原因分开，沿水平方向各奔东西，中间便形成了大西洋，这就是著名的"大陆漂移假说"。

魏格纳当时的这种猜想是十分模糊的，还受到了许多人的嘲笑，甚至他自己也认为不太可能而一度放弃研究。但正是这种模糊的估量和猜想，揭示了大陆和海洋成因研究的战略方向，引发了一场地球科学的革命。后经他本人和众多科学家艰苦卓绝的研究与验证，这个起源于模糊估量的"大陆漂移说"已经得到科学界大多数人的认同。

3. 直觉思维有利于人们从整体上把握事物的本质和规律

直觉思维具有整体性特征，它是综合的而不是分析的，它侧重于从总体上把握认识对象而不拘泥于某个具体细节。

在科学创造活动中，对研究对象进行整体把握是非常重要的。因为在知识经验的基础上提出某一具有创新性的理论或思想时，不可能对未来的新理论的细枝末叶考虑得非常清楚，也不可能对日后的实验验证或逻辑论证设想得很周到，所以在创新的开始阶段只能对事物进行整体把握。如果一开始就陷入暂时无法解决的枝节问题，支离破碎地去考虑问题，而缺乏对问题的整体把握，那样就很可能在细枝末叶的问题中迷失方向，使当初的新奇思路被淹没掉，最终失去创新的灵感。

在科学史上，许多取得划时代成就的科学家，都是借助于整体把握问题的方法，才找到了解决问题的突破口，如阿基米德发现浮力定律。

虽然直觉思维在科学创新中具有重要的作用，但直觉思维的产生和作用却离不开逻辑思维。这主要表现在：其一，直觉思维以知识经验为基础，而许多知识经验又是人们逻辑思维活动的结果。直觉是人脑在知识经验的基础上，对客观现象直接的整体性反应，人们以往的知识经验，直接影响其直觉思维水平的高低。其二，直觉思维与逻辑思维存在互补关系。在一个问题的解决过程中，当逻辑思维方式难以奏效时，直觉思维的作用便会凸显。而在直觉思维的探索取得初步成果之后，则需要借助逻辑思维去验证。所以说，直觉思维和逻辑思维是科学进步的"两翼"。

为了建设创新型国家，提高整体社会的创新能力，我们必须高度重视对人们的直觉思维能力的培养，但也不能绝对化、片面化，否则直觉思维能力的培养就成了无源之水、无本之木。

六、直觉思维能力训练

直觉思维能力训练可以从以下三方面进行。

1. 学会换角度看问题

换个角度看问题，可以使你获得新的理解，作出与常规思维不一样的行为决策。正所谓"变则通，通则灵"。常规思维会限制我们的视野，尤其在遇到挫折困难时，常规思维通常使我们无法摆脱困扰，从而导致行为上的偏差。因此，我们要从生活自身的逻辑出发，学会变通进取，换一种立场和角度问题，从挫折中不断总结经验，产生创造性的变革。

2. 获得有益的知识

有效的学习能力，是动态衡量人才质量高低的重要尺度。我们通过学习开发大脑潜力，吸纳有实用价值的信息和咨讯。实践证明，凡是通过自我超越、心智模式等来提高学习的修炼，都能在原有基础上重焕活力，再铸辉煌。想提高学习能力，读书是一种有效的方法，通过读书可以从他人的成功里汲取经验。练好"内功"不仅能提高自身的素质和修养，也有益于身心健康，这就是古今能人的共同追求目标。

3. 提高领悟力

孔子在《论语》中说过："学而不思则罔，思而不学则殆。"意思是说你不仅要会学，还要勤思考、会领悟。表现在实际的工作中，就是把学到的东西融会贯通、触类旁通、理论联系实际。我们通过不断领悟，让自己的经验与理论日益完善与成熟。

第五节 灵感思维

【案例 4-6】

解析几何的诞生

17世纪法国著名数学家和哲学家笛卡尔，在很长一段时间内都在思考这样一个有趣的问题：几何图形是形象的，代数方程是抽象的，能不能将这两门数学统一起来，用几何图形来表示代数方程，用代数方程来解决几何问题呢？

为了解决这一问题，他日思夜想，但一直找不到突破方向。有一天早晨，笛卡尔睁开眼发现一只苍蝇正在天花板上爬动，他躺在床上耐心地看着，忽然头脑中冒出这样一个念头：这只来回爬动的苍蝇不正是一个移动的"点"吗？这墙和天花板不就是"面"，墙和天花板相连接的角不就是"线"吗？苍蝇这个"点"与"线"和"面"之间的距离显然是可以计算的。

笛卡尔想到这里，情不自禁地一跃而起，找来纸和笔，迅速画出三条互相垂直的线，用它表示两堵墙与天花板相连接的角，又画了一个表示来回移动的苍蝇，然后用 X 和 Y 分别代表苍蝇到两堵墙之间的距离，用 Z 来代表苍蝇到天花板的距离。后来笛卡尔对自己设计的这张形象直观的"图"进行反复思考研究，终于形成这样的认识：只要在图上找到任何一点，都可以用一组数据来表示它与另外那三条数轴的数量关系。同时，只要有了任何一组以上这样三个数据，也都可以在空间上找到一个点。这样，数与形之间便稳定地建立了联系。

于是，数学领域中的一个重要分支——解析几何，在此基础上创立了。笛卡尔的这套数学理论体系，引起了数学界的一场深刻革命，有效地解决了生产和科学技术上的许多难题，并为微积分的创立奠定了坚实的基础。

一、灵感思维的含义

灵感思维是指人脑在某种情况的触发下，有意或无意地突然出现某些新的形象、新的思想，使在此之前未能解决的问题突然得以解决或者受到启发的一种思维方法。灵感是人脑的机能，是人对客观现实的反应。灵感思维活动本质上就是一种潜意识与显意识之间相互作用、相互贯通的理性思维认识的整体性创造过程。

灵感思维分为两种类型：一种是瞬间闪现的，往往稍纵即逝，时不再来，这种灵感与此前的生活阅历和丰富的想象力直接相关；另一种是由于长期致力于某种研究或某类工作，在这之后突然产生的，这种灵感与此前的艰苦劳动密切相关。在人类历史上，许多重大的科学发现和杰出的文艺创作，往往是这种智慧之花闪现的结果。

钱学森说："如果把非逻辑思维视为形象思维，那么灵感思维就是顿悟，实际上是形象思维的特例。灵感的出现常常带给人们渴求已久的智慧之光。"例如，德国化学家凯库勒长期从事苯分子结构的研究，一天他梦见蛇咬住了自己的尾巴形成环形而突发灵感，得出苯的六角形结构式，是一种使问题一下子澄清的顿悟。科学史上许多重大难题往往就是靠这种灵感的顿悟，奇迹般地得到解决的。

灵感思维是新颖独特的创造性思维，是一种宝贵的创新资源。美国莱特兄弟研制飞机飞上天空，源于"要像鸟一样在天空飞翔"的朴素灵感；跳高运动员福斯贝里在 1968 年墨西哥城奥林匹克运动会上一举夺魁，源于跳高的最佳方式不是俯卧式和跨栏式而是背跃式的灵感；引发"曲线美"的健身创意，也是独辟蹊径既健身又健美的灵感。如诗人写诗，因某种情景触发，诗意像潮水般涌上心头，妙语连珠。可见，灵感思维是点燃创意思的火把，是将"点子"转化为"金子"的引子。灵感的形成与一个人的知识、经验、分析、综合、判断能力等直接相关，离不开个人的长期积累。不要轻易放过任何一个细小的、听起来不可思议的、格格不入的、非正规方式的想法。为了提高创造力，还可学点新鲜东西：如跳舞、读点你知之甚少的书等，让新鲜、新颖的东西以潜在方式与大脑里陈旧东西进行交流，使你思绪敏捷、迅速、新奇，不时产生创新的灵感火花。

灵感思维作为高级复杂的创造性思维理性活动形式，不是一种简单逻辑或非逻辑的单向思维运动，而是逻辑性与非逻辑性相统一的理性思维整体过程。

灵感与创新可以说是休戚相关的。灵感不是神秘莫测，也不是心血来潮，而是人在思维过程中带有突发性的思维形式长期积累、艰苦探索的一种必然性和偶然性的统一。

二、灵感的类型

灵感主要分为自发灵感、诱发灵感、触发灵感和逼发灵感。

1. 自发灵感

当你用很长时间钻研一个问题之后，头脑中已有的信息互相激荡，忽然间令你茅塞顿开，产生创意（不借助外部因素的刺激），这就是自发灵感。比如，瑞士人梅斯特里是一位电子工程师兼登山爱好者。20世纪40年代的一天，他带着自己的爱犬去登山。登山回家的路上，他发现自己的丝绒登山裤和爱犬的狗毛上都沾满了龙牙草的刺果。而这种刺果正是龙牙草的种子荚，它会黏附在路上的任何东西，以此将植物的种子撒播四处。梅斯特里开始费劲地一根根拔掉刺果，这时候他突然想到这种刺果的粘附性也许可以用在其他地方。于是，他拿出一枚放在显微镜下，发现了刺果表面布满了细小的倒钩刺，轻易就能附着在动物毛皮或人们的衣物上。接着，他想到自己也许可以利用这点，发明一种新型的束缚或粘贴工具。他根据刺果的粘附性，实验了多种不同材质，发明设计了一款一面附有钩刺、一面是编制松散易于弯曲折叠布料的丝绒粘贴材料。这就是后来广受欢迎的魔鬼粘贴，开创了束缚工具的新时代，广泛应用在电线、数据线、家用物品的捆绑和束缚上。

2. 诱发灵感

诱发灵感是指根据生理、心理、爱好、习惯等方面的特点给灵感的到来提供一定的环境，促使解决问题的方案在头脑中产生。欧阳修有句名言："余生平所作文章，多在三上：乃马上，枕上，厕上也。"说的就是这个道理。可能对欧阳修来说在马上、枕上、厕上的时候，思维更加活跃，更能够诱使灵感发生。

比如，第二次世界大战期间，美国将军赖特曾负责制订作战计划。他是一位优秀的将军，总能想到完美的作战计划。据他的助手透露，他和下属一起轻松地吃完午餐之后，就独自在办公室里待一个小时。在办公室里，他舒展开四肢躺在沙发上，望着天花板。当他从办公室走出来的时候，他就能想出至少一个新作战计划。

赖特正是运用了诱发灵感的方法，有意识地营造有助于产生灵感的情境，使解决问题的方案快速在头脑中产生。心理学家研究发现，当人的心理和生理处于放松状态的时候，常常会有灵感来临。因为这时大脑优势兴奋中心被抑制了，兴奋中心外围的大脑皮质细胞开始兴奋起来，并引发出创意。

3. 触发灵感

触发灵感是指在长期钻研某个问题的过程中，忽然在某些外部事物的触发下产生灵感，找到了解决问题的办法。解析几何学的建立就是通过触发灵感思维取得成功的典型例子。苍蝇在天花板上爬行这个外部事件触发了笛卡尔的灵感，把这个外部事件与他冥思苦想的问题联系起来，最终找到了解决问题的办法。当然，前提是笛卡尔已经对如何解决这个问题有了长时间的研究，找到了相似之处，进行加工整理之后就得出了解决问题的办法。

4. 逼发灵感

你的百米速度是多快？设想一下，现在有一只老虎在后面追着你，你能跑多快？可能你会打破世界纪录吧！当人们的生命安全受到威胁的时候，体能会得到极大的激发。同样的道理，人的大脑在危急的情况下也会超常发挥，创造出在一般情况下不可能出现的奇迹，使问题得到圆满的解决。这种能够使我们绝处逢生、化险为夷的灵感就是逼发灵感。

逼发灵感也就是"急中生智"，急切的心情会加剧潜意识的工作，使大脑神经元处于高度活跃的状态，促使灵感的到来。比如，索希尔是英国一位著名的画家，有一次他负责给皇宫画一幅大壁画。女王和大臣前来看他作画，只见索希尔站在三层楼高的脚手架上正在审视自己的作品，他一边看一边向后退，眼看就要退到脚手架边缘了，再退一点就要掉下来了。

女王和大臣们吓得都屏住了呼吸，不敢出声提醒他，害怕他受到惊吓摔下来，正当人们紧张得不知所措的时候，索希尔的助手忽然走到壁画前，用画笔在壁画上胡乱涂抹。索希尔赶紧上前抢了助手的画笔，却不知道自己刚刚在鬼门关走了一圈。索希尔的助手正是在逼发状态下获得灵感的。逼发灵感的产生需要一定的条件，遇到危机的时候，并不是所有人都产生灵感。据科学家统计发现，当突发性灾难来临时，只有约12％～20％的人能够保持头脑清醒，果断地采取应对措施，索希尔的助手就是这样的人；10％～25％的人则会出现惊恐、慌乱的状态，甚至对自己失去控制，这就促使危机带来更大的损失，在上面的例子中假如有人失去控制大喊大叫，则很可能会把索希尔吓得摔下来。

三、灵感思维的特征

灵感思维具有突发性、独创性、瞬间性、情感性、模糊性和跳跃性六种特征。

1. 突发性

逻辑思维是按一定规律、有意识地发现问题解决方案，想象思考是主动自觉地进行搜索，而由灵感触发的思考却往往是在出其不意的刹那间突然出现的。

比如，美国某院校选美大赛已接近尾声。经过几轮的角逐，只剩下4位佳丽参加最后一轮的智力比赛。风度翩翩的主持人手持话筒发话了："下面4位小姐将为我们串讲一个故事，我们给出的故事引句是'今晚的月光很好……'"A小姐接过话筒，信口而来："演出结束后，我独自一人走在回家的路上，忽然身后传来一声枪响……"话筒传到B小姐手上，她接着说："我慌忙回顾，看到一个警探在追逐一个持枪歹徒……"轮到C小姐了："经过搏斗，警察终于制服了歹徒。"故事讲到这儿，似乎已无话可说，可话筒此刻已递到了最后一位小姐手里。该怎样串下去才能使故事的结局新颖而巧妙呢？这位小姐一下子懵住了，但又及时灵机一动，想出了一个很好的结局，最后获得本次大赛的冠军。她接道："写到这里，年轻的作家一把撕去稿纸。他不由得自言自语：'如此俗套无聊的老故事，怎会出自我的手笔呢！'"

2. 独创性

灵感有时会给我们带来令人耳目一新的奇思妙想。灵感的出现是创意思考的质的飞跃，它不是逻辑推理的结果，而是在外界事物的刺激下对原有信息进行的迅速的改造。

比如，塞缪尔·克拉姆宾博士曾是堪萨斯州卫生局的一名秘书，1905年左右，他一直在研究如何消灭家蝇，家蝇是一种令人讨厌的小动物，但是人们对以苍蝇为媒介传播的疾病似乎漠不关心。一天，他放下手头工作去看一场棒球赛，在第八局的后半局，比分持平，这时轮到本地球队击球。观众叫嚷："用劲打！用劲打！"另外一些则高呼："重拍！重拍！"突然间，克拉姆宾在他的大脑里把它们联系在一起：拍苍蝇！他甚至没有注意到比赛是如何结束的。苍蝇拍也伴随着这一灵感诞生了。

3. 瞬间性

灵感转瞬即逝，如果你没有来得及抓住它，它就会飘逝得无影无踪，给你留下遗憾。因为灵感是潜意识带给我们的指引，有点像梦中的景象，稍不留神灵感的火花就会熄灭。

宋代诗人潘大临的一次经历可以证明灵感的瞬间性。在临近重阳节的时候，下起来一场秋雨。他诗兴大发，随即赋道："满城风雨近重阳。"就在这时，一个催租人突然闯了进来，打断了他的创作灵感，他便再也写不出下文了。尽管催租人走后秋雨依旧，但诗人再也找不到灵感了。

4. 情感性

当灵感来临时，人会处于一种顿悟的状态，往往伴随着情绪高涨，神经系统高度兴奋。尤其在艺术创作领域，灵感的情感性特点体现得非常突出。比如，郭沫若创作《地球，我的母亲》的时候，突然间来了灵感，他竟然脱了鞋赤着脚跑来跑去，甚至索性趴在地上，去真切地感受"母亲"怀抱的温暖。

5. 模糊性

灵感只是给你指明一个方向，一个途径，要想取得最后的成果，还要对它进行深入的加工。有时，灵感只给我们提供了一些零碎的启示和线索，沿着这条线索进行思考，就能得出意料之外的成果。

6. 跳跃性

由灵感产生的思考是一种思考形式和过程的突变，表现为逻辑的跳跃性。灵感的出现所得到的一些绝妙的想法和新奇的方案不是一个连续的、自然的进程，而是一个质的飞跃的过程。

比如，1912年春天，德国物理学家冯·劳厄根据当时还没有得到证实的两个假设，X射线是磁波以及晶体是原子的规则结构，提出了一个设想：X射线穿过晶体，就像光射入衍射光棚一样，会发生干涉现象。他的助手弗里德里希和克尼平根据这一设想做了一个实验：让X射线通过晶体，结果在晶体后面的感光板上产生了规则排列的黑点，这就是所谓的劳厄图。为了给劳厄图找出理论解释，劳厄陷入了冥思苦想。正是这种沉思孕育了灵感："弗里德里希给我看了这张图以后，我沿着利俄波尔德街回家，一路上陷入沉思之中。我走到离俾斯麦街22号我的公寓不远的地方，我想到了对这种现象进行数学解释的意见。"这个数学解释就是劳厄关于晶体原子和入射电磁波相互作用的几何学理论。劳厄的发现证实了X射线是电磁波，同时又开创了物质晶体结构的研究。爱因斯坦称赞这是物理学上的最佳发现。这项工作获得了1914年诺贝尔物理学奖。

四、灵感思维的训练

美国哲学家和心理学家詹姆斯说：灵感的每一次闪烁和启示，都让它像气体一样溜掉而毫无踪迹，这比丧失机遇还要糟，因为它在无形中阻断了激情喷发的正常渠道。如此一来，人类将无法聚起一股坚定而快速应变的力量以对付生活的突变。灵感似乎是很神秘的，但其实掌握了一定的规律，激发灵感思维并不难。

第一步，积累一定的知识。知识是灵感产生的基础，广泛的兴趣、丰富的知识经验有利于借鉴，容易得到启示，是捕获灵感的一个基本条件。柴可夫斯基说："灵感，这是一个不喜欢拜访懒汉的客人。"诺贝尔就是因为对炸药原理和性质的熟知，在看到硝化甘油渗入硅藻土时候才灵机一动发明了安全炸药。爱迪生设计出电灯前，也参阅了大量的煤气灯的资料。

第二步，对一个问题需要长时间集中思考。灵感是人脑进行创造活动的产物，长期思考是基本条件。正如科学家巴斯德所说："灵感只偏爱那些有准备的头脑。"爱因斯坦在创立狭义相对论之前，就已经对这个问题思考了十年。

第三步，外部信息的刺激。灵感往往需要外部信息的刺激，比如牛顿从苹果落地悟出了万有引力，爱迪生从竹丝上试验出了竹丝灯泡。外部信息的刺激包括以下几个方面。

思想点化。一般在阅读或交流中发生。如达尔文从马尔萨斯人口论中读到"繁殖过剩而引起竞争生存"时，大脑里突然想到，在生存竞争的条件下，有利的变异会得到保存，不利的变异则被淘汰，由此引发了生物进化的思考。这就是思想点化。

原型启发。这就是受到自己研究对象模型的启发而产生的灵感。例如英国工人哈格里沃斯发明纺纱机的经过，就是受到原来水平放置的纺车偶然被他踢翻变成垂直状态的启发才研制成功的。

形象发现。如意大利文艺复兴时期的著名画家拉斐尔，他想构思一幅新的圣母像，但很久难以形成。在一次偶然的散步中，他看到一位健康、淳朴、美丽、温柔的姑娘在花丛中剪花，这一富有魅力的形象吸引了他，便立刻拿起画笔创作了《花园中的圣母》。

情境激发。我国作家柳青经过农村生活的体验写出了《创业史》，但七年后，当他想改写时却找不到感觉。直到他回到长安县（现西安市长安区）后，那些农民的语言、感情及农村生活的冲动又一次被激活，产生了创作灵感。

第四步，在长时间思考后，将问题先放一放，放松思维可以激发灵感。长时间紧张的思考会使身心疲惫、思维迟钝，这时应转移注意力，放下问题去做一些其他的事情，比如散步、运动、睡觉等，放松自己的思维，这样才能激发灵感。比如，四元数的形式及运算法则就是英国数学家哈密顿在与夫人散步时突然发现的。

第五步，当灵感来临的时候，要及时记下来。灵感稍纵即逝，想到时就应该及时记录。许多有创造性精神的人，都曾体验过获得灵感的滋味。但因为事先没有准备，事过境迁就再也记不起来了。当然并不是头脑里出现的灵感都有价值，但可以记录下来以后再慢慢琢磨，决定取舍。

拓展阅读

实现创业带动就业

在智能手机市场，黑莓和苹果的明争暗斗从2007年iPhone推出后就一直在进行。随着智能手机的飞速普及，两大"水果"家族的直接冲突也越来越明显。代表商务的黑莓越来越有压力。同时这两家的技术代表着行业趋势，自然他们的争斗也格外引人注目。"这是来自于两个水果的对决。本来两个水果相安无事，直到有一天它们为了争论谁最好吃而发生了一场惨烈的战争，一颗黑莓成功地射杀了这个苹果。"

这则广告就是来自于全球手机巨头黑莓BlackBerry针对苹果iPhone极具讽刺性的广告：高速镜头下，一颗"子弹"把一个红色苹果击破，"子弹"穿过后才看清那是一颗黑莓果实，随后打出的广告词是"没有任何东西可以触摸它"。

这则广告所运用的创造性思维包括：

（1）联想思维。两大手机巨头都是以水果来命名自己的公司，在手机市场上它们是竞争对手，而在广告竞争上让人们很容易联想到以这两种水果对决的方式来赢得广告效应。

（2）灵感思维。正当苹果手机风靡全球的时候，作为智能手机专家的黑莓早已坐立不安，想方设法击败对手。黑莓新推出的9500遇到了苹果iPhone 3G，市场占有率一直上不去，推出一则富有创造性的广告迫在眉睫。而被人们誉为"水果家族"的两大手机公司之间的"水果大战"由来已久，这给黑莓公司提供了灵感的源泉。何不直接用两个水果的战斗来做广告呢？

（3）形象思维。创意来源于生活，又高于生活。分别用两个水果来代表两家公司，既形象生动又富有趣味性，又高于生活。如子弹般快速的黑莓在穿透苹果的那一刻就预示着黑莓手机可以成功地击败苹果手机，虽没有正面攻击苹果手机，但此举一出便鲜明地表达了其中的含义，让观众叫绝。

思考题

1. 请你联想一下字母 W 和什么东西相似或相近。
2. 四步概念联想：

   天空—茶　　　　木材—皮球　　　　高山—烟囱
   足球—讲台　　　粉笔—原子弹　　　黑板—聂卫平

3. 220 和 284 是一对相亲相爱的数字，表示："你中有我，我中有你。"你能看出其中的奥妙吗？

4. 隐身衣的发明

  隐身术本是人类的一种幻想，只有在科幻小说或者神话故事里才会出现。但是随着科技的进步，经过科学家不断地努力，隐身衣已经不再是梦想。2004 年 6 月，在美国旧金山的 Nextfest 科技展览会上，隐身衣的发明者——日本东京大学教授田智前隆重推出了他的得意之作，并将他的发明称为"确实是一种延伸了的现实"。事实上，这款隐身衣巧妙利用了"视觉伪装"技术，达到了让人无法辨明的效果。隐身衣上涂了一种回射性物质，还装配了照相机。使用时，将衣服后面的场景由照相机拍摄下来，然后将图像转换到衣服前面的放映机，再将影像投射到由特殊材料制成的衣料上，就能让穿着者看起来是个透明人。

  美国杜克大学及中国东南大学的科学家于 2009 年研制出一种隐形材料，它可以引导微波转型，避开仪器侦测，从而防止物体被发现。这种隐身斗篷以数千块细小的"特异材料"片制成，人造纤维玻璃般的物料能控制光线。研究员通过一系列复杂的计算辅助，把这些"特异材料"片排列成可以"抓取"的微波并使它们的路径变弯。该人造纤维为 50.8 厘米×10 厘米大，不足 2.5 厘米高，仿如一块浴垫，在罩着物体时能令微波弹离表面射向镜面。斗篷能如水绕过鹅卵石般"愚弄"光波绕过一个物体。在正常情况下，光一照到物体，就会弹离物体表面，照射到肉眼中，从而令物体可见。而光的偏斜能令观者看到物体后方，因而令物体隐形。

  问题：该案例属于形象思维中哪一种思维方法？你从中受到了什么启示？

5. 双人雨伞

  无论是遮阳还是挡雨，在使用雨伞时经常会遇到两人共用一把伞的情况，但是限于传统雨伞的造型，很容易双方淋湿衣服。出于简单的理由和直观的解决方法，有人发明了双人雨伞。它克服了传统雨伞的缺点，可以提供相当于两把传统雨伞的遮挡面积。双人雨伞很受年轻人的欢迎，在国外售价高达 20 美元。当情侣或是亲密的友人一起在雨中出行时，一方再也不会为发扬绅士精神而使自己后背变成沼泽了。后来，有人对双人雨伞进行了改进，使得雨伞收起来时就像是把普通雨伞，打来之后变成了两把连体雨伞。

  问题：该案例属于形象思维中的哪一种思维方法？你从中受到了什么启示？

第五章
逻辑与批判性思维

⭐ 【教学目标】
1. 掌握逻辑性思维的内涵、特征与基本形式，了解逻辑性思维的作用及与创造性思维的关系。
2. 熟悉演绎推理法、归纳推理法、类比推理法等相关逻辑思维方法。
3. 了解批判性思维的起源，掌握批判性思维的内涵、特征、基本能力及其构成。
4. 掌握批判性思维与创造性思维的区别、共同点及其两者的关系。

如若说，在创新尚属于人类个体或群体中的个别杰出表现时，人们循规蹈矩的生存姿态尚可为时代所容，那么，在创新将成为人类赖以进行生存竞争的不可或缺的素质时，依然采用一种循规蹈矩的生存姿态，则无异于一种自我溃败。

——金马

迄今为止，人类社会文明发展所取得的伟大成就是靠什么获得的？我们可以肯定地说，主要是人们在创新实践基础上形成的逻辑思维或者抽象思维的成果。逻辑思维是人类实践经验的结晶，是人们在长期的实践活动的基础上逐渐形成的，它是体现人类思维能力和思维水平的重要标志。人类对逻辑思维的研究历史久远，建立了成熟完备的逻辑体系。逻辑思维在近现代科学技术的形成和发展过程中曾起过重要作用，因而一度备受推崇，被视为解决问题的唯一通道。

而批判性思维是人类普遍的习惯，是有目的的反思性判断，是人类普遍的现象。批判性思维并不能保证我们对事物的认识完全正确，但是它提供了这样一个机会，使我们最大可能地去正确认识，尤其是在当今世界，复杂多变、如此纷繁的世事面前安身立命需要有批判性思维能力的人，在危机时刻保持清醒正确的判断，努力保持积极进取的方向。人类社会正是在不断地批判中向前推进，马克思正是在对旧唯物主义和唯心主义批判继承的基础上开创了辩证唯物主义和历史唯物主义，把握了批判的精髓能够顺利地推动创新。批判性思维在现时代的作用是帮助人们认清现实，有助于人们更好地认清现实、把握形势。

在中国共产党第十九次全国代表大会上，习近平总书记提出"创新是引领发展的第一动力，是建设现代化经济体系的战略支撑"。要大力推进和倡导创新创造，致力于加强国家创新体系建设，强化战略科技力量，则遵循逻辑思维规律，掌握逻辑思维方法，开发和提高逻辑思维能力，加强批判性思维核心能力，依然是我们建设科技强国、智慧社会的有力支撑，依然是我们向着科学与文明前进时必经的途径，依然是我们取得更加伟大的创新成果和伟大发明的钥匙。

第一节　逻辑思维

【案例 5-1】

DNA 双螺旋结构模型的构建

1951 年 12 月，科学家沃森和克里克邀请晶体学家们来观察他们制作的 DNA 三螺旋模型。但这个模型很快被否定，富兰克林指出正确的 DNA 模型中，脱氧核糖-磷酸骨架必须在外侧。首次建立的 DNA 三螺旋结构模型宣告失败。在这次失败后，沃森和克里克被迫放弃 DNA 结构的研究，克里克又回到了蛋白质研究，沃森转向研究烟草花叶病毒。但是他们并没有停止对 DNA 结构的思考。

1952 年 5 月美国化学家查伽夫带来了新的发现：嘌呤数∶嘧啶数＝1∶1，腺嘌呤的量总是等于胸腺嘧啶的量，鸟嘌呤的量总是等于胞嘧啶的量。当克里克听到查伽夫的 1∶1 定律时，他脑中闪过一个想法：DNA 分子中的碱基是互补配对的，A 与 T 配对，C 与 G 配对。克里克认识到不同类型的碱基互补配对可能是 DNA 分子结构的基础，这个认识极为重要，因为他揭示了 DNA 分子是如何被维系在一起。然而还没证据表明 DNA 分子由几条链组成。对于 DNA 分子由几条链组成这个问题，沃森和克里克面临两个选择：两条或者是三条。

克里克接受了沃森双链的主张，他们开始着手搭建模型，建成的模型是一个螺旋楼梯，梯阶由配对碱基组成，核糖-磷酸骨架在外侧。模型建成后，还有很重要的一步是模型的检验，将这个模型的衍射图谱与实际 DNA 的衍射图谱进行比较，发现两者完全相符，这为 DNA 双螺旋结构提供了有力的证据。

DNA 双螺旋结构的发现充满着艰辛，研究成果一次次被否定，甚至在被迫终止研究的情况下，沃森和克里克始终没有放弃探寻 DNA 结构的念头，正是这种坚持让他们取得最后的成功。在这个过程中，逻辑想象发挥着关键作用，通过逻辑想象将大脑中的信息进行加工、重组从而有所发现，有所创造。在研究停滞不前的情况下，克里克的逻辑推导和沃森的生物逻辑为研究指明了新的方向，体现出逻辑思维在 DNA 双螺旋结构发现中的重要性。

在对各种思维类型的研究中，人们对逻辑思维的研究是最早最成熟的。逻辑思维是人类实践经验的结晶，是人们在长期的实践活动的基础上逐渐形成的，它是体现人类思维能力和思维水平的重要标志。人类对逻辑思维的研究历史久远，建立了成熟完备的逻辑体系。逻辑思维在近现代科学技术的形成和发展过程中曾起过重要作用，因而一度备受推崇，被视为解决问题的唯一通道。

发挥逻辑思维的应有作用，必须首先明确逻辑思维本身的界定、特征与类型，才能进一步就逻辑思维的作用、与其他思维类型的关系等进行分析。这对于发展逻辑科学，提高思维效率，推动社会进步具有重要意义。

一、逻辑思维的内涵

1. 逻辑的定义

所谓逻辑是人的一种抽象思维，是人通过概念、判断、推理、论证来理解和区分客观世界的思维过程。逻辑，源自古典希腊语（logos），最初的意思是"词语"或"言语"，为"思维"或"推理"；1902 年严复译《穆勒名学》，将其意译为"名学"，音译为"逻辑"。因为该词是由日制汉语"伦理"一词分拆而来，所以日语还把它译为"论理学"。

逻辑指的是思维的规律和规则，是对思维过程的抽象。狭义来讲，逻辑就是指形式逻辑或抽象逻辑，是指人的抽象思维的逻辑，既指思维的规律，也指研究思维规律的学科即逻辑学；广义来讲，逻辑还包括具象逻辑，即人的整体思维的逻辑。广义上逻辑泛指规律，包括思维规律和客观规律。逻辑包括形式逻辑与辩证逻辑，形式逻辑包括归纳逻辑与演绎逻辑。

逻辑成为一门科学，是从亚里士多德开始的。虽然亚里士多德并没有把他的研究叫作"逻辑"，但他明确指出了他的研究对象是关于从一个真的前提"必然性"推出一些结论的科学。亚里士多德意义上的逻辑，就是关于"必然推理规则"或"必然证明或论证规则"的科学。传统上，逻辑被作为哲学的一个分支来研究。自从19世纪中期，逻辑经常在数学和计算机科学中研究。逻辑的范围非常广阔，从核心主题如对谬论和悖论的研究，到专门的推理分析如或然正确的推理和涉及因果关系的论证。

逻辑是理性的产物，是用来理解客观世界可靠而又强大的武器。逻辑具有三种不同层次和角度的含义：其一，表示规律，事物的完成的序列；其二，表示事物流动的顺序规则；其三，表示事物传递信息，并得到解释的过程。

2. 逻辑思维的定义

通过逻辑（把意识按照顺序进行排列）进行思考就叫作逻辑思维。逻辑思维是人们在认识过程中借助于概念、判断、推理等思维形式能动地反映客观现实的理性认识过程，又称理论思维。只有经过逻辑思维，人们才能达到对具体对象本质规律的把握，进而认识客观世界。它是人类认识的高级阶段，即理性认识阶段。

从不同的研究角度出发，逻辑思维的定义又有广义和狭义之分。广义逻辑思维的定义是以哲学的角度为出发点，认为逻辑思维等同于抽象思维，是思维的一种高级形式，其特点是以抽象的概念、判断和推理作为思维的基本形式，以分析、综合、比较、抽象、概括和具体化作为思维的基本过程，从而揭露事物的本质特征和规律性联系。狭义的定义分为两种：一种是以逻辑学本身的角度为出发点，认为逻辑思维是依据系统的逻辑知识——概念、判断、推理以及标示着他们的符号，严格遵守特有的逻辑程序，从前提通过逐层推演得出结论的思维方式，是一种直线演进的程式化思维，具有严密性、间接性、必然性等特点，任何的飞跃、逆转、中断都不属于这一范畴；另一种主要针对逻辑思维在其他学科领域，如数学、计算机、人工智能中的运用而提出来的，也称为数理逻辑思维。

无论从何种研究角度出发，都强调概念在逻辑思维中的基础性作用。概念是整个逻辑思维的起点和基本单位，没有概念，整个逻辑思维活动就无法进行。这三类定义都认为逻辑思维形式主要是概念、判断、推理，它们是逐层构建的，前一个是后一个的载体。由概念组成判断，再由判断组成推理。逻辑方法具有单一性，这是指其逻辑观念都是相同的，即构建逻辑方法的体系是相同的。从构建逻辑系统的方法上来看，任何逻辑系统都是由概念、判断、推理构成的，虽然不同的逻辑体系有其独特的构建方法，但是都离不开概念、判断和推理。它们的构建方法在本质上是相同的。

3. 逻辑思维的内涵

逻辑思维是人们在认识过程中借助于概念、判断、推理反映现实的过程。它与形象思维不同，是用科学的抽象概念、范畴揭示事物的本质，表达认识现实的结果。

逻辑思维要遵循逻辑规律，这主要是形式逻辑的同一律、矛盾律、排中律、辩证逻辑的对立统一、质量互变、否定之否定等规律，违背这些规律，思维就会发生偷换概念、偷换论题、自相矛盾、形而上学等逻辑错误，认识就是混乱和错误的。

逻辑思维是分析性的，按部就班。做逻辑思维时，每一步必须准确无误，否则无法得出正确的结论。我们所说的逻辑思维主要指遵循传统形式逻辑规则的思维方式。常称它为"抽象思维"或"闭上眼睛的思维"。

二、逻辑思维的特征

逻辑思维是人脑的一种理性活动，思维主体把感性认识阶段获得的对于事物认识的信息材料抽象成概念，运用概念进行判断，并按一定逻辑关系进行推理，从而产生新的认识。逻辑思维具有以下几个特征。

1. 抽象性

逻辑思维的抽象性主要指以下三个层次的抽象能力。

① 表征的抽象。这是初始的抽象，是对事物表面现象的特征进行的抽象，因此抽取出来的主要是事物的表面特征中的共性。例如，传统逻辑中复合命题的连接词，就是对具有相同逻辑性质的语词进行抽象的结果。

② 本质和规律的抽象。这是深层次的抽象，是对事物内在本质和规律的抽象，因此抽象的结果往往是定理、定律或原理等。例如，传统逻辑中的思维规律就是对逻辑思维的本质和规律进行抽象的结果。

③ 形式结构的抽象。这是更深层次的抽象，是对各种在内容上截然不同的事物所具有的共同形式结构的抽象，其抽象的结果与表面上的共性有本质的区别。表面特征的抽象结果是可以直接进行感知的，而形式结构上的共性是不能直接进行感知的。形式结构的抽象是最高层次的抽象。例如，现代逻辑的形式化方法，就是对逻辑形式的高度抽象的结果。

逻辑思维所研究的思维形式及其规律，具有相对独立性，我们能够将它从不同的具体思维内容中抽取出来，使它暂时脱离思维内容，成为一种形式化的"样式"，并将其贯穿于一切具体的逻辑思维内容中，以其具有的强制性与规范性，成为任何推理、论证都使用的思维形式结构。从而使正确的思维过程都必须遵守，而且凡是符合思维形式及其规律的思维过程都是正确的。

2. 系统性

逻辑思维的方法不是一些零碎的个别的方法，而是一个多层次、形式化的系统方法，它由一个被形式化了的公理系统组成，在这个公理化系统中，包含着许多逻辑思维的形式和逻辑规律，它的每个组成部分的构建和功能都是为整体服务的。在系统内部的各个组成要素之间存在着有机的联系，而且系统与外部因素之间也有着某种程度的联系。任何成熟的学科，都是由几个初始概念和几个公理演绎推导出一系列定义而构成的完整的系统，形式逻辑堪称典范。而形式逻辑这个系统的基本功能正在于帮助各门学科去构造系统，因为任何学科公理系统的全部推演过程的规则规律，即构造系统的方法，都是逻辑的方法。如果把逻辑思维方式作为一个系统来看待的话，显然它应该是开放的。逻辑思维形式、规律和方法要发挥自身的有效性就必须不断发生变革，同时，应该在经常吸纳新的思维对象的过程中，不断形成相互间新的关系。随着逻辑科学的进一步发展，这个系统将变得越来越复杂，越来越严密。

3. 规范性

逻辑思维的方法是由一系列的逻辑定理和规则组成的，这些定理和规则都可以简化为一些由逻辑符号组成的形式系统。逻辑思维必须遵循这些规则。逻辑思维注重纵向集中，长于机械的线性过程，追求结论的有效性，思维进程的每一步都要有充分的根据，都必须采取肯定或否定的形式，有严格的真假规定。故而它的思维进程从一开始就是在实现目标所规定的区域内进行，有条不紊，循序渐进，步骤严密，且具有很强的说服力，其结果可以由以往思维进程的每一步所验证。此外，逻辑思维的规范性不仅表现在它自身内部，还表现在它的检验与反思功能上，主要是在对假说的形成和科学认识结果的证明过程中，这些都需要建立在推理和论证正确、可靠、严密的基础上。逻辑思维是知识、技术转为科学理论的必经之路。一个真理性的认识，首先要能经得起逻辑思维的检验和严格论证，它必须合乎逻辑程序。

4. 确定性

这里说的确定性一方面是指逻辑思维形式上的固定性；另一方面是从结果的相对正确性来说的，即按照逻辑思维思考结果往往是确定为正确合理的。

任何事物在其发展、变化的过程中，都存在着自身的质的规定性，即相对稳定、静止的状态。这种事物本身所具有的运动的普遍性和静止的相对性，决定了人们的逻辑思维活动既要反映事物内部及事物之间的运动、联系，也要揭示事物在某一方面或某一发展阶段上的有条件的确定性。在人们的思维活动中，并非所有思想表达都是准确、有效的，而每一种逻辑思维都有其固定的思维方式，且被检验为可行的、正确的，因此逻辑思维的确定性能帮助人们发现偷换概念、转移论题、自相矛盾等这些看似简单的逻辑错误，以帮助人们在思维过程中做到概念明确、判断恰当、推理合乎逻辑和论证有力。显然，正确运用逻辑思维，有助于人们明辨是非、揭露诡辩和驳斥谬误。

5. 历史性

逻辑思维的历史性是指逻辑思维作为科学的研究形态之一，它也是一个历史范畴，它的发展和变化是受历史的发展制约的。一方面，历史进程中科学的发展水平能为逻辑思维的研究发展提供条件，逻辑思维的研究不可能是空中楼阁，无本之木。它是建立在相关学科如脑科学、思维科学、心理学、逻辑学等学科研究的基础上，经过提炼、总结、实践证明等漫长的过程慢慢形成的。另一方面，历史的发展，特别是与逻辑思维关系紧密的学科的发展水平，又限制了逻辑思维的发展。

6. 开放性

主要是指逻辑思维内容的开放性，这一特性也是与其历史性相关的。逻辑思维的内容不是一成不变的，是随着人类思维的进步而不断积累、变化的，这一点从逻辑学分析的角度就可以看出。在整个逻辑学发展过程中，首先是演绎思维成为定式在先。当演绎逻辑的思维方式被我们认识并确定为一种合理有效的思维方式时候，演绎思维就沉淀为逻辑思维的一种。随后相继出现的归纳思维、类比思维、合理判断的思维等，都是随着人类历史和科学的前进不断被挑选出来、沿用下来的。一旦这些思维的形式被我们认识以后，就成为逻辑思维的组成部分，逻辑思维的内容也就是这样不断丰富下去的。

三、逻辑思维的基本形式

逻辑思维包括人类认识世界过程中思维活动的一切可知成分，是人的思维的固定路径的集成。它同形象思维不同，是以抽象为特征，通过对感性材料的分析思考，撇开事物的具体形象和个别属性，揭示出物质的本质特征，形成概念并运用概念进行判断和推理来概括地、间接地反映现实。社会实践是逻辑思维形成和发展的基础，社会实践决定人们从哪个方面来把握事物的本质，确定逻辑思维的任务和方向。逻辑思维的基本形式是概念、判断、推理。

1. 概念

所谓概念，是反映事物本质属性的思维形式。人类在认知事物的过程中，从对事物的感性认识上升到理性认识，把所感知的事物的共同本质特点抽象出来，并加以概括，就成为概念。

概念表达的语言形式是词或词组。"概念"是对特征的独特组合而形成的知识单元；是通过使用抽象化的方式从一群事物中提取出来的反映其共同特性的思维单位；是"社会实践的继续，使人们在实践中引起感觉和印象的东西反复了多次，于是在人们的脑子里生起了一个认识过程中的突变（即飞跃），产生了概念。概念已经不是事物的现象，不是事物的各个片面，不是它们的外部联系，而是抓着了事物的本质，事物的全体，事物的内部联系了。概念同感觉，不但是数量上的差别，而且有了性质上的差别。"

概念具有两个基本特征，即概念的内涵和外延。

概念的内涵是指这个概念的含义，即该概念所反映的事物对象所特有的属性。例如："生产工具是人们在生产过程中用来直接对劳动对象进行加工的物件"。其中，"人们在生产过程中用来直接对劳动对象进行加工的物件"就是概念"生产工具"的内涵。

概念的外延，就是指这个概念所反映的事物对象的范围，即具有概念所反映的属性的事物或对象。例如："商业银行的职能包括信用中介职能、支付中介职能、信用创造职能、金融服务职能和调节经济职能"，这就是从外延角度说明"商业银行的职能"的概念。

概念的内涵和外延具有反比关系，即一个概念的内涵越多，外延就越小；反之亦然。明确概念就是要明确概念的内涵和外延，定义是明确概念内涵的逻辑方法，划分是明确概念外延的逻辑方法。

2. 判断

所谓判断，是主体对思维对象有所断定的思维形式，就是肯定或否定某种事物的存在，或指明它是否具有某种属性的思维过程。

人类对自然界所有事物有所分类认识之后，要进行一系列的生命活动，就必须对其周围的生活环境有所判断，判断是人类思维基本活动的第一步。眼看、耳听、心想，有时还需要身体其他部位的感觉，所以判断花费的能量很大。判断的精确性和准确性都需要良好的精神和体力，相对难度高的判断要花费更多的心智。判断的形式主要有以下几种：

（1）直言判断

直言判断是断定事物具有或不具有某种性质的简单判断，也叫性质判断。直言判断由主项、谓项、量项、联项四部分组成。直言判断主要有六种类型：

① 单称肯定判断，如太阳是位于太阳系中心的恒星；

② 单称否定判断，如月球不是恒星；

③ 特称肯定判断，如有些蘑菇是有毒的；

④ 特称否定判断，如有些花不是红的；

⑤ 全称肯定判断，如所有的人都是动物；

⑥ 全称否定判断，如所有的修正主义者都不是马列主义者。

（2）联言判断

联言判断是断定几种事物情况共存的判断，反映的是多个真实判断同时并存，即同一种事物的多种属性共存，或者是多种事物的同一种属性共存，或者是多种事物的多种情况并存。

联言判断由两个以上的联言肢和联结项构成。联言肢组成联言判断的肢判断；联结项把各个联言肢联结起来，并表示它们之间是并存关系的概念。联言判断的语言形式比较复杂，常用的联结项也是多种多样的。习惯上，用"……并且……"作为联言联结词的代表，其逻辑形式可表示为：P 并且 Q。例如："他知识渊博并且多才多艺"。

（3）选言判断

选言判断是断定在几种可能情况下，至少有一种情况存在的判断。选言判断中所包含的支判断叫选言肢，是选言判断的变项。选言判断中把两个或两个以上的选言肢联结起来的项叫选言联结项，是选言判断的常项，通常用"或者"或"要么"表示。

选言判断又分为相容选言判断和不相容选言判断。前者用"或者……或者……""可能……也可能……"等做逻辑联结词，选言肢之间是相容的关系，至少要有一个选言肢是真的，该选言判断才是真的。后者用"要么……要么……""不是……就是……"等做逻辑联结词，选言肢之间是不相容的关系，只有在一个选言肢是真的情况下，该选言判断才是真的。

(4) 假言判断

假言判断是反映事物之间条件关系的复合判断，用"如果……那么……""只有……才……"等做逻辑联结词。在假言判断中表示条件的判断叫作前件，表示结果的判断叫后件。例如"如果具有共产主义理想，那么就不怕任何艰难困苦"，表示条件的判断，即"如果"后面的判断——"具有共产主义理想"为"前件"；以前件为条件的判断，即"那么"后面的判断——"就不怕任何艰难困苦"为"后件"。

条件有充分条件、必要条件和充分必要条件三种，相应地，假言判断也就有三种，即充分条件假言判断、必要条件假言判断和充分必要条件假言判断。假言判断的真假，并不取决于前件和后件本身的真假，而取决于前件和后件之间是否有条件关系。

(5) 负判断

负判断是通过否定某个判断所得的判断。如"并非一切产品都是商品"，就是负判断。负判断是由原判断加上否定联结词"并非"而形成的复合判断。原判断用"P"表示，负判断则是"并非P"。由此决定了负判断与原判断成矛盾关系。负判断的真假，与原判断的真假有密切关系。原判断"P"真，则负判断"并非P"就假；原判断"P"假，则负判断"并非P"就真。

(6) 模态判断

模态判断是断定事物可能性和必然性的判断，分为可能模态判断和必然模态判断。

断定事物可能存在或可能不存在某种情况的判断称为可能模态判断，常用的模态词是"可能""或许""也许"等。可能模态判断又分为肯定可能模态判断和否定可能模态判断。断定事物可能存在某种情况的判断为肯定可能模态判断，如"长期大量吸烟可能致癌"；断定事物可能不存在某种情况的判断为否定可能模态判断，如"感冒可能不会发烧"。

断定事物必然存在或必然不存在某种情况的判断称为必然模态判断。常用的模态词是"必然""一定"等。必然模态判断又分为肯定必然模态判断和否定必然模态判断。断定事物必然存在某种情况的判断为肯定必然模态判断，如"生命必然要进行新陈代谢"；断定事物必然不存在某种情况的判断为否定必然模态判断，如"谎言必然不能长久骗人"。

3. 推理

所谓推理，是使用理智从某些前提产生结论的行动，是由一个或几个已知的判断（前提），推导出一个未知的结论的思维过程。推理是形式逻辑，是研究人们思维形式及其规律和一些简单的逻辑方法的科学。其作用是从已知的知识得到未知的知识，特别是可以得到不可能通过感觉经验掌握的未知知识。推理是在合理判断的基础上，人类在思维活动中更深层次的思维活动中体现的思维形式，是人类进一步认识世界、进而改造世界的核心思维形式。

推理是由一个或几个已知的判断推出一个新的判断的思维形式，例如"客观规律总是不以人们的意志为转移的，经济规律是客观规律，所以，经济规律是不以人们的意志为转移的"，这段话就是一个推理。其中"客观规律总是不以人们的意志为转移的"，"经济规律是客观规律"是两个已知的判断，从这两个判断推出"经济规律是不以人们的意志为转移的"这样一个新的判断。任何一个推理都包含已知判断、新的判断和一定的推理形式。作为推理的已知判断叫前提，根据前提推出新的判断叫结论。前提与结论的关系是理由与推断，原因与结果的关系。

推理与概念、判断一样，同语言密切联系在一起，推理的语言形式为表示因果关系的复句或具有因果关系的句群。常用"因为……所以……""由于……因而……""因此""由此可见""之所以……是因为……"等作为推理的系词。

推理主要有演绎推理和归纳推理。演绎推理是从一般规律出发，运用逻辑证明或数学运算，得出特殊事实应遵循的规律，即从一般到特殊。归纳推理就是从许多个别的事物中概括出一般性概念、原则或结论，即从特殊到一般。

四、逻辑思维的作用

思维是人类最本质的资源，又是足以影响人生成败的关键因素，它是隐藏在大脑中的宝藏，只要合理地发掘和利用，就能够帮助我们创造出越来越多的奇迹。逻辑思维的作用一般是指逻辑思维所自有的功能属性，它包括以下几个方面：

1. 有助于人们正确认识客观事物

人们对客观事物的认识，第一步是接触外部世界，通过眼看、耳听、心想产生对客观事物的"感觉、知觉和印象"；第二步是综合"感觉、知觉和印象"的材料加以整理和改造，逐渐把握客观事物的本质、规律，产生认识过程的飞跃，进而构成判断和推理。逻辑思维让人们对客观事物的认识更加明确、更加准确。在现实生活中，有的人知识、理论一大堆，谈论起来引经据典、头头是道，可一旦面对实际问题，却束手束脚，不知如何是好，这是因为他们虽然掌握了知识，却不善于通过逻辑思维运用知识。也有一些人，他们思维活跃、思路敏捷，能够把有限的知识举一反三，灵活地应用到实践当中，这是因为他们能够合理地运用逻辑思维分析和掌握知识，进而抓住客观事物的本质。

2. 有助于人们发现和纠正谬误

人类的生命过程就是生活过程，就是不断经历和实践的过程。任何科学实验、事物的研究探索、生活工作的每一步都可能会有与理想偏差，或许还会出现错误。人们通过逻辑思维，正确认识客观事物，把握客观事物的本质、规律，构成对社会实践过程的合理判断和推理，进而发现认识逻辑错误，纠正谬误。

3. 有助于人们更好地学习知识

逻辑思维是围绕知识而存在的，没有了知识的积累，逻辑思维的应用就会出现障碍。因此，学习知识和运用逻辑思维是提升自身智慧不可偏废的两个方面。逻辑思维能够帮助我们更好地学习知识、运用知识。没有知识的支撑，智慧就成了无源之水；没有了逻辑思维的驾驭，知识就像一潭死水，波澜不兴，智慧也就无从谈起了。

4. 有助于推动人们迈向成功

逻辑思维是一种心境，是一种妙不可言的感悟。在伴随人们行动的过程中，正确的逻辑思维方法、良好的思路是化解疑难问题、开拓成功道路的重要动力源泉。一个成功者，首先是一个积极的思考者，经常积极地、想方设法地运用逻辑思维方法去应对各种挑战和困难。这种人也较容易体会到成功的欣喜。

五、创造性思维与逻辑思维的关系

创造性思维是一种开创性的探索未知事物的高级复杂的思维，是一种有自己的特点、具有创见性的思维，是扩散思维和集中思维的辩证统一，是创造想象和现实定向的有机结合，是逻辑思维和灵感思维的对立统一。

1. 创造性思维与逻辑思维的辩证统一

创造性思维与逻辑思维是辩证统一、运动发展的关系。创造性思维渗透在人的各种具体思维活动中，它是逻辑思维和直觉思维（非逻辑思维）的综合应用。人们在进行创造性思维之前，必须接受人类科学文化遗产和社会实践的教育，使用比较、分类、分析和综合的方法，从感性的材料中抽象、概括出一般的结论，并以此形成新的思想，引出新的概念，建构新的理论体系。在这个过程中起作用的主要是逻辑思维。因此，创造性思维首先应有逻辑思维的训练，才能在知识发展的长河中，承前启后，推陈出新。同时，创造性思维又不满足于逻辑思维，在进行逻辑思维的时候，常常需要以非逻辑思维作为补充。在实际思维过程中，一旦逻辑思维突然中断，非逻辑思维就会出来为你接通思路，使原有的思维得以继续。

2. 创造性思维为逻辑思维提供基础和前提

创新、创造是人类更好地改造世界的武器和法宝，创造性思维是人们进行创造的核心。人的行为受时间、空间、环境等因素的制约，人的思维尽管也受到社会发展的影响，却能够撇开时空的限制，实现跳跃式联想，从远古、过去跳跃到现在、未来，从当下的此地联想到遥远的彼地，可以无限扩展和发展。创造性思维散布于人类活动的方方面面，是每时每刻都在进行的活动，它也是人类思维生生不息的动脉，创造性思维所产生的点点滴滴都为我们对思维形式和规律的总结活动提供原材料。由于创造性思维的开展是在人类周围世界的各个领域进行的，所以创造性思维活动所提供的原材料也是丰富的多彩的，不仅包括创造性思维所产生的各种创新成果，更包括在创造性活动中所使用的思维方法和思维结构，甚至是思维过程，都是逻辑思维形成的有价值的材料。

3. 逻辑思维是创造性思维的归宿和工具

逻辑思维是纵观历史长河的思维活动，是在对已有的科学方法进行分析、总结、提炼等基础上形成并固定下来的。人类已有的思维活动在人类产生之前是不存在的，它是伴随着人类产生的，即使最初是极为简单、零散的思维碎片，也是人类在社会实践活动中一步步积累而成的。创造性思维作为非逻辑思维，是人类尚未认识的思维形式之一。随着科学的发展，其部分形式和模式也必然会被人们发现，因此被人们发现、认识并沉淀下来的创造性思维，就成为具有固定模式的思维逻辑。这是一个演变的过程，也是一个角色转变的过程。

第二节　逻辑思维方法

逻辑思维方法是一个整体，它是由一系列既相互区别，又相互联系的方法所组成的，主要包括：演绎推理法、归纳推理法、类比推理法、证伪法、分析和综合法、抽象与概括法、递推法等。下面介绍几种主要的逻辑思维方法。

一、演绎推理法

【案例 5-2】

伽利略比萨斜塔实验

古希腊哲学家亚里士多德认为，重的物体比轻的物体下落的要快。这符合人们的生活常识，如玻璃弹子就比羽毛落得快。但是伽利略却认为下落速度与重量无关，所有物体下落速度都相同。为了证明这个结论，伽利略于1590年在意大利比萨斜塔做了著名的"比萨斜塔实验"。伽利略将两个重量不等的铁球自塔顶垂直自由落下，结果两铁球同时着地。该实验一举推翻古希腊学者亚里士多德提出的重量不同物体下落速度也不同的定理。

伽利略在做这个实验之前，先做了一番仔细的思考：设想一个重物体（如铁球）与一个轻物体（如木球）同时下落，按亚里士多德的理论，当然是铁球落得快，木球落得慢。试想把铁球与木球绑在一起，同时抛出，会发生什么情况呢？一方面，铁球和木球组成了一个比铁球更重的物体，应当下落的比铁球更快；另一方面，铁球下落被木球拖住，其速度应该介于铁球与木球之间。这样，从同一个理论推出了互相矛盾的两个结论，所以，亚里士多德的理论是值得怀疑的。正确结论应当是：下落速度与重量无关。

伽利略的"比萨斜塔实验"使人们认识了自由落体定律，从此推翻了亚里士多德关于物体自由落体运动的速度与其质量成正比的论断。实际上，两千年来的错误论断被如此简单的推理所推翻，伽利略运用的思维方式便是演绎推理方法。波兰裔美国逻辑学家塔尔斯基曾说过:"我们有理由认为演绎方法是构造科学时所用的方法中最完善的一个。它在很大程度上消除了误差和模糊不清之处,而不会陷于无穷倒退。"

1. 演绎推理法的定义

演绎推理就是指人们以一定的反映客观规律的理论认识为依据,从服从该认识的已知部分推知事物的未知部分思维方法,是从普遍性规则推导出个别性规则的思维方法。演绎推理法是认识"隐性"知识的方法。例如,自然界一切物质都是可分的,基本粒子是自然界的物质,因此,基本粒子是可分的。

2. 演绎推理法的形式

演绎推理的主要形式是三段论法。三段论法就是从两个判断中进而得出第三个判断的一种推理方法。三段论是演绎推理的一般模式,包含三个部分:大前提——已知的一般原理,小前提——所研究的特殊情况,结论——根据一般原理,对特殊情况做出判断。例如:知识分子都是应该受到尊重的,人民教师都是知识分子,所以,人民教师都是应该受到尊重的。

结论中的主项叫作小项,用"S"表示,如上例中的"人民教师";结论中的谓项叫作大项,用"P"表示,如上例中的"应该受到尊重";两个前提中共有的项叫作中项,用"M"表示,如上例中的"知识分子"。在三段论中,含有大项的前提叫大前提,如上例中的"知识分子都是应该受到尊重的";含有小项的前提叫小前提,如上例中的"人民教师是知识分子"。三段论推理是根据两个前提所表明的中项M与大项P和小项S之间的关系,通过中项M的媒介作用,从而推导出确定小项S与大项P之间关系的结论,即"人民教师都是应该受到尊重的"。

3. 演绎推理法的特点

演绎推理法具有若干体现逻辑特色的特点,主要表现为以下三点。

(1) 从普遍到特殊

演绎推理法是从普遍性规则推导出个别性规则,在这里,"普遍"是指事物的共同性,在理论上则是指原则、原理等;而"个别"是指事物的特殊性。演绎推理法所提供的理论性知识,无论是概括实验事实共性的经验定律,还是反映事物间普遍性规律的理论原理,都概括了一类事物的普遍性特征或普遍性规律。它涵盖了该类所有个体的共同性,因而适用于所有个体事物。正因为理论知识具有这种特征,人们才能从理论知识出发,推断它所涉及的具体经验事实。

(2) 不越雷池

演绎推理法因其从某一类事物推论到该类事物的部分对象,结论受到前提的严格限制,结论所断定的范围绝不会超出前提所断定的范围。如果结论所断定的范围超越了前提的制约,那么结论就不可靠,思维就出现错误,超越了逻辑规则的"雷池",演绎思维就不会有必然性。

(3) 推理的必然性

演绎推理法从一般到特殊,前提与结论之间具有必然性联系,也就是从真前提能必然推出真结论,不可能前提真而结论假。

二、归纳推理法

【案例 5-3】

元素氧的发现

1774年8月,英国科学家普利斯特里在用聚光透镜加热氧化汞时得到了一种气体,他发现物质在这种气体里燃烧比在空气中更强烈,由于墨守陈旧的燃素说,他称这种气体为

"脱去燃素的空气"。1774年，法国著名的化学家拉瓦锡正在研究磷、硫以及一些金属燃烧后质量会增加而空气减少的问题，大量的实验事实使他对燃素理论发生了极大怀疑。正在这时，普利斯特里来到巴黎，把他的实验情况告诉了拉瓦锡，拉瓦锡立刻意识到他的英国同事的实验的重要性。他马上重复了普利斯特里的实验，果真得到了一种支持燃烧的气体。拉瓦锡总结了两个实验的结果，推断这种气体应该是一种新的元素而不是所谓的"脱去燃素的空气"。1775年4月拉瓦锡向法国巴黎科学院提出报告，公布了氧的发现。

在元素氧的发现过程中，拉瓦锡所运用的思维方式便是归纳推理方法。拉瓦锡通过总结归纳两个实验的结果，归纳出氧的性质，即物质在煅烧时与之相化合并增加其重量的物质的性质。实际上，在此之前，瑞典化学家舍勒也曾独立地发现了氧气，但他把这种气体称为"火空气"。氧的发现过程正如恩格斯在《资本论》第二卷序言中所说的："普利斯特里和舍勒已经找出了氧气，但他们不知道找到的是什么。他们不免为现有燃素范畴所束缚。这种本来可以推翻全部燃素观点并使化学发生革命的元素，没有在他们手中结下果实……（拉瓦锡）仍不失为氧气的真正发现者，因为其他两位不过找出了氧气，但一点儿也不知道他们自己找出了什么。"

（一）归纳推理法的定义

归纳推理是从个别性知识推出一般性结论的推理，是根据一类事物的部分对象具有某种性质，推出这类事物的所有对象都具有这种性质的推理，简称归纳。归纳是从特殊到一般的过程，它属于合情推理。人的行动很大部分是建立在归纳推理基础上的，归纳推理是从少数观测的事例中概括出普遍的命题，是从事实材料中找到事物的一般本质或规律。

例如，直角三角形内角和是180°，锐角三角形内角和是180°，钝角三角形内角和是180°，而直角三角形、锐角三角形和钝角三角形是全部的三角形，所以，一切三角形内角和都是180°。这个例子从直角三角形、锐角三角形和钝角三角形内角和分别都是180°这些个别性知识，推出了"一切三角形内角和都是180°"这样的一般性结论，就属于归纳推理。

（二）归纳推理法的形式

归纳推理是一种重要的逻辑推理形式，可分为完全归纳推理和不完全归纳推理。

1. 完全归纳推理

完全归纳推理是根据某类事物每一对象都具有某种属性，从而推出该类事物都具有该种属性的结论。其逻辑形式可表示为（S表示事物，P表示属性）：

$$S_1—P$$
$$S_2—P$$
$$\cdots$$
$$S_n—P$$

（S_1，S_2，…，S_n 是 S 类的所有分子）

所以，S—P

完全归纳推理的特点是在前提中考察了一类事物的全部对象，结论没有超出前提所断定的知识范围。因此，其前提和结论之间的联系是必然的。

运用完全归纳推理要获得正确的结论，必须满足两个条件：其一，在前提中考察了一类事物的全部对象；其二，前提中对该类事物每一对象所做的断定都是真的。

2. 不完全归纳推理

不完全归纳推理是根据某类事物部分对象都具有某种属性，从而推出该类事物都具有该种属性的结论。其逻辑形式可表示为（S表示事物，P表示属性）：

$$S_1 — P$$
$$S_2 — P$$
$$\cdots$$
$$S_n — P$$

（S_1，S_2，…，S_n 是 S 类的部分对象，并且其中没有 S 不是 P）

所以，S—P

不完全归纳推理分为简单枚举归纳推理、科学归纳推理、概率归纳推理和统计归纳推理。

（1）简单枚举归纳推理

在一类事物中，根据已观察到的部分对象都具有某种属性，并且没有遇到任何反例，从而推出该类事物都具有该种属性的结论，这就是简单枚举归纳推理。比如，被誉为"数学王冠上的明珠"的"哥德巴赫猜想"就是用了简单枚举归纳推理提出来的。

简单枚举归纳推理的结论是或然的，因为其所考察的是部分对象，而不是该类的全部对象。从前提推出结论的根据是在已考察的部分对象中没有出现相反的情况，并没有对这部分对象因何具有或不具有某种属性的原因加以研究，其结论超出了前提所断定的知识范围。

（2）科学归纳推理

科学归纳推理是以科学分析为主要依据，根据某类事物中部分对象与某种属性间因果联系的分析，推出该类事物具有该种属性的推理。例如：金受热后体积膨胀、银受热后体积膨胀、铜受热后体积膨胀、铁受热后体积膨胀……因为金属受热后，分子的凝聚力减弱，分子运动加速，分子彼此距离加大，从而导致膨胀，而金、银、铜、铁都是金属，所以，所有金属受热后体积都膨胀。

上例在前提中不仅考察了一类事物的部分对象有某种属性，而且进一步指出了对象与属性之间的因果联系，由此推出结论，这就是科学归纳推理。

（3）概率归纳推理

概率归纳推理根据某类事物已观察到部分对象具有某种概率，推出该类事物都具有该种概率的推理。其结论是一个概率命题。

这种由部分推到整体的概率归纳，由于超出了前提所断定的范围，它是或然性推理。例如天阴并不一定意味着要下雨，肚子痛并不一定是得了胃病。

（4）统计归纳推理

统计归纳推理是运用统计学进行的推理，是前提或结论包含有关某一确定事物类的某属性分布频率的统计陈述的归纳推理。在统计过程中，所调查的全体事物称为总体，从总体中选出被认为是典型的个体称为样本，如果样本具有某种属性，就是做出了一个统计归纳推理。

统计归纳推理的逻辑特征在于其前提是关于所选取样本的考察和分析，而结论是基于样本的一种概括。因此，这种推理是从部分推向总体，前提和结论不具有必然的联系，其结论的可靠性依靠样本的适当性。所以，提高统计归纳推理的结论的可靠性的方法就是增强取样的代表性。

三、类比推理法

【案例 5-4】

邹忌讽齐王纳谏

邹忌身高八尺多一些，并且容貌光艳美丽。一天早晨穿戴好衣帽，照了照镜子里自己的形象，对他的妻子说："我与城北的徐公比，谁更美呢？"他的妻子说："您美极了，徐公哪能比得上您呢？"城北的徐公，是齐国的美男子。邹忌不相信自己比徐公美，又问他的妾说："我与徐公相比，谁更美呢？"妾说："徐公怎能比得上您呀。"第二天，一位客人从外面来拜访，邹忌与他相坐而谈。邹忌问客人："我和徐公比,谁更美呢?"客人说："徐公及不上您的美丽啊。"又过了一天,徐公来了,邹忌仔细地观察他,自认为不如徐公美。又对着镜子审视自己的形象,更感觉远不如徐公美。晚上,他躺在床上休息时思考这件事,说："我的妻子认为我美,是因为偏爱我;妾认为我美,是因为畏惧我;客人认为我美,是因为想要有求于我。"

邹忌于是入朝拜见齐威王,说:"我确实知道自己不如徐公美。可是我的妻子偏爱我,我的妾畏惧我,我的客人有事情想要求助于我,都认为我比徐公美。现在齐国土地方圆千里,有一百二十座城池,宫中的王后嫔妃和亲信侍从,没有谁不偏爱大王的,朝廷中的大臣,没有谁不害怕大王的,在国家中的人,没有谁不有求于大王。由此看来,大王受蒙蔽太厉害了。"

齐威王说:"好!"于是发布命令:"能够当面指责我过错的所有大臣和百姓,授予上等的奖赏;能够上书劝诫我的,授予中等的奖赏;能够在公共场所议论指责我并能使我的耳朵听闻的,授予下等的奖赏。"命令刚刚下达时,大臣们都来进谏,宫门前,庭院内,人多得像集市一样;几个月以后,偶尔有人来进谏;满一年后,即使有人想要进谏,也没有什么可说的了。

燕国、赵国、韩国、魏国听说这件事,都来齐国朝拜。这就是身居朝廷,不必用兵,就战胜了敌国。

邹忌在对齐王进谏的过程中采用的思维方式便是类比推理方法。根据"邹忌与徐公比美"和"齐王纳谏"在某些属性上相同,即"妻与王后嫔妃和亲信侍从的偏爱、妾与大臣的畏惧、客人与臣民的有求",推断出它们在另外的属性上,即邹忌与齐王受蒙蔽也相同的一种推理。

1. 类比推理法的定义

类比推理是根据两个或两类对象在某些属性上相同,推断出它们在另外的属性上(这一属性已为类比的一个对象所具有,而在另一个类比的对象那里尚未发现)也相同的一种推理,简称类推、类比。这是科学研究中常用的方法之一。类比推理的过程,是从特殊到特殊、由此及彼的过程,可谓"他山之石,可以攻玉"。

类比推理的结构可表示如下:A有属性a、b、c、d,B有属性a、b、c,推出结论B有属性d。在客观现实里,事物的各个属性并不是孤立的,而是相互联系和相互制约的。因此,如果两个事物在一系列属性上相同或相似,那么,它们在另一些属性上也可能相同或相似。例如科学家在研究光的性质时,曾将光与声进行类比。声有直线传播、反射和折射等现象,其原因在于它有波动性。后来发现光也有直线传播、反射和折射等现象,因此推测光也可能有波动性。

类比推理方法是解决陌生问题的一种常用策略。它让我们充分开拓自己的思路,运用已有的知识、经验将陌生的、不熟悉的问题与已经解决了的熟悉的问题或其他相似事物进行类比,从而创造性地解决问题。通过对某一事物的客观存在的规律的认识,引发出对另一事物所存在的客观规律的认识,这种认识方法虽然具备某种或然性、不确定性,却往往是对另一事物进行突破性认识的一个极重要的途径和方式。

2. 类比推理法的特点

首先,类比推理是在个别或具体的事物或现象之间做横向的运动,即从个别走向个别,从具体走向具体。这种横向思维所涉及的两端事物之间可以完全是一种表象上的类似,并无任何本质上的和知识上的类属关系,其跨度的空间可以很大。

其次,类比推理是思维的联想性。由于在类比思维中边际约束小,因此它可以跨越种类界限在两个看似完全不着边际但有一定相似性的物像之间建立联系。所以类比思维的创造性是很强的,它能够充分发挥思维的想象力和洞察力,引导人们发现新的知识,探索新的问题。

再次,类比推理的结论只具有或然性,可能真,也可能假。类比推理尽管其前提是真实的,但不能保证结论的真实性。这是因为,A和B毕竟是两个对象,它们尽管在一系列属性上是相同的，但仍存在着差异性，这种差异性有时就表现为 A 对象具有某属性，而 B 对象不具有某属性。类比推理的结论是否可靠，要看进行类比的两个或两类事物所具有的共同属性与类推属性之间是否有必然的联系。如果有，用类比推理所得到的认识就是可靠的，否则就是不可靠的。

3. 类比推理法的作用

类比推理虽然不能直接推动社会进步，但它在人们的认识中具有重要作用。它可以拓展人们的眼界，可以为人们改造和认识世界、推动社会进步提供一个有效的思维方法。

（1）类比推理是探索真理的重要逻辑形式

类比推理是在已有知识的基础上进一步发展科学的一种有效的探索方法。在科学研究中具有开拓思路、提供线索、举一反三、触类旁通的作用，正如康德所说："每当理智缺乏可靠的论证思路时，类比这个方法往往指引我们前进。"科学史上很多著名的发现都是借助于类比推理而获得的。

（2）类比推理可以帮助人们提出科学假说

类比推理是形成科学假说的重要推理形式。在科学史上，许多重要的科学假说都是利用类比推理的思维方法建立起来的。奥地利医生奥恩布鲁格，就是由"父亲通过手指关节敲木质酒桶，估量木桶中还有多少酒"得到启发，通过反复探索胸部疾病和叩击声音之间变化的关系，终于写出《用叩诊人体胸部发现胸膛内部疾病的新方法》的医学论文，并发明"叩诊"这一医疗方法。

（3）类比推理为仿生学提供了理论基础

自然界的动植物，它们的生长都极为巧妙，它们是孕育出新事物、新方法绝无仅有的好样板。人类还在蒙昧时期时，为了生存繁衍，便开始模仿大自然，利用类比推理的方法，从自然界万事万物身上吸取有利于自己生存的优点，用来武装自己，改变命运。仿生学，就是专门研究生物系统的结构和功能，并将生物的某些特征应用到我们的创造发明之中，以创造先进技术装置的新学科。人类对自然的模仿，正是建立在类比推理的理论基础之上的。正是利用类比关系的思维方式，人类在模仿自然中逐步有了现代文明。考察文明史，我们可以发现人类许多重大发明，都是模仿生物的结果。

（4）类比推理具有生动的说明作用

类比推理具有生动的说明作用，有一定的说服力，可以作为论证的辅助手段，并且别具风格。例如，数学中有一条三角形定理：三角形的两边之和大于第三边，根本不存在一条边大于其他两边之和的三角形。这个数学原理被一位科学家成功地运用到社会科学领域。他认为，历史上如果三个割据势力并存，就形成了三足鼎立，这是一种比较稳定的结构。如果强者侵犯了弱者，被侵犯的弱者就会与另一个弱者联合起来。结盟之后，两边之和大于第三边，稳定的三足结构就不会被破坏。只有当强者的力量超过了两个弱者之和，三国鼎立的局面才会结束。这位科学家利用类比推理表达自己的思想，使抽象的道理具体化，使论述更加形象，收到了良好的表达效果。

四、其他逻辑思维方法

1. 分析与综合法

分析是把事物分解为各个属性、部分和方面，对它们分别研究和表述的思维方法。综合是把分解开来的各个属性、部分和方面再综合起来进行研究和表述的思维方法。分析与综合是互相渗透和转化的，在分析基础上综合，在综合指导下分析。分析与综合，循环往复，推动认识的深化和发展。

例如，在光的研究中，人们分析了光的直线传播、反射、折射，认为光是微粒，人们又分析研究光的干涉、衍射现象和其他一些微粒说不能解释的现象，认为光是波。当人们测出了各种光的波长，提出了光的电磁理论，似乎光就是一种波，一种电磁波。但是，光电效应的发现又是波动说无法解释的，又提出了光子说。当人们把这些方面综合起来以后，一个新的认识产生了：光具有波粒二象性。

2. 抽象与概括法

抽象是从众多的事物中抽取出共同的、本质性的特征，而舍弃其非本质的特征。具体地说，科学抽象就是人们在实践的基础上，对于丰富的感性材料通过"去粗取精、去伪存真、由此及彼、由表及里"的加工制作，形成概念、判断、推理等思维形式，以反映事物的本质和规律。

概括是形成概念的一种思维过程和方法。即从思想中把某些具有一些相同属性的事物中抽取出来的本质属性，推广到具有这些属性的一切事物，从而形成关于这类事物的普遍概念。概括是科学发现的重要方法，因为概括是由较小范围的认识上升到较大范围的认识，是由某一领域的认识推广到另一领域的认识。

3. 证伪法

根据形式逻辑中的矛盾律，在同一时间、同一关系上，不能对同一对象做出不同的断定。用一个公式来表示就是：A 不能在同一时间、同一关系上是 B 又不是 B。根据形式逻辑中的排中律，在同一时间、同一关系上，对同一事物是两个相互矛盾的论断必须做出明确的选择，必须肯定其中的一个。用一个公式来表示就是：A 或者是 B 或者不是 B，二者必居其一，不可能有第三种选择。

根据以上两个规律，运用逻辑思维方法，可以在证明一个结论是错误的同时，证明另一个结论是正确的。用这种方法来取得正确答案的方法就是证伪法，或称反证法。证伪法在许多情况下可以帮助我们解决疑难问题，取得创新结果。

4. 递推法

递推就是按照因果关系或层次关系等方式，一步一步地推理。有的原因产生结果后，这个结果又作为原因产生下一个结果，于是成为因果链，因果链就是一种递推思维。

例如，英国民谣："失了一颗铁钉，丢了一只马蹄铁；丢了一只马蹄铁，折了一匹战马；折了一匹战马，损失一位将军；损失一位将军，输了一场战争；输了一场战争，亡了一个帝国。"

第三节　批判性思维

▶ 【案例 5-5】

哥白尼日心说

古代人缺乏足够的宇宙观测数据，以及怀着以人为本的观念，使他们误认为地球就是宇宙的中心。古希腊晚期亚历山大城的数学家，天文学家托勒密吸收了阿波罗尼、西帕哈斯、亚里士多德的有关概念，建立了以地球为中心，太阳围绕地球按本轮、均轮体系运动的天体模型，即"地心说"。这个模型较好地解释了当时所观测到的许多天文现象，特别是对行星运动的不规则性给出了较具说服力的说明。由于托勒密模型上述的成就，更因为"地心说"与人们的直观经验以及狭窄生活范围所相应的心理（总以为自己居住的地方就是宇宙中心）相符，因此地心说被大众广泛地接受并被当时的教廷认为是神圣不可侵犯的真理的一部分。

随着天文观测技术的不断发展，经过仔细观测，一些科学家们发现行星运行规律与托勒密的宇宙模式不吻合。但是，科学家们只是修正了托勒密的宇宙轨道学说，在原有的轨道（或称小天体轨道）上又增加了更多的天体运行轨道。

哥白尼在长期天文观测后也发现了这个现象，他在不同的时间、不同的距离从地球上观察行星，发现每一个行星的情况都不相同，这使他意识到地球不可能位于轨道的中心，并对托勒密的"地心说"产生了怀疑。哥白尼自制了三分仪、三角仪、等高仪等器具，进行了长达20年的观测。经过精密分析观察记录和严格的数学论证，发现唯独太阳的周年变化不明显，这意味着地球和太阳的距离始终没有改变。如果地球不是宇宙的中心，那么宇宙的中心就是太阳。他立刻想到如果把太阳放在宇宙的中心位置，那么地球就该绕着太阳运行。这样他就可以取消所有的小圆轨道模式，直接让所有的已知行星围绕太阳作圆周运动。1543年，哥白尼将这一发现公诸天下，提出了著名的"日心说"，驳斥了托勒密的地球是宇宙中心的理论，推翻了托勒密的"地心说"。

哥白尼在创立"日心说"的过程中所使用的思维方式便是批判性思维，他没有盲目崇信已被大众广泛地接受并被认为是真理的托勒密的"地心说"，而是辨析当中哪些缺乏证据或理性基础，谨慎判断，反复思考，审慎地运用推理去判定一个断言是否为真，实现了天文学的根本变革。

一、批判性思维的起源

批判性思维起源最早可追溯到2500年前的古希腊思想家苏格拉底。苏格拉底认为一切知识，均从疑难中产生，愈求进步疑难愈多，疑难愈多进步愈大。苏格拉底承认自己本来没有知识，而他又要教授别人知识。所以他教授给人的知识并不是由他灌输给人的，而是人们原来已有的；人们已在心上怀了"胎"，不过自己还不知道。苏格拉底像一个"助产婆"，帮助别人产生知识。苏格拉底的助产术，集中表现在他经常采用的"诘问式"的形式中。他以提问的方式揭露对方学说中的矛盾，动摇对方论证的基础，指明对方的无知。苏格拉底的这种方法是由爱利亚学派的逻辑推论和芝诺的反证法发展而来。苏格拉底的讽刺的消极形式存在着揭露矛盾的辩证思维的积极成果。

苏格拉底的批判性思维的实践，被后来众多的学者所传承，这其中就包括记录其思想的柏拉图、亚里士多德以及希腊智者。这些学者都强调，我们所看到的东西与事物实质之间有很大的区别，只有受过专门思维训练的人才能够透过虚假的表面看到事情的实质。这个时期希腊智者的实践，诱发人们进一步探求事情真相的需求。人们更加渴望理解更深的实质，他们进行系统的思考，通过各种途径对些微的线索进行广泛而深入的调查。

中世纪时期，系统的批判性思维传统体现在托马斯·阿奎那的著作和教学实践中。托马斯·阿奎那在理论阐述的各个阶段都非常系统的思考、撰写和回答来自各个方面的批判。阿奎那不仅提高了我们对人类潜在推理意识的注意，而且还让我们意识到系统推理需要的重要性。阿奎那强调进行批判性思维的人并不总是对现有的观念进行批判，而是只针对一些缺乏合理基础的观念进行批判。

文艺复兴时期，大量的欧洲学者开始对宗教、艺术、社会、法律和自由进行批判性地思考。他们认为人类生活中大部分的活动都需要分析和批判。这些学者包括：科利特、伊拉斯谟以及摩尔。他们对问题的思考态度与苏格拉底等古希腊学者不谋而合。英国学者弗朗西斯·培根著作《论科学的价值与发展》被认为是批判性思维的最早著作之一。大约50年后的法国，笛卡儿写就了批判性思维的第二本重要著作——《指导哲理之原则》。他明确指出思维必须清晰和精确，良好的思考必须建立在有根据的假设之上，思维的每一部分都应该经得起质疑、批判和证实。正是这些文艺复兴和后文艺复兴时期学者的批判性，开辟了人类在民主、人权、自由思想方面发展的新路。

16世纪和17世纪英格兰的霍布斯与洛克在批判性思维方面显示出与思想家马基雅维里同

样的信心。他们认为，无论是接受当下主流的传统意识，还是从传统文化上说的正常观念，都必须以批判的眼光进行扬弃。霍布斯采用自然主义观点来解释这个世界，他认为任何事情的解释都需要证据和推理。洛克认为人类所有的思想和观念都来自人类的感官经验，感觉来源于感受外部世界，而反思则来自于心灵观察本身。在批判性思维发展中，另一重大贡献应该归属于法国的启蒙思想家，这些人包括：培尔、孟德斯鸠、伏尔泰和狄德罗。他们的理论的前提都是如果人的思想能够被严格的推理所约束，人们就能够更好地理解和揭晓自然社会和政治社会的真相。这些思想家都注意到，要做到对社会批判，批判者必须首先认清楚自己在思想上的优势和缺点。他们非常重视思维的训练，他们进行交流的观点都必须首先进行严格的分析和批判。他们认为，所有权威所提供的信息都必须经受住来自各方面的严格的推理和质疑。

18世纪的思想家扩大了批判性思维的概念体系。进一步发展了批判性思维的能力，并将批判性思维作为人类思想中的一种基本工具。当批判性思维应用于经济领域，产生了亚当·斯密的《国富论》；当批判性思维应用于对国王王权的传统的批判，产生了《独立宣言》；当批判性思维应用于人类思维自身，产生了康德的《纯粹理性批判》。

在19世纪，孔德和斯宾塞将批判性思维进一步扩展到人类的社会生活领域。批判性思维应用于对资本主义问题的研究，产生了马克思的《资本论》；应用于对人类文化的历史和生物的研究，产生了达尔文的《进化论》；应用于对人类潜意识的研究，产生了弗洛伊德的研究成果；在文化领域中的批判性思维，导致了人类学研究领域的建立；应用于语言，它产生了语言学领域。

在20世纪，我们对于批判性思维本质的理解逐渐变得更为明确。1906年，威廉·格雷厄姆·萨姆纳基于田野研究写成了社会人类学著作《民俗学》。同时，萨姆纳也认识到在生活和教育中开展批判性思维的重要性。美国哲学家、教育家约翰·杜威的著作《批判的理论学理论》中的观点与萨姆纳的观点在某种程度上不谋而合。两者均认为批判是对已有的各种观点接受之前必须进行的审查和质疑。通过批判来了解他们是否符合事实。批判性能力是教育和培训的产物，是一种思维习惯和能力。批判性思维是人类应具有的基本能力，男女都应该接受这种训练。这是我们应对生活中的各种错觉、欺骗、迷信的唯一保证。好的教育就是意味着能够给予学生以良好的批判性能力的发展。任何科目的教师，如果他坚持给予学生以准确知识以及传统的教学方法或者是对教学过程严格一致，这种教师很难培养学生的批判性思维。人们在受教育的过程中不应该过多地受到传统的约束，人们应该能够自由发表自己的观点，通过自己的努力寻找相关的证据。他们应该能面对偏见，坚持己见。只有在教育过程中形成学生的批判性思维，才能够说这种教育能够培养真正的好公民。

二、批判性思维的内涵

"批判的"（critical）源于希腊文 kriticos（提问、理解某物的意义和有能力分析，即"辨明或判断的能力"）和 kriterion（标准）。从语源上说，该词暗示发展"基于标准的有辨识能力的判断"。

批判性思维也称为批判思考或批判性思考，是 critical thinking 的直译，在英语中指那种怀疑的、辨析的、推断的、严格的、机智的、敏捷的日常思维，审慎地运用推理去判定一个断言是否为真。

目前，关于批判性思维的定义有多种描述，它们侧重于不同的方面：有的关注批判性思维的能力和特征，有的关注其过程、原则和方法。总体而言，批判性思维是积极、熟练、灵巧地应用、分析、综合和评价由观察、实验、推理所获得的信念和行动。而所有的流行定义均包括以下一些相同要素：

① 批判性思维是一种思维方式；

② 批判性思维适用于所有主题内容；
③ 批判性思维包括反省、回顾和判断；
④ 好的批判性思维是符合情理的；
⑤ 批判性思维包括细致考虑证据；
⑥ 批判性思维倾向做出确切的判断；
⑦ 要成为一个批判性思维者必须具备知识、技能、精神、态度和性情。

批判性思维的目的是对现实做一个准确和公正的判断，是一种基于充分的理性和客观事实而进行理论评估与客观评价的能力与意愿，它不为感性和无事实根据的传闻所左右。具有批判性思维的人能在辩论中发现漏洞，并能抵制毫无根据的想法。批判性思维关注的核心问题是逻辑知识与逻辑思维能力之间的关系，或者更一般地，是知识和能力之间的关系。它包括为了得到肯定的判断所进行的可能为有形的或者无形的思维反应过程，并使科学的根据和日常的常识相一致。

三、批判性思维的特征

批判性思维是建立在良好判断的基础之上，使用恰当的评估标准对事物的真实价值进行判断和思考，它是针对思考者的惯性思维而提出的一种思维方式，这种判断和思考绝不总是"否定性的"。批判性思维不是一味攻击他人的观点以显示自己多么聪明，也不是用来偏执地维护自己观点的制胜法宝。批判性思维旨在明智、公正、诚实地探索客观事物本质。对批判性思维进行分析，可归纳出以下几个主要特征：

1. 客观性

这是批判性思维的基本特征，是指客观地看待事物和思考问题，自主地做出审慎的判断和决策，不唯书、不畏上，排除外界的影响和干扰。客观性是批判性思维的基础。批判性思维对认知对象不是咬文嚼字、片面地挑剔，而是多角度、全方位和连续性地对其进行客观地审视，拒绝中庸，反对偏执。

2. 主动性

批判性思维要求主体无论遇到什么样的认知对象，都要坚持发挥主观能动性，积极主动地思考。保持好奇心，保持对客观事物和现有理论的质疑，在任何情况下都不放弃，这样才会激发创造性思维，这也是批判性思维的主要特征。

3. 科学性

批判性思维不是建立在主体一般性认识和自身情感好恶基础上的带有倾向的批判，也不是贬低一切、排斥一切的妄自否定，同样不是漫无边际、没有根据的胡乱猜想。批判性思维是开放的、宽容的、尊重他人的、理性的高级思维，是在运用完整信息，掌握充分证据的前提下进行分析、归纳并做出决策。因此，批判性思维具有很强的科学性和说服力。

4. 全面性

批判性思维对认知对象不是咬文嚼字、片面的挑剔，而是多角度、全方位和连续性的审视。批判性思维是将论证、观念、断言等拆分成部分，探索各个部分之间的关系，在此基础上根据相应的标准来判断它们的真假和优劣，并结合正反两方面考虑问题，避开表象的迷惑，进而把握事物的本质。

5. 反思性

批判性思维要求主体具有自我反思的精神，即对思维的再思考。思考自己的思维是否符合实际，是否细致、深刻，是否充足、多样和全面。批判性思维不仅要根据标准和方法来反思自己的思考，还要反思这些标准和方法本身在各种场合下的合理性。这种反思性能使困惑的事物、观点、认识等变得更加清晰，有助于认识、推理和决策更加全面、更加客观。批判性思维的反思性促使思考者审视自己特定的思考方式和观点，实现自我提升与自我超越。

6. 创新性

批判性思维是对常规、传统的打破和对权威的超越。它的目标一直是创新性的，是吸收不同观念、寻找一个综合完善的结论和决策的思维过程。创新即意味着对原有的怀疑、否定，表现为对自己、对他人、对信念、对理论、对权威的质疑、否定和超越。创新性是批判性思维发展的动力，它质问已有的观念、知识和决策，试图根据经验、逻辑和辩证的方法来找到更好的观念，推进知识的进步，做出合理的行动。

四、批判性思维的能力

批判性思维的基本理论预设是：在理性和逻辑面前，任何人或思想都没有对于质疑、批判的豁免权。这包含两方面的含义：一是任何思想都没有受到质疑的豁免权，任何观点、思想都可以而且应该受到质疑和批判；二是任何观点、思想都应该通过理性的论证来为自身辩护，任何思想都有为自己辩护的权利。要实现批判性思维的目标及要求，就必须具备批判性思维的能力。

批判性思维的能力主要包括以下几个方面。

1. 解释

是指理解和表达极为多样的经验、情景、数据、事件、判断、习俗、信念、规则、程序、规范的含义或意义的能力。子技能包括归类、解读意义和澄清含义。

归类：对使用范畴进行归类、区分，理解、描述信息的特征和意义。

解读意义：觉察、关注和描述信息内容、情感表达、目的、社会意义、价值、见解、规则、程序、标准等。

澄清含义：通过限定、描述、类比或比喻性的表达方式来解释或澄清词语、观念、概念、陈述、行为、图画、数字、记号、图表、符号、规则、事件或仪式等语境的、惯例的或意欲的含义，消除混淆、模糊或歧义，或者为这种消除设计合理的程序。

2. 分析

是指辨识陈述中意欲的和实际的推论关系，辨识问题、概念、描述或其他表达信念、判断、经验、理由、信息或意见的表征形式。主要有：

审查理念：确定各种表达式在论证、推理或说服语境中扮演或企图扮演的角色，并确定它们的组成部分，同时确定它们之间以及它们每一部分和整体之间的概念上的关系。

发现论证：确定陈述、描述、质疑或图表是否表达或企图表达一个（或一些）理由以支持或反对某个主张、意见或论点。

分析论证：分析对于那些意欲支持或反对某一主张的前提、理由、依据是否准确，如主结论、支持主结论的前提或理由、深层前提或理由等。

3. 评估

是指对陈述、说明人们的感知、经验、情景、判断、信念或意见的表征的可信性进行评价，以及评价陈述、描述、疑问或其他表征形式之间实际存在的或意欲的推论关系的逻辑力量。

评估的内容主要包括以下六部分。

① 论证判断一个论证前提的可接受性，能够证明该论证所表达的结论可被当作真的（演绎确定性）接受，还是当作很可能真的（归纳或合情论证）接受；

② 预期或提出质疑、反对，并评估所涉及的这些点是否为被评估论证的重大弱点；

③ 确定一个论证是否依赖虚假或可疑的假设或预设，然后确定它们如何关键地影响论证的力量；

④ 判断合理的和谬误的推论；

⑤ 判断论证的前提和假设对于论证的可接受性的证明力；
⑥ 确定在哪个可能的范围内附加的信息能增强或削弱论证。

4. 推论

是指辨识和把握得出合理结论所需要的因素，形成猜想和假说，考虑相关信息并从数据陈述、原则、证据、判断、信念、意见、概念、描述、问题或其他表征形式导出逻辑推断。

推论的过程包括寻求证据、推测选择、得出结论。

5. 说明

是指陈述推理的结果，用该结果所基于的证据的、概念的、方法论的、标准的和语境的相关术语证明推理是正当的，以使人信服的论证形式呈现推理。

首先，应对推理活动结果予以精确陈述、描述或表征，以便分析、评估，根据哪些结果进行推论或进行监控；其次，证明程序的正当性表述用于形成解释、分析、评估或推论的证据的、概念的、方法论的、标准的和语境的考虑，以便能精确地记录、评估、描述，向自己或他人证明那些过程是正当的，或者补救在执行这些过程的一般路线中觉察到的不足；最后，呈示论证给出接受某个主张的理由，应对那些就推论、分析或评估的判断之方法、概念阐释、证据或语境的恰当性所提出的异议予以展示。

6. 自我校准

是指自觉监控自己的认知活动，特别将分析和评估技能应用于自己的推论性判断，以质疑、证实、确认或校正自己的推理或结果，包括自我审查和自我校正两个方面。

自我审查：反省自己的推理并校验产生的结果及其应用，反省对认知技能的运用；对自己的意见和坚持它们的理由做出客观、深刻的认知评价；判断自己的思维在多大程度上受到知识不足或老套、偏见、情感以及其他任何压制一个人的客观性或理性的因素的影响；反省自己的动机、价值、态度和利益，确定已尽力避免了偏见，做到了思想公正、透彻、客观、尊崇真理和合理性，而且在将来的分析、解释、评估、推论或表述中也是理性的。

自我校正：自我审查、揭露错误或不足，如果可能，设计补救或校正那些错误及其原因的合理程序。

五、批判性思维的构成

批判性思维主要由三方面构成：知识、意识和技巧。

1. 知识

知识在批判性思维中扮演着非常重要的角色，它是进行有效批判性思维的先决条件。批判性思维不是凭空出现的，它是建立在对原有知识的批判上，分析、判断某个问题需要其相应领域的知识。一个掌握足够多的知识又善于思考，时刻准备着改变自己固有想法，保持开放的状态时刻准备着充盈自己的人，才是真正具备批判性思维的人。

2. 意识

批判性思维的意识是指进行批判思维的态度、倾向和意志，也就是具有批判精神。批判精神包括以下几个要素。

① 独立自主：要有自己的思想和主见，不要人云亦云。
② 充满自信：相信自己，勇于面对困难。
③ 乐于思考：主动思考，善于提问。
④ 不迷信权威：真理是相对的，对于书本上的知识和专家学者的权威观点，要有怀疑的精神。
⑤ 头脑开放：开阔自己的眼界和知识面，善于接受各种有益的信息。
⑥ 尊重他人：我们所处的社会是个多元化的社会，允许有不同思想、观点的碰撞和共

存，在批判的同时，要尊重他人的智力成果和思想。

3. 技巧

批判性思维常常是为了解决问题，因此，运用适当的思维技巧和策略来解决问题是必要的。这些技巧包括一般性技巧（如比较、分类、分析、综合、归纳和演绎等），以及一些特定的批判性思维技能。

第四节　批判性思维与创造性思维

批判性思维是作为主体的人在其认识、实践活动中对认识、实践客体的分析、判断、论证、质疑、改造的一种思维方式。创造性思维是发散性思维，这种思维方式，遇到问题时，能从多角度、多侧面、多层次、多结构去思考，去寻找答案。既不受现有知识的限制，也不受传统方法的束缚，思维路线是开放性、扩散性的。创造性思维具有广阔性、深刻性、独特性、批判性、敏捷性和灵活性等特点。批判性思维与创造性思维两者之间关系密切，既有相通之处也有不同之处，把批判性思维与创造性思维的关系理清了，把握了两者的区别、共同点及认识误区，为更好地运用和发挥批判性思维、创造性思维及二者的关系打下良好的基础。

一、批判性思维与创造性思维的区别

批判性思维与创造性思维的不同之处主要体现在以下三个方面。

1. 来源和基础不同

批判性思维主要源于对现实的不满与怀疑，对现状很满足的人是不容易批判的，即使批判也会找到一些理由来说服自己的不满与怀疑之处。对现实不满的人容易发现不足，不过这种不满不一定科学有理，在科学性上需要不断优化。创造性思维也有对现实不满的方面，但是主要是源于想要改变世界的开拓精神，只不过在实现理想的过程中感知到对客观现实的科学把握的重要性必要性。一个富有批判精神的人未必具有创新精神，一个富有开拓创新精神的人也未必具有批判精神，一个富有批判精神又积极乐观有使命责任感的人更容易既批判又创新，把两种思维所蕴含的精神联合起来能够凝聚更大力量，也更容易激发积极乐观的人生态度和使命责任感。

2. 现实关注点不同

创造性思维离不开批判性思维，批判性思维从广义的角度看就是创新思维，但是与创造性思维又有区别，两者的现实关注点不同。批判性思维侧重的是对过去、现在的批判，即对已经存在的事实进行批判，正是在对过去、现在批判的基础上孕育着未来。创造性思维关注的是对未来的构想，重视破旧立新，着重对未来的规划。批判性思维是对过去、现在的否定性理解，只有热爱生活、积极思考的人才会重视批判性思维与创造性思维，才会发展成科学的思维方式。

3. 目标不同

批判性思维的目标是对业已存在的客观事物进行否定性的思考，进行鉴别、核对，建构更加合理的事物状态，而创造性思维是在否定性思考的基础上创建一个新的事物状态。批判性思维注重过往的批判，目标是对过去和现在趋于更客观科学的把握，对现实态的优化，而创造性思维注重对未来的开创。批判性思维有着创新思维的萌芽和潜质，却是有待于焕发，创造性思维虽然蕴含批判性，但是创新过程中容易忽视批判性判断。

批判性思维与创造性思维的差别提醒着我们要区别地看待二者，把二者分别放置在合适的位置才能发挥出最大最优的作用。例如，当我们在探寻实践目标确定行动方向的时候，主

要是发挥批判性思维的作用,这个时候我们面对着各个方面的意见观点,需要思维主体去罗列、分析、判断,找出存在的问题和下一步要采取的行动;当我们确立了实践的目标与方向之后,主要是发挥创造性思维的作用,从多角度、多侧面、多层次、多结构去思考,去寻找答案。区别地对待批判性思维与创造性思维是为了更好地发挥各自价值和作用,不能武断地说每一种思维方式是孤立地发挥作用。

二、批判性思维与创造性思维的共同点

批判性思维与创造性思维的共同点主要有以下三个方面。

1. 对现实的否定性思维

罗素说:"哲学的根本特征是批判,它批判性地考察运用于科学和日常生活中的那些原则,它寻找任何可能存在于这些原则中的自相矛盾之处,它只有先批判巧的研究,当结果表明没有出现任何拒绝它的理由之时,才接受它们。"无论批判性思维还是创造性思维都是源于对现实的否定性思考,都是想改变现实,都是在头脑里有一个相对于现实更为理想的事物。虽然批判性思维侧重于对已存在事物的否定与批判,而创造性思维侧重于创造的新事物,一个重在破旧,一个重在立新,但是有一个共同点:都是与已存在的信息持不同的观点,都是在否定性思考。无论批判性思维还是创造性思维都是在旧事物的基础上进行的否定性思考,对旧事物进行科学性地分析和研究,准确地认识和把握旧事物的特点,发现积极和消极的方面,加以发扬和抵制。两者不是对旧事物做简单的否定和抛弃,而是在对旧事物积极合理的因素进行批判性地继承和吸收的基础上,实现发现、超越和突破。

2. 对现实的超越性思维

无论批判性思维还是创造性思维都不是囿于原有事物的存在状态,是在对原有事物准确把握基础上的超越思考。批判性思维和创造性思维都是进行多角度、多侧面、多层次、多结构的思考,获得对原有事物客观、公正和理性的认识,掌握事物的本质,发现事物积极和消极的方面,并在此基础上实现对原有事物的超越,探索构建一个更为准确、合理的"答案"。一个具有批判性思维和创造性思维的人,是积极敏锐的,也是富有活力的,不会固执己见,保持开放的状态,随时准备充盈自己、超越自己。习近平总书记在中国科学院负责同志和科技人员代表座谈时指出:"我们要在引进和学习世界先进科技成果,更要走前人没有走过的路。科技界要共同努力,树立强烈的创新自信,敢于质疑现有理论,勇于开拓新的方向,不断在攻坚克难中追求卓越。"

3. 对现实的构建性思维

思维的建构性是指人对世界的反映过程并不是单纯由世界自发地给予人的,它同时也是人以主体的方式对世界的、社会历史的、概念的把握过程。这种思维建构的过程就是主体对客体发挥主体能动性的过程。无论批判性思维还是创新思维都完全地符合否定之否定规律,是在否定旧事物的基础上对新事物的建构。从理想的状态来说,是建构新事物;从现实的状态,是趋向于建构新事物。总之,在破坏、否定中蕴含着建构、肯定。

批判性思维能力强的人对事物都有自己独到的见解与观点,能够在众多的信息中判断不合理的信息,找到对方观点中的不足和漏洞,自觉地抵制不合理的想法和做法,是一种科学辩证的思维,也是一种与创造性思维同样的建构性思维。批判性思维与创造性思维虽然都是对现有思维模式的否定和破坏,但其目的都在于致力于建构。

改变世界建立在解释世界的基础上,我们不仅要知道是什么样子,还要论证剖析为什么是这个样子,还可以是什么样子。运用批判性思维分析,运用创造性思维去创造同属于建构性思维方式。无论从开始到中间到结束,都是贯彻于一个目的,人们正是不断地建构科学合理地思维方式,去更好地解释世界、改变世界。

批判性思维、创新思维所面对的是一个开放的不断发展的世界，在理论上二者也要不断建构一个开放的不断发展的理论体系，在对过往否定性思考的同时，既要不断地汲取积极的有利于未来发展的成果，又要把握避免坏的成果的影响。之所以是不断发展的开放的科学体系，是因为二者同为建构性思维，能够接纳好与坏两个方面的观点，由于我们对好的和不好的把握不断增多，我们就能够对围绕在我们周围的各种观点进行更好一些的判断，把这些判断应用于我们对世界的努力的认识和改造上。

三、批判性思维与创造性思维的关系

在认识和改造世界过程中，创造性思维不是横空出世，即使灵感一现也是在实践基础上思维的结果，创新的同时要随时运用批判性思维修正；在进行批判性思考时也是需要创造性思维之时，通过创造性思维建构出新的事物和当前批判的作比较，二者在思维运作的过程中共同起作用。因此，正视、重视批判性思维与创造性思维的关系，清晰地在理论与实践上进行界定、连接就显得非常必要紧迫了。没有批判思维就没有创新，批判是创新的前提和基础；没有创新，批判就失去了方向和目标，创新是批判的目的和价值实现；两者是相互依存、相辅相成的整体，要把两者的力量联合起来共同发挥作用，致力于推动人的科学思维。

1. 批判性思维是创造性思维的前提和基础

我们在工作、生活和学习中不可避免地会遇到各种各样的问题，怎么样面对问题、具体地分析与解决问题是我们必须面对的事情。人的可贵之处在于人的思维能力，由于人有思维，所以能自觉地运用科学思维解决问题。我们对一个问题进行分析判断，对解决问题的方案进行反复论证的过程就是发挥思维作用的过程，没有思维这些就无法很好地完成，我们要认识到思维的重要性，这个过程起关键作用的就是思维指导和决定行动。

科学思维能力要求我们打破传统的思维定式，结合新情况、新问题、新规律做出新思考，拿出新措施，新方案。科学在与时俱进，思维的创新不是无中生有，而是有中生有，创造性思维是在对过去现有的基础上进行批判，改进之后的创新，体现了人的批判思维和创新思维。

创新的产生源于对现实的否定，之所否定是因为潜意识里有优于当前事。没有批判就没有创新，如果没有批判性思维对现实进行科学理性的分析、判断，就不能推理出创新，即使创新也是凑巧。有了批判性思维，使得创造性思维更具有逻辑性和可靠性；由于经过了批判性思维的净化和梳理，创造性思维就增多了理性的思考，避免了盲目和冲动，使得创造性思维能够易于转化为科学的实践。

2. 创造性思维是批判性思维的动力和目标

唯物辩证法认为，事物发展的根本原因不是在事物的外部而是在事物的内部，在于事物内部的矛盾性。任何事物内部都有这种矛盾性，因此引起了事物的运动和发展。这种矛盾既包括事物本身的矛盾，也包括创新主体的要求和现实之间的矛盾。由于创新主体对客观事物的"要求"与现实之间存在着差距，促使创新主体产生对旧有事物的"破"，对新事物的"立"的一个愿望，进而使创新主体对现实进行批判性思考产生了"源动力"，激发出创新主体想要积极主动探索的驱使力量。

批判性思维通过客观地分析评判，把握住事物的矛盾，使创新主体在思想上认识到现实中实际存在的事物的存在矛盾和差距，进而创建一个更加合理、更加准确的新事物。虽然批判性思考侧重于"破"，但是批判性思考不是为了否定而否定，其最终归宿依然是新事物的"立"，即其最终目的依然是"创新"一个更加合理、更加准确的事物去替代与创新主体的要求存在差距的旧有事物。

3. 批判性思维与创造性思维相辅相成

批判性思维过程中需要创造性思维。董毓先生把目前公认的批判性思维过程所包括的必

要工作概括为：理解主题论点、分析论证结构、澄清观念意义、审查理由质量、评价推理关系、挖掘隐含假设、考察替代论证和综合组织论证。在挖掘隐含假设过程中，需要尽力去设想有关的隐含前提和可能性，若揭示出论证的隐含前提或假设，有利于理解、分析与评价原来的论证，更有利于推翻原来的论证，而在这个过程中发散式思维的作用至关重要；综合组织论证是指综合各方面论证观点，形成一个全面和合适的结论，这个过程需要对论证做出整体评判、修正或综合，是对各方面、各环节分析的综合，综合组织论证是达到好论证的关键环节之一，而达到好论证的最终目的是为了获得知识、真理和进行最优决策，这个过程聚合思维起着重要作用。发散思维和聚合思维是创造性思维的常见表现形式。另外，考察替代论证是指创造、考察不同观点、论证和结论，进行竞争比较、排除构造竞争和替代论证的过程，是进行创造性思维的过程。这个过程需要思维主体突破现有的思维框架，充分发挥想象力，尽量寻找不同的思路和解决问题的方案，考虑其他逻辑可能性。

创造性思维过程中需要批判性思维。创造性思维的核心是改变现有的事物，在头脑中创造出新事物。批判性思维是创造性思维的前提和动力，强化批判性思维能力的培养有助于提高人的创造性思维能力。实现创新的人都是具有创造性思维的人，而有创造性思维的人都是富有批判性思维的人，都会对现实存在的产生不满足，因为大胆地批判，所以才可以富有成效地创新。一个不具备批判性思维的人，不会对现实产生不满足，不会保持开放的态度，不会从思维方式上进行转变，改变固有的思维模式，因此也不会在头脑中生成破旧立新的想法，也不会产生创新的源动力。

总之，批判性思维与创造性思维是人的思维活动的两个关键阶段，这两个阶段是相互补充、相互依赖、相辅相成的辩证统一。批判性思维是创造性思维的前提和基础，它的好坏强弱直接决定着创造性思维的成长和发展。创造性思维是在更高的目标基础上综合了批判性思维的有利和不利的影响因素进行的扬弃的吸收和辩证发展过程，创造性思维的产生是对一个目标不断地坚持的基础上的新的领悟，这个坚持是建立在正确的基础上。优质的创造性思维者知道应该坚持什么样的思维、放弃什么样的不切实际的想法，确保不浪费时间在一些不合理的选择和行动上。在创新的过程中并不是经过了批判性思维就不再需要了，在思维的每一个过程中，发挥创造性思维作用的同时都要运用批判性思维保持清醒客观的状态进行理性的评判和检视，随时做好改变计划或继续坚持的准备。如果说事物有一个从潜存到显存的过程，批判性思维的运用就是新事物的潜存状态，创造性思维的运用是显存状态，这个潜存状态的浮现程度取决于批判性思维的水平高低，这个水平高低也直接影响着显存的质量。从批判性思维到创造性思维是一个从否定到肯定到否定的否定之否定发展过程，为更高阶段的循环往复运动奠定了更高的出发点。

拓展阅读

一、案例点评一

实现创业带动就业

万有引力定律的发现是牛顿在自然科学中最辉煌的成就。牛顿非常注意观察太阳、月亮和星辰的运行，脑海里经常长久地思考着一个问题：对于天体的运动能不能从动力学的角度去解释？

1666年的一天，牛顿正坐在花园里的苹果树下专心地思考着地球引力的问题。忽然，一只熟透了的苹果从树上掉下来，正好砸中牛顿的脑袋，然后滚落进草地上一个小坑洼里。

牛顿顾不得去揉被苹果打疼的脑袋,便被苹果落地这个十分普通的自然现象所吸引。他开始思考,苹果为什么不掉向天空偏偏落向地面呢?如果说苹果有重量,那么重量又是如何产生的呢?

牛顿进一步思索着苹果和地球之间相互吸引的问题。他想,地球大概有某种力量,能把一切东西都吸向它吧。物体所具有的重量,可能就是受地球引力的表现。这说明苹果和地球之间有相互引力,而这种引力有可能存在于整个宇宙空间。就这样,他的思路由一只苹果的落地引向了星体的运行。地球的引力如果没有受到阻止,那么月亮是否也会受到地球的吸引力呢?月亮总是按照一定的轨道绕地球旋转而不会越轨跑掉,不正是地球对它有吸引作用的结果吗?他又进一步推想到:各个行星之所以围绕着太阳运转,也必定是太阳对它们的吸引作用产生的。

牛顿在探索苹果落地之谜后得出结论:"宇宙的定律就是质量与质量间的相互吸引。"从行星到行星,从恒星到恒星,这种相互吸引的交互作用,遍及无边无际的空间,使宇宙间的每一事物都依照它的既定轨道,在既定的时间,向着既定的位置运动。牛顿把这种存在于整个宇宙空间的相互吸引的作用称为"万有引力"。

牛顿由苹果落地发现了万有引力定律,是偶然还是必然呢?显然,牛顿对万有引力定律的发现是偶然中的必然。苹果的"砸"是偶然的,牛顿对苹果落地这件事的逻辑思考与总结是发现万有引力定律的必然结果。

二、案例点评二

中美教育之比较

20世纪80年代,中国派一个访问团去美国考察初级教育。回国后,访问团写了一份三万字的考察报告。其中在见闻部分,作了四条归纳总结。

(1) 美国的孩子无论品德优劣、能力高低,无不趾高气扬、踌躇满志,大有"我因我之为我而不同凡响"的意味。

(2) 小学二年级的孩子大字不识一斗,加减乘除还在掰手指头,就整天奢谈发明创造,在他们手里,让地球掉个头,好像都易如反掌似的。

(3) 重音、体、美,而轻数、理、化。无论是公立还是私立学校,音、体、美活动无不如火如荼,而数、理、化则乏人问津。

(4) 课堂几乎处于失控状态。孩子或挤眉弄眼,或谈天说地,或跷着二郎腿,更有甚者,如逛街一般,在教室里晃来晃去。

结论是:美国的初级教育已经病入膏肓,可以这么预言,再用20年的时间,中国的科技和文化必将赶上和超过这个所谓的超级大国。

在同一年,作为互访,美国也派了一个考察团来中国。他们在看了北京上海、西安的几所学校后,也写了一份报告,也有这样几部分总结:

(1) 中国的小学生在上课时喜欢把手端在胸前,幼儿园的孩子则喜欢将手背在身后,室外活动时除外,除非老师发问时才举起。

(2) 中国的孩子喜欢早起,7点钟之前,在中国的大街上见到最多的是孩子,并且他们喜欢边走边用早餐。

(3) 中国学生有一种作业叫"家庭作业",据一位中国老师解释:"家庭作业是学校作业的延续。"

(4) 中国把考试分数最高的学生称为学习最优秀的学生,他们在学期结束时一般会得到一张证书,其他人则没有。

结论部分，考察团写道：中国的学生是世界上最勤奋的，在世界上也是起得最早、睡得最晚的。他们的学习成绩和世界上任何一个国家的学生相比，都是最好的。可以预测，未来20年后，中国在科技和文化方面，必将把美国远远地甩在后面。

我们可以知道，上述两个报告中的对20年后的预言都是错误的。虽然，上述两个报告中的结论看上去是符合逻辑、真实的信息，但是所推理出来的结论却不是真实的，其原因就是没有进行批判性的思考，没有客观地、理性地、全面地思考正、反两个方面。

思考题

1. 逻辑性思维的内涵是什么？
2. 逻辑性思维的特征是什么？
3. 逻辑性思维的在创新过程中的作用是什么？
4. 批判性思维的内涵与特征是什么？
5. 批判性思维在创新过程中的作用是什么？
6. 批判性思维与创造性思维的关系？

第二篇　创新方法

第六章　智力激励法

【教学目标】
1. 了解智力激励法的作用；
2. 理解头脑风暴法的原理与特点；
3. 掌握头脑风暴法的基本原则及运行流程；
4. 了解头脑风暴法的使用技巧；
5. 理解头脑风暴法的类型。

第一节　智力激励法概述

【案例 6-1】

盖莫里公司是法国一家拥有300人的中小型私人企业，这一企业生产的电器有许多厂家和它竞争市场。该企业的销售负责人参加了一个关于发挥员工创造力的会议后大有启发，开始在自己公司谋划成立了一个创造小组。在冲破了来自公司内部的层层阻挠后，他把整个小组（约10人）安排到了农村议价小旅馆里，在以后的三天中，每人都采取了一些措施，以避免外部的电话或其他干扰。

第一天全部用来训练，通过各种训练，组内人员开始相互认识，他们相互之间的关系逐渐融洽，开始还有人感到惊讶，但很快他们都进入了角色。第二天，他们开始创造力训练技能，开始涉及智力激励法以及其他方法。他们要解决的问题有两个，在解决了第一个问题，发明一种拥有其他产品没有的新功能电器后，他们开始解决第二个问题，为此新产品命名。

在第一、第二两个问题的解决过程中，都用到了智力激励法，但在为新产品命名这一问题的解决过程中，经过两个多小时的热烈讨论后，共为它取了300多名字，主管则暂时将这些名字保存起来。第三天一开始，主管便让大家根据记忆，默写出昨天大家提出的名字。在300多个名字中，大家记住20多个。然后主管又在这20多个名字中筛选出了三个大家认为比较可行的名字。再将这些名字征求顾客意见，最终确定了一个。

结果，新产品一上市，便因为其新颖的功能和朗朗上口、让人回味的名字，受到了顾客热烈的欢迎，迅速占领了大部分市场，在竞争中击败了对手。

经过许多实践可以发现，采用上述这种方法，即智力激励法，可以解决很多问题。智力激励法是一种通过会议的形成，让所有参加者在自由愉快、畅所欲言的气氛中，自由交换想法或点子，对一个问题进行有意或无意的争论辩解的一种民主议事方法。发明创造的实践表明，真正有天资的发明家，他们的创造性思维能力远较平常人要优越得多。但对天资平常的人，如果能相互激励，相互补充，引起思维"共振"，也会产生出不同凡响的新创意或新方案。俗话说："三个臭皮匠，顶个诸葛亮。"也就是智力激励法的"中国式"译义，即集思广益。集思广益，这并没有什么高深的道理，问题在于如何去做到这点。开会是一种集思广益的办法，但并不是所有形式的会都能达到让人敞开思想、畅所欲言的效果。而智力激励法可以有效地实现信息刺激和信息增值的操作规程。这一方法一经问世，马上在美国得到推广，日本人也相继效法，使企业的发明创造与合理化建议活动硕果累累。员工的创造潜力是巨大的，一个优秀的领导者，应该懂得如何发掘和运用这一潜力。

智力激励法适合于解决那些比较简单、严格确定的问题，比如研究产品名称、广告口号、销售方法、产品的多样化研究等，以及需要大量的构思、创意的行业，如广告业。

在企业，领导是最主要的决策者，但对领导来说，一个人的智慧和力量、经历和观察问题的视觉都是有限的。因此，领导常常会出现一些困惑。如企业在开展某项活动时，因为思维上形成了一定的定式，在制定方案时始终跳不出固有的模式，这就给员工以厌烦之感，调动不起激情来，活动也因此而显得一般化；再如领导在管理工作中，往往遇到一些棘手的事情，常常是冥思苦想也没有好的办法。这时，就可以听听广大员工的意见，试着使用头脑风暴法来帮助解决一些问题，因为这既可集思广益，充分体现民主，又很好地调动起全体员工管理的积极性，且能从一定程度减少决策的失误。领导在具体操作时，可以给员工们营造一个机会，在有意无意间提出需要讨论的话题，鼓励大家放开胆子尽情地说，让讨论者的思维大门洞开，让一些新的想法在讨论中迸发出来。我们常常有这样的体验，一个人在一个热烈的环境中，当看到别人发表新奇的意见时，思维受到刺激，情绪受到感染，潜意识被自然地唤醒，巨大的创造智慧自然地迸发了出来，大量的信息不断地充斥着人的大脑，奇思妙想就会喷涌而出。在这时，在场的人就会压抑不住自己内心的激动，争着抢着想把自己要说的话说出来。场面越是热烈，争着发言的人就会越多；发言的人越多，形成的点子就会越多。于是，一个个好的方案就这样形成了。

这种议事形式可以在正式场合中进行，也可在较为自由的非正式场合中进行。非正式场合因为环境宽松，可以少生顾忌，便于畅所欲言，大胆说话。无意识中，一些创意或方案的雏形形成，再经过正式研究或论证，就逐步地形成了一系列经得起检验的成果。

实践证明，在企业管理中，灵活而巧妙地使用智力激励法，能使领导和员工关系更加融解，最大限度地使大家智慧的火花得以迸发，进而最终形成了一个个好的创意或方案，制定出一些切实可行的工作措施，寻找到一些解决疑难问题的办法来，值得认真探索。

综上所述可知，为了创新或为了解决某个问题，人们总是希望得到更多的设想、点子、方案，单枪匹马的冥思苦想是软弱无力的，而"群起而攻之"的战术则显示出攻无不克的威力。智力激励法，即头脑风暴法，就是针对某个需要解决的创新问题，以小组会形式，集思广益，相互激励，引发联想，在较短的时间内，发挥集体的想象力、创造力，提出众多的设想、点子、方案。实际上，智力激励法是一种思维方法，一群人围绕一个特定的兴趣领域，自由无限制地思考、联想和讨论，汇聚集体智慧，激发创造性思维、产生新观点的过程。同时，它也是培养学生创造思维能力的一种集体训练法。

第二节　智力激励法的作用

【案例 6-2】

电线积雪问题

美国的北方，冬季严寒，大雪纷飞后，电线上积满了冰雪，大跨度的电线常被积雪压断，影响正常供电。许多人想解决这个问题，都没找到可行的好办法。后来，采用智力激励法，问题终于得到解决。在会上，不到 1 小时，10 名与会技术人员共提出 90 多条设想。如：建议设计一种专用的电线清雪机；用电热化解冰雪；乘直升机去扫电线积雪等。居然有人提出"坐飞机扫雪"的设想。大家尽管心里觉得滑稽可笑，但会上无人提出批评。偏偏还有一位工程师，就从这"坐飞机扫雪"中得到顿悟，受到启发。一种简单可行而且高效率的清雪方法冒出脑海。他想，大雪过后，可出动直升机沿积雪严重的电线飞行，依靠高速旋转的螺旋桨即可把积雪扇落。会后，进行分类论证。有的方案费用大，周期长。而飞机扇雪，却简单快捷。经过现场试验，还很奏效。就这样，一个悬而未决的问题解决了。

【案例 6-3】

薯片上印制图案

依靠有限的人力搜索不可能得到所有问题的答案。2004 年的一天，宝洁公司内部正在为他们的新品客薯片的上市集思广益，几个年轻人提议在薯片上印制图案来增加卖点。几乎所有人都认为这是一个好点子，毕竟在薯片的一些本质属性上的可改良空间已经被整个行业开发殆尽了。

可就是这个靠头脑风暴在瞬间出现的好点子，难倒了宝洁公司 9000 人的研发队伍和创新猎头，没有人能提供在薯片上印制图案的方法。

网络上 20 世纪末出现过一种类似于"创意集市"的网站，他们成立的初衷就是"让渴望创新的公司能够接触到这个星球上的创意、发明以及知识"。他们的工作分为两个方向：为问题寻找答案和为答案寻找问题。

宝洁公司找到了其中一个叫作 InnoCentive 的网站，在上面匿名发布了寻找解决办法的信息，几个月后，宝洁公司从收到的众多解决方案中挑选出了最满意的一个，这个好主意来自意大利博洛尼亚地区的一位大学教授，他发明了一种喷墨打印方法，能够在蛋糕上打出可食用的花色图案。

同年，新品客薯片一经推出，就受到了年轻人的追捧，因为他们对打印在薯片上的风趣图形感到新奇不已，而宝洁公司的销售额增长率也因此提高到了两位数，同样获益的还有那位意大利教授，他收到了宝洁公司的技术转让报酬。

并不是所有问题都能在企业内部和消费者互动社区中找到答案，很多时候企业需要从外部寻求帮助，企业外部也许恰好有人知道如何解决企业所面临的特殊问题，这正是集体智慧的能量。

智力激励的核心是"集智"和"激智"。集智就是把众人的智慧集中起来，其基础是相信人人都有创造力。"激智",就是激发出来众人潜在智慧。

【案例 6-4】
未来的电风扇

在中国机械冶金工会举办的一次合理化建议和技术革新工作研讨班中,运用智力激励法思考"未来的电风扇",36个人在半小时内提出了173条设想,其中典型的设想有:带负离子发生器的电扇、全遥控电扇、智能式电扇、理疗电扇、驱蚊虫电扇、激光幻影式电扇、催眠式电扇、变形金刚式电扇、熊猫型儿童电扇、老寿星电扇、解忧愁录音电扇、恋爱气氛电扇、去潮湿电扇、衣服烘干电扇、美容电扇、木叶片仿自然风电扇、解酒电扇、吸尘电扇、笔记本式袖珍电扇、太阳能式电扇、床头电扇、台灯电扇等。

"智力激励法"这种众所周知的方法,它把一个组的全体成员组织在一起,使每个成员都毫无顾忌地发表自己的观念,既不怕别人的讥讽,也不怕他人的批判和指责,这是一个使每个人都能提出大量新观念的最有效的方法。

【案例 6-5】
解决机床导轨磨损问题

金属磨损问题,是影响机械工作性能的普遍性问题。对于精密的机床而言,导轨的磨损是其精度降低的主要原因之一。就如何有效解决金属表面磨损问题,某研究机构曾就此组织专家召开智力激励会。

会上专家们的设想,有些是传统方法的改进,有些则别出心裁。可分属2类:提高金属表面硬度和采用减磨性能良好的润滑剂。显然,这都不可能避免机器日积月累的磨损而失效。有人提出,在未失效前对金属表面进行镀覆处理。这个意见受到关注,并进行了深入的讨论。人们认为,镀覆工艺必须停机并拆装零部件,拆装也会影响机械的工作精度,而且费工费时,不是最好的办法。这又启发了一位工程师,是否可以不停机、不拆卸,在金属表面之间加一种什么材料,就能自动修复磨损呢?这一想法在众多设想中胜出。于是,研发机构集中力量研发这种新型材料。

这种设想很快就变成现实。"金属磨损自修复材料"已在哈尔滨问世。这是一种由羟基硅酸镁等多种复杂成分构成的超细微粒材料,只需在载体润滑油中加入极其微量的这种材料,就能迅速抵达金属摩擦表面,使磨损部位自动修复,从而使各种机械装备终身免于大修。这是产品开发的重大突破,是机械维修保养技术上的一次革命。

智力激励法在技术革新、产品开发、企业管理、社会、经济、教育、新闻、科技、军事、生活等许多方面都有着很重要的作用。智力激励法尝试充分运用现有成员的创造力产生大量的可选择方案,以便有更好的机会发掘更多的观点来帮助解决问题。与其他方法相比,它激发更多的创意和更好的建议。智力激励法的种种非同寻常的特殊规定和方法技巧,能形成有益于激励而不会压抑创造力的气氛,使与会者能够自由思考,任意遐想,并在相互启发中引出更多、更新颖的创造性设想。

在实施智力激励法的过程中,经常会用到思维共振的方法、维持批判精神的群体决策方法、打破群体思维的方法、保证群体决策创造性的方法、提高决策质量的方法和要求参加者具有较高的联想思维等激励方法。

直接解决问题不是智力激励法的目的。而是用它启发人们的思路,是解决问题的基础,智力激励法产生的创意可能是关于待解决问题的一个粗糙的想法,或者是一种完全错误的想法,但是正是这些基础,为我们的创意提供了很好的激发条件。

智力激励法也存在一定局限性。比如有些人不善言辞但有创造力,会议无法提供必要条件,表现和控制力强的人容易影响他人;严禁批评,虽可保证自由思考,但又易使问题不易集中。因此,研究人员以智力激励法为基础,发明了默写式智力激励法(635法)、卡片式智力激励法、三菱式智力激励法及亚奥氏智力激励法等智力激励型创意思考方法。

第三节 典型方法——头脑风暴法

【案例 6-6】
如何分选生熟西红柿

在一次智力激励会上,与会者畅所欲言,提出很多区分生熟西红柿的方案,如测颜色、测硬度、测电阻、测磁性、测声反射等,还有测大小、测重量等。最后正是在人们认为不合理的测大小、测重量的基础上,进一步分析,引出测量单位体积重量的想法,利用生熟西红柿体积相同而重量不同的道理,较好地解决了分选问题。

【案例 6-7】
如何提高卖座率

美国利夫兰广告俱乐部有一个小组,利用头脑风暴法探讨了这样一个问题——改变每周歌剧的广告形式,以尽可能提高卖座率。对这个问题,人们提出 124 条设想,剧场经理利用了 29 条设想,终于使剧场满座。

【案例 6-8】
头脑风暴法在护理质量改善中的应用

某医院针对神经外科气管切开病人痰液污染周围环境严重的状况,召集病区护士商讨对策,运用头脑风暴法进行讨论。通过思维碰撞冲击,提出了气管切开暴露无遮挡、病人咳嗽反射明显、护士不掌握正确吸痰方法导致吸痰不彻底、病人和家属不配合及病房狭窄是导致痰液污染的原因,通过归纳和逐一论证,找出了气管切口暴露无遮挡是主要原因。针对主要原因,大家再次用思维冲击法,设计了灯罩式保护架和电桥式保护架,分别应用于意识状态、配合程度、咳嗽反射及痰量等不同的病人。通过临床应用,收到良好的效果,使痰液污染率从 71.43% 下降至 26.67%,有效地防止了痰液污染周围环境,并减少交叉感染的产生,得到护理领导、医生和病人家属的一致好评,护士也体会到自身存在的价值。同时,该医院还应用头脑风暴法进行了多项护理质量改善活动,均收到良好的效果。

一、头脑风暴法的含义

20 世纪 30 年代的某一天。穷困潦倒的 20 岁美国青年亚历克斯·奥斯本拿着一篇论文,来到一家广告公司应聘。公司老板看了这篇论文,发现论文中比比皆是用词不当的地方,实在看不到熟练的写作技巧。老板把论文给各部门经理传阅,没有一个部门经理愿意聘用奥斯本。

但老板最终还是决定给奥斯本3个月的试用期，因为他从论文中发现了许多创造性火花。试用期内，奥斯本每天提出一项革新建议，其中有许多建议在公司中发挥了重大作用。

1938年，奥斯本已经是纽约BBDO广告公司的副经理，BBDO广告公司是世界上最大、最著名的广告公司之一。这一年，他首次提出了一种激发创意思考的方法，即头脑风暴法。头脑风暴法奠定了创造学的基础，因此，奥斯本被人们尊称为创造学之父。

1941年，奥斯本出版《思考的方法》，此书被誉为创造学的奠基之作。1953年奥斯本出版《创造性想象》，发行了12亿册，曾一度超过《圣经》的销量。

当一群人围绕一个特定的兴趣（问题）领域产生新观点的时候，这种情境就叫作头脑风暴。

头脑风暴法出自"头脑风暴"一词。所谓头脑风暴，最初是精神病理学上的用语，是指精神病患者的一种胡思乱想的思维状态，在创造学中转化为无限制的自由联想和讨论，以产生新观念或激发创意思考为目的。头脑风暴法又称智力激励法、畅谈法、BS法、集思法等。"头脑风暴"这个词已被全世界认可为"快速大量寻求解决问题构想的集体思考方法"。

在群体决策过程中，由于群体成员之间心理的相互影响，容易屈从于权威或大多数人意见，形成"群体思维"。群体的批判精神和创造力被群体思维削弱，从而损害了决策的质量。

奥斯本在研究人的创造力时发现，正常人都有创造潜力，都有可能产生创造性的设想，而创造潜力的开发和创造性设想的提出，可以通过群体相互激励的方式来实现，因此群体原理是该创造技法的理论基础。

这种方法的特点是以一种与传统会议截然不同的方式召开专题会议，通过贯彻一些基本原则和特殊规定，给与会者创造一种主动思考、自由联想、积极创新的特殊气氛，从而有效发挥群体智慧，以获得面广、量多、质优的发明创造设想。

群体智慧不是简单地叠加个人智慧。因为在群体之间，人们的思维可以相互启发并相互激励而产生共振；人们的设想可以相互补充并相互促进，做到连环增值。一些科学实验证明，人在群体联想时，成年人的群体联想可以提高50%或更多。国外有人对38次智力激励会提出的4356个设想进行分析，结果表明其中有1400条设想是来自于别人的启发。

奥斯本认为人类在长期解决问题的过程中一直企图走捷径，遇到问题时总是本能地过早进行判断。但这种判断的依据又是什么呢？它经常是依据以前经验而形成的思维定势，所以最终的判断结果总是指向与原先行为相同的思路和方式，这样导致我们无法突破定势，无法实现解决问题的创造性。因此，在创意思考过程中，我们要控制这种批判。

头脑风暴法使用了没有拘束的规则，这样人们能够更自由地思考，从而产生很多新观点和解决问题的方法。当参加者有了新观点和想法时，他们就大声说出来，然后在他人提出的观点之上建立新观点。所有观点被记录下来，但暂时不进行评价。只有当头脑风暴会议结束的时候，才对这些观点和想法进行评估。图6-1是头脑风暴法会议与常规会议创新能力比较示意图。

实践经验表明，头脑风暴法可以排除折中方案，对所讨论问题通过客观、连续的分析找到一组切实可行的方案，因而头脑风暴法在军事决策和民用决策中得到了较广泛的应用。其应用范围很广，大到政治和社会问题的解决、尖端科技的创新，小到家庭或个人琐事、疑难的排除，物品的改良等。例如：日本松下公司应用智力激励法，1年之内获得17万条新设想，平均每个职工提出新设想 3 条。公司利用全体员工大脑的智慧，使生产经营水平不断提高。日本创造学家志村文彦将智力激励法用于企业的技术革新，使日本电气公司 1 年获得 58 项专利，降低产品成本达 210 亿日元。

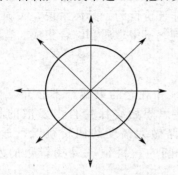 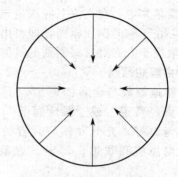

(a) 无拘无束环境下的头脑风暴会议　　　　　　　(b) 约束环境下的会议(常规会议)

图 6-1　头脑风暴法会议与常规会议创新能力比较示意图

二、头脑风暴法的激发原理

根据奥斯本本人及其他研究者的看法，头脑风暴法之所以能激发创意思考，是基于以下几点原因。

1. 联想反应

联想是产生新观念的基本过程。在集体讨论问题的过程中，人们每提出一个新的观念，都会激发他人的联想，产生一定的连锁反应，从而相继产生一连串的新观念，为最终创造性解决方案的产生提供了更多的可能性。

2. 热情感染

人都有从众心理，只是多少的问题。在不受任何拘束的、毫无顾忌的情况之下，会增强人的倾诉欲望，激发人集体讨论问题的热情。在轻松愉快的环境下，人人都可以自由发言、相互影响、相互感染，从而形成思维热潮，实现固有观念的突破，使创造性思维得到最大限度的发挥。

3. 竞争意识

心理学研究发现，争强好胜的心理每个人都有，在有竞争意识的气氛下，人的心理活动效率会得到 50% 或更多的提高。在群体讨论过程中进行发言，实际上也是对个体的展示，本质上是一种竞争的形式。这样人人都会不断地开动思维机器，争先恐后，竞相发言，力求有独到见解、新奇观念，将使创新的效率得到极大的提高。

4. 个人欲望

在不受限制、没有顾虑的情况之下，人的倾诉欲望会增强，因此，在集体讨论解决问题过程中，个人的欲望自由不受任何干扰和控制，是非常重要的。头脑风暴法有一条原则，不得对仓促的发言批评，甚至任何怀疑的表情、动作、神色都不许有。这就能使每个人都可以想说就说，提出大量的新观念。在竞争的氛围下，个体也会有表现自我的欲望，因此个体会不断地开动思维机器，努力突破固有观念束缚，力求有独到见解并加以展示，这就有利于新观念的产生。

三、头脑风暴法的基本原则

头脑风暴法背后隐含着这样两个基本原理：只专心提出构想而不加以评价；不局限思考

的空间，鼓励天马行空，想出越多主意越好。小组中每个人都有权利自由表达自己思想，即便是即兴的想法，也允许当众表达，这样就可激发个体的发散性思维，有利许多新的思想的产生。除了有程序上的要求之外，对于一次成功的头脑风暴会议，探讨方式与心态上的转变是关键。简单来说，在交流上应该是充分的、无偏见非评价性的。具体来说，头脑风暴法的精华和核心在于它的四项原则，即自由畅想、推迟评判、量中求质和综合集成。智力激励法的有效性取决于人们对这些原则的贯彻程度。

1. 自由畅想原则

尽可能地解放与会者的思想，不受任何传统思维和观念的束缚，不必介意自己的想法是否"离经叛道"或"荒唐可笑"，随意想象，使思想始终保持自由发散的状态，想法越新越奇越好；充分发挥与会者的想象力，使思路做大幅度的回转跳跃，通过发散、侧向、逆向思维和联想、幻想、想象等形式，从广阔的学科领域寻找新颖的发明创造方案。

通常，我们上下楼梯的时候，是人在动、楼梯不动。反过来，使楼梯动、人不动，就出现了电梯。1901年，一位火车的清洁工看到风吹着灰尘到处跑。反转了此过程后，他发明了吸尘器。一般的汽车公司都是从人体工学的角度出发，让工程师发明更好的零件。日本汽车公司的技术人员则一天到晚跑到大超市，看普通消费者如何使用汽车。他们注意到，很多人在购物后，拎着大包小包，开车出门时很不方便，于是发明了汽车遥控钥匙。这些发明都来自于发明者的自由遐想。

▶【案例 6-9】

不掉面包屑的烤箱

某公司在召集单位职工讨论开发面包烤箱时，请了一位老年清洁女工。她提出要是能够生产一种带捕鼠器的烤箱就好了。

大家听到将老鼠与面包放在一起的意见，顿时哄堂大笑。但是主持者并没有把这种离奇的发言置之不理，而是让这位老年女工说明道理。这位老年女工根据自己的经验，说因为烤面包时，烤箱外总是留下不少面包屑，特别容易招来老鼠。

根据这位女工的提议。公司在新设计的烤箱最下层特意装上一个抽屉，用于收集掉下来的面包屑，产品一上市立即得到了广大用户的欢迎。

好的创意无处不在，新的技术创新都来源于每个人的设想。在头脑风暴法实施中，轻松、愉悦环境的构建可以鼓励更多的人大胆地提出新设想、新思路。在头脑风暴法的启发下，目前也出现了各式各样、功能各异的面包机，如跳式烤面包机、可以留言的烤面包机、可翻转的烤面包机等。

2. 延迟评判原则

创新构思的产生有一个不断诱发、深化和完善的过程。构思在刚开始被提出的时候，似乎没有什么科学根据和实际用途，但它们却可能隐藏着极好的创意，如果过早地评判则可能使其扼杀在萌芽阶段。日本创造学家丰泽雄曾说过："过早地评判是创造力的克星"。因此，会议期间绝对不允许批评别人提出的设想，任何人在会上不能做判断性结论。发言者胆怯的自谦之语、讽刺挖苦的否定之语、夸大其词和漫无边际的吹捧之语，甚至怀疑的讥笑神态、手势等，都是智力激励会的大忌。因此，像那些"这根本不通。""这个想法已经过时了。""您的想法太妙了！""这个设想真绝了！""我水平有限，想法不一定行得通。""你这是什么年月的陈芝麻烂谷子？""道理上也许行，实际上能行得通吗?""我们根本没有那么多时间按你说的那样去做。"之类的肯定或否定的评判都应该避免。美国心理学家梅多和教育学家帕内斯在做了大量试验和调查之后认为,采用推迟评判,在集体思考问题时,可多产生 70% 的设想;在个人思考问题时,可多产生 90% 的设想。

参加成员在提出设想阶段,只需专心提出设想,而不能进行评价。畅谈期间,不允许任何人对别人的或自己的意见做出任何的评判,包括肯定性的评判,更不允许批驳。延迟评判原则排除了与会者评论性的判断,它鼓励自由想象,设想看起来越荒谬可能越有价值,而对设想的评价都要在"头脑风暴"结束后进行。

在思考的过程中,切记不要使用以下八种忌讳的语句:太新奇了、不实际、没意义(无聊)、无法成功、不符合目的、成本会增加、不合道理、想法陈旧。

3. 量中求质原则

奥斯本认为,理想结论的获得,常常是在逐渐逼近过程后期提出的设想中。后期提出的有实用价值的设想要比初期提出的多;在群体激励的过程中,最初的设想往往并非最佳。有人曾用实验证明,一批后半部分的设想,其价值要比前半部分的设想高出 7%。另据统计,一个在相同时间内比别人多提出两倍设想的人,最后产生有实用价值的设想的可能性比别人高 10 倍。因此,头脑风暴法强调与会者要在规定的时间内,加快思维的流畅性、灵活性和求异性,尽可能多地提出有一定水平的新设想。

头脑风暴会议的目标是"以数量保证质量",即获得尽可能多的设想,追求数量是它的首要任务,即"质量递进效应"。参加会议的人员不分上下级,平等相待,在规定的时间内提出设想的数量越多越好。参加会议的每个人都要抓紧时间多思考,多提设想。至于设想的质量如何,可留到会后的设想处理阶段去解决。在某种意义上设想的质量和数量密切相关,产生的设想越多,其中的创意就可能越多。

奥斯本认为:我们越是增加观念的数量,我们就越有可能获得有实用价值的观念,而且在寻求观念的初期,不易找到最理想的观念,这一点也是千真万确的。

以量求质的诀窍是接连不断地发言,指名发言方式也有效,一想到马上开口发言,1 分钟就出 1 个创意,累了就休息。由量可以产生质,笨拙的枪手射多了也会击中目标。

【案例 6-10】

头脑风暴法设计闹钟

思考一下,在我们的生活中,有哪些地方是我们感觉不方便的?

有一组同学试图解决这个难题:年轻人爱睡懒觉、起不来床,闹铃响了也经常会无意识地按下关闭接着睡,导致睡过头,怎么办?

主持人宣布题目:我们做个什么东西,能让人不得不起床?思考 5 分钟,把你的主意写在便签贴上。

第一轮头脑风暴便签展示,大家的想法五花八门:

① 听说有一种床,到点儿了可以自动地贴墙收起来,睡在上面的人就会掉下来,被迫起床。

② 带个生物刺激的闹钟,到点放电,针刺一般,把人叫醒。

③ 给值班大爷劳务费,拜托叫我起床。

似乎这一轮,有效的做法不多。

针对生物刺激闹钟,同学们还是进行了一些讨论,觉得似乎可行,但是,这一方式有安全隐患，万一电流大了，会不会有危险？

主持人重新表述问题——我们做个什么东西，能让人不得不起床？要求大家安静地再想想，开始第二轮头脑风暴。5分钟后，便签展示：

① 多买几个闹钟，隔几分钟响一个？
② 多喝水，尿憋不住了，自然就起床了。
③ 不用电流刺激，能不能用声音迫使人起床呢？
④ 早点儿睡。

越来越实际了，但是还是没有一个明确的思路。

突然，有个同学提出，能不能把第二轮的头脑风暴的前三条想法综合在一起呢？大家没明白，他继续解释：

① 只要人离开热被窝，就基本不会再睡回去了，对吧？
② 只要闹铃一直响，怎么弄都响，就睡不着了吧！能不能让闹铃分布在房间的各个地方呢？一下子关不掉的那种！

这时，另一位同学要求发言，似乎很激动的样子，主持人允许了，他跳起来接着说：

① 把一个闹钟拆成几部分，只有凑在一起了，才不响了，不用买好几个闹钟；
② 想起小时候玩的积木玩具、变形金刚，晚上把闹钟拆开来放在屋子各个角落，闹钟还在正常走着，等早上闹铃到时间响了，闹铃的开关必须是几部分凑在一起，才能起到关闭声音的作用！

至此，一个创意产生了。

4. 综合集成原则

该原则的依据是"集成也是创造"。与会者应认真听取他人的发言，并得到启发，使自己的设想更加完善，或者将自己的设想与他人的设想融合，从而确保提出更有创意的方案。奥斯本曾经指出："最有意思的集成大概就是设想的集成。"鼓励巧妙地利用并改善他人的设想。俗话说"三个臭皮匠，赛过诸葛亮"，就是这个道理。与会者相互启发，可以不费气力提出很多新的想法。比如，下面的创意都是在其他创意基础上形成的。

① 电脑显示器的屏幕保护、幻灯片播放功能，激发了"电子相框"的发明。
② 根据飞机尾翼的设计概念，设计出了跑车的尾翼。
③ 根据砸地锤的原理，发明了可以调节速度与力度的按摩器。

娃哈哈公司在德国考察饮料市场时，发现当地有款啤酒，在生产过程中可以省掉发酵环节，妇女和儿童是主要消费者，回国后立即发明了适合学生族、上班族和开车族的啤酒茶爽。

在美国的一次对空军军官的实验中，在同一次会议上，把前半部分经过努力所提出的观念与后半部分经过训练后提出的观念加以比较，后者有价值的观念比前者多78%。

上述四项原则各自都有其侧重点，相辅相成。第一条原则突出求异创新，这是智力激励法的宗旨；第二条原则要求人们思维轻松、会议气氛活跃，这是激发创造力的保证；第三条、第四条强调互动性，即相互启发，相互补充和相互完善，这是智力激励法能否成功的关键。

爱因斯坦曾经说过："很少有人镇定地表达与他们的社会环境之偏见相左的意见，大多数人甚至无法形成这种意见。"大多数人害怕出现错误，在野生自然界中，错误可能意味着死亡、受伤或被掠夺者消灭。进行不必要冒险的动物不会活得很久。在人类生活中，错误通常导致心灵的痛苦而不是身体的痛苦。对于许多人来讲，心灵的苦闷比身体的痛苦更加让人害怕。所以一些人害怕如果他们的想法失败，他们就会存在危险。犯错误是最大的阻碍，因为它能导致一个人对未来幻想的毁灭。所以，将这些人置入一个房间并叫他们提出可能不起作用的疯狂的观点，这是非常困难的。每个人的头脑里都可能有数以千计的好主意等待被说出来，这些主意可能有助于解决问题，但是听起来可能不那么好。问题就在于如何创造出一个让这些主意可以提出来的环境，并且提出者不会感觉到对犯错误的害怕。这个环境就是头脑风暴要营造的环境。在这个环境里，小组成员都积极地执行不根据成员提出的观点对其进行评判的原则，尤其是那些有可能影响或者决定提出者未来发展的人，这一点尤为重要。在这里，犯"错误"和提出并不可行的观点不仅是可接受的，而且是受到鼓励的。你的观点或许根本就是一个错误，但它可以作为对他人的一种激发，所以是被鼓励的。头脑风暴的原则是被设计用来消除或减少成员对犯错的害怕，这就是严格坚持规则的重要的原因。

四、头脑风暴法的运行流程

头脑风暴并不是简简单单地将一群人集合在一起开个会，它有自己的一定的原则和技巧。一次不成功的头脑风暴会议会使参与者因担心负面影响，而不敢自由地表达自己的观点，组织者感到参加的人没有创造力，头脑风暴将会变成一个所有与会者觉得无趣甚至惧怕的事情。所以，头脑风暴法的运用是有步骤的。头脑风暴法的具体运作程序通常可分为三个阶段：准备阶段、头脑风暴阶段和评价选择阶段。头脑风暴法试图通过一定的讨论程序与规则来确保创造性讨论具有有效性，从而，讨论程序构成了头脑风暴法能否有效实施的关键因素。从程序来说，组织头脑风暴法关键在于以下五个环节。

（一）会前准备

首先需要进行会前准备，包括确定会议的主题、会议主持人、与会人员、记录人员等，下面进行具体的分析。

1. 确定会议主题

头脑风暴法适合解决目标单一的问题。头脑风暴需要有一个定向目标，这样大家才能沿着这个目标的主线进行思维拓展升级。因此，对涉及面较广或包含因素较多的复杂问题应进行分解，分成不同讨论议题或不同会议，使与会者沿同一方向思维发散、共振和互补。否则，大家的讨论就会没有焦点，容易出现跑题的现象。确定主题后，要求会议召集者拟订一个相对应的问题实施机会陈述，也就是说明你想要达到的目标。值得注意的是，这部分陈述不能暗示出问题解决的典型方法可能是什么，因为这会妨碍新观点的产生。

2. 确定会议主持人

会议主持人需要介绍问题、提醒时间和确保大家服从头脑风暴的规则，这个人将掌控会议进程使其顺利开展，同时要确保参加者觉得身心愉悦、愿意参与到发言中来。合适的主持人对头脑风暴法的成功运作有很大作用。

主持人应该了解决策问题的背景，并比较熟悉头脑风暴法的处理程序和处理方法。头脑风暴会议主持人的言语应能激起参加者的思维"灵感"，能够促使参加者迫切地想回答会议提出的问题。一般在头脑风暴开始时，对于主持者来说，需采取询问的做法是非常必要的，这是因为主持者很少有可能在会议开始5～10分钟内实现一个自由交换意见的气氛，同时激起参加者踊跃发言。主持者的主动活动也只局限在会议开始之时，一旦参加者被鼓励起来以后，新的设想就会源源不断地涌现出来。这时，主持者只需根据头脑风暴的原则进行适当引导即可。一般来说，发言量越大、意见越多种多样、所讨论的问题越广越深，出现有价值设想的概率就越大。

一般来说,会议的主持人是问题的提出者,但这也不是绝对的。例如,问题的提出者并不熟悉头脑风暴的原则,或者主题是一个利益相关议题(比如对提出者发展方向的讨论),这时提出者做一个参与者而不是主持人可能更好。有时可以聘请一个外来的主持人,来确保保持公平、消除偏见。

3. 确定与会人员

头脑风暴法会议如果与会人数过多,就会无法保证与会者有充分发表设想的机会,这样就会使思维目标分散进而降低激励效果;如果人数过少,会造成过分狭窄的专业面,达不到为解决问题所需要的不同专业知识的互补,难以形成信息碰撞和思维共振的环境和气氛,同时也容易因缺乏足够的思考与联想时间而有冷场的现象,而影响智力激励的效果。一般来说头脑风暴法会议以 5~10 人为宜。当然,这并不是死板的要求,可以根据具体情况灵活变化。在实施过程,对与会人员有如下要求。

(1) 头脑风暴参会人数的确定

奥斯本认为,参加人数以 5~10 人为宜,包含主持人和记录员在内以 6~7 人为最佳。头脑风暴法参会人数的多少取决于主持人风格、参会成员个体的情况等因素。参会人数太多或太少,效果都不太理想。人数过多时,则会使某些人没有畅所欲言的机会;过少时,则会场面冷清,影响参与者的热情。参与者最好职位相当,对所要解决的问题都感兴趣,但是不必皆属同行。

(2) 参会人员中不宜有过多的专家

在进行"头脑风暴"的过程中,如果专家太多,就很难做到"暂缓评价"。权威在场必定会对与会者产生"威慑"作用,给与会者的心理造成压力,因此难以形成自由的发言氛围。

然而,在实际操作"头脑风暴"的时候,会议参加者往往都是从企业的各个部门汇集而来的各专业领域的专家里手。在这种场合,无论主持人还是参加者,都应注意不要从专业角度发表评论,否则会引起争议,打破暂缓评价的和谐局面,产生不良效果。

还有一点很重要,这就是专家的人选应严格限制,以便参加者把注意力集中于所涉及的问题上,具体选取原则如下。

① 如果参加者相互认识,要从同一职位(职称或级别)的人员中选取,领导人员不应参加,否则可能会对某些参加者造成某种压力。

② 如果参加者互不认识,可从不同职位(职称或级别)的人员中选取。在这种情况下,不应宣布参加人员的职称或职务。与会者不论职称或职务级别的高低,都应同等对待。

③ 参加者的专业应力求与所论及的决策问题相一致。这并不是专家组成员的必要条件,但是,专家中最好包括一些学识渊博,对所论及问题有较深理解的其他领域的专家。

(3) 小组成员最好具有不同学科背景

如果小组成员具有相同的学科背景,他们都是同一方面的专家,那么,很可能会沿着旧有专业方向的常规思路来开发思想、产生观念。这样,同学科或相近学科的成员所产生的构想范围就会有限,而不能发挥头脑风暴的优势。相反,如果小组成员背景不同,他们就有可能从不同的层面、不同的方向、不同的角度提出千差万别的观点,从而更有利于获得"头脑风暴"效应。

(4) 参与者应具备较强的联想思维能力

参与者具有较强的联想能力是头脑风暴法获得良好效果的重要保证。在进行头脑风暴时,应尽可能提供一个有助于把注意力高度集中于所讨论问题的环境。有时某个人提出的设想,可能正是其他准备发言的人已经思考过的设想。其中一些最有价值的设想,往往是在已提出设想的基础之上,经过"思维共振"的头脑风暴,迅速发展起来的集成,以及对两个或多个设想的综合集成。因此,头脑风暴法产生的结果,应当被认为是专家成员集体创造的成果,是专家组这个宏观智能结构互相感染的总体效应。

人员选择如果有条件的话,头脑风暴法的参会人员应当由专家小组构成,一般包括:方法论学者——专家会议的主持者;设想产生者——专业领域的专家;分析者——专业领域的高级专家;演绎者——具有较高逻辑思维能力的专家。

现实中最容易实现的方式是把与问题相关的部门、团体或公司的人聚集起来进行头脑风暴。当然,也可以邀请通常不与其共事的、来自其他部门、团体或公司的人以获得更宽广的视野。

4. 确定记录人员

头脑风暴会议提出的设想应由专人记录下来,以便会后对会议产生的设想进行系统化处理。这一工作可以指定专人负责,可由主持人或服务人员负责,也可以安排与会者自己将想法记录下来。随着现代信息记录手段如录音、录像等技术的发展,这一过程也可自动完成。

5. 预定时间地点

会议地点表面上看只是确定一个开会的地点,其实,如果条件允许的话,其中的还有不少的讲究。会议地点可以选择室外,例如草地、树荫等比较安静的环境,在大自然里很容易使人放松心情。但大多数情况下,由于现实条件的限制,大多在室内举行会议。如果条件允许,房间最好有适中的温度、柔和的光线,让人体感觉比较舒适。座席设计最好能够让参与者围成圆圈坐下。用一张圆形的会议桌,或者是将桌子围成圆圈是比较理想的状态。其次,一个宽广的 U 形布局也是比较好的。这些座席的排布会使每个人都感到平等。在圆圈成 U 形的中央提供一个物体供人们在思考的时候有东西可以凝视,这样就消除了在提出建议时直视他人面部的必要性。

在参会人数较多时,把人们安排成一个圆圈而又不想隔得太远以致产生距离感,这是不可能的。这时可以考虑剧场风格的座席安排,让主持人坐在前面,同时需要配备可以传递的麦克风或喇叭,以便让大家都能听清楚,如图 6-2 所示。

图 6-2 会议地点的选择

如果有条件的话,配有白板、投影机或实物展台,将会使观点表达更明晰,每个人配以记录纸和笔,再准备一些休息放松的茶点。与可能得出的问题解决方法相比,这些额外的费用是非常物有所值的。

头脑风暴会议时长取决于参加者的经验和待解决问题的性质。时间太短与会者难以畅所欲言,太长则容易使与会者产生疲劳感,影响最终的会议效果。经验表明,在会议开始10~15分钟后逐渐产生较强的创造性。美国创造学家帕内斯认为,在30~45分钟是最佳的会议时间。当然,现场会议时长一般由主持人临场掌握,不需要定得太死。如果会议确实需要较长时间，为了使参与者保持新鲜感，应该被分割成几个时间段进行，会议间隔留一段短暂的休息时间。在这段休息时间里人们可以进行思考和反思。

6. 准备文字邀请函

准备给予参与者的文字邀请函，内容包括会议的名称、议题、日期、时间、地点、背景资料等。文字形式的邀请函描述更加准确，避免与会者产生歧义。议题以提问的形式描述出来，可以列举一些设想作为参考，但要注意不要暗示出问题解决典型方法可能是什么，因为这将阻碍观点的产生。邀请函应提前几天下达给与会者，使他们在思想上有所准备，可提前酝酿解决问题的设想。

（二）热身阶段

会议主持人应该早点到达会议现场，把头脑风暴规则贴在一个大家能一目了然的地方，进行会议准备。主持人应以友好的状态欢迎每个与会者，并互相介绍一下从未见过面的人，努力使每个与会者感到放松。如果条件允许，可以使用一些柔和的音乐作为背景音以放松与会者的心情，当大多数人到达的时候，主持人把他们聚集起来，安顿在相应座位上，进行热身活动。热身活动可以是做智力游戏、看有关创造力方面的录像、回答脑筋急转弯问题、讲幽默故事、猜谜语等方式，目的是使与会者尽快进入"角色"，使他们暂时忘却个人的工作和私事，形成平等、轻松、热烈的气氛，进入"临战状态"。

（三）明确问题

大约5～10分钟的热身后，调动起来大家的热情以后，就可以进入明确问题阶段了。

首先，主持人需要向参会者说明参加头脑风暴会议必须遵守的四项基本原则。对于第一次参加头脑风暴会议的人，主持人需要着重向他们指出规则的重要性，让他们知道看似怪异无比的观点可以用作问题的解决方法，也可以激发他人的观点，应当大胆说出来，并不要评价别人的观点。同时，主持人应建议大家把手机关机或者调至静音，以避免会议的进程被干扰，思路被打断。

然后，主持人需要言简意赅地介绍问题，使参会人员能针对会议所要解决的问题有一定的、比较一致的、准确的理解，从而能有目标的进行创造性思考。主持人只是提出问题的实质，选择有利于激发大家热情和开拓大家思路的方式；还可以将问题分解成不同要素，从多角度提出问题。这个阶段尽量不要对任何问题解决方法设置障碍，要让与会者相信任何事都是可能的。

一旦主持人确定与会者对所议问题的内容正确理解后，如果时间允许的话，可以留5～10分钟让大家先独立思考一下方案。之后，会议即可转入下一个阶段。

（四）自由畅谈

这是头脑风暴法的核心步骤，也是能否成功的最关键阶段。该阶段应极力形成激励的气氛，使与会者能突破心理障碍和思维定势，让思维自由发展，提出大量有价值的创造性设想。

在这一阶段，除了必须遵守的头脑风暴四项原则外，还要遵守下述规定：

① 应力求简明扼要地表述设想，以便有更多的观点能够被提出；每次只谈一个设想，以有利于该设想引起与会者的共振，使他们受到启发。

② 主张独立思考，不准私下交谈，以免干扰别人思维；同时确保会议始终只有一个中心点，防止形成小团体开小会。

③ 强调个人或小团体的利益，应以参会人员的整体利益为重，注意和理解别人的贡献。

创造民主环境，不以权威或群体意见的方式妨碍他人提出个人的设想，激发个人追求更多的好主意。

④ 与会人员一律平等，各种设想全部记录下来。如果条件允许的话，找几个写字快的工作人员将每个想法的要点简明记录在白板上，以便于启发他人。

⑤ 见解无专利，鼓励巧妙地利用和改善他人的设想。这是激励的关键所在，每个与会者都可以从他人的设想中激励自己，从中得到启示；或补充他人的设想；或将他人的若干设想综合起来提出新的设想等。

⑥ 提倡自由奔放、随意思考、任意想象、尽量发挥，设想越新、越怪越好，因为它能启发人推导出好的观念。

这一阶段需要主持人良好掌控进度。如果大家发言不积极，可以采用轮流发言的方式，每轮每人简明扼要地说清楚一个创意设想，避免形成辩论和发言不均。主持人要以激励的词句语气和微笑点头的行为语言，鼓励与会者多提出设想。对于违反基本原则的行为，例如当有人说"这点别人已说过了。""我不赞赏那种观点。"或者是"太棒了！""好主意！"时，要及时加以转移化解，并重申会议的基本原则。当有人提出新观点，尤其是非常怪异的观点时，主持人要加以鼓励，感谢他们说出自己的观点。主持人说话的时候要多使用"我们"，尽量不要过多直呼人们的名字，在潜意识中增加大家的团体观念，让与会者感受到这是一个团体在努力。

在头脑风暴会议中大家的创造力可能会逐渐减弱，出现沉默冷场，这是很正常的，人们需要时间来思考。这个时候，主持人应该找出一个问题来引导大家回答，借以激发创造力。比如说：我们能综合这些设想吗？或是说：换一个角度看怎么样？最好在开会前就准备好一些诸如此类的引导问题以避免临场尴尬。会议主持人可以根据课题和实际情况需要，引导大家一步步地进行头脑风暴。例如课题是某产品的进一步开发，可以从产品改进配方思考作为第一次头脑风暴、从降低成本思考作为第二次头脑风暴、从扩大销售思考作为第三次头脑风暴等。

会议进行一段时间后，与会人员的观点将会显得枯竭，这时需要中场休息。休息的时间并不固定，取决于分配给会议的时间和已产生的观点数量。休息的方法尽量让大家自由选择，散步、唱歌、喝水、游戏等均可采用。休息结束时，尽可能请与会者坐在不同的座位，让他们跟新的邻居问好，以一种新的心境与状态继续进行讨论。开始前，主持人应再次简短重申一遍议题，提醒人们注意头脑风暴的基本规则，然后会议继续。

一般情况下，头脑风暴会议持续1小时左右，形成的设想应该不少于30种，但最好的设想往往是会议要结束时才提出的。因此，预定结束的时间如果到了，可以根据情况再延长5分钟，这是人们容易提出好设想的时候。在几分钟时间里再没有新主意、新观点出现时，头脑风暴会议便可宣布结束。

这时，主持人应当感谢大家的参与，告诉大家这是一个令人愉快的会议过程。工作人员会将所有的想法整理成一个清单，如果是与会者自己记录想法，请他们务必先将想法写完整再离开。主持人要留下自己的联系方式，强调如果与会者在会后有任何新的想法，请务必在第一时间告知。如果条件允许，可以在会议结束后留给与会者一小段时间放松和互相交流，这样非常有助于新想法的产生。当所有人离开后，主持人应当将整个会议流程回想一遍，有时会发现一些当时没有记录却非常有价值的信息。

除了在会议结束时提醒与会者主动将新想法告知以外，在畅谈结束的第二天或第三天，主持人应该用电话或面谈的方式，和与会者进行第二次交流，收集与会者在会后产生的新设想，这是不可忽视的一步。心理学研究发现，当人们对某个问题进行长时间深入思考后，即使在做其他事情时，他的大脑也有可能在继续为这个问题寻找答案。弗洛伊德等人将其归功于人类的潜意识。这些在会后休息时不经意间产生的想法,很可能非常有用,犹如神来之笔。奥斯本就曾研究发现:人们在第一天的畅谈会上提出了百余条设想,第二天又增补了 20 多条设想,其中有 4 条设想比第一天提出的所有设想都更有实用价值。

(五) 会后整理

通过头脑风暴会议和会后的回访,会得到一大堆想法,好比找到了一座金矿,接下来要做的就是在这座金矿中选出真正的金子。具体来说,就是要对设想进行评价和发展。这是相互联系的两个方面,评价是为了寻找出其中有用的想法,发展是将各种想法的合理之处综合利用,形成最终的方案。

首先,就是要将在会上和会后收集到的想法进行整理,形成一个设想清单。在信息时代,最简单的方法就是使用一个表格软件,如 Excel 等将它们列出来,便于后续进行编辑及发送给评判者进行评判。

其次,就是要确定一个设想的评价标准。用什么样的指标去评价设想是好的?是成本最低?工艺最简单?还是投入最少?具体拟定哪些指标,一般要根据问题本身的性质和问题提出者的要求来决定。

最后,就是要确定要由谁来评价和发展这些想法。参与评价和发展设想的人员可以是设想的提出者,也可以是对问题本身负有责任的人。例如在日本,多是召开第二次会议,由设想提出者自己来进行群体评议,以省去对设想作出重复说明的麻烦。而在美国,这一工作一般交由专家或问题提出者来处理。如果条件允许的话,由不参加头脑风暴会议的"外部"人士参与评价是最好的,因为这样可以跳出既有的思维定势,往往会有新的视点与角度来思考问题。从表决角度考虑,一般情况下评价委员会人数应该为奇数,经验证明 5~7 人为最佳人数。

一般来说,经过评价,想法会被分成三类:

优良的:一定会奏效,并且可以立刻被实施;

有趣的:可能会奏效,或需要进一步的分析来决定是否会奏效,需要更多调查与研究;

无用的:确定不会奏效。

对于优良的想法,问题提出者必须逐一进行分析、比较、发展、完善,做到优中选优。可以以一个方案为主,吸收采纳其他方案的长处形成新的设想;或以两个或多方案进行集成,优势互补,组合成新的方案。同时,问题提出者也应该对有趣的想保留一定的关注度。如果条件允许的话,对它们进行进一步的调查研究,很可能一条截然不同的全新解决方案就隐藏在其中。

讲到这里,头脑风暴的全部流程就已经结束了。当然,程序并非一成不变的,可根据问题性质和实际情况灵活加以变化和运用。

▶【案例 6-11】
开发一种野战输液器

实施步骤:①确定主持人;②确定参加者;③确定场所及时间。

会议过程:主持人宣布议题——开发一种野战输液器。

要求:①不怕碰撞;②没有高度差;③性能可靠。

主持人要求参加者先思考 3 分钟,再发言。发言的主要内容包括:①用软质输液器,置于患者身下，以体重作为输液的动力；②用微型泵输液；③将软包装液体袋放入一个气囊，利用气压作动力；④将软包装液体放入一个盒子里，通过一套可控速度的齿轮系统推动活塞，作为动力。

最后，经过整理和进一步的研究，确定2种战地输液器的设计方案：①气压式野战输液器。用普通气枪向贮气罐内充气到规定压力，再通过控制阀进气挤压软质输液袋，进行输液。②齿轮式野战输液器。动力由钟表式的弹簧齿轮机构提供。

【案例6-12】
破核桃机的产生

德国一家公司要设计一台破核桃机，要求破出的核桃仁是较完整的两半，为此召开头脑风暴法会议进行讨论。

主持人："如何从核桃中获得较完整的两半核桃仁？要求又多、又快、又好。"

甲："平常在家常用牙嗑、用手掰、用门掩、用榔头砸、用钳子夹。"

乙："应该把核桃按大小分类，各类桃核分别放到压力机上砸。"

丙："可以把核桃蘸上某些物质、粉末，使它们变成一样大的圆球。放在压力机上砸，可以不分类（发展了一种设想）。"

主持人："大家再想一想，用什么样的力才能把核桃砸开，用什么办法才能得这些力？"

甲："需要加一个集中挤压力，用某些东西去冲击核桃，或者用核桃去冲击某些东西。就能产生这种力。"

乙："可以用气动机枪射击核桃，比如说可用装泡沫塑料弹的儿童气枪射击。"

丙："当核桃落地时，可以利用重力。"

丁："核桃壳很硬。应该先用溶剂加工，使它们软化、溶解，或者使它变得较脆。要使核桃变脆，可以冷冻。"

戊："可以把核桃放在液体容器里，借电、水力冲击使它们破开。"

主持人："如果我们用逆向思维来解决问题又会怎么样？"

甲："要是核桃中有个小东西随着核桃长大，当核桃成熟时把其撑开，则最理想了。"

乙："不应该从外面，应该从里面把核桃破开，把核桃钻个小孔，往里面加压打气。"

丙："可以把核桃放在空气室里，往空气室里加高压打气，然后使空气室里压力锐减。因为核桃的内部压力不能立即降低，这时内部压力使核桃破裂，或者使空气室里的压力剧增剧减。交替进行。核桃壳处于变动、负荷状态，使之破裂。"

在这次头脑风暴会议的进行中，只用10分钟就得到40多个设想，其中一个方案（使空气室压力超过大气压并随之降到大气压力以下，核桃壳破裂核桃仁保持完好）获发明专利。另一方案是将核桃用夹子固定。再用空心钻头从顶部钻孔，通入高压空气破开核桃壳，得到较完整的核桃仁，整个工艺过程可在传送带进行，实现了破核桃自动化。

在这个简短的头脑风暴会议中，包括主持人在内，共有6人参加。主持人首先对议题进行了简洁明了的说明，在畅谈中，能够适当地引导和鼓励与会者提出设想。通过归纳整理参与者提出的各种思路和设想，两种新的破核桃方案成功问世。

五、头脑风暴法的使用技巧

经过多年的研究和实践，人们总结了大量简便有效的经验，下面简单介绍一些小技巧，以便在实际操作中产生更好的实施效果。

① 讨论问题的确定非常重要，问题设置不当，头脑风暴会议便难以获得成功。

在讨论内容的问题设置方面，应做到以下几点：
- 在设置问题时必须注意头脑风暴法的适用范围；
- 讨论的问题要具体、明确，不要过大；
- 讨论问题也不宜过小或限制性太强，例如不要出现讨论"A 与 B 方案哪个更好"之类的问题；
- 不要将两个或两个以上的议题同时拿出讨论。

主持人要对那些首次参加头脑风暴会议的人给予关注，让新参加者熟悉该类会议的特点，并能遵守基本规则。

② "停停走走"是头脑风暴法一个常用的技巧，即 3 分钟提出设想，然后 5 分钟进行考虑，接着用 3 分钟的时间提出设想……这样 3 分钟与 5 分钟过程反复交替，形成有行有停的节奏。

③ "一个接一个"是头脑风暴法又一个常用的技巧，与会者根据座位的顺序一个接一个提出观点，如果轮到的人没有新构想就跳到下一个人。如此循环，直至会议结束。

④ 参加会议的成员应当定期更换，应在不同部门、不同领域挑选不同的人参加，这样才能防止群体形成固定的思维方式。

⑤ 参加会议成员的构成应当考虑男女搭配比例，适当的比例会极大地提高产生构想的数目。

六、头脑风暴法的类型

1. 会议模式

这是适用范围最为广泛的头脑风暴法类型。通过小型会议的组织形式，让所有参与者在自由愉快、畅所欲言的气氛中，自由交换想法或点子，并以此激发与会者创意及灵感，使各种设想在相互碰撞中激起脑海的创造性"风暴"。随着现代技术的发展，视频会议、网络会议等新通信手段已经将会议时间地点的苛求性大大降低，使其应用起来更为便捷，具体表现形式也更多种多样，适用范围更广。

2. 默写式头脑风暴法（653 法）

奥氏智力激励法传入德国后，根据德意志民族爱沉思的性格，德国人鲁尔巴赫提出"默写式"头脑风暴法。其基本原理与奥氏智力激励法相同，不同的是通过填写卡片的方法来实现，而不是"畅谈"出来的。该法规定每次会议由 6 人参加，每个人在 5 分钟内提出 3 个设想，所以又称为"653 法"。

在举行"653 法"会议时，由会议主持人宣布议题，即宣布发明创造目标，并对到会者提出的疑问进行解释。之后，每人发几张设想卡片，对每张设想卡片进行 1、2、3 编号，在两个设想之间留有一定的间隙，可让其他人填写新的设想，填写时字迹必须清楚。在第一个 5 分钟内每人针对议题在卡片上填写 3 个设想，然后将设想卡片传给右侧的人；在第二个 5 分钟内每个人从别人的 3 个设想中得到新的启发，再在卡片上填写 3 个新的设想，此后再将卡片传给右侧的人；连续在半小时内可以传递 6 次，一共能产生 108 个设想。将收集上来的卡片，尤其是将最后一轮填写的设想进行分类、整理，根据一定的评判原则和程序，筛选出有价值的设想。

默写式智力激励法可以避免由于少数人争着发言使部分参会者失去发言机会而造成设想遗漏的情况，并且还可以避免因为某些参会者不善于言辞或不习惯当众畅谈而无法表达清楚自己的设想从而影响激励效果的情况。

采用635法的过程中应注意以下几点：
① 不能说话，思维活动可自由奔放；
② 为产生更高密度的设想，由6个人同时进行作业；
③ 可以参考或改进他人写在传送到自己面前的卡片上的设想。

默写式头脑风暴法与传统头脑风暴法的区别在于，所有思考者都不能说话，这避免了传统头脑风暴法中的个人受到其他思考者意见的影响，能弥补与会者因地位、性格的差别而造成的压抑；其缺点是因只是自己看和自己想，激励不够充分。

3. 卡片式头脑风暴法

卡片式智力激励法又称为卡片法，可以分为CBS法和NBS法。

（1）CBS法

CBS法是由日本创造开发研究所所长高桥诚根据奥氏智力激励法改良而创立。其特点是对每个人提出的设想可以进行质询和评价。

具体做法是：会前宣布课题，每次会议由4～8人参加，每人持50张名片大小的卡片，桌上另放200张卡片备用。会议举行1小时左右。最初10分钟为"独奏"阶段，每人填写自己的设想，每张卡片上写一个设想。接下来的30分钟，由到会者按座位次序轮流宣读自己的设想，每次只能介绍一张卡片，宣读时将卡片放在桌子中间，让到会者都能看清楚。在宣读后，其他人可以提出质询，也可以将受激励后启发出来的设想填入未用的卡片中。最后的20分钟，让到会者相互交流和探讨各自提出的设想并进行完善。

（2）NBS法

日本广播公司在上述CBS法基础之上，提出了NBS法。为了充分发挥智力激励的作用，该方法把口头和书面两种激励法结合起来而提出的一种技法。具体做法是：会前必须明确主题，每次会议由4～8人参加，每人必须提出5个以上的设想，每个设想填写在一张卡片上。会议开始后，各人出示自己的卡片，并依次做出说明。在别人宣读设想时，如果自己发生"思维共振"而产生了新设想，应立即填写在备用卡片上。待会议发言完毕后，将所有卡片集中起来，按内容进行分类后排列在桌上。在每类卡片上加一个标题，然后再进行讨论，从中挑选出可供实施的设想。每次会议持续2～3小时。

4. 三菱式头脑风暴法（MBS法）

日本三菱树脂公司认为采用奥斯本头脑风暴法，虽然可以产生大量的设想，但由于该方法严格禁止批评，这样就难于对设想进行及时的评价和集中，于是日本三菱树脂公司创造出一种新的头脑风暴法，即三菱式头脑风暴法，又称MBS法。

它的具体做法是：

第一步，提出问题；

第二步，由参加会议的人各自在纸上填写设想，时间为10分钟；

第三步，各人轮流宣读自己的设想，每人宣读1～5个设想，由会议主持者记录下每个人宣读的设想；

第四步，将设想写成正式提案，并进行详细说明；

第五步，相互咨询，进一步修改提案；

第六步，由会议主持人将各人提出的方案画出结构图贴在黑板上，让到会者评判，并把修改的意见写到相应的位置上；

第七步，组织专门人员对所有提案进行筛选，以获得最佳方案。

例如，某公司急需研制一种净化池，公司领导召集十余名技术人员，采用三菱式头脑风暴法，花了半天时间就提出 70 种方案。他们从中选出了 10 种较优方案，画出结构图贴在黑板上，再将各人对新方案提出的改进设想写在纸条上，贴在相应的位置。通过公司技术人员的评审，得出最佳方案。

5. 卡片整理法

人们解决创造创新问题的过程是一个信息收集和整理的过程。1954 年，日本文化人类学家川喜田二郎整理他在喜马拉雅山探险中获得的资料时，尝试着使用一种称"纸片法"的技法。其特点是将所得到的与议题有关的杂乱无章信息或设想记入卡片中，通过排列、组合这些卡片，以寻找逻辑关系，最后形成比较系统的解决问题方案。这种方法在启发创造性思维方面有神奇功效，于 1965 年被正式提出。

此法的出现在创造学界引起了轰动，并逐步在多个领域传播开来。为了纪念川喜田二郎先生，人们以他姓名的首字母重新命名了该方法，称为 KJ 法。KJ 法的操作分为以下 6 个步骤：

第一步，准备工作。确定主持人，拟定参加会议的人选（一般为 4～8 人），并准备好卡片和黑板。

第二步，获取设想。按智力激励法进行，获取 30～50 条信息或设想（卡片）。

第三步，制作卡片。将这些设想（卡片）分别用两行左右的短语写在黑板上，并让与会者抄录一套，制成"基础卡片"。

第四步，卡片分类。

① 每人按自己的思路将卡片进行分组，把在某点上内容相同的卡片归在一起制成"小组卡"。不能归类的，每卡自成一组。并针对内容在小组卡片上写出标题。

② 将所有的小组卡放在一起，共同讨论，将内容相近的小组卡归在一起，制成"中组卡"。不能归类的，每卡自成一组。在每组卡片上给出适当的标题。

③ 把所有中组卡放在一起，经共同讨论，将内容相近的中组卡归在一起，制成"大组卡"。不能归类的，每卡自成一组。在每组卡片上给出适当的标题。

第五步，图解。将所有的大组卡贴到黑板上，并用箭头表示不同组卡之间的相互隶属关系，形成综合方案图解。

第六步，形成新设想。将上一步完成的图解，用文字形式表述成比较完整的新设想方案。

6. 函询智力激励法

函询智力激励法借助信息反馈，通过反复征求专家意见和见解来获得新的设想。

具体做法为：选择若干名相关专家作为函询调查对象，以调查形式将问题寄给专家，规定期限请求回复。待收到全部回复后，将所得建议或见解加以概括后整理成综合表，将综合表连同函询表再次寄给各位专家，使其在别人设想的激励下提出新的设想或修改原有设想。通过数轮函询，最终得到有价值的新设想。

它的具体实施步骤如下：

第一步，选聘专家。选聘专家应遵循以下原则：专家的专业类型要精博结合，特别要重视交叉学科专家的独特作用；所选专家应对函询调查主题有浓厚兴趣，愿意承担任务；视所解决问题的性质、规模和要求而定专家人数，不能太多也不能太少。

第二步，函询调查表的编制。函询调查表是组织者和专家之间、专家和专家之间的主要信息载体和沟通渠道，其显露水平对激励结果影响很大。因此，对函询调查表上所列问题应尽可能分门别类、简明扼要，便于专家理解和填写。力求避免先入为主、诱导专家按设计者的意志回答问题。

第三步，函询调查的组织和设想的加工整理。函询调查表不应拘泥于某种固定的形式和内容。第一轮，将设计好的调查表寄给专家，要求专家在规定的时间内把填写好的调查表寄回。组织者收到专家们自由思考和独立判断所获得的设想后，应对设想进行统计分类、归纳概括，将整理好的信息反馈给各位专家。此时，可根据专家的设想，优化原始调查表结构和内容，以便在其他专家设想的激励下，提出新的设想或修正自己原来的设想。如此循环多次，以得到较为完善的方案。

7. 反头脑风暴法

反头脑风暴法也称逆向头脑风暴法、质疑头脑风暴法。是通过将焦点集中在反对意见上从而获得新创意的小组座谈会形式。与奥斯本提出的头脑风暴法相反，反头脑风暴法要求与会者对他人提出的设想百般挑剔，设想提出者也要据理力争，在争论中逐步使设想成熟和完善。反头脑风暴法是对奥斯本"延迟评判原则"的彻底颠覆。

反头脑风暴法是由热点公司发明的。这是一种小组评价的方法，其主要用途是借以发现某种观念的缺陷，并预期如果实施这种观念会出现什么不良后果。

反头脑风暴法和头脑风暴法类似，唯一不同的是在逆向头脑风暴法中允许提出批评。头脑风暴法是来刺激创造新观念、新思想，而反头脑风暴法则是以批评的眼光揭示某种观念的潜在问题。事实上这种方法的基本点就是通过提问以发现创意缺点。

在反头脑风暴实施的过程中，必先确认某一创意存在的各种问题，然后再就如何解决这些问题展开讨论。例如，"这个创意失败的可能途径有几种？"因为谈论的焦点在于反对意见，主持人应注意保持参与者的士气。逆向头脑风暴可以在其他创意方法之前使用，它能有效地激发创意思考。

反头脑风暴法的基本操作步骤，就是让小组成员对某种创意或观念进行批判，直到所有的观念都经过彻底批判为止，然后遵循经典头脑风暴法的程序，头脑风暴小组对这些观念重新考察，以便为某种观念的缺陷寻求解决办法，并且挑选缺点最少、最有可能解决问题的观念，加以实施。反头脑风暴法具体可分为以下三阶段。

(1) 提出质疑阶段

要求参加者对提出的每一个设想都提出质疑，并进行全面评论，评论的重点是研究有碍设想实现的所有限制性因素。

在质疑过程中可能产生一些可行的新设想。这些新设想，包括对已提出的设想无法实现的原因论证、存在的限制因素，以及排除限制因素的建议。

其结构通常是：××设想是不可行的，因为……如要使其可行，必须……。

(2) 提出设想阶段

该阶段要求对每一组或每一个设想，编制一个评论意见的一览表，以及可行设想的一览表，反头脑风暴法应遵守的原则与直接头脑风暴法一样，只是禁止对已有的设想提出肯定意见，而鼓励提出批评和新的可行设想。

在进行反头脑风暴法时，主持者应首先简明介绍所讨论问题的内容，扼要介绍各种系统化的设想和方案，以便把参加者的注意力集中于对所讨论问题进行全面评价上。质疑过程一直进行到没有问题为止。质疑中抽出的所有评价意见和可行设想，应专门记录或录音。

(3) 设想评估阶段

第三个阶段，是对质疑过程中抽出的评价意见进行估价，以便形成一个对所讨论问题实际可行的最终设想一览表。

对于评价意见的估价，与对所讨论设想质疑一样重要。因为在质疑阶段，重点是研究有碍设想实施的所有限制因素,而这些限制因素即使在设想产生阶段也是放在重要地位予以考虑的。

【案例 6-13】

洗衣机的改进

过去的双缸洗衣机洗衣服时要人来手动控制,这样就牵扯了人的精力与时间,于是人们发明了全自动的电脑程序控制洗衣机来解决这个问题。

接着,在全自动洗衣机使用中又发现了衣服缠绕现象,致使衣服洗不干净,于是设计者将洗衣桶设计成大孔径,来减少衣服缠绕的程度。接着又进一步设计出了立体水流,洗衣桶内增设三个小凸轮来改变水流方向,或者将洗衣机的动力波轮改成大口径高波轮,甚至将波轮设计成与洗衣筒不在同一轴心线上的偏心波轮,这样就使得产生的水流形成万千姿态,而绝不可能产生同一轴心的漩涡,从而大大降低了衣服的缠绕率。

提高衣服洗净度的另一方法是将洗衣机设计成转筒式,即我们俗称的"手搓式"洗衣机。原先洗衣机在洗衣服时,是波轮在旋转而洗衣筒不转,只有当脱水时,洗衣筒才高速旋转而此时波轮却不转。而"手搓式"洗衣机在洗涤时则是波轮与洗衣筒同时朝相反的方向旋转,当波轮正转时则洗衣筒反转,运行几秒钟后停下来,接着洗衣筒开始正转而波轮则反转,如此往复。设计者在洗衣筒的筒壁上压制上一条条竖线的沟槽(如图 6-3 所示),这样波轮与洗衣筒在相对运动时,就达到了与我们人手在搓衣板上沿着横向沟槽的垂直来回搓洗衣服同样的效果,衣服的洗净率当然大大提高。

图 6-3 洗衣机滚筒内壁

接着人们开始瞄准洗衣机的其他缺点,比如耗水、洗涤剂对衣服与环境的污染等问题,日本的科学家试验成功了一种超声波洗衣机可以大大节省用水,由于其工作原理是超声波发生器将超声波发射出去,运用超声波将衣服纤维中的污物震落分离,来达到洗净衣服的目的,从而就不用使用任何洗涤剂与洗衣粉了,并且大大减少洗衣用水。

在这个课堂上,我们需要几个项目作为本学期同学们实战练习的目标,这就是第一次头脑风暴的内容

所有创新需求都来自同学们。课堂上所有创新和改进需求,都来自同学们平时的观察和体会。哪些项目可以在学期课堂上进行立项,是第一次头脑风暴的内容。

拓展阅读 1

楚襄王的故事

楚襄王做太子时，在齐国做人质。他父亲怀王死了，太子便向齐王提出要回楚国去，齐王不许，说："你要给我割让东地 500 里，我才放你回去；否则，不放你回去。"太子说："我有个师傅，让我找他问一问。"太子的师傅慎子说："您答应给齐国割让东地 500 里吧。土地是为了安身的，因为爱地，而不为父亲送葬，这是不道义的。所以，我说献地对你有利。"太子便答复齐王，说："我敬献出东地 500 里。"齐王这才放太子回国。

太子回到楚国，即位为王。齐国派了使车 50 辆，来楚国索取东地 500 里。楚王告诉慎子，说："齐国派使臣来索取东地，该怎么办呢？"慎子说："大王明天召见群臣，让大家来想办法吧。"

于是，上柱国子良来拜见楚王，楚王说："我能够回到楚国来办父亲的丧事，又能和群臣再次见面，使国家恢复正常，是因为我答应了给齐国割让东地 500 里。现在齐国派使臣办理交接手续，这可怎么办呢？"子良说："大王不能不给，您说话一字千金，既然亲口答应了万乘的强齐，却又不肯割地，这就失去了信用，将来您很难和诸侯各国谈判结盟。应该先答应给齐国割让东地，然后再出兵攻打齐国。割地，是守信用；攻齐，是不示弱，所以我觉得应该割地。"

子良出朝后，昭常拜见楚王。楚王说："齐国派了使臣来，要求割让东地 500 里，该如何办呢？"昭常说："不能给所谓万乘大国，是因为土地的广博才成为万乘大国的。如果要割让东地 500 里，这是割让了东国的一半啊！这样楚国虽有万乘之名，却无万乘之实了。所以我说不能给，我愿坚守东地。"

昭常出朝后，景鲤拜见楚王。楚王说："齐国派了使臣来，要求割让东地 500 里，该怎么办呢？"景鲤说："不能给。不过，楚国不能单独守住东地，大王说话一字千金，既然亲口答应了强齐，而又不给割地，这就在诸侯面前违背了大义。楚国既然不能单独守住东地，我愿去求救于秦国。"

景鲤出朝后，太子的师傅慎子进去。楚王把三个大夫出的主意都告诉了慎子，说："子良说'不能不给，给了以后再出兵去进攻齐国。'昭常说'不能给，我愿去守卫东地。'景鲤说：'不能给，既然楚国不能单独守住东地，我愿意去求救于秦国。'我不知道他们三个人出的主意，到底采用谁的好？"慎子回答说："大王都采用。"楚王怒容满面地说："这是什么意思？"

慎子说："请让我说出我的道理，大王将会知道确实如此。大王您先派遣上柱国子良带上兵车 50 辆，到齐国去进献东地 500 里；在派遣子良的第二天，又任命昭常为大司马，要他去守卫东地；在派遣昭常的第二天，又派景鲤带领战车 50 辆，往西去秦国求救。"楚王说："好。"于是派子良到齐国去献地，在派子良的第二天，又立昭常为大司马，要他去守卫东地；还派遣景鲤去秦国求救。

子良到了齐国，齐国派武装来接受东地。昭常回答齐国使臣说："我是主管东地的大司马，要与东地共存亡，我已动员了从小孩到 60 岁的老人全部入伍，共 30 多万人，虽然我们的铠甲破旧，武器鲁钝，但愿意奉陪到底。"齐王对子良说："您来献地，昭常却守卫东地，这是怎么回事呢？"子良说："我是受了敝国大王之命来进献东地的。昭常守卫东地，这是他假传王命，大王可以去进攻他。"齐王于是大举进攻东地，讨伐昭常。当大军还未到达东地边界时，秦国已经派了 50 万大军进逼齐国的西境，说："你们扣押了楚太子，不让回国，这是不讲仁道；又想抢夺楚国东地500里，这是不讲正义。你们如果收兵则罢；不然，我们等着决战一场。"

齐王听了害怕，就请求子良去告诉楚国，两国讲和。又派人出使秦国，声明不进攻楚国，从而解除了齐国的战祸。楚国不用一兵一卒，竟确保了东地的安全。

楚襄王在齐国做人质，脱离虎口是第一位的，其他的事情等自身安全、有所凭依时再考虑不迟。所以慎子让楚襄王答应割地的决策是正确的。我们在日常生活中也会碰到这样的难题，这时只能"两害相权取其轻"，先解决第一位的事，其他的事只能徐缓图之。

楚王师傅慎子集思广益、归纳总结、博采众长的决策功夫值得当今各类各级领导学习，这次慎子的特点在于他几乎采纳了所有人的观点，只不过整体上将各观点进行了排列组合。在处理一些大事、难事时，决策者一定要集合众人的思路和点子，采用"头脑风暴法"，让每个人献计献策、畅所欲言。中国有言"三个臭皮匠，顶个诸葛亮"，就说明众人的智慧产生的合力还是巨大的。每个人有不同的立场、角度和思路，将众人的观点集合起来，进行选择和整合，就可以有解决问题的良策出来。

拓展阅读 2

某医院头脑风暴法案例

（1）成立质量改进领导小组及相应的基础护理、专科护理、护理文书、技术操作、病房管理及感染管理、病人服务满意度等护理质控督导组。

（2）确定议题。根据"护理部、科护士长、护士长"三级护理管理体系的组织结构特点，找出护理部业务、行政查房及护士长夜查房、周末查房反馈的共性问题、热点问题等作为会议商讨议题，就现存的和潜在的护理风险因素，查找相关因素，对问题形成的原因进行分析及对策探讨。

（3）护理部每月初将上月质量监控中反馈存在的问题，列举出来，再次组织抽查，对反复存在的问题，护理部到病区现场调研，听取意见和建议，从不同角度、不同层次、不同方面分析护理差错缺陷出现的原因、应对方法及整改措施，临床护理及管理过程中的护理差错隐患，讨论改进措施与科室护士共同寻找解决办法，直到该问题解决。同时采取现场数码相机随机拍照，将不规范的现象曝光，图文并茂进行对比，将各病区数据指标量化排序，并制作成幻灯片，坚持每月1次全院护理质量通报反馈。

（4）分级讨论研究。存在问题的科室利用晨会时间，由护士长将问题反馈到每一个护士，让每位护士充分发表自己的见解，找出发生问题的原因及解决问题的方法，由护士长记录备案，时间控制在30分钟内。护士长将备案的会议记录反馈到科护士长处，由科护士长召开片区会议，从各科护士长反馈的原因及解决问题的方法中再次筛选出共性问题，同时找出分析合理、可行性强的解决办法应用头脑风暴方法，进行讨论研究。科护士长将各片区讨论研究的结果，在每周进行的护理部碰头会上进行反馈，由护理部根据医院相关规章制度，立足于各项护理工作的原则性，讨论研究各种方法的可操作性及有效性，最终将结果反馈到科护士长处或通过全院护士长例会进行反馈，同时给出相关建议及意见，由各科室根据护理部建议及意见结合自身实际情况，进行全面整改。

（5）评价方法。依据《卫生部医院管理评价指南》及相关要求，自制8个护理质量量化评分标准进行考核，根据各质量监控点分值有5分、10分、15分不等，总分100分，采取护士长夜查房、节假日周末查房、护理部行政查房、科护士长抽查进行评分，取各项平均值得出病区当月护理质量总分，并在次月全院护理质量通报反馈会上，将数据制作成直观的柱状图、饼图进行反馈，以此评价实施头脑风暴法后的实际效果。

拓展阅读3

辽宁石油化工大学在2017年全国大学生创新创业年会上喜获佳绩

11月17~19日，以"砥砺十年，星火燎原"为主题的"国创计划十周年"庆典暨第十届全国大学生创新创业年会在大连海事大学隆重举行。全国大学生创新创业年会是全国影响力最广、覆盖面最大的创新创业交流展示大会。2008年至今，30余万拥有创新创业梦想的大学生犹如满怀斗志的雄鹰从祖国四面八方飞来，在这个平台上展露自己的锋芒。

本届年会中，辽宁石油化工大学机械工程学院金属材料工程专业刘凡同学撰写的《水热煅烧法合成 $Gd_2O_2SO_4$：Yb^{3+}，Er^{3+} 纳米粒子及其上转换发光》学术论文成功入选年会，在连景宝老师的悉心指导下，经过激烈的角逐，刘凡同学继辽宁省创新创业年会上获"十大优秀论文"后再次荣获全国创新创业年会"优秀论文奖"，实现了辽宁石油化工大学在国创年会上零的突破，同时也是辽宁省在本届国创年会上唯一获奖的学术论文。

此外，由连景宝老师作为指导老师，刘凡、许广西等同学组成了科研团队，进行光功能材料的研究，在实验过程中，当遇到一些困难的时候，大家通过头脑风暴法，一起探讨，科学求证，攻克一个又一个难题，从而使科研顺利进行。因此，在两年的时间里，该团队发表9篇科研论文，其中SCI论文5篇。作为一名大四的学生，刘凡同学现已接到多个国外优秀大学的硕、博士录取通知书。

思考题

1. 头脑风暴法有哪些基本原则？
2. 头脑风暴法的主要实施步骤有哪些？
3. 头脑风暴法训练：以6~7个人为单位，推选主持人和记录员，根据下列议题，分别组织头脑风暴会。将会上产生的所有设想都记录下来，留待以后处理（每次20~30分钟）。
① 设计一种新型的随身听；
② 设计一种新型的眼镜；
③ 设计一种中国大学校园内使用的理想化交通工具；
④ 设计一种理想的健身器材；
⑤ 设计现代化城市的理想交通模式。

第七章 设问法

★ 【教学目标】

发明、创造、创新的关键是能够发现问题,提出问题。设问法就是对任何事物都多问几个为什么。

1. 知识目标:掌握设问法的集中思维方式及设问法的内容,学会用设问法的创新思维及方法解决现实问题。

2. 能力目标:提高学生的关于设问法的创新思维能力及创新技法对的应用能力。通过实际活动提高学生的创新能力、动手能力、多向思维能力、分析解决问题的能力、团队合作能力。

3. 素质目标:通过项目活动训练,培养学生的创新理念、积极主动的创新意识,使其具备创新能力,提升学生的专业素养。

打开一切科学的钥匙都毫无异议的是问号。我们大部分的伟大发现都应归功于"如何",而生活的智慧大概就在于逢事都问个"为什么"?

——巴尔扎克

第一节　设问法概述

一、含义

大多数人看到美丽的花时会发出"多美的花"这样的感叹,只有少数人会继续发问,"花为什么会长在这里?""这是什么花?"并积极地寻求答案。

爱因斯坦曾经说过:"提出一个问题往往比解决一个问题更重要……而提出新的问题,新的可能性,从新的角度去看旧的问题,都需要有创造性的想象力。"

我国著名教育家陶行知先生也曾说过:"发明千千万,起点是一问,智者问得巧,愚者问得笨。"毫不夸张地说,问题正是创造的起点和源泉,是激发思想火花的导火线。对一个问题追根刨底,有可能发现新的知识和疑问。所以从根本上来说,要发明创造首先要学会设问,也要善于设问。

设问型创新方法是现代生产中经常使用的一种推陈出新的方法。这种创新方法主要是围绕现有的事物,以书面或口头形式提出各种问题,通过提问,发现现有事物存在的问题和不足,从而找到要革新的方面,发明出新的事物来。具体地讲,就是有序地提出一些问题,使问题具体化,缩小需要探索和创新的范围,启发灵感,产生创新方案。

创新实践的过程是一个不断提出问题并寻求新的解决方法的过程。在创新的具体过程中,提出问题的深度在一定程度上决定了创新结果的新颖程度,所提问题涉及的不同领域引导着创新者的思路,提出问题的方式又决定了创新者想象力发挥的程度。在人们工作、学习的过程中,如果说兴趣是最好的老师,那么问题则称得上是最好的服务者。设问型创新方法正是紧紧抓住了这一点,以提问的形式来启发创新思路。

经验证明,能发现问题与提出问题就等于取得了成功的一半。巧妙的设问可以启发想象、开阔思路、导引创新。设问检查法实际上就是提供了一张提问的单子,针对所需解决的问题,逐项对照检查,以期从各个角度较为系统周密地进行思考,探求较好的创新方案。目前,创造学家已经总结出了许多各具特色的设问检查法。设问型创新方法的典型方法是奥斯本检核表法,较为常用的引申方法有5W2H法、和田十二法、系统提问法等。在此主要介绍奥斯本检核表法,重点掌握其设问的思路与技巧。

二、原理

设问型创新方法是具有普遍指导意义的创新方法,从理论上说它源于一定的创新原理。创造原理就是能够导致出其他一级又一级创造规律或创造方法的创造规律。设问法的主要思路是变幻思考问题的方向,多角度、多方向的思考。设问型创新方法主要采用了组合创新原理、逆反创新原理和变性创造原理。

(一) 组合创新原理

组合创新原理是指将两种或两种以上的学说、技术、产品的一部分或全部进行适当叠加和组合,用以形成新学说、新技术、新产品的发明创新原理。组合既可以是自然组合,也可以是人工组合;既可以是技术组合,也可以是方法组合。同是碳原子,以不同方式、不同结构组合,便可得到坚硬而昂贵的金刚石或脆弱而平常的石墨。组合原理有着广阔的用武之地。设问型创新方法主要参考了组合创新原理中同类组合、异类组合、主体附加和重组组合原理。

例如大家都很熟悉的彩色电视机,在发明时所采用的400多项技术,都是当时已经非常成熟的,但是经过科学的组合,使得电视机从黑白到彩色,产生了一个质的飞跃。

在20世纪70年代初期,X射线照相技术和电子计算机技术都已经非常成熟,豪斯费尔德就把这两项技术组合在一起,发明了CT扫描仪,因此获得了诺贝尔生理学或医学奖。

(二) 逆反创新原理

逆反创新原理是指在发明创造过程中,人们沿着与常规思路相反的方向寻求问题解法的一种思维原理。创造活动的个体或群体顺着与已有事物的原理、结构或一般做法和想法完全相反的方向进行创造,也常常能导致新颖性的结果而引起创造。逆反可以表现在原理上,可以表现在空间和时间上,也可以表现在形状、特征、功能上。概括起来可分为以下几类。

1. 原理逆反

原理逆反是尝试着将某种技术原理、自然现象、物理变化、化学变化等进行"反向",以寻找新的原理。由于客观事物本身之间存在各种各样的联系,存在着因果关系,具有可逆性,使原理逆反成为可能。在这种新的原理的指导下,有可能产生新的发明。原理逆反,一般产生四种结果。

一是行不通。

二是行得通，但事物逆化后的功能或状态，同逆化前基本一样。如液压油缸，一般是缸体固定，活塞杆移动。如果倒过来，固定活塞杆，缸体移动，其功能基本不变。

三是逆化后，保持原有功能或部分原有功能，同时增加新的功能。如工件旋转，刀具移动是车床切削零件的原理，可以在工件上制造出回旋形。如果反过来，让工件移动，刀具旋转，就发明了铣床。铣床能够加工出各种各样的异形工件，其中也包含有某些回旋形。

四是利用逆化现象，创造新事物。

过去，人们认为人在楼梯上行走是天经地义、不可违背的情理，如果谁要提出"人若不动、楼梯在动"的想法，肯定会被视为天方夜谭，然而现在自动扶梯早就进入了人们的生活。

当然，原理逆反之后也不一定都能成功。比如，若将水泵的叶轮固定而使壳体旋转，就抽水这一功能来说，至少目前看来是难以实现的。

通过应用逆反原理产生的上述四种结果，可以发现：应用原理逆反时要在自己熟悉的事物上进行，对逆反的结果需要做全面的分析和试验；还要同逆反前的事物进行各方面对比，客观地论证逆反原理的创造性、科学性和可行性。

2. 属性逆反

一个事物的属性是多种多样的，有许多属性是彼此对立的，比如，软与硬、干与湿、直与曲、柔与刚、空心与实心等。创造中的属性逆反原理，就是有意地以与某一属性相反的属性去尝试取代已有的属性，即逆化已有的属性，从而进行创造活动。

属性逆反一般遵循以下步骤：首先，找出事物具有的各种本质属性和表面属性；接着，分别列出与之相反的属性；然后一一置换属性；最后，研究置换后事物的状态、性能和功能的变化，必要时可进行实验分析。

事物属性的逆向，可以通过相反的设计得到，也可以将事物置于完全相反的条件下实现。

3. 方向逆反

方向逆反就是将某事物的构成顺序、排列位置、安装方向、输送方向、操纵方向，以及处理问题的过程等反过来思考，设想新的解决问题的办法。第二次世界大战期间，H. 凯泽曾使用上下方向颠倒的逆反原理改革了原来从下向上建造船舶的工艺，使用了自上而下建造船只的相反操作程序。这样，电焊工在建筑各层甲板时就不必再仰头工作了，大大提高了工效。

方向逆反一般可从事物的外部表现出来，其直观性强，因而它是发明和革新的一条重要原理。例如，逆反电风扇的安装方向可使电风扇变成为换气扇。

4. 大小逆反

事实表明，对现有的事物或产品，即使是单纯地进行大小尺寸上的扩大或缩小，其结果常常也能导致其性能、用途等发生变化或转移，从而实现某种程度上的创造。对事物整体按同一比例扩大或缩小创造出来的新事物与原物是相似的，并能保持它的基本功能；也可以对不同的部分按不同的比例扩大或缩小，这样创造出来的新事物是非相似形体。比如，四川有名的乐山大佛，其名气就来自尺寸的扩大上；近年来出现的像乒乓球大小的葡萄，其创造性也就在其"大"上；在一粒米上刻上一首唐诗，也是一种创新。

【案例 7-1】

救命的枪声——逆向创造法

"救命啊，救命啊！"拿破仑正骑马穿过一片森林，远处突然传来一阵紧急呼救声。离岸 30 米处，一个落水的士兵正向深水区漂移。岸上有几个士兵慌作一团，他们全都不会游泳，眼看伙伴就要淹死，却束手无策。

这时，拿破仑奔到湖边，问了一声："他会水吗？"一个士兵答道："他只能扑腾几下子，现在已经不行了，漂到了深水里，刚才还喊救命呢！"

拿破仑从紧跟而来的侍卫手中抓过一支枪，严厉地向落水士兵喊道："你干嘛还往湖中爬，快给我回来。再往前我就枪毙你！"说完就朝落水者前面开了两枪。

也许是听到了严厉的威胁，也许是被子弹溅水的啸声震慑，落水者猛然转过身来，拼命扑打着水，好不容易找到浅水处，爬上了岸。小伙子惊魂初定，这才发现面前站着的竟是皇帝拿破仑，心有余悸地说："陛下，我是不小心才落水的，快要淹死了，您干嘛还要枪毙我？您的子弹差一点打中了我，真把我吓死啦！"

拿破仑笑道："傻瓜，不吓你，你才真要淹死哩！你再往前漂去，沉到湖底，就回不来了。你被我一吓，不就回过头来得救了吗？"士兵恍然大悟。

"救命的枪声"是拿破仑利用逆向原理创造的结果。拿破仑不是令人下水直接救人（因为岸上士兵都不会游泳），而是用"枪毙"威胁落水的人，让他自己游上来，这样才救得了人。

（三）变性创造原理

变性创造原理，即通过改变现有事物的某些属性而获得发明创造的原理。从一定意义上说，变性原理也是对逆反原理的扩充。人们知道，一个事物的性质是多种多样的，逆反原理强调的是一事物所具有的成对相反的性质，如大与小、上与下、软与硬等。其实，对于事物的一些性质作非相反的若干改变，也可获得发明创造。比如，一般漏斗下面管状部分的横切面均呈圆形，常与容器口紧密相合而导致空气无法排出，影响灌液的速度，如果把横切面改变为带齿状的圆形，就可做成一种能顺利灌液的新型漏斗。目前常见的彩色羊毛、彩色棉花、彩色钢材、悦耳的电子门铃、香味陶瓷等都是运用变性原理进行创造的产物。

▶【案例 7-2】
如何准确量药

药水瓶的刻度线是水平的，由于使用时药瓶是倾斜的，所以对于每次倒"一格"的规定难以把握。有人尝试改变药瓶刻度的属性，将它改成倾斜了 45 度的斜线，这样倒水时刻度大体与液面平行，使倒药量比较准确。

这就是变性原理的应用。改变事物的属性，主要包括改变事物的颜色、气味、光泽、结构、形状等。按一定的程序或按人们的需要改变事物属性，往往能产生创造。

第二节 典型方法——奥斯本检核表法

一、背景知识窗口

美国 BBDO 广告公司创始人 A. F. 奥斯本（A. F. Osborn）被人誉为"创造学之父"。他提出过许多创新方法，其中奥斯本检核表法是设问型创新方法中最为典型的一种方法。奥斯本在其著作《发挥创造力》中，介绍了许多设想的要点，并作了详细的说明。美国麻省理工学院创造过程研究室根据这本书的内容从 9 个方面编制出《新设想用检核表》，以此作为提示人们进行创造性想象的工具。

二、检核表法定义

奥斯本检核表法（Checklist Technique）又称检核表法、设问提问法或分项检查法，是设问法中最为典型的技法，它具有基本的设问特征。它是由美国创造学家奥斯本发明的，是创造学界最有名、最受欢迎的创新方法。检核表法是根据需要解决的问题或者进行创造发明的对象列出有关问题，逐个对它们进行分析，从中获得解决问题的方法和创造发明的设想的方法。

由于设问的形式能使作答者处于较为自然、轻松的状态，给人们可以商洽的感觉，往往对人启发较大，特别是对尝试性的内容，用询问形式更为合理，所以检核表中的各项具体内容基本采用了设问的形式。由于检核表法是先提出问题，再逐个进行分析、检验的做法，所以它可以使思考更全面，促使新思想的产生。检核表法是一种能够大量开发创造性设想的创新方法。检核表法几乎适用于任何类型与场合的创造活动，因此被称为"创新方法之母"。

所谓"检核表"，是人们在考虑某一问题时，为了避免疏漏，把想到的重要内容扼要地记录在表格中，便于以后对每项内容逐个进行检查。奥斯本检核表中包含了九个检核项目，相当于从九个方面提出问题（见表7-1），作答者可将新设想名称和新设想概述填在表中空白处。

表 7-1 奥斯本的检核表

记号	检核项目	新设想名称	新设想概述
1	有无其他用途		
2	能否借用		
3	能否改变		
4	能否扩大		
5	能否缩小		
6	能否替代		
7	能否调整		
8	能否颠倒		
9	能否组合		

三、实施步骤

奥斯本检核表法解决问题的一般过程可概括为四个步骤：①改变产品的感觉特征；②应用置换的方法；③寻找新途径；④逆向思考与重组。

具体操作程序是先针对待研究的对象，按照奥斯本检核表提供的9个方面的思考角度进行假设和思考，然后在假想的基础上形成若干新的解决方案，最后对所有解决方案加以分析，最终产生解决这一问题的综合方案。

四、基本内容——九个方面

1. 有无其他用途

现有的事物（包括材料、方法、原理等）还有没有其他的用途，或者稍加改造就可以扩大它们的用途。

人们从事创造活动时，大体有两种途径：一是先认定目标，再据此寻找达到这一目标的方法；另一种则与此相反，是从某一现有的事实出发，通过发散思维，想象它还有什么作用，由此将思维引向新目标。

尽管世界上各种事物都有其特定的功能，如，扫帚用来扫地、杯子用来盛水、书报供人阅读、砖头是建筑材料……但实际上这只是人们所习惯的常用的方面，其潜在功能远不止这些。在特定情况下，扫帚可作为支撑物、扁担、武器；杯子可作为乐器、量具；书包可以作为包装纸、铺垫物、练毛笔字；砖头可做压载物、体能训练物等。显然，对潜在功能的开发，定会带来新的效益。

(1) 思路扩展

方便面是一种只用开水一冲就能食用的快餐食品，它以不需烹调并且味道鲜美可口而深受消费者欢迎。正是这一创新，使发明方便面的日本一家小企业一跃成为食品行业的明星。许多企业触类旁通，沿着这一思路，开发出以"方便"为特点的方便米饭、方便米粉、方便蔬菜等新食品。我国的农民发明家张炳林，就是以"炳林牌"快餐米粉及其加工机械的研制获得了10项科研成果，其中4项获得国家专利和首届中国食品博览会银奖。天津的"狗不理"包子也因其在"方便"上动了脑筋而走向世界。那么，我们对各种各样的食品乃至用品进行"方便"化，就会有无数可以创新的课题。

(2) 原理扩展

面粉经发酵产生小气泡使馒头松软可口。于是，发泡塑料、发泡橡胶、发泡水泥相继发明，它们不仅轻巧省料，而且有更好的隔热、隔音性能。若在肥皂中加些气泡，可使肥皂不会沉到水下，成为可浮在水面的浴皂。

(3) 产品应用扩展

最早提出拉链设想的是美国发明家贾德森，其初衷是代替鞋带用的，于1905年获得第5号专利。可是仅作为系鞋子用的拉链并不畅销，是个赔本的生意。而有位服装店老板首先认为拉链应该有更多用途，他先在钱包上按上拉链，使钱包身价倍增；又用之于海军服装，销路很好；接着，美国彼得公司又在运动衣上装了拉链，使之大受欢迎。如今，拉链已经在日常生活的各个方面进入了每家每户，而且还在向更多领域扩散。相声中讽刺马大哈医生说得在肚子上装个拉链的笑话已成为产品扩展的一个创举。1989年1月11日，安徽省立医院外科主任医师李乃刚和徐斌，成功地为胰腺手术病人上装上拉链。治疗急性坏死性胰腺炎时，病人在手术后半月到一月内还得将手术切口敞开，以便随时清洗不断产生的坏死组织和腹腔渗出液，观察病情发展，这样不仅病人很痛苦，且容易感染，手术成功率低。而装上拉链后则效果很好，手术成功率大大提高。

(4) 技术扩展

激光技术发明之后，其应用扩展迅速，几乎遍及各个领域。如测量、基准、通讯、特种加工、全息印刷、激光音响、激光武器、激光手术、激光麻醉等都有不寻常的应用。

(5) 功能扩展

原来是军用之物，可以将其功能为民用服务，反之亦然。枪，作为武器已有很多品种，如步枪、手枪、冲锋枪、机枪、信号枪、无声枪等。用之于以民，又开发了许多新的功能。如救生枪：这是一种潜水员用的抢险、救难的工具，可以修补船体，或给失事潜艇供气；注射枪：用来给猛兽打针；种植枪：加拿大研制成了种树枪，在塑料子弹里装有土壤和种子，这样植树每天可种二千棵，且成活率高，而美国则创造了"机枪播种法"，把"播种机枪"装在飞机上，向大片土地扫射，便大功告成了；建筑装修用的射钉枪可以方便快捷地在木头、水泥上钉钉。

(6) 材料扩展

橡胶有什么用？有家公司提出了上万种设想。如制成床垫、浴盆、人行道边饰、鸟笼、门扶手、墓碑、玩具、减震器、绝缘层、雨衣、皮筏等。大豆，在我国人民的不断开发下已制成了多种食品：豆腐、豆浆、豆腐脑、豆腐干、千张、豆腐乳、豆奶、酱油、豆豉、豆酱、豆芽、豆油、人造肉、人造黄油、豆类小食品等。

(7) 系列配套

这是指将产品按不同使用对象、使用场合来开发。如铅笔已经有四百年的漫长历史了，在不同的使用要求下不断开发出新的品种。如在笔杆上带有两个凹孔外套，便于幼儿正确握笔的学写铅笔；专为伤残人设计的独指书写铅笔；笔尖处带有小光源，适宜黑夜书写的照明铅笔；附加有划线导轮，便于徒手画线的直线铅笔；把刀片藏匿于笔套之中的带刀刃笔套的铅笔；笔杆上缠有纸带，便于随手记事的带纸铅笔；便于放在眼镜架上的铅笔；不用削的自动铅笔等。

现有产品有无其他用途（包括稍作改革可以扩大的用途），也就是扩展产品的应用范围，稍加改变可以扩大现有发明或产品的用途，就可以为该产品带来全新的生命力。这样的提问便于深入开发原有产品的价值。

2. 能否借用

能否模仿别的东西？过去有无类似的发明创造创新？现有成果能否引入其他创新性设想？现有产品领域内能否引入其他领域的创造性设想，或者直接引入其他领域具有类似用途的发明？过去有无类似的东西可供模仿？现在的发明能否引入其他的创新设想之中？这些提问有助于使发明向广度和深度发展，以形成一系列发明产品。如：阿波罗登月计划中，大飞船要灵活可靠的在月球上安全着陆，在控制上要求很高，尽管技术上可以做到但是花费很高。有位专家在海边散步时看到海轮靠码头使用泊船来控制的，于是马上产生灵感，登月创意由此萌生。

例如，受石油工业中用小机器人来探测管道漏洞做法的启发，制造出各种内窥镜用于医疗工作，如胃镜、肠镜等。这些被借用的发明未必非得是高精尖的产品，有时候小玩具也能起大作用，听诊器的发明正是如此。

泌尿科医生在治疗病人肾结石的时候，想到开矿石要用炸药爆炸，那么消除肾脏内的结石是否也能引入爆炸技术，把结石炸碎而排出体外呢？医生想到了当时世界上第一流的爆炸技术能将一幢高层建筑炸成粉末，而不影响仅隔开一条街面、甚至只隔开一堵墙的其他建筑物。于是，聪明的医生们经过精确的计算，把炸药的分量控制在只能炸碎肾脏里的结石而不影响肾脏本身。这种技术在医学上被称为为微爆破技术。微爆破技术的运用，给肾结石病人带来了福音。

再如，当伦琴发现"X光"时，并没有预见到这种射线的任何用途。通过联想借鉴，现在人们已不仅用"X光"来观察人体的内部情况，还用它来治疗疾病。同样，电灯在开始时只被用来照明，后来，通过改进光线的波长，发明了紫外线灯、红外线加热灯、灭菌灯等。科学技术的重大进步不仅表现在对某些科学技术难题的突破上，也表现在科学技术成果的应用上。一种新产品、新工艺、新材料，必将随着它在越来越多的领域得到应用而显示其生命力。

3. 能否改变

(1) 形状变化

1898年，亨利丁根将滚柱轴承的滚柱改成了圆球，发明了滚珠轴承。河南的小朋友王岩看到一般漏斗下端都是圆形的，用来往同样是圆形的瓶口里灌装液体时，因瓶内空气的阻碍，液体不易流下，于是他把改成方形，插入瓶口时便留出空隙，让瓶子的空气在灌液时能顺利溢出，使灌液流畅了。

(2) 结构变化

美国的沃特曼，对钢笔结构做了改革，在笔尖上开个小孔和小沟，使书写流畅，因此成了第一流的钢笔大王。

(3) 气味变化

日本最大的化妆品公司——资生堂公司经过十年的研究，提出一门大有前途的全新科学——芳香学,认为气味对人体生理有积极影响。研究证明,薰衣草和玫瑰花有镇静作用、柠檬能振奋精神、茉莉花能消除疲劳、薄荷能减少睡意。对计算机操作人员的实验证明,茉莉花香可使他们的键盘差错减少30%,柠檬味可减少差错50%。据此,香味电话、香味闹钟、香味领带或袜子,可任选香型的香味卡等产品应运而生,甚至还创造了香味管理法——在不同时间通过空调散布不同香味以提高工作效率。

(4) 颜色变化

1955年第三产业某些行业受到颜色的挑战,甚至有因颜色守旧而濒临破产者。因此,不少人从改变颜色寻找生机,各种产品都讲颜色、形状以增加美感,一门专业学科——技术美学也由此创立。

(5) 声音变化

比香味更早,音乐已经被科学地证实了魅力。悦耳的音乐能使人心旷神怡,激发创造力,轻松的音乐能使人提高人的学习效果,甚至使奶牛多产奶,西红柿多结果。

【案例7-3】

"臭变香"

肥皂加入各种香料,气味变得多种多样了,有檀香气味、薄荷气味、椰子气味等。"臭变香"故事中的主人翁刘辉祖是解放军某部负责行政管理的参谋,每次检查卫生,当听到同志们批评厕所、垃圾箱太臭时,他心里总暗自思量:尽管打扫得很干净了,总免不了还有臭气,怎么办?通过调查,刘辉祖还了解到有的宾馆打扫一次卫生,竟要用掉好几大瓶香水,但厕所里的臭气还是压不住。看来仅靠打扫是不能彻底解决问题的。能不能改变方式方法,用一种药水洒在厕所里来驱除臭气呢?他突然想起自己从前打扫厕所时,有一次因为停水,只能用隔壁工厂的生产废液冲洗便池,臭气好像减弱了些。这里会不会有什么名堂呢?刘辉祖着手试验起来,他把粪便放在阳台上曝晒,针对异味按不同比例配制药品,反复比较,辨别反应后的气味。

功夫不负有心人,试验取得了可喜的进展,药物反应后的粪便臭味逐步变成了苹果味、香蕉味,除臭剂终于制成了。经过人民大会堂、民族文化宫等二百多个单位的试用,效果很好。人民大会堂不仅用除臭剂消除了下水道、马桶、粪便池的臭味,而且消除了厨房加工肉产生的腥味以及垃圾箱的臭味。水中加了除臭剂,还可以洗涤汗脚臭和脏衣物发出的臭味,也可去除婴儿尿布的骚味,甚至能消除狐臭。刘辉祖的思维程序从减除污秽除臭变成加上药剂除臭,解决了用传统思维方式无法解决的难题,因而立了大功。

现有的东西是否可以做某些改变?改变一下会怎么样?可否改变一下形状、颜色、音响、味道?是否可改变一下意义、型号、模具、运动形式……?改变之后,效果又将如何?这类方法看起来很简单,却非常有效。

生活中像这样通过某些改变进行创新的例子很多,如方形西瓜、红色香蕉、黑色土豆等(见图7-1)。

例如1898年,H.延康把1500年前后德文希发明的平滑圆柱体的滚柱轴承,在圆柱体形状上稍加改进,设计出了新型的滚锥轴承。这一形状的改变,大大提高了轴承的使用寿命。又如,手表盘由圆形改变为长方形、椭圆形;盘底色由白色变为蓝色、灰色或带有星光图案等。

4. 能否扩大

在自我发问的技巧中,研究"再多些"与"再少些"这类有关联的成分,能给想象提供大量的构思线索。巧妙地运用加法和乘法,便可大大扩展探索的领域。

普通西瓜　　　　　　　方形西瓜

红色香蕉　　　　　黑色土豆与普通土豆

图 7-1　生活中创新案例示意图

（1）附加功能

美国一家公司用聚丙乙烯加固并经特殊处理后制成无缺陷水泥，其弹性提高 30 倍，抗冲击能力提高 1000 倍，刚性高于铝，韧性和有机玻璃相当，且防水、抗酸、抗碱、耐寒不开裂。日本三家化学公司联合制成一种乳胶液，将它加在钢筋混凝土里可使寿命从通常的 60～100 年增至 500 年，且有很强的抗腐蚀力。特别适用于海洋建筑物。

现有的事物能否扩大，增加一些东西，延长时间、长度、增加寿命、强度、速度？

（2）强化技术

对食品强化处理，可使营养价值不断完善丰富。

（3）放大增多

将暖水瓶的瓶口加大变成了冰棒瓶。日本的大财阀石桥正二郎把袜式胶鞋鞋帮上胶的高度加长一些以防止泥水湿了地面，此专利使他在七年间售出胶鞋 2 亿双。

（4）感情投入

在管理中融入感情，就会沟通心灵，和谐融洽，在产品中赋予情感，必将以情动人备受欢迎。

【案例 7-4】

半导体材料的诞生

20 世纪 50 年代，世界各国在半导体材料的研制中面临的关键问题是要将锗提炼得很纯。日本新力公司的江崎博士和助手黑田百合子就此问题进行了多次探索和实验。尽管他们实验操作的十分谨慎，但是操作中总不免会混进一些杂质，导致实验一次次的无功而返。一天，黑田忍不住了，说："既然杂质不易清除，还不如增加一些杂质试试看，不知道能搞出什么样的锗晶体来？"江崎一听茅塞顿开，立即照此设想进行了一连串的实验，结果当锗的纯度降到原来的一半时，一种性能优异的半导体诞生了。此项发明一举轰动了世界，江崎也因"独创出添加杂质为过去数万倍的'隧道二极管'半导体"而获得诺贝尔物理学奖。

例如，日常用的钢化玻璃杯，就是在制造玻璃的过程中加入了某些防震、防碎材料而制成的。使用加法和乘法，便可能使人们扩大探索的领域。如煤气没有气味，一旦泄漏危害很大，"乙硫醇"臭气非常强烈，在空气中只要浓度达到 500 亿分之一就能闻到，所以在煤气中加入极微量的"乙硫醇"，就可以有效地判断煤气是否泄露。再如，在牙膏中加入药物就成为药物保健牙膏；在自行车增加伞就成为带遮阳伞的"防晒自行车"。

5. 能否缩小

（1）简单化

省略一些可能省去的部件、结构和使用手续，无疑值得一试，如一按即好的傻瓜相机。

在企业管理中减去那些可有可无的环节，使生产过程简化。如日本的丰田汽车厂，严格实行"准时性"管理，使前一道工序的产品正好是下道工序所需的量，因而减少了车间储存所需要的管理环节，降低了成本。

（2）短路化

从燃料到能源利用，期间必定要经过若干个中间环节，技术转化的环节越多，往往效率也越慢，因而现代技术正向"短路化"进军。现代企业结构扁平化同样可使管理"短路"更直接有效。

（3）微型化

谁不喜爱哪些小巧玲珑的物品。如微处理机、手表状的微型电视机、可以装在眼镜架上的袖珍收音机、笔记本大小的复印机、甚至可以随身携带的小厕所。

（4）拆折化

缩小的另一种用途是通过折叠、弯曲、盘卷、排放气体（液体）、拆卸等方法，让产品在非使用状态变小。英国产的折叠船折叠后成一手提箱状，仅 8~15 公斤，使用时只要一分钟便可张开，这种折叠船可坐两个大人，两个小孩。

（5）自动化

自动伞、自动洗衣机、自动红绿灯、自动报警器、自动炊具等都是自动化的产物，高度自动化是现代技术努力的目标。如果能对一些普通原理巧妙运用则可做出很多方便生活的小发明。

（6）省力化

机械的功能，大多是为省力而设计的。法国正在研制一种"会献殷勤"的公共汽车，该车每当靠站时，它会主动屈膝 15 厘米，使乘客上下车都省力方便。

前面一条是沿着"借助于扩大""借助于增加"而通往新设想的渠道，这一条则是沿着"借助于缩小""借助于省略或分解"的途径来寻找新设想的渠道。现有产品可否密集、压缩、浓缩、聚束？可否微型化？可否缩短、变窄、去除、分割、减轻？如袖珍式收音机、微型计算机、折叠伞等就是缩小的产物；没有内胎的轮胎，尽可能删去细节的漫画，就是省略的结果。又如，我国留美博士研究生李文杰于 1992 年发明了当时世界上最小的超微电池，直径只有一个红细胞的 1‰（红细胞直径为 1/7500 毫米），微电池如果应用到集成电路上，可提高功效上千倍；上海一家公司制造出直径只有 200 微米的电动机，广泛用于医疗微创手术。

▶【案例 7-5】
新型医用摄像机

2000 年 5 月，英国科学家宣布研制成功新型医用摄像机，它的外形很像普通的感冒胶囊，里面装有微型视频摄像装置、光源和信号发射器。病人只需将其吞入腹中，借助于人体消化器官的自然蠕动，在一天内进入胃、小肠、大肠等器官，最后由体内排出。在此过程中，它可以连续 6 小时提供高质量的图像。利用系在腰带上的接收器，就可收到它发出的内脏器官的无线电图像信号。与传统的内窥镜相比，这一装置的最大优点是体积比较小，使用起来没有痛苦，病人将其吞下后几乎感觉不到它的存在。病人可以回家，也可以工作。检查结束后，只需把皮带和接收器送回医院，医生将其接入电脑，就可以对屏幕上的内脏图像进行检查。

生活中也不乏这样的例子，如微型汽车、微型飞机等（见图7-2）。

微型汽车

微型飞机

图7-2 微型汽车、微型飞机示意图

6. 能否替代

现有的事物有无代用品，以别的原理、别的能源、别的材料、别的原件、别的工艺、别的动力、别的方法、别的符号、别的声音来代替，大家熟知的曹冲称象的故事就是运用替代法来解决难题的典范。材料代用是以一般材料代替高级材料、以非金属材料代替金属材料、以人造材料代替天然材料等。如：用纸代替金属制造成各种用不生锈、可装固体或者液体的精美容器，甚至还可以制成锅，用于油炸或者煎炒都行，且重量轻，成本低，节省能源。研究表明，一个人一昼夜浪费的能量若转化成热能，则可以把与身体等重量的水由0℃加热到50℃，人的一生中有1/3以上的能量被浪费，若将40亿人的这些能量利用起来，便相当于10座核电站的电力。国外已经建成一些收集转化人体能的建筑物，如利用人散发的热量、推门的力，走路的力等来发电，都已经成为成功的先例。

【案例7-6】

"斑马线"

在古罗马时代，为了行人穿越马路的安全，在交叉路口砌起一块块凸出路面的石头，作为指示行人过街的标志。行人可以踩着这些石头穿过马路。但马车通过时，则必须减速慢行，使石头恰在两个轮子中间通过，才不会影响其正常运行。到了19世纪末，能综合体现人类科技与文化能力的汽车亮相了，以前的石头人行横道线成了现代交通的障碍，于是人们用画出来的石头来代替原来的石头，就是现在的"斑马线"，如图7-3所示。

图7-3 斑马线示意图

7. 能否调整

现有的事物能否做适当的调整，如改变布局、改变型号、调整计划、调整规划、调整规格等。重新安排，更换程序看似简单，只要运用得当，也会产生不同寻常的创新。名噪一时的电子大王何阳有个精彩的策划：北京拨搬迁款 1400 万元给 100 户居民，但在城区购一套房子得 20 万，搬迁费缺口 600 万，怎么办？何阳出招让 100 户都搬到城外郊区去住。那里的房子才 3 万～4 万元一套，可住户说："太远了，不干。"何阳说："给每家配一辆小面包汽车，还干不干？"住户们乐意接受。其实北京的小面包汽车才 4 万元一辆，两房子每户花费仅 8 万元，搬迁费还有结余。何阳再建议将面包车集中起来成立一个出租车队，即接送住户上下班，又可以做租车业务，一箭双雕，皆大欢喜。

例如：飞机诞生的初期，螺旋桨均安装在头部，后来装到了顶部，逐渐发明了直升机；原来的汽车喇叭按钮多装在方向盘的轴心上，每次按喇叭总要把手向上移动到轴心处，既不方便又容易失手肇事，后来有人把喇叭按钮改装在方向盘的下半个圆周上，只要手指轻按一下该半圆上的任何一处，喇叭就响起来；另外，工作时间上的重新调整、城镇建设的合理布局等都有可能导致更好的创新结果。

8. 能否颠倒

现有发明可否颠倒？可否颠倒正负？可否颠倒正反？可否头尾颠倒？可否上下颠倒？可否颠倒位置？可否颠倒作用？这是一种反向思维的方法，它在创造活动中是颇为常见和有用的。第二次世界大战期间，有人就曾运用这种"颠倒"的设想建造舰船，建造速度有了显著的加快。

【案例 7-7】

赫威（Elias Howe）发明的缝纫机

普通的缝衣针都是针尖细，针尾粗有孔，这样缝衣服时，整个针穿过布才能把线带过去。19 世纪美国著名发明家赫威，长期钻研缝纫机设计工作未果。一天晚上，他梦到国王向他发布一道命令，如果在 24 小时之内不创造出缝纫机，就用长矛处死他。随即，他看见长矛慢慢地降下，突然他惊奇地发现所有的长矛在矛尖上都有眼睛一般的小洞．一阵激动使赫威醒来，他想可否颠倒一下，在细的一端（针尖处）开孔，这样针尖一穿过布，线也就随之被带过去了。于是他回到实验室，开始了新实验，并获得了成功。颠倒的构思，简化了机器的操作，缝纫机的发明给人类文明增添了无穷的风采。

9. 能否组合

现有的几种发明是否可以重新组合？可否混合、合成、配合、协调、配套？可否把物体、目的、特性或观念组合？人们常常把某种新的科学技术同各种方法组合起来，如发明超声波技术后，就创造了超声波研磨法、超声波焊接法、超声波切割法、超声波理疗法、超声波洗涤法等。

【案例 7-8】

古腾堡活版印刷机的发明

硬币面上的图案是由硬币打印器打印的，而葡萄汁是由葡萄压榨机在大面积铺开的葡萄上压制而成的。能否将二者重新组合用于第三领域？有一天，古腾堡带着三分醉意自言自语说："为什么我不把硬币打印器放在葡萄压榨机下面压，让它在纸上留下印记呢？"根据这一

"醉想",他发明了活版印刷机。

以上我们逐项分析了奥斯本检核表的九个检核项目,以下我们以幻灯机和普通摄像机为例再综合考察一下奥斯本检核表。

老式的幻灯机是已经被淘汰的产品,可以通过检核表法使其重获新生。下面以幻灯机的创新这个典型实例来说明奥斯本检核表法的应用(见表7-2)。

表7-2 幻灯机创新检核表

记号	检核项目	新设想名称	新设想概述
1	有无其他用途	服装裁剪幻灯机	把该幻灯吊在裁剪桌的上方,把各型号服装的最佳排料图拍成幻灯片,装入幻灯机内,遥控选定后投影到布料上,用激光刀裁剪
2	能否借用	吸顶式动景幻灯机	借用吊扇原理,使画面随电机转动而活动,投向地面的彩色图可动、可静
3	能否改变	带状幻灯机	把幻灯片用塑料薄膜制成电影胶卷那样的带状,以便于遥控操作,增加容量,降低成本
4	能否扩大	巨幅广告幻灯机	用巨幅广告幻灯机取代原有的大楼美化灯,既可以改变色彩和图案,又有广告效应
5	能否缩小	儿童玩具幻灯机	用干电池供电,可在黑暗中向墙上投射出各种彩色图案,用于儿童识字,增加知识
6	能否替代	塑料简易幻灯机	把幻灯机外壳用深色塑料取代原有金属外壳,降低重量和成本,可做成手提式或折叠式
7	能否调整	半透明幕布幻灯机	幻灯片投在半透明幕布的背面,观众在幕布的另一侧观看。观众走动不会影响光线的投射,也不会误碰投影机
8	能否颠倒	投影光刻机	集成电路制造中使用的光刻机与幻灯机相反,把集成电路的图像曝光在硅片上,图像是缩小而不是放大
9	能否组合	壁挂式多功能幻灯机	既是壁灯,又能向对面墙壁投射彩色风景画或其他图像

应用检核表法对现有的普通摄像机进行检核,分为以下九个项目。

(1) 有无其他用途——从普通摄像机到显微摄像机

人们都知道普通摄像机的用途除了摄像、照相之外,它的变焦镜头还可以当望远镜来用。望远镜的工作原理和显微镜类似。因此,可以对普通摄像机稍加改进,使之可以在需要的时候进行显微摄像。

(2) 能否借用——从普通摄像机到事故捕捉仪

在交通要道安装摄像机来监控路面状况,这在大城市是极普通的事。目前经常遇到的问题是等事故发生后调出监控录像看时才发现没有拍摄清楚画面,以致无法确定事故责任。如果把计算机自动控制技术引用到摄像机上,当其捕捉到异常画面时,计算机自动启动该路面上的其他方位的摄像机,全方位追踪肇事者,同时与110联动,迅速处理事故。这样,不仅利于准确、迅速地追踪到肇事者,而且由于赢得了时间,也有利于挽救事故受害者的生命。

(3) 能否改变——从普通摄像机到装饰摄像机

拍摄录像的人都有这样的体验,当第一次面对摄像头镜头时,经常会感到紧张、不自然。如果把摄像头的镜头装饰成可爱的卡通或漂亮的花朵,面对它的时候可能就不会紧张了。

(4) 能否扩大——从普通摄像机到超同步可视大屏幕

我们经常在电视上看到这样的画面,原来平静的观众,在大屏幕上发现镜头正面对着自己时,立刻变得兴奋起来,这无疑让电视机前的人们看到了更多的表演成分。因此可以把摄像机和现场的大屏幕联通,在节目中穿插播放现场观众看到摄像机对准自己时拍摄时的反应画面，这样电视机前的观众所感觉到的现场气氛就好多了。

（5）能否简化——从普通摄像机到微型摄像机

随着科技的进步，电子设备不断向小型化、微型化方向发展。尤其是对于那些从事间谍、特工等特殊行业工作的人，一台像戒指一样的摄像机等设备为其调查取证工作提供很多方便。

（6）能否替代——从普通摄像机到太阳能摄像机

摄像师正拍在兴头上，摄像机突然没电了，人又在野外，一点办法都没有。其实解决这个难题也很简单，用太阳能电池替代普通电池就可以。

（7）能否调整——从普通摄像机到随身摄像机

普通摄像机要用肩扛手提。如果调整一下使用形式，把它固定在人体的某一个部位上，那么使用起来可能就会方便很多。

（8）能否颠倒——从普通摄像机到自动移位摄像机

普通摄像机要靠人来移动。如果颠倒一下，让摄像机能够智能地根据人物的位置自动进行位移，那么摄像创作会变得轻松很多。

（9）能否组合——从普通摄像机到摄像刻录一体机

拍完录像刻录成光盘往往需要使用电脑或刻录机才能完成，而随身携带这些设备会加重摄像者的负担，如果把刻录机和摄像机组合成一体就方便多了，还可以现场复制多份发给每一位需要的人。

五、方法特点

奥斯本检核表法从9个不同的角度，启发我们在提出问题和思考问题时，思路向正向、侧向、逆向发散开来。换句话说，它的侧重点是提出与思考问题的角度，而不是步骤，它的核心是启发联想。所以，奥斯本检核表法的应用要点是利用它的启发作用，不必死记硬背，也不必非按它的顺序不可。设问检查法是对拟改进创新的事物进行分析、展开、综合，以明确问题的性质、程度、范围、目的、理由、场所、责任等项目，从而使问题具体化以缩小需要探索和创新的范围。以提问的方式寻找发明的途径，是一种具有较强启发创新思维的方法。这是因为它强制人去思考，有利于突破一些人不愿提问题或不善于提问题的心理障碍，是一种具有较强启发创新思维的方法。尤其是提出有创见的新问题本身就是一种创新。它又是一种多向发散的思考，使人的思维角度、思维目标更丰富。另外核检思考提供了创新活动最基本的思路，可以使创新者尽快集中精力，朝提示的目标方向去构想、创造、创新。

设问检查法的首要特点是抓住事物带普遍意义的方面进行提问，所以它的应用范围很广，不仅可用于技术上的产品开发，还可用于改善管理等范畴。如5W1H法，是从客体的本质（What）、主体的本质（Who）、物质运动的最基本形式时间和空间（When、Where）、事情发生的原因（Why）和程度（How）这几个角度来提问的，这些问题属于任何事物存在的根本条件。这样抓住一个事物的制约条件来分析问题，就会发现问题的症结与原因在哪里。又如奥斯本的检核表法，是抓住声音、颜色、气味、形状、材料、大小、轻重、粗细、上下、左右、前后等事物的基本属性大做文章，因而有普遍的适用性。

从不同的角度、多个方面来进行设问检查，思维变换灵活，利于突破局限。特别是奥斯本检核表法，此法属于发散性思维，或称之为横向思维，与之对应的是纵向思维。纵向思维是一种保护思路沿着中心线索自始至终地推进，直到解决为止的思维方式。而横向思维则是在探讨解决方案之前，先多角度地考虑对问题的种种看法。奥斯本检核表法不把注意力集中在问题的某一个方面，而是突破了旧框架大胆想象，借助于各种思维技巧，诸如联想、类比、组合、分割、移花接木、异质同构、颠倒顺序、大小转化、改型换代等，以得到各种不

同类型的答案。5W1H法也是试着从五六个不同角度去考察问题。（5W1H法在拓展阅读部分有详细介绍）

奥斯本检核表法主要有以下优点：

① 奥斯本检核表有助于人们打破各种思维定式，以问题的形式激发人们的想象力，使其敢于对现实产品展开自己的想象；

② 奥斯本检核表提醒人们从各个角度、观点去看问题，避免了单一化的思维方式，从而使问题得到较好的解决；

③ 奥斯本检核表内容丰富，可应用于各个方面，如开发新产品、设计、销售、广告等，它为创造发明提供了很好的解决问题的思路，指出了方向；

④ 经常使用奥斯本检核表能提高人们的思维素质，有利于突破不愿提问的心理障碍，会使人们善于提问、思考、想象及变换思考角度；

⑤ 奥斯本检核表法的适应性强，不论对象和专业如何，都可以相应地列出很多检核问题。

但是奥斯本检核表法还存在如下缺点：奥斯本检核表问题过细、过多，实施起来比较复杂，有学者认为该方法一般很难取得较大的突破性成果。

六、注意事项

奥斯本检核表法是一种非常实用的创新方法，但使用时应注意以下三个方面。

1. 不应过分拘泥于这一种方法

如果拘泥于这一种方法，过分依赖于它，反而会把它变成束缚自己的条条框框，妨碍自由想象，使本来为防止思考漏洞而采用的检核表变成制造漏洞的根源。所以，需要将检核表与其他方法结合使用，同时要经常对检核表进行改进和补充。

2. 检核的内容可作适当改变

具体使用时应灵活掌握，根据活动的主要目的、检核对象的主要特点、周围环境来设计检核表。如用于技术问题方面，则要注意明确产品的材料、结构、功能、工艺过程等。

3. 检核的内容要核检

第一是要一条一条地进行核检，不要有遗漏。第二是要多核检几遍，效果会更好，或许会更准确地选择出所需创造、创新、发明的方向。第三是在检核每项内容时，要尽可能地发挥自己的想象力和创新能力，产生更多的创造性设想。核检方式可根据需要，一人核检也可以，三至八人共同核检也可以。集体核检可以互相激励，产生头脑风暴，更有希望创新。

七、适用范围

由于检核法比较强调创造发明主体思维素质的改变，借助克服思维障碍产生更多的思路，因而较为忽略对技术对象客观规律的认识。所以，在解决较复杂的技术发明问题时，奥斯本检核法仅能提供一个大概的思路，还需进一步与其他技术方法结合。

设问检查法的适用范围自奥斯本的检核表法诞生以来，在实际应用中深受欢迎，并相继创造了多种不同的设问检查创造技法。这些方法几乎适用于各种类型与场合的创造活动，它能够帮助人们突破思维与心理上的障碍，从多方面多角度引导创新思路，从而产生大量的创造性设想。运用本技法在实践中取得成功的例子不胜枚举，因此，设问检查法被誉之为"创造技法之母"。设问检查法对于群众性的合理化建议活动，技术上的小发明、小革新是非常适合的，也可以与智力激励法等其他技法联合运用。如果要解决的问题较大，借助本技法也可使问题明确化，从而缩小目标，找到问题的关键所在，有针对性地解决之。具体应用时，如用于管理方面，则要注意明确问题的性质、程度、范围、目的、理由、场所、责任等；用于技术问题方面，则要注意明确产品的材料、结构、功能、工艺过程等。亦即要根据不同的工作性质将此法作适当的调整。初次使用设问检查法时，可能不如自发的创造那么方便，便只要坚持实践，就能养成善于提问思考的习惯，使原来封闭式、直线式的思维方式得到改善，有利于创造力的开发。当然，设问检查法也有一定的局限，它比较强调创造发明主体的心理素质的改变，借助克服心理障碍，产生更多的思路，而较为忽略对技术对象的客观规律性的认识。所以，在使用本技法解决较复杂的技术发明的问题时，仅能提供一个大概的思路，还需进一步与技术方法结合，才能完成有实际价值的发明。

奥斯本创造的检核表原有75个问题，可归纳为六类问题的九组提问。①由现状到目的：转用。②由目的到现状：代替，发明本身无变化。③质量的变化：改变。④组合排列：调整、颠倒、组合。⑤量的变化：扩增、缩减。⑥借助其他模型：启发。

现就奥斯本的九组提问提问逐一举例说法明。扩大它们的用途。人们从事创造活动时，大体有两条途径：一种是先认定目标，再据此寻找达到这一目标的方法；另一种则与此相反，是从某一现有的事实出发，通过发散思维，想象它还有些什么作用，由此将思维引向新目标。事实上，后一种方法更为常用，而且也是任一发明获得广泛应用与巨大效益的创新之路。

奥斯本创造的检核表原有的75个问题：1. 有无新的用途？2. 是否有新的使用方法？3. 可否改变现有的使用方法？4. 有无类似的东西？5. 利用类比能否产生新观念？6. 过去有无类似的问题？7. 可否模仿？8. 能否超过？9. 可否增加些什么？10. 可否附加些什么？11. 可否增加使用时间？12. 可否增加频率？13. 可否增加尺寸？14. 可否增加强度？15. 可否提高性能？16. 可否增加新成分？17. 可否加倍？18. 可否扩大若干倍？19. 可否放大？20. 可否夸大？21. 可否减少些什么？22. 可否密集？23. 可否压缩？24. 可否浓缩？25. 可否聚合？26. 可否微型化？27. 可否缩短？28. 可否变窄？29. 可否去掉？30. 可否分割？31. 可否减轻？32. 可否变成流线型？33. 可否改变功能？34. 可否改变颜色？35. 可否改变形状？36. 可否改变运动？37. 可否改变气味？38. 可否改变音响？39. 可否改变外形？40. 是否还有其他改变的可能？41. 可否替代？42. 用什么替代？43. 还有什么别的排列？44. 还有什么别的成分？45. 还有什么别的材料？46. 还有什么别的过程？47. 还有什么别的能源？48. 还有什么别的颜色？49. 还有什么别的音响？50. 还有什么别的照明？51. 可否变换？52. 有无可互换的成分？53. 可否变换模式？54. 可否变换操作工序？55. 可否换因果关系？56. 可否变换速度或频率？57. 可否变换工作规范？58. 可否变换布置顺序？59. 可否颠倒？60. 可否颠倒正负？61. 可否颠倒正反？62. 可否头尾颠倒？63. 可否上下颠倒？64. 可否颠倒位置？65. 可否颠倒作用？66. 可否重新组合？67. 可否尝试混合？68. 可否尝试合成？69. 可否尝试配合？70. 可否尝试协调？71. 可否尝试配套？72. 可否把物体组合？73. 可否把目的组合？74. 可否把特性组合？75. 可否把观念组合？

第三节　引申方法

一、设问法——和田十二法

（一）发展历程

和田十二法，又叫和田创新法则、和田创新十二法，即指人们在观察、认识一个事物时，可以考虑是否可以。和田十二法是我国学者许立言、张福奎在奥斯本检核问题表基础上，借用其基本原理，加以创造而提出的一种思维技法。它既是对奥斯本检核问题表法的一种继承，又是一种大胆的创新。比如，其中的"联一联""定一定"等，就是一种新发展。同时，这些技法更通俗易懂，简便易行，便于推广。

（二）内容

① 加一加　可在这件东西上加些什么，把它与其他东西组合在一起会有什么结果？
② 减一减　可在这件东西上拿走点什么，可以把它分割成更少吗？
③ 扩一扩　该事物在功能上、结构上能否扩展？
④ 缩一缩　在结构、功能上能否缩减？
⑤ 变一变　指在形状、颜色、音响、味道、气味、功能、结构上能否改变？
⑥ 联一联　该事物与哪些事物可以联系起来或者组合？
⑦ 改一改　指还有哪些缺点需要改进？改进？
⑧ 学一学　指有什么事物可以让自己模仿和学习？
⑨ 代一代　指能否用别的事物来取代？
⑩ 搬一搬　指该事物搬到别的场合能产生新用途吗？
⑪ 反一反　指把该事物的正反、前后、上下、横竖、里外颠倒一下，会有什么成果？
⑫ 定一定　指为了完善此事物还要规定些什么？为解决某一个问题或改进某一件东西，为了提高学习、工作效率和防止可能发生的事故或疏漏，需要规定些什么吗？

如果按这十二个"一"的顺序进行核对和思考，就能从中得到启发，诱发人们的创造性设想。所以，和田技法、检核表法，都是一种打开人们创造思路、从而获得创造性设想的"思路提示法"。

（三）案例应用

"和田十二法"由于简洁、实用，深受学生及工人的欢迎，我国普及这种方法以来已取得了丰硕的成果，下面以实例进行说明。

1. 学一学

有什么事物可以让自己模仿、学习一下吗？模仿它的形状、结构，会有什么结果？学习它的原理、技术，又会有什么结果？

专业实习是工科学生走上工作岗位前必不可少的实践环节。而石油化工行业因其多学科交叉、连续化生产性强等因素，在实践教学中存在着公认的四大难题：一是学生实习中动手操作少，达不到用人单位对工程技术专业人才的要求；二是联系实习单位困难，由于石油化工行业生产的连续性和高危性，企业不愿意接受学生实习或仅安排学生进行参观性质的实习，让专业实习流于形式；三是运送学生前往实习单位投入大，耗费学生时间多；四是已建的实践基地、实验教学中心等，学科专业性较强，学生受众面较小，体现石油化工特色不明显。

辽宁石油化工大学对这四大难题深有体会。为切实提高实践教学质量，培养学生工程实践能力，让毕业生走上工作岗位后能尽快进入角色，辽宁石油化工大学立足进一步深化产教融合的实际需要，转变了原有的人才培养模式，进行教育供给侧改革探索。建设了石油化工全产业链的实物仿真工程实践平台。

石油化工产业链实物仿真实践教育基地由 5 个平台组成，贯穿石油化工生产主线，实现了从油气钻采到油气集输、石油加工、石油化工和精细化工的完整石油生产实践教学链。涵盖辽宁石油化工大学的石油工程、油气储运工程、化学工程与工艺、应用化学、高分子材料与工程 5 个主干专业，过程装备与控制工程、安全工程、自动化等 45 个相关专业，是一个产业契合度高、实践教学条件完备、服务社会能力强的实习与实训基地,为学生提供了与生产现场一致的训练环境。基地还创新性地提升了操作真实感,通过动画和实际操作相结合、仿真和控制相结合、网络技术与应用相结合、虚拟和实物相结合,使学生在实训中熟悉生产操作,了解装置设备,掌握工艺流程。此外,基地还以职业化操作规范为标准,强化了学生的能力培养。基地对学生按照企业的操作规范和标准进行训练,建立了教、学、做、考四位一体的实践教学模式。

2. 加一加

可在这件东西上添加些什么吗?需要加上更多时间或次数吗?把它加高一些,加厚些,行不行?把这样东西跟其他东西组合在一起,会有什么结果?

从添加、增加、附加、组合等角度考虑。如将吊灯和电扇组合形成的灯扇,既美观又节省了空间,一举两得。数字音乐播放器(MP3)加上收音机的功能就更贵一些。海尔冰箱加上电脑桌的功能,在美国大受欢迎。手机加上照相的功能便价格不菲。

南京的小学生丛小郁发现,上图画课时,既要带调色盘,又要带装水用的瓶子很不方便。她想要是将调色盘和水杯"加一加",变成一样东西就好了。于是,她提出了将可伸缩的旅行水杯和调色盘组合在一起的设想,并将调色盘的中间与水杯底部刻上螺纹,这样,可涮笔的调色盘便产生了。

3. 减一减

可在这件东西上减去些什么吗?可以减少些时间或次数吗?把它降低一些,减轻一些,行不行?可省略、取消什么吗?

从删除、减少、减小、拆散、去除等角度考虑。例如为使建筑管道安装省力、安全和高效率,现在广泛采用了合成树脂制成的水管,这种水管与原来水管相比,重量大大减轻。移动硬盘是越小越方便携带,销路就越好。大米改成小包装反倒卖得快。目前市面上很多多功能的数码照相机,消费者买回家却发现90%的功能不会用,这个时候减去一些功能并降低价格,可能更适合普通消费者。

我国台湾地区少年于实明见爸爸装门扣时要拧六颗螺丝钉,觉得很麻烦。他想减少螺丝钉数目,提出了这样的设想:将锁扣的两边条弯成卷角朝下,只要在中间拧上一颗螺钉便可固定。这样的门扣只要两颗螺钉便可固定了。

4. 扩一扩

使这件东西放大、扩展,会怎么样?

从加大、扩充、延长、放大等角度考虑。例如将彩色照片的版面扩大,这样更利于欣赏人物和风景。有一个中学生雨天与人合用一把雨伞,结果两人都淋湿了一个肩膀。他想到了"扩一扩",就设计出了一把"情侣伞"——将伞面积扩大,并呈椭圆形,结果这种伞在市场上很畅销。

在烈日下,母亲抱着孩子还要打伞,实在不方便,能不能特制一种母亲专用的长舌太阳帽,这种长舌太阳帽的长舌扩大到足够为母子二人遮阳使用呢?现在已经有人发明了这种长舌太阳帽,很受母亲们的欢迎。

5. 缩一缩

使这件东西压缩、缩小,会怎么样?

从改小、缩短、缩小等角度考虑。例如将大型电子管变为小的晶体管,制成丰富多彩的电器元件。又如,随着科学技术的进步,家用电器的功能不断提高与增多,这种多功能化一方面受到消费者的赞赏,另一方面也因产品结构复杂化而增加了操作使用上的难度。早期的家用微波炉按钮多达十余个。使用者,尤其是老人和儿童认为功能过于复杂,操作程序烦琐。于是,韩国人开发设计出操作简单的"单旋钮微波炉",让任何人都可以轻松操作这个电器。佳能当初也是看准施乐大型复印机的不足，利用小型复印机将之打下马。

石家庄市第一中学的王学青同学发现地球仪携带不方便，便想到，如果地球仪不用时能把它压缩、变小，携带就方便了。他想若应用制作塑料球的办法制做地球仪就可以解决这个问题。用塑料薄膜制的地球仪，用的时候把气吹足，放在支架上，可以转动；不用的时候把气放掉，一下子就缩得很小，携带很方便了。

6. 变一变

改变一下形状、颜色、音响、味道、气味，会怎么样？改变一下次序会怎么样？

从改变形状、颜色、音响、味道、顺序等角度考虑。例如，最初的电扇都是黑色的。1952年，日本东芝公司一度积压了大量的电扇卖不出去。七万多名职工为了打开销路，费尽心机地想了不少办法，依然进展不大。有一天，一个职员提出建议，将黑色的电扇改为浅色。公司采纳了这个建议。第二年夏天，东芝公司推出了一批浅蓝色电扇，大受顾客欢迎，市场上掀起了一股抢购热潮，几个月之内便卖出了几十万台。电扇从此也一改清一色的黑面孔，颜色变得丰富多彩。手机、家电变换款式，先进入市场就赚钱，当年的摩托罗拉V70会旋转的手机以及夏新A8会跳舞的手机都是变换款式抢先获得高额利润的典范。

7. 改一改

这件东西还存在什么缺点？还有什么不足之处需要加以改进？它在使用时是否给人带来不便和麻烦？有解决这些问题的办法吗？

对原有的事物进行修改，使它消除缺点，变得更方便、更合理、更新颖。例如以前的饮料大多是玻璃瓶装，运输、保管和使用都不方便。改变一下它的材料，使用塑料、纸制软包装极大地方便了人们的生活。同一产品卖点改一改有时就卖活了，比如王老吉，把卖点改为"预防上火的饮料"就迅速畅销了。

一般的水壶在倒水时，由于壶身倾斜，壶盖易掉，而使蒸汽溢出烫伤手，成都市的中学生田波想了个办法克服水壶的这个缺点。他将一块铝片铆在水壶柄后端，但又不太紧，使铝片另一端可前后摆动。灌水时，壶身前倾，壶柄后端的铝片也随着向前摆，而顶住了壶盖，使它不能掀开。水灌完后，水壶平放，铝片随着后摆，壶盖又能方便地打开了。

8. 联一联

某个事物（某件东西或事情）的结果，跟它的起因有什么联系？能从中找解决问题的办法吗？把某些东西或事情联系起来，能帮助我们达到什么目的吗？

寻找某个事物的结果和它的起因的联系，从事物的联系中找到解决办法或提出新方案。例如，澳大利亚曾经发生过这样一件事，在收获的季节，有人发现一片甘蔗田里的甘蔗产量提高了50%。这是由于甘蔗栽种前一个月，有一些水泥洒落在这片田里。科学家认为水泥中硅酸钙改良了土壤的酸性，而导致甘蔗的增产，于是人们研制出了改良酸性土壤的"水泥肥料"。这种原因与结果联系起来的分析方法经常能使人发现一些新的现象和原理，从而引出发明。农夫山泉用纯净水和矿泉水养花的实验让人联想到久喝纯净水于身体无益，从而提高了农夫山泉矿泉水的销量，提升了自身的品牌地位。

9. 代一代

有什么东西能代替另一样东西？如果用别的材料、零件、方法等，代替另一种材料、零件、方法等，行不行？

用一事物（材料、零件、方法等）代替另一事物。例如用激光这把纤细的"手术刀"代替原来的金属手术刀，在电子计算机的控制下对人眼的角膜作矫正近视的手术，获得了极大的成功。当钢笔被圆珠笔、签字笔逐渐取代后，已经成为一种步入衰退期、濒于死亡的产品，但将它的定位转向有意义的、有价值的礼品，仍具有一定的市场。

山西省阳泉市小学生张大东发明的按扣开关正是用代一代的方法发明的。张大东发现家中有许多用电池作电源的电器没有开关。使用时很不方便。他想出一个"用按扣代替开关"的办法：他找来旧衣服和鞋上面无用的按扣，将两片分别焊上两根电线头。按上按扣，电源就接通了；掰开按扣，电源又切断了。

10. 搬一搬

把这件东西搬到别的地方，还能有别的用处吗？这个想法、道理、技术、搬到别的地方，也能用得上吗？

把一个事物搬到别的地方，将新事物移到别的领域，寻找新用途等。例如将电视上的拉杆天线"搬"到圆珠笔上去，成了可伸缩的"教棒"圆珠笔；再将它"搬"到口杯上去，设计出可拉伸的旅行杯。又如，将医学的电子计算机X射线断层扫描技术（CT）移植运用到地下探矿中。

上海市大同中学的刘学凡同学在参加夏令营里，感到带饭盆不方便，他很想发明一种新式的便于携带的饭盆。他看到家中能伸缩的旅行茶杯，又想到了充气可变大，放气可缩小的塑料用品。他想按照这些物品制造的原理，可设计一个旅行杯式的饭盆，或是充气饭盆。可是，他又觉得这些设想还不够新颖。他陷入了冥思苦想之中。一天，他偶然看到一个铁皮匣子，是由十字状铁皮将四壁向上围成的。他想，我也可以将五块薄板封在双层塑料布中，用时将相邻两角用按钮按上，五块板就围成了一个斗状饭盆。这样，一个新颖的折叠式旅行饭盆创造出来了。

11. 反一反

如果把一件东西、一个事物的正反、上下、左右、前后、横竖、里外，颠倒一下，会有什么结果？

把一种东西或事物的正反、上下、左右、前后、横竖、里外等颠倒一下。例如人们常用的泡茶方法是，把茶叶从袋子里取出来放到茶杯里，用开水泡开。茶叶在水中四散漂开，喝茶时不小心茶叶还往嘴里钻。有人反其道而想，把茶叶留在袋内一块儿泡，这样一来避免了常用喝茶方法的不便，于是袋泡茶便应运而生了。计算机都以渠道为核心竞争力，但戴尔却不搞传统渠道，玩直销一度成为计算机行业的"龙头老大"。

反一反为逆向思考法，前面有较多的论述，请参见奥斯本设问法中逆向思考部分。

12. 定一定

为了解决某个问题或改进某件东西，为了提高学习、工作效率和防止可能发生的事故或疏漏，需要规定些什么吗？

为了解决某一问题或改造某件东西，提高学习、工作效率和防止可能发生的事故或疏漏等，需要做出一些规定。例如药水瓶印上刻度，贴上标签，注明每天服用几次，什么时间服用，服几格；城市十字路口的交通信号灯规定通行和停止的时段。制定标准和游戏规则的企业总能赚取更多的利润，众所周知，微软、英特尔、思科都是行业标准的制定者，所以都能引领市场。

以上"聪明的办法"，是利用"信息的多义性"和"消息的可塑性"，启发人们进行"广泛迁移"——概括性联想。这些联想，是在"表层信息"的外表看来不同，而实际上的在其"深层信息"中具有共同的成分或性质，因而在它们之间建立了某种联系。这些联系的建立，导致"简略的"演绎，从而提高了推理过程和解决问题的速度和质量。它"略去"了推理的"论证因素"（论证"为什么"人们要按某一方式去做）。它有助于激发人们在检索、提取、加工信息（包括实物信息）过程中，产生大量的创造性设想。

下面以自行车的创新和防触电插座的发明两个典型实例来说明和田十二法的应用（见表7-3和案例7-9）。

表 7-3　和田十二法创新自行车示意表

序号	检核内容	设想名称	简要说明
1	加一加	自行车反光镜	自行车龙头上安装折叠式反光镜,可以像摩托车一样看到后面情况,提高安全性
2	减一减	无链条自行车	取消链条,利用杠杆原理把踏脚由旋转运动改为上下运动
3	扩一扩	水陆两用自行车	在车两侧装上四个气囊,充足气后可以浮于水面,车后装小型螺旋桨
4	缩一缩	折叠式自行车	折叠后缩小体积,便于搬运
5	变一变	助动式自行车	安装大型发条,在有电源的地方,接通电源就可上紧发条,骑车时放松发条助力
6	改一改	龙头可转动自行车	使车龙头可以转动 90 度,停车场车多时转动车龙头就可拿出
7	联一联	多功能自行车	在农村可以用自行车抽水,自行车脱粒,安上自行车拖斗可以运输
8	学一学	电动式自行车	安装蓄电池和小电机
9	代一代	塑料式自行车	用碳纤维塑料做成的车架取代原有的金属车架,强度大,重量轻
10	搬一搬	家用健身自行车	用于在家锻炼身体
11	反一反	发电自行车	用自行车拖动小型发电机,在停电时,解决照明用电和电视机用电
12	定一定	自动限速自行车	加上自动限速器,使自行车不可能超速行驶,增加安全性

【案例 7-9】

防触电插座的发明

上海的徐深同学在对现有插座观察分析后,发现触电的原因是暴露在外面带电的铜片容易与导电的金属接触。因此,她把现有插座的铜片镶嵌在深处,从外面不易看到,并把插头的两根铜板顶端弯曲一下,只有这种插头插进插座才能与带电的铜片接触,其他的金属插进插座都不能接触铜片,这就解决了防触电的问题。使用这种插座只要把铜片弯折的插头伸进插座的小孔,并沿着两道横槽向中间移动即可。这种插座可以同时使用几个插头,而且手指、小铁棒等伸进小孔都碰不到带电的铜片。之后,徐深又将商店只能一边进人,另一边出人的旋转门与改进防触电插座联系起来,并采用水力发电站安装闸门的道理,在插座内设计两扇活门,使原有的小发明更加完善。

在此案例中发明者用了"变一变""联一联""搬一搬"等方法进行创造,用"变一变"完成了插座的制作,用"联一联""搬一搬"实现了对插座的改进。和田十二法简单易学,只要留心观察,从"加""减""扩""缩""变""改""联""学""代""搬""反""定"这十二条思路出发,就一定可以创造性地解决发明问题。

二、W+H 法

(一) 发展

国内外比较著名的 W+H 法有 2 个,分别为 5W1H 法和 6W2H 法,本小节均使用 W+H 法进行说明。

① 5W1H 法是 1932 年由美国政治学家拉斯维尔提出的一套传播形式,后经过人们的不断运用和总结,逐步形成了成熟的 5W1H 法。

② 我国著名教育家陶行知先生提出 6W2H 法,他把这种提问模式叫作教人聪明的"八大贤人"。为此他写了一首小诗:"我有几位好朋友,曾把万事指导我,你若想问真姓名,名字不同都姓何:何事、何故、何人、何如、何时、何地、何去,还有一个西洋名,姓名颠倒叫几何。若向八贤常请教,虽是笨人不会错。"

（二）实施程序

1. 对某种现行方法或现有产品，从 8 个角度检查提问

① Why，为什么需要创新？
② What，创新的对象是什么？
③ Where，从什么地方着手？
④ Who，谁来承担创新任务？
⑤ When，什么时候完成？
⑥ How to，怎样实施？
⑦ How Much，达到怎样的水平？
⑧ Which，几何。

2. W＋H 法——问题提示

（1）为什么（why）？

为什么采用这个技术参数？为什么不能有响声？为什么停用？为什么变成红色？为什么要做成这个形状？为什么采用机器代替人力？为什么产品的制造要经过这么多环节？为什么非做不可？

（2）做什么（What）？

条件是什么？哪一部分工作要做？目的是什么？重点是什么？与什么有关系？功能是什么？规范是什么？工作对象是什么？

（3）谁（who）？

谁来办最方便？谁会生产？谁可以办？谁是顾客？谁被忽略了？谁是决策人？谁会受益？

（4）何时（when）？

何时要完成？何时安装？何时销售？何时是最佳营业时间？何时工作人员容易疲劳？何时产量最高？何时完成最为适宜？需要几天才算合理？

（5）何地（where）？

何地最适宜某物生长？何处生产最经济？从何处买？还有什么地方可以作销售点？安装在什么地方最合适？何地有资源？

（6）哪些（which）？

顾客喜欢哪些商品？哪些员工表现最好？需要哪些人来完成任务？哪些设备的使用最高效？

（7）怎样（How to）？

怎样省力？怎样最快？怎样做效率最高？怎样改进？怎样得到？怎样避免失败？怎样求发展？怎样增加销路？怎样达到效率？怎样才能使产品更加美观大方？怎样使产品用起来方便？

（8）多少（How much）？

功能指标达到多少？销售多少？成本多少？输出功率多少？效率多高？尺寸多少？重量多少？

3. 实施要领

在与技术发明相关或不相关的其他领域，如事务管理、经营、广告、扩大知名度、社会活动计划与组织等，由于这些领域创造活动的内容及形式不同，每类活动都有自己特有的创新形式，所以不具有普遍适用的有指导性的检核表。这时候 W＋H 法就表现出了很强的普适性。W＋H 法主要用于技术创新、事物处理、公共关系策划、广告创新和社会活动及推销活动组织等方面，具体可用于几种情况：第一种是在技术创造中，把发明创造作为一个有人参与的过程或活动，通过这些方面设问，可实现创新活动的有效管理。第二种是在组织管理或创新活动出现问题或失误，需要查明原因时，可以从这些内容中寻找。由于人们最初定的计划不可能都是完善的,而且由于实施时事物复杂多变,所以做某种事事情的动机、方式、时间、地点、对象等各个方面都可能会出现问题,这时的检核要对每一项都引起重视。第三种是在营销活动,如广告、推销、宣传或以扩大知名度为目的公关活动中,这时时间的选择往往是六项内容中值得考虑的最关键因素。

4. W+H 法应用

(1) 图书馆自习室打扫卫生案例分析

问题的提出:图书馆是个大集体,是学习的集中区。在图书馆自习室自习的同学会带很多吃的、喝的东西,然而在离开后却不记得要带走放入垃圾箱,包括一些草稿用的纸张也随意丢在桌上,给清洁阿姨带来很多麻烦,怎样快速合理打扫好自习室成为一大难题,对此,我们小组进行了深入讨论。

分析问题:应用 W+H 法进行分析,如表 7-4 所示。

表 7-4 W+H 法分析图书馆自习室打扫卫生问题

考察点	第一次提问	第二次提问	第三次提问
目的	做什么:打扫自习室	是否有必要:有必要	有无其他更合适的对象:没有
原因	为何做:营造一个良好的学习环境	为什么这样做:使学生有个干净的舒适的地方学习	是否不需要做:非常需要
时间	何时做:每天都要到扫清理,上午九点至晚上八点	为何需要此时做:此时员工上下班	有无其他更合适的时间:有,在学生未到之前或离开之后,这样就不会打扰到学生
地点	何处做:两个自习阅览室	为何要在此处做:此处人多垃圾多	有无其他更合适的地点:没有
人员	何人做:清洁阿姨	为何需要此人做:她们的工作	有无其他更合适的人:自习学生自己打扫用过的地方或者学生勤工俭学,又可以自习
方法	如何做:一个个桌子层层递推扫出来	为何需要这样做:这样省时间	有无其他更合适的方法和工具:各分扫房间的阿姨在一起一间一间扫

其他建议:

① 在桌子边缘安一个装垃圾的筐。
② 在纸条,上写"同学,你忘东西了吗"?
③ 招聘学生志愿者周末打扫图书馆自习室。
④ 全校开一个以"图书馆自习室卫生"为主题的团会。
⑤ 校园调查,以调查卷的形式提醒同学们以后泡图书馆时注意卫生。

(2) 管理方面的应用

某航空公司在机场候机室二楼设小卖部,生意相当清淡。公司经理用 W+H 法检查问题何在,结果发现在 Who、Where 及 When 三方面存在问题。

① 谁是顾客?机场小卖部应当把入境的旅客当主顾才对,而这些客人不需要上二楼。在二楼逗留的大部分是送客或接客的人,他们完全可以在市内大市场里挑肥拣瘦,不必到机场来买东西。

② 小卖部设置在何处?原来旅客出入境的路线,都是经海关检查后,直接从一楼左侧走了,根本不需要走二楼。小卖部的位置没有设在旅客的必经之路。

③ 何时购物?出境旅客只有当行李到海关检查交付航空公司后,才有闲情光顾小卖部。而原来机场安排旅客上机前才能将行李交运,这样就从时间限制了旅客。

由此可见,小卖部生意不佳的原因是:未把旅客当主顾;小卖部的位置偏离了旅客的必经之路;旅客没有购物时间。

针对这三点,研究改进措施,以顾客为主顾,调整海关检查路线和行李交付时间。此后,小卖部生意兴隆。

(3) 生产中的应用

开始在人工养殖珍珠时，贝的成珠率低，甚至容易死掉。应用 W+H 法可以将问题缩小到几个方面，分别研究解决之。

① What：放什么东西贝不容易死掉？放砂子不行，改用裹着贝肉的贝壳碎粒行否？

② When：什么季节在贝里放东西最容易成功？贝长到多大时适宜植核？一天中的什么时辰做最有利？

③ Where：植核的位置选何处为好？

④ How to：如何使贝开口？放进异物后如何养护？

针对每一问题，拟定各种可行方案，分别试验鉴定后，找到最佳方法。

三、系统提问法

1. 系统提问法的含义

系统提问法是由庄寿强创建的，以系统发问为先导的创新方法。这种方法从事物的表象出发，找出它具备的所有特性或属性，将它们归纳后上升为几大类一般的抽象属性，然后再抛开事物已有的特征，进行发散式的想象，得到多种备选属性，最后通过发问的形式找出可行的创新方案。该技法体现了人们在认识世界中的"从已知到未知""从旧有到新有""从已知的具体到抽象的一般、再到未知的具体"等的一般认识规律。

2. 实施程序及应用实例

系统提问法实施程序如下：

① 列出观察对象的主要特征；

② 将这些属性上升到一般的属性；

③ 再对一般属性进行发散思考，列出可联想到的一系列具体属性；

④ 对观察到的属性和联想到的属性进行"为什么"的提问；

⑤ 尽可能地寻找理由来回答提问，由此判断哪些属性可以被否定或肯定，将每一个特征对应最佳属性标上记号；

⑥ 将所有最佳属性进行组合，得出多种方案。

下面以公文包的创新为例说明系统提问法的具体操作步骤（见表 7-5）。

表 7-5 系统提问法过程表

具体属性（已知）（第一步）	上升的抽象属性（第二步）	抽象属性概念的外延列举（未知）（第三步）	发问（第四步）
①棕色	颜色	红色、蓝色、绿色、黄色、黑色、白色、灰色、橙色……	①第一列已知具体属性问为什么是，如"为什么是棕色？"②对第三列未知具体属性问为什么不，如"为什么不是黑色？"
②长方形	形状	正方形、圆形、半圆形、梯形、三角形、月牙形、扇形、动物形状	
③40 厘米	大小	20、25、30、45、50、70、80（厘米）……	
④人造革	材料	牛皮、猪皮、纸、化纤布、麻布、塑料、玻璃、金属、陶瓷	
⑤表面印有熊猫	表面图案	动物图案：虎、鸟、鱼……；植物图案：花、草、树……；人物图案：山水风景……	

第一步，仔细观察待创造的物品（产品），并按具体的主要属性做好记录。比如，对于一只现有的（已知的）公文包可做如下观察：棕色，呈长方形，长度 40 厘米，由人造革制成，包口上有拉链，包的表面印有熊猫图案等。同时，要将这些已知的、具体的属性在一张

纸的左侧按顺序记录为一竖列。

第二步，脱离原物，把对原物观察到的已知的、具体的属性分别上升到一般的属性，并在同一张纸稍右处排为一竖列对应书写。比如，棕色，可上升为"颜色"；长方形可上升为"形状"；40厘米长可上升为"大小"；人造革可上升为"材料"等。

第三步，按照一般属性概念的外延范围列出一系列具体属性（即脱离原来具体事物的未知的具体属性），如"颜色"的外延，可列出红色、蓝色、绿色、黄色、黑色、白色、灰色、橙色等；"形状"的外延，可列出正方形、圆形、半圆形、梯形、三角形、月牙形、扇形、动物形状等；"大小"的外延，可列出20、25、30、45、50、70、80厘米等；"材料"的外延，可列出牛皮、猪皮、纸、化纤布、麻布、塑料、玻璃、金属、陶瓷……同时，也要把这些结果写在上述纸的相对应的右侧。

第四步，对第一、三列中所写出的每一个具体的已知和未知属性进行发问。发问的模式分别是"为什么是"和"为什么不"。发问的理论根据如下："肯定"和"否定"之间是矛盾关系，其外延之和穷尽了任何一个属性概念的外延。如，"棕色"与"非棕色"外延之和即等于所有的颜色。因而，用"为什么是"和"为什么不"发问，从理论上说可保持思考的完整性。比如，该文件包为什么是棕色？为什么不能不是棕色？即为什么不能是红色？为什么不能是白色？为什么不能是蓝色等。每发问一句，都要尽量找出理由来回答，这样就可引发思维活动，找出一系列的肯定的和否定的属性及其理由，就不难挑选出自认为最理想或最有意义的属性答案作为创造的目标，并在其下方做一记号，如画一道线。

第五步，将上一步中有意义的答案选出，并进行彼此间排列组合，得出众多的组合方案。比如，上例中就可以有"黄色月牙形20厘米长的小型牛皮印花包""黑色梯形45厘米长的塑料包"等方案可作为参考的创造目标。

系统提问创新方法的实施过程，体现了人们由已知到未知、由特殊到一般再到特殊的认识世界的规律，实践效果很好。很多大学生都可在极短时间内按系统提问法提出数十甚至上百个方案，且由于每个方案都是经过判断的，所以这些方案完全不同于简单的创造性设想，其中好的方案占的比重很大。

四、其他设问型创新方法

1. 七步法

这是美国著名创造学家奥斯本总结出来的一套设问方法。它分为以下七步。

① 确定革新的方针；

② 搜集有关资料数据，作革新的准备；

③ 将搜集到的资料数据进行分析；

④ 进行自由思考，将产生的设想一一记录下来，并构思出革新方案；

⑤ 提出实现革新方案的各种创造性设想；

⑥ 综合所有可用的资料和数据；

⑦ 对实现革新方案的各种创造性设想进行评价，筛选出切实可行的设想。

2. 行停法

这个方法也是奥斯本提出来的。它通过"行"——发散思维（提出创造性设想）与"停"——收敛思维（对创造性设想进行冷静的分析）的反复交叉来进行，逐步接近所需要解决的问题。行停法的步骤如下。

行，想出与所需要解决的问题相关联的地方；

停，对此进行详细的分析和比较。

行，寻找对解决问题有哪些可能用得上的资料；

停,如何方便地得到这些资料。
行,提出解决问题的所有关键处;
停,决定最好解决方法。
行,尽量找出试验的方法;
停,选择最佳试验方案。
如此循环往复,直至发明成功。

3. 八步法

这个方法是由美国通用电气公司研究、总结出来的一套设问方法。它分为以下八个步骤。

① 认清环境;
② 设定问题范围与定义;
③ 搜集解决问题的创造性设想;
④ 评价比较;
⑤ 选择最佳方案;
⑥ 初步设计;
⑦ 实地试验;
⑧ 追踪研究。

从以上几种方法中可以看出,设问法不仅是一种简易好学的思考方法,还可以根据不同需要,改换设问的方法,从而多角度引出设计的方向。正如爱因斯坦所言:"提出一个问题往往比解决一个问题更重要。因为解决一个问题仅仅是一个科学上的实验技能而已,而提出新的问题、新的可能性以及从新的角度看旧的问题,都需要有创造性想象力,而且促进着科学的真正进步。"

思考题

1. 奥斯本核检表法的内容都有什么?
2. 核检表法的优点都有什么?
3. 使用核检表法应该注意的有哪几点?
4. 简述设问法的主要类型。

第八章
列举法

★【教学目标】
1. 了解列举型创新方法的意义。
2. 掌握列举型创新方法的种类并学会应用。

第一节　列举法概述

◆【案例 8-1】
由自来水笔的发明引发的思考

匈牙利的拉·比罗是一位新闻记者，工作中发现自来水笔有不少缺点，使用起来不方便。他在报社的印刷厂看到印报纸的油墨比钢笔水有优越性，但油墨不能在钢笔中使用。一天，他看到一群孩子在地上滚皮球，沾了泥的皮球在地上滚动时留下一道泥印。他受到了启发，在一个圆管上装上了一个钢珠，管里放进油墨，这就是圆珠笔的墨水，这种墨水很有黏性，也有足够的流动性，既不会从笔尖中漏出，又能从圆珠的间隙通过，写在纸上还能迅速变干。这样，圆珠笔终于发明成功，并于1938年获得了专利。在这个案例中，我们至少可以提出两个问题：一是，假如你是一名记者，请分析一下自来水笔有哪些缺点？二是，比罗在发明圆珠笔的整个过程中主要用了哪些思维方式？学完本章内容请试着回答以上问题。

一、列举型创新方法的界定

列举型创新方法（"列举法"），是一种对具体事物的特定对象（如特点、优点等），从逻辑上进行分析并将其本质内容全面地一一罗列出来，用以创造设想，找到发明创造主题的创新方法，它是一种运用发散性思维来克服思维定式的创新方法。列举法的主要作用是帮助人们克服感知不足的障碍，迫使人们带着一种新奇感将事物的细节统统列举出来，时时处处思考一个熟悉事物的各种缺陷，尽量想到所要达到的具体目的和指标。列举法是一种简单实用的方法，也是一种较为直接的创新方法，非常适用新产品的开发、旧产品改造的创造性发问过程。列举法的要点是将研究对象的属性、缺点、希望点等罗列出来，提出改进措施，形成有独创性的设想。

在对某一事物进行发明创造时，如果能详细地列举出它的特征或者对它的某些特性提出具体的疑问或希望,也就是把总目标尽可能分解为各个小目标,就可能引发某些发明创造的灵感,或者至少可以改善某些特性。因此,对创造发明目标属性的列举会使人们更加深入地理解创造发明的目标,从而对产生创造发明的构想起一种引发作用。

列举法有很多种不同的方法,但是对创造开发最有使用价值的莫过于对某一事物的属性、缺点、希望点等特定对象进行全面的分析和列举,并需要借助逻辑分析的手段对对象的本质进行列举。当列举特定对象的本质内容时,越全面越好,尽量不要有遗漏,这样才能不至于因思考不周全而与一个好的发明创造失之交臂。列举法在实施过程中不妨采用一览表的形式来罗列列举出来的内容,一方面可以防止遗漏;另一方面对于集中思考有积极作用,产生"顿悟"的效果。

二、列举型创新方法的意义

列举型创新方法有利于克服心理障碍、改善思维方式,在创造发明活动中具有积极的实践意义。

1. 列举法有助于使僵化、麻木的思维得以解放,克服感知不敏锐的障碍

人们在初次接触某事物时,会有新鲜感,容易发现问题,但"少见多怪、见怪不怪",时间长了便习以为常了。此时,感知便处于饱和状态,有用的信息就输不进去了。列举型创新方法就是主要克服习惯的惰性带来的感知障碍,使人以全面搜索、不断挑剔、大胆幻想的思维方式实现创造发明的目标。

2. 列举法有助于使人们全面感知事物,防止遗漏

每个人的思维方式是不同的,其感知方式也各具特色。在通过五官认识事物时,有人注重视觉,有人擅用听觉,有人擅用触觉、味觉或者嗅觉。在用大脑认知事物时,有人常用左脑,有人则常用右脑。借助列举法,可使思考深入到事物的各个方面。如应用属性列举法时,就要求将事物所有的属性列出,不许遗漏,这样就必然有利于全面分析,产生较多的设想。

3. 列举法有助于克服思维定式

判断对于解决问题是必要的,但过早的判断往往会阻碍思维的发散,是创新能力的克星。与智力激励型创新方法的大胆设想、推迟判断原则相类似,列举型创新方法首先强调的是尽量全面地列举,避免过早地下结论,从而克服思维定式,获得更多的创新设想。

虽然,列举法有上述积极作用,但是它也具有局限性。列举型创新方法因其分析问题要求全面、精细、甚至比较烦琐,所以只适用于较小的、简单的问题,而且该方法不能最终解决问题。它的主要作用就是提供解决问题的思路,而进一步实施还需要其他创新方法的辅助。

第二节 典型方法——属性列举法

【案例8-2】
康师傅方便面的问世

20世纪90年代初期,在我国方便面市场上"康师傅""统一"和"一品"成三足鼎立之势。相比之下,"康师傅"更是抢滩夺地,咄咄逼人。当年,我国台湾《中国时报》的记者们也盯上了"康师傅"在大陆的打拼,将其发迹的历程进行揭秘。

据报道,生产"康师傅"方便面的是坐落在天津经济开发区内的一家台资企业。投资者大多是我国台湾彰化县人,在台生产经营工业用蓖麻油,并不熟悉食品业,而且在岛内也不那么风光,是一批所谓"名不见经传"的小业主。1987年年底,他们原本计划到欧洲投资。动身前,台湾当局宣布开放大陆探亲,他们就立即改变行程,决定在大陆市场寻求发展契机。

开始,这些台商并不清楚搞什么行当最走红。经过大陆之行的实地调查后,他们发现改革开放后的大陆,经济建设发展很快,"时间就是金钱"的口号遍地作响,人们的生活节奏日趋加快,对方便快捷的食品的需求开始产生。于是,一个新创意涌上台商脑海:为了适应大陆新出现的快节奏生活,可以在快餐业上寻求发展机遇,最后决定以开发新口味方便面来满足大陆消费者的需要。

开发什么品牌的方便面呢?台商认为给方便面取个有创意的名字,有利于在市场上出人头地。思来想去,他们列举了多个品名,淘汰了不少想法。后来,他们想到了"康师傅"的品牌,因为"师傅"是大陆人对专业人员的尊称,使用频率和广度不亚于"同志"。此外,"康师傅"中有个"康",也容易满足人们对健康、安康的心理希望。后来的事实证明,"康师傅"是个金不换的品牌。

康师傅要真正赢得大陆市场,必须真正满足大陆人对吃的需求。为此,台商在大陆人的饮食习惯和口味要求后,决定在"大陆风味"上下功夫。他们还采用了"最笨、最原始"的办法——试吃,来研究"康师傅"的配料和制作工艺。他们以牛肉面为首打面,先请一批人试吃,不满意就改。待这批大陆人接受了某种风味后,再找第二批大陆人品尝,改善配料和工艺后再换人品尝,直到有一千人吃过,他们才将"康师傅"的"大陆风味"确定下来。

当"康师傅"方便面正式上市营销时,大陆的消费者果然异口同声:"味道好极了!"一年后,"康师傅"在北京、上海、广州等大城市火爆起来,台湾报纸惊呼,"康师傅"的创举乃"小兵立奇功"。

方便面的出现改变了传统面条的属性,是食品领域的一大创新。本案例说明改变事物的属性是可以实现创意或创新的。问题是怎样去找出关键属性并对关键属性进行改变。美国内布拉斯加大学教授克劳福德在谈到新产品开发技巧时说:"如果我要从某些方面改变这个产品,产生新的或更好的产品,我所能做的就是改变它的许多方面中的一个或多个。"他所说的"改变",就是对事物属性的列举和在列举基础上的改变。在这种认识的基础上,人们提出了属性列举法。

一、属性列举法的界定

属性列举法(又称"特性列举法")是1931年由美国罗伯特·克劳福德教授创造的一种著名的创意思维策略,既适用于个人,也适用于群体。该教授认为,每一事物都是从另一事物产生,一般创造物都是对已有的事物中加以改造得到的。属性是指事物所具有的固有的特性,如人类有性别、年龄、体重等属性。一般而言,一个事物具有很多属性,事物的每一个属性都可以被分开加以增进或改变。该教授曾指出:"所谓创造,就是掌握呈现在自己眼前的事物属性,并把它置换到其他事物上。"所以,注意事物的属性是这一方法的精髓所在。属性列举法首先分门别类地将事物与课题的现有属性全面地罗列出来,然后在所列举的各项目下面,试用可能取而代之的各种属性加以置换,从中引出具有独特性的方案,再进行讨论和评价,最后找出具有可行性的创新设想或创新措施。属性列举法适用于革新或发明具体事物,特别适合于轻工业产品的改革,同时也可适用于行政措施、机构机制与工作方法的改进。

一般而言,有些产品的创新可以整体进行,例如水笔、口杯、闹钟等一些小产品。但是有些产品无法进行整体性的创新构思，它必须是在一个个部件，或一个个性能特征得到创新构思后才能最终形成一个总的构思方案。如汽车就无法从整体进行创新构思，而必须就其每一个部件或每一个属性功能进行一步步分析和列举，然后就每一个部件或功能属性进行创新，才最终形成新的汽车整体构思。所以，有些产品是"问题越缩小越能产生创造性构思"。实际上许多整体创新方案正是由多个局部方案创新的组合形成的。

缩小列举对象是通过对事物的分解实现的。分解就是对客体进行剖析，把它分解为若干互不交错的部分。如汽车可以分解为发动机、轮胎、转向、外壳等，而除产品外，还有管理目标、工作程序的分解等。

二、属性列举法的实施步骤

属性列举法的实施步骤一共分为三步，如图 8-1 所示。

图 8-1　属性列举法的实施步骤

在图 8-1 第一步中，属性列举法中的"属性"主要包括四个方面：名词属性，即整体、部分、结构、材料、制造方法等；形容词属性，即性质、状态、颜色、形状、感觉等；动词属性，即功能、作用等；量词属性，即数量。此外，值得注意的是，在第二步中，关键是要力求详尽地分析每一属性，尽量从各个角度提出问题，找到缺陷，再尝试从材料、结构、功能等方面进行改进。

三、属性列举法举例

属性列举法举例一共包括四项案例内容，即"烧水壶的改良""如何提高牙膏销量""新型家用电冰箱的创新设计方案""羽毛球拍的设计应用"。

1. 案例一：烧水壶的改良

烧水壶的改良就可以采用上述属性列举法。可先把水壶的构造及其性能按要求予以列出，然后逐一检查每一项特性可以改良之处，问题就会迎刃而解。

（1）名词特性

整体：水壶。

部分：壶嘴、壶把手、壶盖、壶体、壶底、蒸汽孔。

材料：铝、不锈钢、铁皮、搪瓷、铜材等。

制作方法：冲压、拉伸、焊接、浇铸、雕刻等。

根据所列特性，可做如下提问并进行分析，然后考虑改进：壶嘴长度是否合适？壶把手可否改成绝缘材料以免烫手？壶体可否一次成型？冒出的蒸汽是否烫手？蒸汽孔可否改个位置？制作材料有无更适用？等。

(2) 形容词特性

性质：轻、重。

状态：美观、清洁、高低、大小等。

颜色：黄色、白色等。

形状：圆形、椭圆形等。

对形容词特性进行列举并分析，也可找到许多可供改进的地方。例如，怎样改进更便于清洁，颜色图案还可有哪些变化，底部用什么形状才更有利于吸热传热等。

(3) 动词特性

功能：烧水、装水、倒水、保温等。

对动词特性列举并进行分析，也可以找到许多可供改进的地方。例如，将水壶改为双层并采用保温材料，可提高热效率并有保温性能；在壶嘴或壶盖上加以汽笛，使水开时刻鸣笛发信号等。

2. 案例二：如何提高牙膏的销量

有一家牙膏厂，产品优良，包装精美，招人喜爱，营业额连续10年增长，每年的增长率在10%~20%。可到了第11个年头，企业业绩停滞下来，以后每年也是如此。公司经理召开高层会议，商讨对策。会议中，公司总裁许诺说："谁能想出解决问题的办法，让公司的业绩增长，重赏10万元。"有位年轻经理站起来，递给总裁一张纸条，总裁看后，马上签了一张10万元的支票给了这位经理。

那张纸条上写的是：将牙膏开口扩大1毫米。消费者每天早晨挤出同样长度的牙膏，开口扩大了1毫米，每个消费者就多用1毫米的牙膏，每天消费量将多出不少呢！公司立即更改包装。第14个年头，公司的营业额增加了32%。

该公司没有对牙膏产品进行大的革新，只是改变牙膏开口大小这一属性，将开口扩大1毫米，牙膏销量就大大增长。可见，适当改变事物属性也可以产生意想不到的创意。

3. 案例三：新型家用电冰箱的创新设计方案

在明确了对电冰箱进行创新改进的目标之后，我们将电冰箱的四种属性列举出来，见表8-1。

表8-1 电冰箱的属性列举

名词属性	形容词属性	动词属性	量词属性
整体：电路部分、结构部分	颜色：白色、灰色	功能：制冷	门的数量：一体机，单门、双门、三门
电路部分包括：压缩机、温控器、继电路、过载保护器、灯开关专用电源线、灯；结构部分包括：箱体、箱门、冷藏室、冷冻室、箱顶、隔架、果菜盒、除霜铲、调脚架、隔热层	重量：重	重要动作：搬运、开关箱门、接通/切断电源、调节温度、除霜、除臭	
材料：塑料、金属（压缩机）、电子元件（电路部分）、含氟制冷剂或不含氟制冷剂	形状：立方式、立式		
	耗电量：大、热（压缩体、箱体两侧）		
	噪音：制冷时较大		

了解了电冰箱的工作原理、基本结构等知识，应用分析、分解和分类的方法列出它的名词、形容词、动词、量词属性，接下来对列出的属性进行分析对比，提出改进意见：

① 随意空间调节：内部各隔挡（冷藏室，冷冻室，果菜室，激冷室）可以随意调节大

小，关闭或打开制冷，隔挡为可旋转式。

② 自由温度控制：可以随意调节各隔挡的温度使之成为冷藏室或是冷冻室；根据用户设定可以自动进行温度控制。

③ 替代材料：玻璃。

④ 多种颜色：多图案、多色彩的随心换彩壳。

⑤ 多种形状：圆柱体、多边体、壁挂式、卧式、手提包式。

⑥ 新增功能：制热、保温。

⑦ 使用能源替代：太阳能、燃气、蓄电池。

⑧ 自动化：自动解冻、除霜、除臭、消毒。

⑨ 拆分：将一体机拆分为组合机，可以任意组合摆放。

⑩ 易于搬运：在箱体底部安装可拆卸的滑轮，在箱体两侧加把手，便于搬运。

⑪ 箱门设计：多个箱门；采用上下推拉门、折叠门的结构，节省空间；带锁的箱门，防止小孩乱拿。

⑫ 关箱门设计：未关箱门出现报警信号；自动关闭箱门的功能。

⑬ 易于水平调节：箱体自带水平仪，便于水平调节。

⑭ 增加数字化控制屏：箱体装有控制屏，显示每小时耗电量、当日和当月及总计耗电量、各隔挡的温度、箱体内平均温度、结霜等级，总计运行时间等数据，便于用户及时控制。

⑮ 增加智能化控制功能：具有语音控制、远程数据传输控制等功能。

分析上述意见，提出新型冰箱的设计思路：

① 适合现代家庭的太阳能数字化控制屏智能冰箱；

② 适合放置在客厅的壁挂式玻璃门半圆柱型冷藏箱；

③ 适合进行商品展示的多边形多个玻璃门超大冷藏箱；

④ 适合冬天使用的保温冰箱；

⑤ 适合外出携带的蓄电池、手提包式冰箱；

⑥ 没有噪音、重量轻的燃气式充气冰箱。

4. 案例四：羽毛球拍的设计应用

在近百年的羽毛球拍发展史上，羽毛球拍的造型没有发生过大的变化。随着科学技术的发展，球拍向着重量越来越轻、拍框越来越硬、拍杆越来越好的方向发展。羽毛球拍作为一件极其普通的日常用品，其设计已经基本保持在了一个相对稳定的阶段。现有市场上的羽毛球拍一般由拍头、中杆、接头以及粒钉组成，拍头与网线之间采用凹槽结构。一支球拍的长度不超过680毫米，其中拍框长度不超过25毫米，宽为200毫米。拍头的几何外形一般有两种：传统的圆形和头部为方形的ISO拍形。专业性能较高的球拍一般采用方头拍形，因为方头拍头的甜区要比圆头拍头大26%左右。但甜区相对较大虽然可以提高击球的威力、控制力以及降低震动感，但是会对扭力产生负面影响。

对现有市场上非专业的羽毛球拍的造型以及色彩进行调研分析得出，日常（非专业）所用的羽毛球拍一般在造型方面趋向圆润，拍头也多为圆形拍头。色彩趋向于艳丽，多为黑色与一个亮色相搭配。此造型及颜色的趋向主要受当今社会人们对轻松愉快生活的向往和对自己个性表现的欲望而来。此课题设计也将遵循此产品的发展趋势，在此基础上进行创新设计。

（1）列举研究对象特性，发散问题

列举所研究对象的特性一般包括三个方面。名词特性主要反映事物的性质、整体、部分、材料以及制造方法等；形容词特性主要反映事物的颜色、形状、大小、长短、轻重等；动词特性主要反映事物的机能、作用、功能等。将日常所用的羽毛球拍逐一进行特性列出，广泛而全面的对羽毛球拍的每一个细节进行分析整理，使多角度的词语进行碰撞。

（2）分析鉴别问题，排列整理

对所列举出的问题进行具体分析，判断每一个特性是否具有改进和创新的必要性和可能性，淘汰那些没有价值和不现实的问题，并按可实施的程度进行排列。其中名词特性归纳为：第一，附件可不可以与羽毛球拍相融合，增加整体性防丢失？第二，是否可以避免羽毛球在携带时被挤压？第三，手握部分是否可以使用增加摩擦力的吸汗材质？形容词特性归纳为：用户是否可以自己变换色彩，彰显个性？动词特性归纳为：第一，是否可以自动捡球，比如利于磁铁的原理等？第二，长时间运动，怎样能减少不必要的疲劳？第三，是否可以更方便携带？再针对以上问题继续深入，最终确定了两个关键问题：羽毛球包是否可以与羽毛球结合？利用某种相吸元素，是否可以实现不弯腰捡球？可以看出，即使是一个较为成熟的产品依然有可开发空间，时代的不断发展，人们会对产品提出新的需求。通过对产品特性细节过程的分析，找到了设计的切入口，进而产生创新方案。表8-2列举了羽毛球拍的各个特性。

表 8-2　羽毛球拍特性列举

名词特性	整体：羽毛球拍 部件：拍头、中杆、手握、接头、粒钉、网线 材料：木材、碳纤维、航空纳米材料、铝合金、钛合金 制造工艺：热压成型、丝印、穿线、烫柄皮、研磨 附件：羽毛球包、羽毛球 使用者：儿童、成年人、老人	1. 手握部分是否可以使用增加摩擦力的吸汗材质？ 2. 材料是否又坚硬又轻便 3. 接头部可不可以与拍头与中杆采用一体式？ 4. 附件可不可以与羽毛球拍相融合，增加整体性防丢失？ 5. 拍头是否可以更换？ 6. 是否可以避免羽毛球在携带时容易被挤压？
形容词特性	颜色：红色、蓝色、黄色、白色、绿色 形状：拍头分为方和圆，整体呈Y型 长短：长、略短 重量：轻、略重 粗细：细、略粗	1. 球拍和羽毛球是否可以发光，使得灯光昏暗也可以打球？ 2. 中杆是否可以伸缩，适应不同的使用者需求？ 3. 手握部分的粗细是否可以变化，适应不同的手型？ 4. 是否可以用户自己变换色彩，彰显个性？ 5. 外形是否可以做成动物形状，适用于儿童的审美？
动词特性	动作：携带、发球、挥拍、击球、捡球、收纳 功能：健身、娱乐、纪念、送礼品	1. 是否可以更方便携带？ 2. 是否可以为初学者设计一些辅助学习的工具？ 3. 是否可以增加一些科技元素，比如增加音乐播放功能？ 4. 是否可以自动捡球，比如利于磁铁的原理等？ 5. 是否可以增加附加功能，使之在未使用时也具有一定的功能意义？ 6. 长时间运动，怎样能减少不必要的疲劳？

（3）提出革新方案。

根据以上对三种特性所提出的问题进行分析，确定最终方案。将创意点归纳为如下：第一，利用两种相吸的元素，使得捡球更方便，避免不必要的体力损失。第二，将羽毛球在收纳时设置在固定的空间，防止丢失以及挤压变形。第三，将羽毛球拍与羽毛球包相结合，增加产品的完整性，避免附件增加过多的操作步骤。最终确定的方案为在吸铁石、魔术贴、不粘胶、吸盘等一系列相吸元素中，最终选择了将魔术贴置于球拍顶部。其原因是成本低、质量轻。将接头处改为U形，使得在收纳时羽毛球可以放置在此处，避免了找不到羽毛球以及携带中随便放在球拍包中的挤压变形。将背带设置在手柄内部，省去了使用球拍包的不必要的多余动作，简化了球拍的收纳方式。

第三节　引申方法

【案例 8-3】

日本美津浓公司改造网球拍

日本美津浓公司原是一家规模较小的生产体育用品的工厂，为了拓展产品销售市场，公司研发人员进行市场调查。在调查过程中他们了解到，最令网球初学者头疼的就是打不到球，即便打到了也是一个"触框球"。研发人员就网球拍的这一"缺陷"向公司提议研发，经过商讨决定制作一种比标准网球拍框大 30% 的供初学者使用的网球拍。这种球拍一上市销售情况极好。后来，公司研发人员又了解到初学者打网球时，手腕容易患一种叫作"网球腕"的皮炎症，这是腕力弱的人打球时因承受强烈的腕部震动而造成的。于是，公司用发泡聚氨酯作为材料，经过无数次试验，制成了著名的"减震球拍"。

美津浓公司通过市场调查了解消费者的需求，并列举出"初学者球拍过小、球拍造成腕部震动而导致皮炎症"这两方面的缺点进行改造，两次都得到了市场的认可。世界上任何事物不可能十全十美，总会存在这样或那样的缺点。如果有意识地列举并分析现有事物的缺点，提出改进设想，便可能实现创意。

一、缺点列举法

缺点列举法对发明创造活动具有积极意义，它有助于直接选题，能帮助创造者获得新的目标。

（一）缺点列举法的原理和特点

缺点列举法就是通过发现、发掘现有事物的缺陷，把它的具体缺点一一列举出来，然后针对发现的缺点，有的放矢地设想改革方案，从而确定创新目标，获得创新发明成果的一种创新方法。发明创造的第一步就是要提出问题，许多有志于发明创造的人，虽有强烈的愿望，却无法确定目标，面临错综复杂的研究对象不知如何下手。对现有事物的缺点进行列举，在平常认为没有问题的地方发现问题，在平常看不到缺点的时候找到缺点，利用事物存在的缺点和人们期望尽善尽美的愿望，形成创造者的革新动力和目标。人们发明创造的产品总会有这样那样的缺点，主要有以下两大原因。

1. 局限性

设计产品时，设计人员往往只考虑产品的主要功能，而忽视其他方面的问题。比如，厨房里使用的锅，烧煮食物很方便，这是它的主要功能。但是，当用它烧煮汤羹的东西就暴露了它的局限性，因为锅的上口太宽，不便倒入小碗。有人根据这个缺点，设计了"茶壶锅"。这种锅的外形很别致，把上口宽的锅与倒水方便的茶壶巧妙地结合在一起，似锅似壶，一物多用，尤其适合烧煮汤羹类食物。

2. 时间性

随着科学技术的进步和时间的推移，有的产品从功能、效率安全及外观上落后了。如果对习以为常的事物"吹毛求疵"，找出其不方便、不顺当、不合意、不美观的缺点，就容易找出克服缺点的办法，然后采用新的方案进行革新，创造出新的成果。

缺点列举法的运用基础是发现事物的缺点，挑出事物的毛病。尽管万事万物都并非十全十美，都存在着缺点，然而不是每一个人都能发现这些缺点，其主要原因是人都有一种心理惰性。由于思维定势作怪，人们对看惯了或用惯了的事物往往很难发现和找出它们的缺点，因此安于现状，失去了创造的欲望和发明的机会，实际上也就失去了每个人都应该具有的创造力。

缺点列举法的实质是一种否定思维，唯有对事物持有否定态度，才能充分挖掘事物的缺陷，然后加以改进。有时候只要找出原有事物的一个缺点并加以改进就能产生巨大效益。因此，运用缺点列举法必须克服和排除由习惯性思维所带来的创造障碍，培养善于对周围事物寻找缺点、追求完美的创新意识。

但是缺点列举法也不是万能的。因为该方法一般是从比较实际的功能、审美、经济等角度出发来研究产品的缺点进而提出切实有效的改进方案。因而简便易行，常可取得较好的效果。然而，缺点列举法大多是围绕原有的事物的不足加以改进，通常不触及原有产品的本质和总体。这属于被动型创新方法，一般只适用于对老产品或不成熟的新设想的改造，使其趋于完善。在实际操作中，如果想要使自己的作品更加完美，往往需要与更多的创新方法结合使用，例如希望列举法、组合法等。

（二）缺点列举法的类型

缺点列举法主要包括三种，即改良型缺点列举法、再创型缺点列举法和缺点逆用法。

1. 改良型缺点列举法

改良型缺点列举法是针对已有一定完善程度的事物的某些特征缺陷或不足之处进行列举，在保持其原有基本状态的前提下，着手进行改进和完善，使其达到满意的创作目标的创新方法。

（1）案例一：狮王牌牙刷

日本狮王牙刷公司的职员加藤信三，早上刷牙时经常牙龈出血。他想了很多种解决牙龈出血的方法：牙刷改为较柔软的毛；刷牙前先把牙刷泡在水里，让刷毛变得柔软一些；多用一些牙膏；慢慢刷牙。这些方法都不管用。后来，加藤信三又想：牙刷毛的顶端是不是像针一样尖呢？他用放大镜观察一番，发现与他的估计居然相反，刷毛的顶端是四角形的。于是，他进一步动脑筋：如果把刷毛的顶端磨成圆形，那么用起来一定不会再出血了吧。试验结果相当理想。于是，他就把新创意向公司提出来，公司欣然接受。改良后的狮王牙刷销量极佳，而且经久不衰。

（2）案例二：礼节刷子

日本某纤维公司有一次织错了布，布上的绒毛单向倾斜，因而布也卖不出去。这时，有人提出："布的绒毛只向一方倾斜，如果用它来做成刷子不是能刷去衣服上的灰尘吗？"该公司马上派人将其装到刷子把上进行试验，效果很好，连衣服纹理深处的灰尘都能刷净。于是，公司将其定名为"礼节刷子"投放市场，很快变成了畅销品，后来购买这种"礼节刷子"的人又针对其缺点进行改进：只能单方向使用很不方便，如果能使梳子面旋转、改变一下方向就更好了，于是制成了反方向也能用的刷子，它在市场上同样也很畅销。之后，又有人再次运用缺点列举法指出：一次一次地旋转太费事。于是就把刷子做成了"V"字形，分别在两面装上绒毛方向相反的布，不仅可以轻松旋转而且可以降低成本，这种刷子又是一举成功，颇受顾客的青睐。

从单方向使用的刷子到正反两个方向均能使用的刷子，再到"V"字型刷子，刷子的改良给人们的使用带来了更多的便捷。

（3）案例三：防滑鞋底的发明

40多年前，日本的鬼冢喜八郎听朋友说："今后体育大发展，运动鞋是不可缺少的。"受到这句话的启示，他决定加入运动鞋生产这一行业。他想，要在运动鞋制造业中打开，一定要做出其他厂家没有的新型运动鞋。然而，他一无研究人员，二又缺乏资金，不可能像大企业那样投入大量的人力和资金去研制新产品。鬼冢喜八郎想：任何商品都不会是完美无缺的，如果能抓住哪怕是针眼大的小缺点进行改革，也能产生新的商品。他列举出目前所有的运动鞋种类，并优先选择了一种篮球运动鞋来进行研究。他先访问优秀的篮球运动员，听他们谈目前篮球鞋存在的缺点，并逐一记录下来。在他所列举出来的缺点中，有一条是几乎所有的篮球运动员都谈到的："现在的球鞋容易打滑，止步不稳，影响投篮的准确性。"他便和运动员一起打篮球，亲身体验这一缺点，然后就开始围绕篮球运动鞋容易打滑这一缺点进行革新。

有一天他在吃鱿鱼时，忽然看到鱿鱼的触足上长着一个个吸盘，他想，如果把运动鞋底做成吸盘状，不就可以防止打滑吗？于是他就把运动鞋原来的平底改成凹底。试验结果证明，这种凹底篮球鞋比平底的在止步时要稳得多。鬼冢发明的这种新型的凹底篮球鞋问世了，并逐渐击败了其他厂家生产的平底篮球鞋，成为独树一帜的新产品。

(4) 案例四：日本新型席梦思床垫

20世纪80年代初，在日本市场畅销的是欧洲的席梦思床垫，它们价格低、美观、实用，使得日本市场自产的床垫一蹶不振。日本西川产业有限公司的新产品开发人员思考，怎样在床垫市场上夺得一席之地呢？经过对席梦思使用者的调查分析，他们发现了席梦思的一大缺点，即长期睡席梦思床垫的人会感到腰酸背疼。为什么？分析后发现，睡在席梦思床垫上身体重量集中在骨头突出的部位，特别是肩和臀部。如果能开发出一种能使人体压力分散、可通风透气的新型床垫，一定能够超越欧洲的床垫。该公司是通过联想构思出新产品的，有人联想到运输鸡蛋的包装垫（一种带凹槽的托垫，可均匀托起鸡蛋，与外界隔开，确保鸡蛋不被震坏）而构思出了新床垫。新床垫表面布满了一个个蛋状的突起物，人睡在上面被许多凸起物托住了身体，凸起物之间的空隙又可流通空气，使人的压力分散而睡得舒服。1982年该新型床垫推向市场获得了极大的成功，并远销欧美市场。

2. 再创型缺点列举法

再创型缺点列举法是指从工作和生活需要的角度出发，发现现有事物具有较大的缺陷，不方便、不安全，从而彻底改变事物原有的结构或重新构想，创造一种与原有事物有本质不同的事物的创新方法。电炉的发明就采用的该种方法。

20世纪初期，逐渐走进人们家庭生活的电炉子，是由一个名叫休斯的美国记者发明的，休斯毕业于美国明尼苏达大学新闻系。后在一家报社做记者，因与编辑部主任不合而辞职，继而从事电器事业，准备在家庭电器上有所创造。一次偶然的机会促使休斯萌生了发明电炉子的想法。一天，休斯应邀到朋友家吃饭。当他吃菜时，感到菜里有一股很浓的煤油味，想吐，但碍于情面和礼貌，只好把口中的菜咽下去。主人也发现了菜中的怪味。原来，新娘在弄煤油炉的时候，不小心把煤油溅到了菜里。新郎很尴尬，又不便说新娘，只好冲煤油炉出气，连连抱怨："这鬼炉子真讨厌！三天两头出毛病。你急用时它熄灭，要修又沾上一手油。"新娘抱歉，要去重做两道菜，休斯笑着劝阻了他们。休斯边吃边想：做饭是家庭主妇最基本的一项工作，如果能发明出一种用电的炉子，能既省事又可避免使用煤油炉时不小心把煤油滴入菜中的缺点。休斯回家后立即从事电炉的研究工作。经过不懈地努力，终于在1904年获得了成功，创造出一种新型的家用电器——电炉。

3. 缺点逆用法

该方法是一种反向思维方法。面对缺点，反过来想一想，就有可能利用缺点为人类服务。世界上的事物总是一分为二的，是对立的统一体。有句俗语说"金无足赤，人无完人"，就连那些难以发现缺点的人或物，其实也存在着某些缺点。对事物的缺点，不是采用改掉缺点的方法，而是从反面考虑如何利用这些缺点从而做到"变害为利"，反过来想一想，就有可能利用缺点为人类服务。台风给人带来灾难，但如果把台风带来的雨水蓄入水库可用来发电。煤焦油曾经是令人头痛的废物，今天却成了重要的化工原料。目前，垃圾问题是许多城市的沉重负担，但将来，垃圾处理工厂会成为很有发展前途的行业。长期食用地沟油可能会引发癌症，对人体的危害很大，而有媒体报道，荷兰航空将在中国购买2000吨地沟油，将其进一步加工转化成航空燃油后供客机使用。"以毒攻毒"就是我国中医宝库中出奇制胜的方略。技术史上一些别具一格的创新也不乏采用这种"以毒攻毒"的思路。例如，金属的腐蚀本来是件坏事，但有人却利用腐蚀的原理发明了蚀刻和电化学加工工艺。机械的不平衡转动，会产生剧烈的振动，利用它，有人发明了夯实地基的蛤蟆夯等。缺点逆用法包含以下三个方面。

① 巧妙地给缺点派上合适的用场，即巧用缺点。
② 将生活和工作中偶然碰到的"倒霉事"，转化为"幸运事"，即把握机遇。
③ 将人们的遗弃物转变为有用物，即变废为宝。

事物的缺点能转化为优点，一方面是事物的客观属性决定的；另一方面是由人的主观认识决定的。能否巧用缺点取决于一个人敏锐的观察力和思维的灵活性，这种观察力和灵活性不仅仅是能向多方面、多角度去想，主要是一种能在价值观念上向对立面转化的灵活性，一种观察事物时能进行格式塔转换的独特的洞察力，即高级的辩证思维。

缺点逆用的目的是要化弊为利。使用这一思维方法，首先要发现事物可利用的缺点；紧接着要分析缺点，抽象出这种被认定为缺点的现象后面所隐藏的可以利用的原理和特性；最后，在一定科学原理的指导下构思巧用缺点的方案。

（1）案例一：发现慢的好处

迪士尼动画电影《疯狂动物城》在全球获得了不俗的票房。在电影中，广受观众喜爱的是树懒吞吞急死人的说话方式和呆萌表情。片中的树懒是车管所员工，举止和反应都比其他动物慢半拍。它的定位不仅是搞笑，更是制作人员来嘲讽官僚部门办事拖拉的绝妙之笔。它的形象也成了社交媒体的宠儿。

（2）案例二：伤痕苹果

詹姆士·杨是新墨西哥州高原上经营果园的果农。每年他都把成箱的苹果以邮递的方式零售给顾客。一年冬天，新墨西哥高原下了一场罕见的大冰雹，一个个色泽鲜艳的大苹果被打得疤痕累累，詹姆士心疼极了。"是冒着被退货的危险寄货呢，还是干脆退还订金？"他越想越懊恼，并且歇斯底里地抓起受伤的苹果拼命地咬。忽然，他发觉今年的苹果比往年的苹果更甜更脆，汁多味美，但外表的确非常难看。"哎，多矛盾！好吃不好看！"他辗转反侧，夜不能寐，忽然产生了一个创意。第二天，他根据构想的方法，把苹果装好箱，并在每个箱里附了一张纸条，上面写着"这次寄奉的苹果，表皮上虽然有点受伤，但请不要介意，那是冰雹的伤痕，这是真正在高原上生产的证据呢！在高原，气温往往较低，因此苹果的肉质较平时结实，而且产生一种风味独特的果糖。"在好奇心的驱使下，顾客们都迫不及待地拿起苹果，尝尝味道。"嗯，好极了！高原苹果的味道原来是这样！"顾客们交口称赞。

陷入绝望的詹姆士所想出来的创意，不但化解了他面临的重大危机，而且还收到了大量专门订购这种受伤苹果的订单。

（三）缺点列举法的操作步骤

缺点列举法的操作步骤主要包括以下几点。

1. 做好心理准备

缺点列举法的实质就是发现产品的缺陷，寻找事物的不足，从而进行改革与创新。但由于心理惯性和思维惯性作怪，人们往往意识不到缺点的存在。因此，在运用缺点列举法时，人们必须首先培养起"怀疑意识"和"不满足心理"，要用"怀疑意识"的"显微镜"去寻找缺点，要用"不满足心理"的"放大镜"去分析缺点，使事物的缺点与不足暴露无遗。

2. 详尽列举缺点

列举事物的缺点不能仅凭热情,还要依靠科学的方法。用户意见法、对比分析法和会议列举法都能为人们详尽地列举事物的缺点提供帮助。

(1) 用户意见法

如果需要列举现有产品的缺点,最好将该产品投放市场,请用户提意见、找毛病,通过这样的方式获知的产品缺点最有参考价值。

例如,将普通单缸洗衣机投放市场并收集用户意见后,便可列举出下述缺点:

① 功能单一,缺乏甩干功能;
② 使用不便,需要人工进水和排水;
③ 洗净度不高,尤其是衣领、袖口处不易洗净;
④ 同时洗不同颜色衣物时容易造成衣服染色;
⑤ 排水速度太慢,洗涤剂的泡沫难以迅速排放;
⑥ 洗涤时,衣物往往被搅在一起,不易快速漂洗。

针对用户所提出的缺点,迅速有的放矢地改进,就可制造出性能更佳、功能更强、效果更好的新型洗衣机。需要指出,采用用户意见法收集产品缺点时,应事先设计好用户意见调查表,以便引导用户列举意见,且便于分类处理。

(2) 对比分析法

没有比较就没有鉴别,通过对比分析,人们可以更清楚地看到事物存在的差距,从而列举出事物的缺点。

例如,轴承是各种机器传动系统不可缺少的组成结构。早期设计的滑动轴承使机械设备得以运转、劳动强度得以减轻、工作效率得以提高,是一项划时代的创造。但随着科学技术的进步,滑动轴承被滚动轴承取而代之,因为它解决了滑动摩擦阻力太大的缺点。

20世纪80年代初,空气轴承的出现使人们在比较中发现了滚动轴承的若干缺点:

① 空气轴承的摩擦阻力只有滚动轴承的百分之几;
② 空气轴承的转速可达每分钟几十万转,理论转速甚至可达80万转/min以上,滚动轴承望尘莫及;
③ 空气轴承可在低至-260℃、高至1500℃的温度区间内正常工作,滚动轴承无法实现;
④ 空气轴承可用普通钢材制造,甚至工程塑料也可代用,而滚动轴承需用特殊轴承钢制造;
⑤ 空气轴承可连续工作20年,甚至不需要维修,滚动轴承无法实现;
⑥ 空气轴承噪声微弱,滚动轴承则噪声严重;
⑦ 空气轴承没有污染,滚动轴承则污染严重。

空气轴承有很多优点,但径向承受的负荷有限制。因此,人们又发明了磁悬浮轴承,比较中可以发现滚动轴承和空气轴承的若干缺点。可见,就轴承而言,尚有巨大的改进空间。

(3) 会议列举法

通过缺点列举会,可以充分汇集群体的意见,较系统、深刻地揭示现有事物存在的缺点。

会议列举法的步骤如下:

① 由会议主持者根据活动的需要,确定列举缺点的目标对象;
② 确定会议人员,一般组织5~10人召开主题会议,尽可能多地列举事物的缺点,并将缺点逐条写在准备好的卡片上;
③ 对列举的缺点进行分类和整理,找出主要缺点;

④ 召开有关人员会议，研究克服缺点的方法。

每次会议的时间控制在 1~2 小时左右，会议讨论的问题宜小不宜大，如果是大的课题，应将其分解成若干小课题，便于迅速取得成效。

将所列举的缺点进行仔细分析和鉴别，找出有改进价值的主要缺点作为发明创造目标。在分析和鉴别主要缺点时，首先要从产品的标准、性能、功能、质量、安全等影响重大的方面出发，进行仔细筛选，使得提出的新设想、新方案更有实用价值。在事务存在的缺点中，既有显露性缺点，也有潜藏性缺点，在某些情况下，发现潜藏性缺点比发现显露性缺点更有创造价值。

经上述步骤明确了需要克服的缺点之后，进行有目的和有针对性的创造性思考，并通过改进性设计以获得更为完善和理想的方案，从而发明创造出更为合理和先进的产品。

在此阶段，除需对缺点进行列举、分析和思考外，还应采用逆向思维，做到化弊为利。缺点列举法的应用范围很广泛，不仅可以用于改进或完善某种具体产品，解决属于"物"一类的硬技术问题，而且可以用于改进或完善设想计划方案，解决属于"事"一类的软技术问题。因此，缺点列举法对发明创造活动的促进作用不可忽视。

二、希望点列举法

【案例 8-4】

罐头的诞生

1812 年年底，拿破仑对沙皇俄国发动了一场大规模的侵略战争。他亲自率领 60 多万大军，一路捷报频传，不久便占领了莫斯科。此时，莫斯科已经是一座空城，法军所带的食物大部分已经腐烂变质，许多士兵吃了变质食物患了疟疾，夏季的蚊虫又加剧了疾病的传播。面对饥饿和疾病的威胁，拿破仑只好下令撤军回国，不料途中又遭到俄军的伏击，法军遭受重创。拿破仑回国后马上向全国发布了一道奖赏令："谁能使食品长期贮存而不变质，可得到巨额奖金。"11 年后，居住在马赛的食品制造商尼可拉·阿培尔得到了这份奖赏。他先是创造了"加热杀菌"的方法，后来又解决了杀菌后密封的问题，即把食品放入铁罐或瓶子里后，密封住瓶口，使它不漏气。世界上第一只罐头就是在战争、疾病、失败、奖赏的外部条件下促成的。

（一）希望点列举法的原理和特点

希望，就是人们心理期待达到的某种目的或出现的某种情况。古今中外，世界上许多发明都是根据人们的希望被创造出来的：人们希望升上天空，就发明了风筝、气球、飞机；人们希望冬暖夏凉，就发明了空调设备；人们希望在空中传递图像，就发明了电视；人们希望夜如白昼，就发明了电灯；人们希望快速计算，就发明了电子计算机等。人们希望茶杯在冬天能保温，在夏天能隔热，就发明了一种保温杯；人们希望有一种能在暗处书写的笔，就发明了内装一节五号电池、既可照明又可书写的"光笔"；在研制一种新的服装时，人们提出的希望有：不要纽扣，冬天暖夏天凉，免洗、免熨烫，可变花色，两面都可以穿重量轻，肥瘦都可以穿，脱下来可作提物袋等。现在，这些愿望大多数都在日常生活中变成了现实。

希望人人皆有，"希望点"就是创造性强且又科学、可行的希望。而希望点列举法，就是通过列举希望新的事物具有的属性以寻找新的发明目标的一种创意思考方法。它是发明创造者从个人愿望和广泛收集的他人愿望出发，通过列举希望和需求来形成创造课题的创意思考方法。希望的背后，往往是新问题和新矛盾的解决和突破。因此，列举新的希望点，就是发现和揭示有待创造的方向或目标。只要能想出满足希望要求的新点子、新创意和新方法，就意味着新的创造的诞生。希望点列举法是从人们的愿望和需要出发，通过列举希望来形成创新目标和构思，进而产生出具有价值的创造发明的方法。希望点列举法有以下三个特点。

1. 具有扩展性

新创意的提出不受任何框框的限制。例如，音乐能给人们的生活增添乐趣，与音乐结合的产品层出不穷：音乐伞、音乐黑板、音乐床、音乐枕头、音乐尿布、音乐牙刷、音乐邮票、音乐图书等，还有诸如听诊器、晴雨计、按摩椅、茶杯、钥匙链、蜡烛、壁纸、圆珠笔、防窃钱包均可与音乐功能组合在一起。

2. 具有灵活性

一种技术获得成功后，可以向其他领域进行辐射，将这种技术或功能与其他产品结合起来，可称为侧向组合，它体现了新技术运用的一种灵活性。例如，装在眼镜框上的眼镜电视、3.8厘米的口袋式彩色电视、屏幕可折叠的电视机、可放在活页夹中的书页式电视等。

3. 具有新颖性

任意思考所产生的创意，甚至是具有奇特性的创意，这些创意尽管目前可能还无法马上实现，但是其中的创新意义往往会给人们带来很大的启迪和帮助。例如，有人观察到人的舌头很灵巧，可以把手上、手指缝里的果酱舔得干干净净，于是产生了奇特的创意，设计生产了一种带"舌头"的刷子，用来清除缝隙里面的脏东西。

希望点列举法就是从正面、积极的因素出发考虑问题，凭借丰富的想象力、美好的愿望，大胆地提出希望点。希望点列举法的主要作用在于克服人类感性知觉不足的障碍，采用发散思维的方法，促使人们全面感知事物，对希望点加以合理的分类。在重视内在希望的同时，应对现实希望、潜在希望、一般希望和特殊希望区别对待，做出科学的决策。如果仅以表面来构思创造发明，就会导致失误。例如，有位假肢厂的工程师设计了一种功能颇多、能伸到几米以外的假肢，却不能得到残疾人的认同，因为残疾人的内心希望是能够像正常人一样生活。希望点列举法的不足之处是不适用于较复杂的项目，不能最终解决较复杂的问题，应通过希望点列举法的形式和智力激励法、综摄法等结合起来加以运用。这是一种积极、主动型的创造发明方法，通常用于新产品的开发。

（二）希望点列举法的类型

希望点列举法主要包括两种类型：一是功能型希望点列举法；二是原理型希望点列举法。

1. 功能型希望点列举法

功能型希望点列举法是在不改变事物基本作用原理的前提下，针对事物不具备而又有所希望的方面，将希望点一一罗列，进行变换和创新的一种创新方法。派克笔的发明就运用了这种方法。

美国有个叫派克的人，最初只开个自来水笔的小铺子，后来，他却以生产"派克笔"而闻名于世。有一天他忽然想：为什么不把作为一个整体的自来水笔分成若干零散的部分来考虑呢？于是，他将自来水笔分成笔尖、笔帽、笔杆等部分，再对各个部分逐一加以思考。这样一来，许多以往想不到的好想法如泉水般地从脑海里涌了出来。例如，设想制成可画粗线和细线的不同笔尖；设想用14K金、18K金、白金等不同材料做成的不同笔尖；设想制作螺纹式笔帽、插入式笔帽；设想制作流线型笔杆、彩色笔杆等。派克首先选用流线型笔杆和插入式笔帽这两个设想加以深入研究，终于制成了誉满全球的派克钢笔，并由此获得了大量财富。以后派克钢笔又经过许多改进，可以称得上是笔中之王。

2. 原理型希望点列举法

原理型希望点列举法是针对现有事物的某些不足列举出希望点,并根据希望或理想,打破原事物概念的束缚,从全新的角度进行再创造的一种创新方法。

美国拍立得公司经理埃德蒙·兰德有一次给他的爱女拍照,小姑娘不耐烦地问:"爸爸,我什么时候才能看到照片?"这句话触动了兰德,引起了他的深思:为什么照一次相需要几个小时甚至几天才能看到照片呢?如果照相机也像电视机等产品一样,通上电,一按开关就能看到结果,那将会进一步扩大市场。于是兰德决心生产一种几分钟之内就能看到照片的新型相机。目标确立后,兰德夜以继日地工作,不到半年时间,就研制出了瞬时显像照相机,取名为"拍立得"相机,它能在60秒内洗出照片,所以又称"60秒相机"。这种相机投入市场后,受到了人们的热烈欢迎。拍立得公司的销售额从1984年的150万美元猛涨到1995年的6500万美元,10年中增长40多倍。

原理型希望点列举法在牛头刨自动抬刀装置中也获得了成功应用。牛头刨在退刀行程中,由于拍板抬起刨刀的距离不够,刀经常划伤已加工过工件的表面,同时还增加刀具后刃的磨损。常规的解决办法是工人用手抬起小刀架,这就增加了操作者的体力劳动,容易疲劳。为了解决这个问题,他们使用希望点列举法提出几点设想:加工时不用人工抬起刀架,退刀时不接触工件,退刀时刀架自动抬起,退刀时刀架自动恢复原位置。为了自动抬起刀架,设计者在刨刀后面巧妙地安装了抬刀块,这样在进刀切削时抬刀块会逆时针转动一个角度,不影响切削,而退刀时由于位置卡住不能顺时针转动,从而起到抬起刀架的作用。

还有学者根据有无明确的固定创造对象,将希望点列举法分为目标固定型和目标离散型两种。目标固定型,即目标集中在已确定的创造对象上,通过列举希望点形成该对象的改进和创新的方案。有人将其简称为"找希望"。目标离散型,即开始时没有固定的创造目标和对象,通过对全社会、全方位、各层次的人在各种不同的时间、地点、条件下的希望点的列举,寻找发明创造的落脚点以形成有价值的创造课题。它侧重于自由联想,特别适用于群众性的发明创造活动。有学者将此类希望点列举法简称为"找需求"。为了使希望点相对集中,也可以在列举前规定一个范围。

(三)希望点列举法的操作方法

用希望点列举法进行创造发明的具体做法是:召开希望点列举会议,每次可有5~10个人参见。会前,由会议主持人选择一件需要革新的事情或者事物作为主题,发动与会者围绕这一主题列举出各种改革的希望点。为了激发与会者产生更多的改革希望,可将各人提出的希望用小片写出,公布在小黑板上,并在与会者之间传阅,这样可以在与会者中产生连锁反应。会议一般举行1~2个小时,产生50~100个希望点即可结束。会后再将提出的各种希望进行整理,从中选出目前可能实现的若干项进行研究,制订出具体的革新方案。

例如,在电话刚出现的时候,美国创造学家艾可夫曾对电话罗列了下列希望点:

① 不需要用手即可使用电话;
② 不会接到错拨号码的电话;
③ 听到铃声就能知道是谁从何处打来的,这样可以不去接那些不想接的电话;
④ 如果拨电话给他人,遇到占线也不必挂断,待对方通话完毕后即可自动接通;
⑤ 当不方便接电话时,可以告知对方在电话里留言;
⑥ 能使三个人同时通话;
⑦ 可以选择使用声音或画面。

事实上,我们如今所用的电话,正是早年艾可夫所希望的电话。再如,我们以原始风扇的改进为例，看看人们是如何针对原有风扇提出希望点并产生设计方案的，如表 8-3 所示。

表 8-3　新型风扇的希望点列举

希望点	具体提问内容
希望角度不限制在固定范围内	可摇摆的风扇
希望不摆头部就能得到不同的风向	转页式风扇
希望风吹的范围更大一些	吊在顶部的吊扇
希望能随意调节风力的强弱，而不用换挡位	无极调整风扇
希望电扇能像电视那样用遥控控制	遥控式电扇
希望电扇造型多样	娇小可爱的卡通风扇等
希望风扇能随身携带	帽檐风扇、微型风扇

我们从日本圆珠笔制造商的案例中也可以看到希望点列举法的应用。

日本的圆珠笔制造公司曾一度纷纷倒闭，制造商中田君也陷入了困境。他希望生产一种新型的笔来摆脱困境，希望这种圆珠笔能达到这样的要求：①不漏水；②圆珠磨损虽然变小，但不至于立刻脱落；③墨水在纸上不洇；④双色；⑤可用于复写纸复写。

从希望点出发，他设计了一种铅笔圆珠笔，兼有三种笔的特性。这种笔投入市场后大受欢迎。

值得注意的是，希望点列举法的关键环节是设想和评价筛选。希望点设想和评价筛选环节是运用该设计方法的核心和关键，在确定的设计主题下，不拘泥于现有的技术、结构、功能实现方式及使用方式等，大胆设想，想法越多越好，并将这些想法用文字或简图的形式记录在纸上，集中进行分析评价，找到合理的设计方向。对设想进行评价筛选可以从以下三个角度展开分析。

首先，从功能合理性角度分析。功能是产品之所以成为产品的本质属性，能够被用户接受和认可的产品一定具有相应的功用，但具有相应功能的产品不一定都能被用户所接受，这就要看产品的功能是否具有合理性，是否符合人们使用的要求和行为习惯，当采用希望点列举法进行产品设想时，要在目标设想评价阶段，从用户的生理机能和心理性格特点入手，系统、全面地分析设想之产品概念的功能是否具有合理性，以此为依据判断该设想是否有深入的必要。

其次，从满足或引导人们生活方式的角度分析。设计是为了给人提供更加合理的生活方式，设计不仅要满足人们现有的需求，更要具有引导人们未来生活方向的作用。提出的设想是否具有实施创新设计的必要性，就要分析该设想能否满足或引导人们未来的生活，是否是人们梦寐以求希望获得的产品形式。当设想与人们对未来产品追求的目标相契合时，该设想便具有了深入设计的群众基础，也具有了其存在的合理性，在设计实践中便可以以此为切入点展开设计。

最后，毋庸置疑的是，设想可以是天马行空、毫无拘束的，有些想法就像海市蜃楼虚无缥缈，永远都无法落地，便是空想；有些想法依据当下的技术经济及科学条件，虽然存在一定的幻想和想象的成分，但根据科学技术发展的方向，不可否认未来的某一天可以实现，可以确定为创意点继续深入，形成概念设计。

三、成对列举法

研究目标的确定是创造活动的起点，当人们想要创意思考，却又找不到研究项目时，可以利用成对列举法得到启发，从而找到好题目。

（一）成对列举法的原理及特点

成对列举法是通过列举两类不同事物的属性，并在这些属性之间进行组合，通过相互启发而发现发明目标的方法。成对列举法既利用了属性列举法务求全面的特点，又吸收了强制联想法易于破除框框、产生奇想的优点，因而更能启发思路，收到较好的效果。

使用成对列举法要遵循两个规则：第一，必须十分明确所要解决的问题，这样可以确定所列举事物的类别。第二，要把所列事物、因素的所有组合都加以研究，即使是一些初看莫名其妙的组合也不要轻易舍弃。这是与智力激励法终止的延迟判断相似的原则，因为乍看起来是荒唐的想法可能会随着时间而成熟，或者能据此启迪另外的思路。

为了更好地说明成对列举法的特性，我们可以将其与属性列举法做个比较：属性列举法先是列出对象自身的特征，然后分析这些特征，再找出新特征，引出新产品的创意，其过程与其他事物无关；成对列举法是同时列出两类事物的属性，并在列举的基础上进行事物属性间的各种组合，从而获得创意的方法。成对列举法克服了属性列举法中没有具体方法进行属性变换的弱点。

（二）成对列举法的操作步骤

成对列举法可以有以下两种实施方式。

1. 实施方式一

① 列举，把某一范围内所能想到的所有事项依次列举出来。

② 强迫联想，任意选择其中两项依次组合起来，想象这种组合的意义，如图 8-2 所示。

③ 对所有的组合做分析筛选。

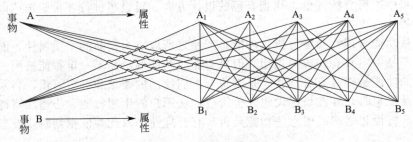

图 8-2　强迫联想组合

例如，要设计新式多功能家具，我们可以按照这样的操作步骤来构想创意方案。

首先，列举出各种家具及室内用具，如衣架、镜子、花盆架、电视、音响、冰箱、洗衣机、床、桌子、沙发、椅子、茶几、书架、台灯、衣柜……

然后，进行两两配对组合，比如，床和沙发、灯和衣架、桌子和书架、床和箱子、床和灯、镜子和柜子、电视和花盆架、音响和台灯、茶几和衣柜等。

最后，对所有方案进行分析，发现许多方案均可发明出新式家具，有些方案事实上已经成为产品，如床和沙发组合的沙发床、镜子和柜子组合成的带穿衣镜的柜子、床和箱子组合成的床底可兼作储物柜的组合床等。有些方案则还未见有人尝试过，如茶几与电视组合、茶几与镜子组合、电视与镜子组合、电视与花盆架组合等。分析这些创意中的组合能否构成可行的方案，如选取书架与椅子组合作进一步构思，在书架旁设计安装几块自动折叠的板条，既可坐人，又可临时放书，还可当踏板去拿书架上层的书。不用时，可以折叠或插入不占任何地方。

2. 实施方式二

① 确定两个事物为研究对象；

② 分别列出两个事物的属性；

③ 将两事物的属性一一进行强制组合；

④ 分析、筛选可行的组合，形成新的创意。

例如，我们可以将台灯和猫进行强制联想来设计一种新型的灯。

第一，确定灯为 A 物，为了设计新颖，选择与其差别较大的猫为 B 事物。第二，分别列出灯和猫的属性。灯：灯泡、灯罩、灯座、开关。猫：头、尾巴、耳朵、爪子。第三，将灯和猫的属性强制组合，见表 8-4。第四，提出新型灯的创意。

表 8-4 灯和猫的属性强制组合表

猫头形状的灯泡	猫头图案的灯罩	猫头形状的灯座	猫头形状的开关
可以随意变换角度的细灯管	长筒形灯罩	可以随意弯曲、调节长短的灯座	尾巴形状的开关
双灯泡	灯罩上面有两个耳形透光孔	耳朵形状的灯座	声控开关
多个小灯管	可以收缩调整的灯罩	爪子形状的灯座	触摸式开关

将上表的各种创意进行分析、综合、提出新型灯的方案如下：

① 灯泡。多个小灯管，上下串行排列。

② 灯罩。长筒型猫头图案灯罩，可以收缩调整筒的直径，上面有两个耳形透光孔。

③ 灯座。爪子形状的灯座，可以随意弯曲。

④ 开关。触摸式开关。

此外，还应该注意成对列举法的配对方式、缺陷及其改进方式。成对列举法有三种配对方式。

第一，形态配对方式。形态配对方式，即寻找与待开发产品外观特点有关联的参照物，经过融合、修正，使产品外观获得更好的象征性，架构合理联想，从而让所设计的产品独特并易于被人接受。形态配对方式可以产生更多灵动的产品，但是配对形成的产品也存在一些缺陷：①感觉上过于具象，可能人对于象征物的喜好会直接影响着人们对产品本身的感受；②参照物和产品必须具有气质和整体风格的可组合性；③可能将参照物本身一些不利于焦点物的特点属性带入后期产品的实现中。

第二，工作原理配对方式。它是根据某一产品在使用方式上的特点，寻找与之近似的参照物，结合产品的外形进行配对，这样产生的产品设计方案往往有突破性的进展，感觉新颖且具有创造力。通过结合参照物工作原理上的一些属性进行配对，形成的产品往往比同类产品更加具有使用方式上所体现的亮点和创新点，但是不可否认，这样单纯结合的设计依旧存在着一些不足：①功能上的结合往往过多影响了产品的外观；②产品整体的亮点以及特点过于明显和单一；③焦点物受到了参照物本身过多的牵制。

第三，功能配对方式。它是从要实现的功能出发，寻找与之具有共同点的参照物。在许多的产品中，不难发现在许多产品上往往体现着不止一种的参照物，设计师在设计的过程当中，虽然选定了要进行的参照物主体，但是在配对组合的过程中还是会加入一些创新点，最后形成的产品可能会有除了参照物主体之外的其他参照物的特点属性。这类产品相对于外观和工作原理的配对方式，少了更多参照物的牵制，但是它最大的缺陷是不同参照物的属性应用到产品上有时不能得到更加合理的结合，有的设计显得过于僵硬，或者其中一种属性可能影响了另一个属性的亮点。这主要是由于人们在选择参照物时出发点依旧不能跳出一对一的配对方式，这样很难在设计的开头很好地规划整个设计的过程。

针对以上方式和缺点，可以从以下方面改进。

第一，先寻找焦点物的目标点。为了减少设计师在使用成对列举法这一方法上的盲目性，让设计师们不过多地在设计的部分亮点处纠结，而是从全局上更好地把握设计的整个流程，让设计出来的产品更好地满足用户和制造商的要求，使用该方法之前可先确定焦点物的目标点，也就是将设计的这款产品需要达到什么功能、客户对于这款设计有什么要求、需要满足哪一部分人群列出,列出这些目标点之后能够使设计更加具有目的性。

第二,建立一对多的新观念。选定了焦点物之后,如果局限在焦点和参照物一对一的配对方式,那设计需要耗费的时间更多,因为需要排除许许多多的不合理性,这在规划整个设计的周期上是十分不利的,而且设计出来的产品很可能过于单一、亮点不足,所以在使用方法时可以在确定了参照物之后,在功能和外观上分别选定不同的参照物进行属性间的配对。

第三,不同配对方式产生产品的系列化。所设计的产品可以从系列化方式上去考虑,可以在配对的过程中选择采用同类的参照物进行配对,从而形成不同的相似产品,作为系列产品进行推广。

综上所述可以创造出新的方法——扇形多对列举法,其使用步骤如下:
① 先确定焦点物,确定设计所要达到的几个目标点;
② 根据不同的目标点列出符合各个目标点的参照物,并且列出参照物的各个属性;
③ 将参照物按照满足的不同目标点分成几类,然后根据各个参照物的不同属性与焦点物的属性进行配对;
④ 将配对出来的不同方式进行整合,选取设计师所需要的元素进行搭配,最终得出系列化的新产品。

扇形多对列举法有以下优点。
① 改变了配对的随机性,之前的成对列举法是在设计师缺乏灵感时将两个事物强制联想到一起,罗列出焦点物和参照物的各个属性然后进行配对,这样的配对方式是比较随机的,而新的方法在使用的第一步就列出来产品所要达到的目标点,然后从目标点出发再去寻找参照物,这样大大降低了产品进行配对的随机性,使得设计更加具有目的性,提高了效率。
② 之前的成对列举法都是一对一的配对方式,而新的方法每个提出的目标点都可以寻找出多种具有相似特征的参照物与之对应,可以打开思维,开阔思路。
③ 有收有放,利于对整个设计过程的总体把握,新的方法在使用的过程中,在确定了目标点之后,要求设计师们尽情地打开思路,寻找符合目标点的各种不同的参照物,然后将这些参照物的属性与焦点物进行配对,展开思路进行各种配对组合,并且按照类别分好类。这样到了整合过程时就是个收缩提炼的过程了,这时就可以在众多的结合方式中选取一些亮点和所需要的部分进行组合,最终形成多种不同的方案。
④ 做出的产品可以既有大变化,又有小变化。进行分类时将配对之后的各个属性分成几个类型,这样方便了后期产品的形成。不同类型的产品进行选取组合可以得出具有大变化的产品方案。

四、综合列举法

综合列举法是针对所确定的研究对象,从属性、缺点、希望点或其他任意创造思路出发列举出尽可能多的思路方向,对每一思路方向开展充分的发散思维,最后进行分析筛选,寻找最佳的创新思路的创新方法。

1. 综合列举法的原理

属性列举法、缺点列举法和希望点列举法都只偏重于某一方面来开展创新思维,因而在一定程度上也给创造带来一定的束缚。从根本上讲,创造应该是没有任何限制的。因此,我们在开展发散型创新思维的时候,可以综合运用上述方法,这就是综合列举法。

2. 综合列举法的操作步骤

① 确定研究对象;
② 对研究对象运用属性列举法进行分析和分解,列举各项属性;

③ 运用缺点列举法和希望点列举法对逐项属性进行分析；

④ 综合缺点与希望点对事物原有特征进行替换，综合事物的新老特征，提出创造性设想。

3. 综合列举法举例

(1) 相机新产品的综合列举如表 8-5 所示。

表 8-5 相机新产品的综合列举表

相机	名词属性	形容词属性	动词属性
属性列举法	镜头、快门、机身、卷片器	圆的、重的、黑色的、金属的、耐压的	望远拍摄、放底片、留下记录、风景拍摄
缺点列举法	镜头太小、快门太吵、机身太单薄	体重太重、颜色单一	远拍模糊、聚焦缓慢、装底片失败
希望点列举法	镜头加大、电子感应、随眼睛变化、快门声音安静	像鸡蛋造型、用轻金属使其轻量化	一次装两卷底片、瞬间实现望远设定

(2) 笔的新产品设想

① 发明课题：笔。

② 应用属性列举法列举笔的特征。

a. 名词特征：钢笔、铅笔、圆珠笔、毛笔、画笔、眉笔、眼线笔、蜡笔、粉笔、红笔、蓝笔、木头、铅芯、墨水、石膏、垫圈、塑料、笔囊、笔杆、笔尖、笔芯等。

b. 动词性特征：拿、写、画、涂、描、扒、滚、拧、挤、刻、握、吸水等。

c. 形容词性特征：红的、蓝的、绿的、黄的、金的、轻便的、精致的等。

③ 应用希望点列举法与缺点列举法对以上特征进行分析。

a. 可将钢笔与铅笔、钢笔与圆珠笔、毛笔与钢笔、画笔与铅笔、铅笔与蜡笔、眉笔与眼线笔、粉笔与蜡笔等进行组合，形成多功能笔。

b. 一些钢笔尖质量不好，容易把纸划破。摔在地上尖易断，一只笔尖只能写一种字型，粗细不可变。笔尖歪了不易校正。钢笔写完字不易修改。希望钢笔有不同的尖，能同时满足绘画需要。

c. 钢笔需经常灌水。笔刚灌水后写字浅，使用一段时间后字迹变深；墨水灌多了，钢笔漏水，墨水不易携带；希望有一种不用灌水的钢笔，或者能应用固体墨水的钢笔。

d. 钢笔的造型单一，握笔处太硬，经常使用，手易起茧。塑料杆脆，放在桌上易滚动，跌落地上易摔裂。笔帽夹不美观，女同志夏季穿裙子无口袋，钢笔携带不便。

e. 希望钢笔能兼有尺的功能，或者具有照明、报时、收放音、美容等多种功能。

f. 希望笔的外观采用各种造型，手镯式笔、戒指笔、项链笔、胸花笔、十二属相笔、麦穗笔、根雕笔、情侣笔、袋鼠笔等。

④ 提出新产品设想

a. 设计一种软尖笔，不怕摔。

b. 设计一种能写各种变色字迹的笔。

c. 研制一种不易蒸发的固体墨水，封于笔内，吸入少量自来水后便可书写。

d. 设计几种组合笔。如书写笔，可将毛笔、钢笔、圆珠笔、铅笔进行组合；又如绘画笔，可将毛笔、油画笔、铅笔进行组合；再如化妆笔，可将眉笔、眼线笔、唇笔进行组合。

e. 设计一种能当发卡或胸花、领带夹、钥匙链、项链等装饰品的装饰笔。

f. 设计一种具有照明、收录、放音、报时、测量血压、测量心率、计量、计时、计温等多功能笔。

g. 改进笔杆的材料与造型，使书写更轻松，笔杆不易跌落。

h. 设计一种纪念专用的礼品笔,如纪念自家父母等,纪念某一古人、某一事件或生日、婚礼、节日、赠亲友的笔。

i. 设计一种带灯、计算器、收录音的多功能笔。

⑤ 提出综合性方案。设计一种具有清香气味,带有能做领带夹的笔帽夹,异形笔杆并带有小灯、计算器、收录音功能的钢笔。

⑥ 将上述设想中的关键部件列出。

对功能的分析如下。

a. 为儿童们设计动画片中双尖造型的带香气、带音乐或带计时的塑料杆笔。

b. 为庆祝"六一"赠送礼品用的软尖、整体式可变型、具有收音功能的塑料笔。

c. 同时适用于冬、夏两季,出水流畅,又不漏水,适用于高低温及高低压情况下的带灯、带尺的工程用笔。

d. 能摆于室内,带各种装饰性插座的密封式、一次性使用的结构极简的异形笔。

e. 专供教师改作业、编辑人员改稿件使用的粗型、软尖、带灯与放大镜可计时的软杆笔。

f. 专供医生及化验、测试人员使用的测温、能计时、能标日期及当日温度、湿度、带空气清洁剂的软杆笔。

g. 专供运动员使用的一种软型或套尖式小巧的一次性使用、整体式带香味的笔。

对包装的分析如下。

a. 简易的锡光纸加绸带的各色包装。

b. 可当作家庭室内小摆设的各种动物、人物。雕塑形塑料或瓷制的带音乐、能存入香料的包装。

c. 可以当作儿童玩具或摆设的颜色鲜艳、动画人物造型,能自动开关、带音响的塑料包装。

d. 长方形的具有仿古图案、单色的古朴竹刻包装。

e. 华丽的、带荧光的、带香气的、嵌有珠宝的织锦缎制的软包式包装。

f. 长方形、仿珠宝盒式的带音乐、能自动开闭的高档包装。

⑦ 进一步完善,并可提出系列产品设想

综合⑤和⑥可得如下设想。

a. 为儿童设计的双尖的、笔帽及帽卡为各种动画人物造型的、带香气、带音乐、带计时的、色泽鲜艳、应用动画人物造型能自动开闭的硬盒包装的软杆笔。

b. 帽卡牢靠,握持舒适,同时适用于冬、夏两季,出水流畅,又不漏水,并适合低温高温、低压高压的带灯、带尺,采用长方形能自动开闭的及各种显示功能的单色现代金属盒包装的笔。

c. 供医生使用的以花式领带夹或帽夹、能测温、计时、计湿,能清新空气的异型杆软笔。

其他设想不再一一列出,下面以设想儿童笔为例说明。

a. 如考虑时间因素,则可设想春天用的笔、夏天用的笔、秋天用的笔、生日礼品笔、六一礼品笔、圣诞礼物笔、一次性笔、生辰纪念笔等。

b. 如考虑人物系列,可设想古代名人系列、现代英雄系列、童话人物系列、少数民族系列等。其中任一项可展开,如白雪公主和七个小矮人套笔、三国人物套笔、水浒人物套笔。

综合⑥、⑦结合形态分析法,设想如下:

a. 在⑤提出初步设想的基础上,应用形态分析中选择要素的方法,选择出设想产品的要素。

b. 将每一要素作为魔球的中心,作出魔球图。

c. 由于形态分析中的组合过于机械。可改为从每个魔球上逐一选择信息,进行综合,即可得到更完善的产品设想。

　　d. 将新产品设想系列化。

　　⑧ 应用焦点法做第三次展开，可进一步完善设想。

　　这一步可以接着⑦所得到结果继续下去，也可以返回①或⑤进行，最后将所得结果与⑦所得结果进行综合，提出进一步的设想。具体说明如下：

　　第一，选择焦点：多功能笔。

　　第二，选择参考物：香蕉。

　　第三，列举参考物的特征，并由此进行联想。

　　a. 带香味：兰花香、茉莉香、玫瑰香、苹果香＋梨香、桃香。

　　b. 味道：甜的、酸的、苦的、辣的、咸的。

　　c. 带皮的：皮革、皮毛、果皮、核桃皮。

　　d. 形状：长的、短的、方的、圆的、圆锥的、三角的、各种花的造型。

　　e. 颜色：黄色、红色、蓝色、绿色、五彩的。

　　f. 软的：糖、棉花、布、泡沫塑料、水。

　　g. 能吃的：饼干、馒头、鸡蛋、橘子、柿子、西瓜、萝卜、葡萄、杏、豆角、枣、药。

　　第四，提出笔的设想。

　　第五，玫瑰香型、玫瑰造型、折叠笔或玫瑰香嵌套式可用做头饰与胸饰的笔。

　　第六，可套于指尖的指套型软笔。

　　第七，糖果与水果外观笔。

　　第八，能装急救药的笔形外观药盒。

　　第九，将上述结果与⑦所得综合，可提出如下产品设想。

　　a. 花枝笔。供女性使用的可用做头饰、胸饰或服饰的折叠式或嵌套式的各种花枝造型，并带各种香气的可换杆芯的软杆水笔。包装可采取透明塑料简易包装。

　　b. 卡通式动画笔。为儿童使用的双尖、笔帽或笔夹为各种动画人物造型的、带香气的、带音乐的、带计时的系列套笔。包装可选用相适应的动画人物造型，并能自动开闭的硬盒或采用透明塑料简装。这种笔的各部分之间制成卡通式可互换。

　　c. 野外作业笔（工作笔）。适用于在特殊环境中的工作人员。这种笔帽夹牢靠，握持舒适，适用于高低温、高低压工作等特殊情况，带照明、带刻度（或卷尺）的水笔。它的包装可采用能自动开闭并有各种测量显示功能的单色金属包装。

　　d. 医务工作者专用笔。供医生、护士们使用的以花式领带卡或胸饰为帽卡的，能测温、计时、计温，能清新空气，具有一些急救功能的异形杆医务专用笔。

　　e. 各种不同颜色的、能表示各种不同笔记的指套笔。

　　当设想列出后，还应制出每一种类产品的详细设计方案及外观设计图。

拓展阅读

缺点列举法和希望点列举法在产品设计中的组合应用

　　一、缺点列举法和希望点列举法在组合使用的可行性分析

　　在产品创新活动中，缺点列举法与希望点列举法都是非常重要的设计方法，它们既有相似之处，又有其独特的地方。我们从两种设计方法的使用范围、应用程序和达到的效果来具体分析，从而找到二者在产品创新活动中组合使用的可行性。

1. 使用范围

缺点列举法一般是从比较实际的功能、审美、经济等角度出发来研究产品的缺点，进而提出切实有效的改进方案，因而简便易行，常可取得较好的效果。然而缺点列举法大多是围绕原有事物的不足加以改进，通常不触及原来产品的本质和总体，它们都属于被动型创新技法，一般只适用于对老产品或不成熟的新设想的改造，从而使其趋于完善。而希望点列举法则是通过提出新的希望点，进而探求解决新的设计问题和改善设计策略，很少或完全不受已有事物的束缚，是一种主动型的思维方式，因而较多地运用于新产品的开发上。

2. 应用程序

缺点列举法与希望点列举法同属于设计方法中的列举法，因而有其相似之处。在产品创新活动中，二者都是先将想法聚焦于"某点"而后又发散思维，最终又收敛于某种创新，且其主题都宜小不宜大，这样才可以帮助人们克服感知不足的障碍，促进人们更深层次的思考，从而产生丰富的创新思维。且其应用程序大体都经历了这样一个阶段：首先进行市场调研，包括资料收集、定位人群、相关产品调查等；其次是运用特性列举法（特性列举法是通过对研究对象进行分析，逐一列出其特性，并以此为起点探讨对研究对象进行改良与创新的方法）确定课题；再次是运用检核法或智力激励法确定其中需要改良或创新的地方，最后将众多的缺点或希望点加以归类整理，并以此为基础改进或发明出新的产品。

3. 解决效果

缺点列举法是从产品的缺点入手，而希望点列举法则是从人们新的需求而产生的新的希望点着手的，但是二者的解决效果却时常重叠。因为人们有新的需求从而发现产品新的缺点，而新的需求又产生新的希望点，二者的解决效果其实殊途同归。既然缺点列举法和希望点列举法的应用程序和解决效果大体相同，只是使用范围稍有不同，那么我们就可以将这两种方法求同存异，综合使用，从而将缺点列举法的务实与希望点列举法的突破结合起来，得出一种新的设计方法。

二、缺点列举法与希望点列举法的组合及其优点

缺点列举法和希望点列举法组合的设计方法通过对研究对象的分析比较，列出要点及其特性，并以此为基础确定改良或创新的部分，全面运用多种设计方法以达到改进或发明出新的产品的目的。该种设计方法的步骤可分为三个部分：首先确定主题，其次列举、收集缺点和希望点并加以归类整理分析，最后将缺点和希望点重合的部分加以整合，创造出新的方案。以咖啡壶的设计为例，我们先运用缺点列举法进行设计切入点的检索。

图 8-3　虹吸式咖啡壶

早期的虹吸式咖啡壶（如图 8-3）使用极其不方便，其缺点可归纳如下：①需要临时

磨豆，费时费工；②需手工搅拌；③不易清洗；④需要明火加热，增加危险性；⑤组装复杂；⑥需要时间较长；⑦操作复杂；⑧时间控制严格；⑨加热温度不易控制。

然后再运用希望点列举法寻找喜爱喝咖啡的人们的新需求，比如：①方便快捷；②可持续保证从同一个咖啡壶出来的咖啡质量不变；③无咖啡因，造福更多过敏体质的咖啡爱好者；④清洗简便；⑤能够将牛奶加进咖啡中，增加口感；⑥操作简单。

针对上面的希望点和缺点分析，我们可以将缺点①②与希望点①②③结合在一起，设计出适合快节奏现代生活的新型咖啡：一款统一配方的不含咖啡因的胶囊。由于采用胶囊的形式，这样就避免了磨豆、手工搅拌等过程，方便快捷。同时，由于采用不含咖啡因的统一配方，这样就可以做到咖啡的质量是一样的。我们还可以将缺点③与希望点④结合在一起，即我们可以将水箱与萃盘设计成是与主体分离的部件，这样就方便拆洗。同样，缺点④⑤⑥与希望点⑤结合起来，可以设计出一款主体是固定的，采用电子管加热的且增加一个蒸汽阀的产品。由于主体是固定的，这样就避免了大量的组装过程，而采用了电子管加热，就避免了明火的产生，同时加热速度更快，蒸汽阀的产生更使得我们能够将牛奶打泡加进咖啡中，增加润滑口感。最后，我们还可以将缺点⑦⑧⑨与希望点⑥结合在一起，在面板上采用具有自动提示功能的电子显示屏咖啡机，这样既能节省时间，又能使得操作简单化。

从以上实例可以看出，缺点的列出让我们知道了问题的存在，希望点让我们找到了设计的方向。我们首先将咖啡壶的缺点和希望点列举出来，分析寻找发明创新的目标和途径。其次，由于可以全面发散，并可运用多种其他设计方法使得我们的设计想法更全面，具有更多的创新点。再次，由于都是将问题聚焦于"某点"而后又发散思维，最终又收敛于某种创新，因而整个创新过程始终都具有条理性和明确性。最后，由于该种设计方法就是将缺点列举法中的务实和优点列举法中的主动有效地结合在一起，它能够直接把一些不合理的方案过滤掉从而节省时间。设计方法的作用在于理性地拓展设计思维，使实践过程获得事半功倍的效果。通过对缺点列举法和希望点列举法的概述以及异同的分析，最终得出将二者结合使用的设计方法，可以使得整个设计流程能够有条不紊地运行，促使我们全方位地进行思考，使我们尽可能地捕捉设计灵感从而帮助人们找到合适的设计方案。它的作用远远大于两个方法的简单累加，是快捷、全面、高效的一种设计方法。

思考题

1. 运用属性列举法对现有普通自行车进行改造。
2. 请提出学生书包的种种希望，并提出改进设想（五种以上）。
3. 希望点创新：
① 怎样的钢笔最为理想？请尽量多地写出你的愿望；
② 怎样的照相机最为理想？请尽量多地写出你的愿望；
③ 怎样的电话最为理想？请尽量多地写出你的愿望；
④ 怎样的城市最为理想？请尽量多地写出你的愿望；
⑤ 怎样的汽车最为理想？请尽量多地写出你的愿望；
⑥ 怎样的食品最为理想？请尽量多地写出你的愿望；
⑦ 怎样的书包最为理想？请尽量多地写出你的愿望；
⑧ 怎样的衣服最为理想？请尽量多地写出你的愿望；
⑨ 怎样的教师最为理想？请尽量多地写出你的愿望；
⑩ 怎样的工厂最为理想？请尽量多地写出你的愿望。

第九章 类比法

【教学目标】

1. 掌握类比法的概念、特征、分类以及实施过程。
2. 掌握综摄法、直接类比法、亲身类比法、符号类比法等类比创新方法,了解综合类比法、因果类比法、象征类比法等其他类比创新方法。
3. 掌握仿生法、模拟法、移植法、原型启发法等引申类比创新方法。

世界上的事物千差万别,但并非杂乱无意,它们之间存在着程度不同的对应与类似,有的是本质的类似,有的是构造类似,也有的仅有形态、表面的类似。从异中求同,从同中见异,用类比法即可得到创造性成果。

类比法是一种主要的创新方法,古往今来,人类利用这一方法发明创造了无数的生活用品、生产工具、科学仪器等。春秋时期,鲁班之妻云氏看到下雨时青蛙躲在荷叶下避雨,从而引发灵感,进而"劈竹为条,蒙以兽皮,收拢如根,张开如盖",发明了雨伞。德国物理学家欧姆把关于电的研究和法国科学家傅里叶关于热的研究加以类比,建立了欧姆定律。美国数学家维纳等人,通过类比,把人的行为、目的等引入机器,又把通信工程的信息和自动控制工程的反馈概念引进活的有机体,创立了控制论。日本的创造学先驱之一市川龟久弥曾无限感慨地说:"现代创造理论的主流似乎正在出现类比论的全盛时期。"

第一节 类比法概述

【案例 9-1】

听诊器的发明

1816 年,一辆急驶而来的马车在法国巴黎一所豪华府第门前停下,车上走下了著名医生雷内克,他被请来给这家的贵族小姐诊病。当小姐捂着胸口诉说病情后,雷内克医生怀疑她染上了心脏病,若要使诊断正确,最好是听听心音。早在古希腊的《希波克拉底文集》中,就已记载了医生用耳贴近病人胸廓诊察心肺声音的诊断方法,当时的医生都是隔着一条毛巾用耳朵直接贴在病人身体的适当部位来诊断疾病,而这种方法明显不适用于年轻的贵族小姐。雷内克医生在客厅一边踱步,一边想着能不能用新的方法。走着走着,他的脑海内突然浮现出前几天见到的一件事,那是在巴黎的一条街道旁边,几个孩子在木料堆上玩儿。其中有个孩子用一颗大钉敲击一根木料的一端,其他孩子用耳朵贴在木料的另一端来听那有趣的声音。雷内克医生路过这里，兴致勃勃地走过去问："孩子们，让我也来听听这声音行吗？"孩子们愉快地答应了。他把耳朵贴到木料的一端，认真地听孩子们用铁钉敲击木料的声音。"先生，听到了吗？""听到了，听到了！"想起这件事，正在为贵族小姐诊病的雷内克医生灵机一动，马上找来一张厚纸，将纸紧紧地卷成一个圆筒，一头按在小姐心脏的部位，另一头在自己的耳朵上。结果，他听到了从未听到过的清晰的心脏跳动的声音，这件事情启发了他，他发明了木制听诊器。1850年，橡胶管听诊器取代了木制听诊器。

在雷内克医生发明听诊器的过程中，所采用的方法即是类比法。雷内克医生将孩子们听声音的游戏与诊察心肺声音两件事情联系起来，异中求同、同中寻异，产生出崭新的设想及解决方案，从而创造出听诊器。

一、类比法的概念

1. 类比的概念

"类比"源于希腊语，含义为"按比例"。古希腊数学家发现，两个尺寸不同的三角形若三条边的比例关系相同，则这两个三角形相似。这种利用比例来发现相似性质的方法，是最早意义上的类比。

所谓类比，是一种推理，它把不同的两个（两类）对象进行比较，根据两个（两类）对象在一系列属性上的相似，而且已知其中一个对象还具有其他的属性，由此推出另一个对象也具有相似的其他属性的结论。

类比的思维过程分为两个阶段：第一阶段，把不同的两个（两类）事物进行比较；第二阶段，在比较的基础上进行推理，即把其中某个对象有关的知识或者结论推移到另一个对象中去。

2. 类比法的概念

类比法也叫"比较类推法"，是指由一类事物所具有的某种属性，可以推测与其类似的事物也应具有这种属性的推理方法。它是在两个特定的事物间进行的，通过联想思维，把相同类型的两种事物联系起来，把不同类型事物间的相似点联系起来，把陌生的对象与熟悉的对象联系起来，把未知的东西与已知的东西联系起来，异中求同、同中寻异，从而产生出崭新的创造设想及发明方案的一类方法的统称。类比法的结构可表示如下：A 有属性 a、b、c、d，B 有属性 a、b、c，推出结论 B 有属性 d。

在客观现实里，事物的各个属性并不是孤立的，而是相互联系和相互制约的。因此，如果两个事物在一系列属性上相同或相似，那么，它们在另一些属性上也可能相同或相似。各个领域都存在着可供类比的相似关系，从马克思主义哲学观点看，世界上的一切事物之间，不但具有密切的联系，而且还都存在着某种程度的相似性。著名的数学家拉普拉斯也说过："甚至在数学里，发现真理的主要工具也是归纳和类比。"类比不仅可以用于同类事物之间，也可以用于不同类的事物之间。也就是说，世界上一切事物之间都存在着应用类比法的可能性。

二、类比法的特征

1. 类比法是平行式思维的方法

与其他思维方法相比，类比法属平行式思维的方法。无论哪种类比都应该是在同层次之间进行。亚里士多德在《前分析篇》中指出："类推所表示的不是部分对整体的关系，也不是整体对部分的关系。"类比推理是一种或然性推理，前提真结论未必就真。要提高类比结论的可靠程度，就要尽可能地确认对象间的相同点。相同点越多，结论的可靠性程度就越大，因为对象间的相同点越多，二者的关联度就会越大，结论就可能越可靠。反之，结论的可靠性程度就会越小。此外，要注意的是类比前提中所根据的相同情况与推出的情况要带有本质性。如果把某个对象的特有情况或偶有情况硬类推到另一对象上，就会出现"类比不当"或"机械类比"的错误。

2. 类比法的方式是"由此及彼"

类比法的方式是"由此及彼"。如果把"此"看作是前提，"彼"看作是结论，那么类比思维的过程就是一个推理过程。古典类比法认为，如果我们在比较过程中发现被比较的对象有越来越多的共同点，并且知道其中一个对象有某种情况而另一个对象还没有发现这个情况，这时候人们头脑就有理由进行类推，由此认定另一对象也应有这个情况。现代类比法认为，类比之所以能够"由此及彼"，之间经过了一个归纳和演绎程序，即从已知的某个或某些对象具有某情况，经过归纳得出某类所有对象都具有这情况，然后再经过一个演绎得出另一个对象也具有这个情况。

3. 类比法的过程是"先比后推"

类比法的过程是"先比后推"。"比"是类比的基础，既要"比"共同点也要"比"不同点。对象之间的共同点是类比法是否能够施行的前提条件，没有共同点的对象之间是无法进行类比推理的。"推"是类比的后续，通过比较发现被比较的对象的共同点，以及其中一个对象有某种情况而另一个对象还没有发现这个情况之后，通过类比联想推理，开拓思路、寻找线索、触类旁通，由此物"推"及彼物、由此类"推"及彼类。

三、类比法的分类

经过长期的创新实践，类比创新方法逐渐发展出多种多样的方法，如直接类比法、拟人类比法、幻想类比法、综摄类比法等，这些方法按类比的对象、方式、内容等的不同，可分多种类型。

1. 按类比的对象分类

根据类比中对象的不同，类比法可分为个别性类比法、特殊性类比法和普遍性类比法等类型。

（1）个别性类比法

个别性类比法是类比法最原始、最简单类型，也是最常用、最常见的类型。它是以某一个别对象为前提推出另一个别对象为结论的推理。个别性类比推理是在个别对象之间进行的。个别性类比法推理的逻辑模式如下：某个 A 具有 a、b、c，另有 d；某个 B 也具有 a、b、c；所以，B 也具有 d。

（2）特殊性类比法

特殊性类比法是从已知的某类对象中部分对象具有或不具有某情况，推出另一部分对象也具有或不具有此情况的推理。特殊性类比法的逻辑模式如下：某些 A 具有 a、b、c，另有 d；某些 B 也具有 a、b、c；所以，某些 B 也具有 d。

（3）普遍性类比法

普遍性类比法是在两类所有对象之间进行的。它是从已知的某类所有对象都具有或不具有某情况，推出另一类对象也具有或不具有此情况的推理。普遍性类比法的逻辑模式如下：所有 A 具有 a、b、c，另有 d；所有 B 也具有 a、b、c；所以，所有 B 也具有 d。

2. 按断定形式分类

根据类比中的断定形式不同，类比可分为正（肯定式）类比法，负（否定式）类比法和正、负（肯定否定式）类比法等类型。

（1）正类比法

正类比法又叫肯定式类比法，它是根据两个或两类对象在一系列情况相同或相似，并且又已知其中一个对象还具有其他情况，由此推得另一个对象也具有这个情况推理。

正类比推理的逻辑模式如下：A 具有 a、b、c，另具有 d；B 也具有 a、b、c；所以，B 也具有 d。

(2) 负类比法

负类比法又叫否定式类比法，它是根据两个或两类对象在一系列情况上相异，而推得它们在另一些情况也相异。负类比推理的逻辑模式如下：A 不具有 a、b、c，另不具有 d；B 也不具有 a、b、c；所以，B 也不具有 d。

(3) 正、负类比法

正、负类比法又叫肯定否定式类比法，它是根据两个或两类对象在一系列情况上相同或相异，由此推得在另一些情况上也相同或相异。正、负类比推理的逻辑模式如下：A 具有 a、b、c，另有 d；不具有 e、f、g，另不具有 h；B 具有 a、b、c；不具有 e、f、g；所以，B 也具有 d，不具有 h。

3. 按内容分类

根据类比中的内容不同，类比可分为性质类比法、关系类比法、条件类比法等类型。

(1) 性质类比法

性质类比法又叫质料类比法，它是根据对象之间的相同或相似属性而进行的类比。性质类比法的逻辑模式如下：A 具有性质 a、b、c，另有性质 d；B 也具有性质 a、b、c；所以，B 也具有性质 d。

(2) 关系类比法

关系类比法是根据对象之间的关系而进行的类比。关系类比法的逻辑模式如下：A 中 a、b 具有关系 R，因而有 d；B 中 a、b 具有关系 R；所以，B 也有 d。

(3) 条件类比法

条件类比法是根据对象之间的条件关系而进行的类比。条件类比法的逻辑模式如下：A 中 a、b 之间具有条件 R，因而有 d；B 中 a、b 之间具有条件 R；所以，B 也有 d。

4. 按前提和结论中的对象分类

根据类比中的前提和结论中的对象不同，类比法可分为同类类比法和异类类比法等类型。同类类比法又可分为"以己推人"式类比法、"以人推己"式类比法、"以人推人"式类比法、"以物推物"式类比法等类型；异类类比法又可分为"以人推物"式类比法、"以物推人"式类比法等类型。

(1) "以己推人"式类比法

"以己推人"式类比法是拿自己与别人来进行类比，是一种"老吾老以及人之老，幼吾幼以及人之幼"式的推理。"以己推人"式类比法的逻辑模式如下：自己具有 a、b、c，另有 d；他人也具有 a、b、c；所以，他人也具有 d。例如，据记载唐王室有个叫李载仁的后人，平常最不喜欢吃猪肉。一天他的下属有人打架，李载仁大怒，想重重的惩罚他们，于是从厨房里拿来大饼和猪肉，命令他们面对面地吃掉，并且说如果再犯，不仅要罚吃猪肉而且还要在猪肉中加上大油。

(2) "以人推己"式类比法

"以人推己"式类比法是拿别人与自己来进行类比。"以人推己"式类比法的逻辑模式如下：他人具有 a、b、c，另有 d；自己也具有 a、b、c；所以，自己也具有 d。例如一个人由于平时多食而不爱活动，发胖了，因而推论自己在相同的情况下也会发胖。

(3) "以人推人"式类比法

"以人推人"式类比法是拿人与人来进行类比，其逻辑模式如下：那些人具有 a、b、c，另有 d；这些人也具有 a、b、c；所以，这些人也具有与 d。

(4) "以物推物"式类比法

"以物推物"式类比法是拿物与物来进行类比。"以物推物"式类比法的逻辑模式如下：那些物体具有a、b、c，另有d；这些物体也具有a、b、c；所以，这些物体也具有与d。例如我们在对地球与火星比较中，发现它们都绕太阳公转，又都绕自己的轴自转，地球上有氮、氧、氢、氦四种元素，火星上也有这四种元素；地球上有大气层，火星上也有；地球上有大气压，火星上也有；地球上有水，火星上也有少量蒸汽。既然地球上有生命存在，那么火星上也应该有生命存在。

(5) "以人推物"式类比法

"以人推物"式类比法是拿人与别的事物进行类比。"以人推物"式类比法的逻辑模式如下：人具有a、b、c，另有d；它物也具有与a、b、c相似的特点；所以，它物也具有与d相似的特点。"以人推物"式类比法大量存在于人类早期思维中，古人把自然物拟人化，把人的某种能力、情况类比到别的事物身上，设想自然物同人一样，具有情感意识，如人有喜怒，故天也有喜怒；人能思能语，所以认为顽石能思，鸟兽能言。石头能从山上走下来。刀砍树，树就会有痛感。人类早期思维认为万物和人一样都有灵魂。例如天有灵魂、地有灵魂、山有灵魂、水有灵魂、风也有灵魂、雷也有灵魂、树木也有灵魂。万物有灵的思想，说明那时的人已把"人有灵魂"的观念类比到万物上去了。

庄子在《至乐》篇中讲了一个"鲁侯养鸟"的故事：鲁侯这个人喜欢人奉承，喜欢听音乐，而且喜欢喝酒吃肉。有一天一个人抓来了一只鸟送给他，他非常喜欢，于是用车子把它送到供祭祀用的庙堂里去，每天叫人给它演奏庄严肃穆的《九韶》乐曲，向它敬酒，给它吃肉，结果鸟不但没有养好，三天就死掉了。庄子叹息说，鲁侯是用养自己的办法养鸟，而不是用养鸟的办法养鸟。

(6) "以物推人"式类比法

《黄帝内经》云："天圆地方，人头圆足方以应之。天有日月，人有两目；地有九州，人有九窍；天有风雨，人有喜怒；天有雷电，人有声音；……岁有三百六十五日，人有三百六十五节。"这是典型的"以物推人"式类比法。

"以物推人"式类比法是拿别的事物与人来进行类比。"以物推人"式类比法的逻辑模式如下：它物具有a、b、c，另有d；人也具有与a、b、c相似的特点；所以，人也具有与d相似的特点。诸如"金无足赤，人无完人""铁不用会生锈，水不流会发臭，人的智慧不用就会枯萎"用的都是这种类比。又如"蜜蜂整日整月不辞辛苦，在酿蜜，在为人类酿造最甜的生活；农民辛勤地分秧插秧，在酿蜜——为自己，为他人，也为后世子孙酿造生活的蜜。蜜蜂是高尚的，农民也是高尚的"用的也是这种类比法。

5. 按思维方向分类

根据思维方向，类比可分为单向类比法、双向类比法和多向类比法等类型。

(1) 单向类比法

单向类比法是拿某个对象和另一个对象进行单方向类比。例如上面的"以己推人"式类比法、"以人推己"式类比法、"以人推人"式类比法、"以物推物"式类比法、"以人推物"式类比法、"以物推人"式类比法都属于单向类比法。我们平常所说诸如"铁不锻炼不成钢，人不运动不健康""良药苦口利于病，忠言逆耳利于行""路遥知马力，日久见人心"用的就是这种类比法。

(2) 双向类比法

双向类比法是既拿此对象和彼对象进行类比又拿彼对象和此对象进行类比。双向类比可分为"以己推人且以人推己""以此人推彼人且以彼人推此人""以人推物且以物推人"和"以此物推彼物且以彼物推此物"等类型。例如西汉董仲舒说："天有阴阳，人有卑尊；天有五行，人有五常；人有四肢，天有四方；人有喜怒哀乐，天有春夏秋冬；故人是一个小的天，天是一个大的人。"

(3) 多向类比法

多向类比是在三者以上对象之间进行的。例如"羊有跪乳之恩，鸦有反哺之义，所以人应有孝敬父母之德""合抱之木，生于毫末；九层之台，起于垒土；千里之行，始于足下""泰山不让土壤故能成其大；河海不择细流故能成其深；王者不却众庶故能明其德"用的都是这种类比。

6. 按结论可靠程度分类

根据结论的可靠程度，类比法可分为科学类比法和经验类比法等类型。此外，根据对象的多少，类比还可分为完全类比法和不完全类比法等类型。

(1) 经验类比法

经验类比法是源于经验的类比，是建立在简单的经验知识基础上的类比。自古以来，人类凭借智慧和细心的观察，积累了许多经验。有了经验，便可以类比。例如今天的天色、气温、风向和昨天差不多，昨天下雪，所以类比今天也可能下雪。这种以经验为基础的主观推导，在经验可以把握时，尚是有一定意义的和准确性的。但如果过分执于经验且思维模式单一，就免不了走向牵强附会、机械类比或神秘主义。

(2) 科学类比法

科学类比法是建立在科学分析基础上的类比。其结论要比经验式类比法可靠得多。现在人们根据探测器发现了火星上有赤铁矿由此推断火星上曾经有水，根据的就是类比。因为地球上也有赤铁矿，而我们知道地球上的赤铁矿通常都是在水的作用下形成的。既然地球上的赤铁矿都是在水的作用下形成的，那么火星上的赤铁矿也应该是在水的作用下形成的。所以说火星上曾经有水。

四、类比法的实施过程

类比法是一种确定两个及以上事物间同异关系的思维过程和方法，即根据一定的标准尺度，把与此有联系的几个相关事物加以对照，把握事物的内在联系进行创造。综上所述，类比法的实施过程大致有以下三个步骤。

1. 正确选择类比对象

我们在类比对象的选择的时候，应以发明创造的目标为依据，一般应选择熟悉的对象为类比对象，它应该是生动，直观的事物，以便于进行类比。例如，这一步中，联想思维是很重要的，要善于应用联想把表面上毫不相关的事物联系起来。要设计汽艇的控制系统，可与汽车的控制系统进行类比，汽车能前进、后退、有不同的速度挡位，有车头灯、方向灯、喇叭等，那么在设计汽艇的控制系统时，也应具有这些设备。但我们更鼓励选择明显不同类的两种事物，选择表面上毫不相关的两种事物，选择跨度和距离很大的两种事物。这样产生的创造发明设想，更具新颖性和突破性。

2. 将两者进行分析、比较，从中找出共同的属性

要将创造对象和类比客体两者进行深入分析、全面比较，从中找出包括表面上、本质上、外延上、内涵上、结构上、材质上、工艺上、技术上、功能上、性能上等方面的共同属性。同时，我们也要将创造对象和类比客体两者的不同属性之处找出，作为"反面"，对比、参照之用。

3. 通过联想思维，进行类比联想推理，并得出结论。

在运用类比法创新时，联想思维是非常重要的因素。事物间的联系是普遍存在的，正是这种联系，使我们的思维得以从已知引向未知，变陌生为熟悉。发明创造所追求的是新颖未知的事物，应该是人们暂时还陌生和不了解的。为此，需要借助现有的知识与经验或其他已

经熟悉了的事物作为桥梁，通过联想思维，获得借鉴启迪，这就是联想类比在创新中的非凡作用。

五、直接类比法

【案例 9-2】

民警王静勇救轻生少女张呈

2011年10月12日重庆晚报报道：2011年10月11日凌晨1时40分许，天下着大雨，袁家岗重医附一院旁的天桥上演了惊险一幕：一个女孩从5米多高的天桥上纵身跳下，前去劝解的一名交巡警情急之下向前一扑，伸出双手接住少女，用自己的身体充当气垫，让少女"安全着陆"。幸运的是，事后经医生检查，两人均未受伤。

接受采访时，王静说当时想到的只是苏联一位战绩普通的足球门将。"他普通的甚至没有在足球界留下过自己的名字。但他最传奇的一次扑救，就是条件反射般地接住了从高楼上坠下的一个黑影——那个黑影竟然是一个婴儿！"王静之所以能说起这段只有老资格球迷才知道的传奇门将的故事，是因为从警前，他曾是足球门将，"正是有当门将的底子，在桥下接女孩时，我才特别自信。"王静坦诚地说，他知道"杭州最美妈妈"的故事，但在救人时，他压根就没想到"最美妈妈"，而是那位苏联具有传奇色彩的门将，"这让我很兴奋，全身都调动起来，也坚定了我成功接住女孩的信心。"当时他先观察了地形，随时挪动脚步紧跟落点，然后轻舒猿臂，用一套利落的"接球＋落地保护"动作，将女孩成功接住。

民警王静采用足球运动中的"接球＋落地保护"动作成功接住了女孩，所运用的就是直接类比法，即将接"球"与接"女孩"两个动作联系在一起，成功地挽救了一条生命。所谓直接类比法，是事物之间的类比，在技术发明中最经常使用的思路是将创造对象与其他事物进行类比。

（一）直接类比法的概念

直接类比法是类比创新方法的基本方法。

所谓直接类比法，就是从自然界的现象或人类社会已有技术成果中，寻找出与创新对象类似的现象或事物，并通过类比推理从中启发出创意，进而创造出新的事物。直接类比简单、快速，可避免盲目思考。类比对象的本质特征越接近，则创新的成功率就越高。

运用直接类比法，主要通过描述与创意思考对象相类似的事物、现象，去形成富有启发的创造性设想。直接类比法是事物之间的类比，在技术发明中最经常使用的思路是将创造对象与其他事物进行类比。例如，德布罗意和薛定谔根据光学中的费马原理与经典力学中的莫泊图原理的相似性，从光具有波粒二象性而类推出物质粒子也具有波粒二象性，从而建立了波动力学。

（二）直接类比法的类型

直接类比法包括三种类型。

1. 外形类比

所谓外形类比，即是从自然界的现象或已有的技术成果的外形特征进行类比推理，从中启发出创造新事物的创意。例如法国著名建筑卢浮宫的金字塔形玻璃入口，如图9-1所示。卢浮宫是世界上最古老、最大、最著名的博物馆之一。位于法国巴黎市中心的塞纳河北岸（右岸），始建于1204年，历经800多年扩建、重修达到今天的规模。卢浮宫占地面积（含草坪）约为45公顷，建筑物占地面积为4.8公顷。全长680米。宫前的金字塔形玻璃入口，是华人建筑大师贝聿铭设计的，其外形参照的就是古代埃及金字塔的外形。

图 9-1　金字塔与卢浮宫金字塔形玻璃入口

2. 结构类比

所谓结构类比，即是从自然界的现象或已有的技术成果的结构特征进行类比推理，从中启发出创造新事物的创意。例如，航天飞机、宇宙飞船、人造卫星等太空飞行器，要进入太空持续飞行，就必须摆脱地心引力并且速度要达到第二宇宙速度，这就要求运载它们的火箭必须提供足够大的推力。科学家们将目光放在了通过减轻飞行器的重量来提高火箭推力上面。可要减轻重量，还要考虑不能减轻其容量与强度。科学家们尝试了许多办法，最后是蜂窝的结构为科学家解决这个难题提供了启示。蜂窝的几个角都有一定的规律：钝角等于 $109°28'$，锐角等于 $70°32'$，后来经过法国物理学家列奥缪拉、瑞士数学家克尼格等人先后多次的精确计算，得出消耗最少的材料，制成最大的菱形容器，它的角度应该是 $109°28'$ 和 $70°32'$ 的结论，和蜂窝结构完全一致。蜂窝的这种结构特点正是太空飞行器结构所要求的。于是，科学家们在太空飞行器中采用了蜂窝结构，先用金属制造成蜂窝，然后再用两块金属板把它夹起来就成了蜂窝结构。这种结构的飞行器容量大，强度高，且大大减轻了自重，也不易传导声音和热量。因此，今天的航天飞机、宇宙飞船、人造卫星都采用了这种蜂窝结构，如图 9-2 所示。

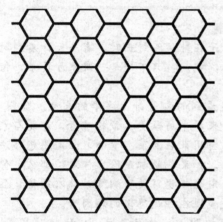

图 9-2　蜂窝结构

3. 功能类比

所谓结构类比，即是从自然界的现象或已有的技术成果的功能特征进行类比推理，从中启发出创造新事物的创意。20 世纪 60 年代，生物学家诺里斯发现，用橡皮蒙住海豚的双眼，它的活动丝毫不受影响，可把海豚的前额蒙住，它在水下就像瞎子一样，到处乱撞。显然，海豚是用前额发出声波来测定方向的。经过进一步研究，科学家发现海豚有两架"声波发射机"：当它"观察"远距离目标时，它就发射低声，以实现远距离传播。当它"观察"近距离目标时，它就改发超声，以提高分辨率。同时，它也有两架"声波接收机"，接收前方反射回来的声波。海豚的声呐竟如此先进，如此完美。科学家决定"虚心"向海豚学习。不久，美国科学家发明了军用高级声呐（图 9-3）。它是一种多波束回声探测仪，采用两套相同的水听器发射阵。它的性能要比先前的声呐出色得多。科学家还发现在海豚的声呐外面有一个导流罩，这个导流罩有抗水流噪音的作用，于是科学家研制出"声呐导流罩"。有了它，军舰可不必像以前那样需要静止下来才能使用声呐，即使高速前进，也可以使用声呐，且不受自身噪音的干扰。

（三）直接类比法的实施步骤

直接类比法的实施步骤可以概括为以下四个步骤。

① 根据要解决的问题，从自然界的现象或人类社会已有的技术成果中，寻找出与问题对象的外形、结构、功能相类似的现象或事物。

② 认真观察类比对象的外形特点、结构特征、功能原理等，从中启发解决问题的灵感。

图 9-3　海豚与声呐系统

③ 将获得的灵感运用到要解决的问题中去，形成解决方案。

④ 完善设想，论证解决方案的可行性、科学性。

六、亲身类比法

【案例 9-3】

一双象牙筷子的故事

商朝有位贤者，名叫箕子，他是殷纣王的叔父。箕子在辅佐殷纣王时，有一天，看到纣王吃饭用象牙筷子，箕子忧心忡忡，他的朋友见他如此，就问：只不过是一双象牙筷子，值得你这样寝食难安吗？

箕子说：你看到的只是纣王用了一双象牙筷，而我看到的却是纣王浮华的未来。你想，当吃饭用象牙筷时，你会用土钵盛饭吗？一定会设法弄来犀牛角或美玉做的碗盘，才能与象牙筷子搭配嘛。而精致的犀牛角和美玉做的碗盘，绝不会用来装蔬菜、萝卜，必定要想办法装山珍海味、珍馐佳肴，才会觉得不辜负了珍贵的餐具。如果吃的都是珍馐佳肴，那么，你还能安于穿着朴素的棉布衣，在茅草屋里用餐吗？你必定会想要穿绫罗绸缎，锦衣绣袍，住在豪华深宫里享受了。这些都是可以预见的结果，也是我现在担忧恐惧的原因呀。

果不其然，过了五年之后，纣王真的建了一座美丽的园子，挂满了肉，以供随时享用；设了炮烙之刑，以虐人为乐；拥有一个用酒糟堆成的山丘、一个特设来装酒的池子，每天流连在酒池肉林中，过奢华逸乐的日子。没过几年，殷商就灭亡了。这就是一双筷子葬送一个国家的故事。

在这个故事里，箕子就是利用了亲身类比的思维，通过设身处地的设想来解释当他看到纣王用一双象牙筷子吃饭而担忧的原因。亲身类比法即是角色扮演，是将自己设想为问题的某个因素，并设身处地进行想象和创造。例如，当我是这个因素时，在所要求的条件下会有什么感觉或会采取什么行动。

1. 亲身类比法的概念

亲身类比法又称拟人类比、感情移入、角色扮演，即把自身与问题的要素等同起来，从而帮助人有出更富创意的设想。例如，在设计橘汁分离器时，设计人员将自己想象成一个橘子里的橘汁。然后问道："我怎样才能从橘子里出来呢？显然要冲破橘子皮的包围。"那么"怎么冲破橘子皮的包围呢？"回答是："通过压榨，给我加大压力，让我有力气挤破橘子皮；通过加热或降温使橘子皮强度减弱，以便容易挤出；也可以用旋转的办法，通过离心力增加力量，冲出橘子皮等。"

在亲身类比的过程中，人们将自己的感情投射到对象身上，把自己变成对象，体验一下会有什么感觉。这是一种新的心理体验，使个人不再按照原来分析要素的方法来考虑问题。

2. 亲身类比法的特点

世界上的事物虽然千差万别，但并非杂乱无章。它们之间存在着某种程度的对应与类似。如果我们能善于在异中求同、同中见异，就可得到创造性的成果。亲身类比的特点就是通过拟人化和移情，产生独特视角。

（1）拟人化

拟人化就是把事物人格化，即把客观事物（包括物体、动物、思想或抽象概念）拟作人，使其具有人的外表、个性或情感。拟人化可以使客观事物更加生动、形象、具体，既能生动形象地体现出某事物的某个特点，又有了拟人化之后特有的具象效果。

运用拟人化，最简单的做法就是问"如果我是它，那么……"例如，"假如我是剪刀，我想变成什么？"把自己比作剪刀，想象一下自己的感受，这样的体验过程会使设计师对过去剪刀与产生不同的感受。"我想让自己变成项链""我想让自己变成一把椅子""我想让自己变成小鸟"，于是，一连串的创意就会像喷泉一样喷涌而出，许多精美的设计产品都来自"假如我是它，我会……"这样的思维方式。拟人化能够激发人的情感，启发人的智慧，促使人提出独特的设想和解决问题的方法。

（2）情感移植

情感移植是指将人的情感投射到客观事物上，赋予客观事物人类的情感、思维和意识。情感移植不仅把两个原本不同的事物等同起来，还赋予情感的投射。所以，情感移植可以引起特殊意义的思维启发和情感共鸣。因为在"感觉"上认为人与事物是相似的，需要暂时忘记它们之间不相似的地方，而把它们看成是同类的，客观事物便会紧张，情绪激动，产生共鸣。

如李煜的《相见欢》："林花谢了桃红，太匆匆。无奈朝来寒雨晚来风。胭脂泪，留人醉，几时重？自是人生长恨水长东！"说的是林花经朝雨暮风，被摧残好像女子哭花了妆，别有风致，哀艳动人。孔子的"智者乐水，仁者乐山；智者动，仁者静"，是用自然山水比拟人的性格。

在创造发明中，如果我们能通过拟人化，把自身的性格、情感、感觉与问题对象（或问题因素）等同起来，会使我们看问题的角度改变，感受也就不一样了，能够获取关于对象（或问题因素）的全新感受和深刻见解，帮助我们最终产生创造性设想。

3. 亲身类比法实施步骤

亲身类比法的实施步骤可以概括为以下四个步骤。

① 把自身与问题的要素等同起来（拟人化），或让无生命的对象变得有生命、有意识（情感移植），你就是它，它就是你。
② 变换角度进行思考，感同身受，产生新的感受和想法。
③ 根据上述感受提出新的解决办法。
④ 恢复到原来的状态，评价设想的可行性。

七、符号类比法

▶【案例 9-4】

路易·巴斯德与狂犬病疫苗

路易·巴斯德，法国微生物学学家、化学家、微生物学的奠基人之一。以否定自然发生说及倡导疾病细菌学说和发明预防接种方法而闻名，是第一个创造狂犬病和炭疽疫苗的科学家。被世人称颂为"进入科学王国的最完美无缺的人"。他和费迪南德·科恩以及罗伯特·

科赫一起开创了细菌学，被认为是微生物学的奠基者之一，常被成为"细菌学之父"。

在细菌学说占统治地位的年代，巴斯德并不知道狂犬病是一种病毒病，但从科学实践中他知道有侵染性的物质经过反复传代和干燥，会减少其毒性。他将含有病原的狂犬病的延髓提取液多次注射兔子后，再将这些减毒的液体注射狗，狗就能抵抗正常强度的狂犬病毒的浸染。1885年人们把一个被疯狗咬得很厉害的9岁男孩送到巴斯德那里请求抢救，巴斯德犹豫了一会后，就给这个孩子注射了毒性减到很低的上述提取液，然后再逐渐用毒性较强的提取液注射。巴斯德的想法是希望在狂犬病的潜伏期过去之前，使他产生抵抗力。结果巴斯德成功了，孩子得救了。在1886年巴斯德利用同样的方法还救活了另一位在抢救被疯狗袭击的同伴时被严重咬伤的15岁牧童朱皮叶，现在记录着少年的见义勇为和巴斯德丰功伟绩的雕塑就坐落的巴黎巴斯德研究所外。巴斯德在1889年发明了狂犬病疫苗，他还指出这种病原物是某种可以通过细菌滤器的"过滤性的超微生物"。

路易·巴斯德救治感染狂犬病的孩子的方法就是通过逆向思维，从原有的观点中超脱出来，利用毒性减弱的病毒去"攻击"病毒，救治病患。这种方法即是符号类比法。

1. 符号类比法的概念

符号类比法就是通过逆向思考、浓缩矛盾等技巧，在抽象的语言（符号）与具体的事物之间建立新联系，从而从原有的观点中超脱出来，得到丰富、新颖创意的方法。整个过程是以符号（主要是语言符号）为中介的类比，因此叫符号类比法。在创造中我们如果有意识地运用这种矛盾词语组合的"符号类比"方法，一定会开阔思路，独辟蹊径。

符号类比法运用了两面性思维：对立事物的结合预示着矛盾，而且是自相矛盾。在科学研究中，碰到这种矛盾对立的现象，却往往预示着将会有新的突破。例如，科学家在研究光学玻璃的加工工艺时，必须向树脂材料制成的抛光膜加冷却液，以免摩擦时产生过热效果。人们曾尝试在抛光膜上钻些孔，以使液体通过。但"有窟窿"的抛光膜表面，比无窟窿的表面工作差。为了磨光玻璃，抛光膜的表面应该是硬的，而为了通过液体，它应是空的，这就产生了物理上的矛盾，即向同一种物质，提出了相互对立的要求，既要使抛光膜的整个表面都是窟窿，同时又要是光滑的整体，乍看起来似乎荒唐，根本无法解决。但物理矛盾的产生对人的启发，正在于矛盾走向了极端：同一物质的同一部分不可能存在于两种不同的状态之中。那么，怎么办呢？科学家想到可以利用物质的过渡状态，用冰冻磨料面来做抛光膜，这时暂时地出现了某种类似矛盾的性质并存的现象：冰在抛光时会熔化，它的表面仿佛到处都是窟窿，能让冷却水通过，这就保证了所要求冷却作用，另一方面抛光膜的表面仍是硬的。

2. 浓缩矛盾的技巧

矛盾就是指对立的事物和概念，辩证法上指客观事物和人类思维内部各个对立面之间互相依赖又互相排斥的关系，矛盾具有普遍性、特殊性、同一性和斗争性等特征，如冰与火，冷与热等。浓缩是指抽象的概念、词语、符号。符号类比中的"浓缩矛盾"（compressed conflict）或称"简约反差"，即用精炼的、紧凑的、利落的语言形式去表达相互对立的、矛盾的属性。比如"粗心的担忧""痛苦的微笑""笔直的弯曲""摇摆的稳定"等。

那么，如何掌握浓缩矛盾的技巧呢？那就是能学会一种两面性思维方式，去解决复杂的问题。

这种浓缩矛盾的基础训练需从两个方面展开。

第一，从抽象概念到具体事物，训练从浓缩的矛盾的词意中联想具体的事物一个浓缩的自相矛盾的词能描述不止一个事物。例如，"庞大的精确"能形容一头大象用鼻子捡起一粒花生，又能形容一架巨大的电视接收系统或一台大型电脑，这完全决定于人们的大脑如何去想象它。

第二，从具体事物到抽象概念，训练由具体的事物概括出一个矛盾短语。用矛盾短语概括事物的方法是先找一个词，概括要解决的问题，再寻找这个词的反义词，把它们组合在一起。如要解决的问题是公用厕所不卫生的问题，要用一个抽象的概括这个问题，就是"肮脏"。

自相矛盾在创造性思考过程中具有重要作用，因为它能同时容纳两种不同、甚至是对立的见解。实际上，正是这种情况会刺激人们走出阳的思维轨道，迫使人们对已有的假设产生怀疑，带来科学上的重大突破。

3. 符号类比法的实施步骤

符号类比法的实施步骤即是运用上述两种技巧解决实际问题。

① 从具体到抽象，把需要解决的具体问题利用抽象的概念进行表述；

② 找到抽象概念的反义词，把两者联系在一起构成矛盾短语；

③ 从抽象到具体，玩味词句，受这个矛盾短语的启发，联想到其他具有这种对立性质的事物；

④ 通过大量列举，发现有价值的对象，分析其原理；

⑤ 借助其原理产生直接类比，形成新的解题方案。

八、其他类比创新方法

1. 综合类比法

事物属性之间的关系虽然很复杂，但

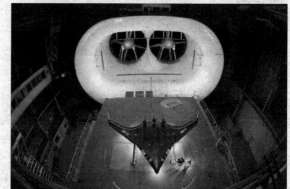

图 9-4 风洞

可以综合它们相似的特征和属性进行类比，从中寻找灵感，进而去寻求创新思路的一种类比方法。

例如，空气中存在的负氧离子可使人延年益寿，消除疲劳，还可辅助治疗哮喘、支气管炎、高血压、心血管病等。但负氧离子在高山、森林、海滩湖畔处较多。后来通过综合类比法，人们创造了水冲击法产生负氧离子，之后采用冲击原理，又成功创造了电子冲击法，这就是目前市场上销售的空气负离子发生器。

在大型装备研发过程中，也通常根据设计方案，建造模拟装备，通过对设备形貌、结构、功能等方面的模拟试验来检验设计方案的可行性。例如，要设计一架飞机，要先做一个模型放在风洞（图 9-4）中进行模拟飞行试验，这就是综合了飞机飞行中的许多特征进行类比，风洞像一片模拟天空，能真实模拟航空航天飞行器与空气相对运动的环境与状态。我国目前所有的航天飞行器，包括"神舟"号飞船的发射装置、逃逸塔、返回舱的安全飞行与返回，无不经过风洞试验的历练，尤其是飞船返回舱，在返回地球的过程中要穿越大气层，受到摩擦产生的高温及风、雨、雷、电的影响，不仅其外形设计，就是其防热材料的选择也必须经过多次风洞试验。

2. 因果类比法

两个事物的各种属性之间可能存在着同一种因果关系，因果类比法是根据已经掌握的事物的因果关系与正在接受研究改进事物的因果关系之间的相同或相似之处，去寻求创新思路的一种类比方法。

例如，最早发明放大镜的灵感是来自蜘蛛网上的水珠（图 9-5）。13 世纪中期，英国学者培根雨后在花园漫步的时候，突然看到蜘蛛网上沾了不少水珠，他发现透过雨珠看树叶，叶脉放大了不少，连树叶上细细的毛都能看得见，这使得他非常兴奋。他回家找来一个玻璃球，切下一块，然后拿这半玻璃球看书，结果文字放大了许多，培根找来一块木片，挖出一个圆洞，将玻璃球片装上去，安上把手，最初的放大镜就这样出现了。

图 9-5　蜘蛛网上的水滴与放大镜

　　人工牛黄培养方法的发明也是采用了因果类比法。天然牛黄是一种非常珍贵的药材，只能从屠宰场上碰巧获得，这样偶然得来的东西不可能很多，因此很难得到，也无法满足制药的需求。其实牛黄只不过是由于某种异物进入了牛的胆囊后，在它的周围凝聚起许多胆囊分泌物而形成的一种胆结石。一家医药公司的员工们为了解决牛黄供应不足的问题，集思广益，终于联想到了人工培养珍珠的方法，既然河蚌经过人工将异物放入它的体内能培育出珍珠，那么，通过人工把异物放进牛的胆囊内是否也同样能培育出牛黄来呢？他们设法找来了一些伤残的菜牛，把一些异物埋在牛的胆囊里，一年后，果然从牛的胆囊里取出了和天然牛黄完全相同的人工牛黄。

3. 象征类比法

　　象征是一种用具体事物来表示某种抽象概念或思想感情的表现手法。象征类比法是指以事物的形象或能抽象反映问题的符号或词汇来比喻问题，间接反映或表达事物的本质，以产生创造性设想的方法。在创造性活动中，人们有时也可以赋予创造对象一定的象征性，使它们具有独特的风格。

　　象征类比是直觉感知的，在无意的联想中一旦做出这种类比，这就是一个完整的形象。针对待解决的问题，用具体形象的东西做类比描述，使问题形象化、立体化，为创新开拓思路。生活中我们常用玫瑰类比爱情、玉兰类比纯洁、绿叶类比生命、大炮类比强权与战争、化石代表远古、书籍代表知识、婴儿代表希望、日出代表新生、钢铁代表坚强、蓝色代表大海等。

　　象征类比在建筑设计中应用甚广。如设计桥梁要赋予"虹"的象征格调；设计纪念碑、纪念馆要

图 9-6　上海金茂大厦

赋予"宏伟""庄严"的象征格调；相反，设计咖啡馆、茶楼、音乐厅就需要赋予它们"艺

术""优雅"的象征格调。曾被誉为上海第一高楼、大陆第一高楼的上海金茂大厦（图 9-6）则是融合了多层象征含意：其外形像竹笋，象征着节节攀升；像宝塔，富有民族气息；像一支笔，在蓝天描绘着未来。整座大厦的设计数据与中国人喜欢的数字"8"相关：总高 88 层，中间是 8 角形混凝土核心，周边是 8 根巨型钢柱，塔式建筑的向上收缩点均位于与 8 有关的楼层上等。

第二节　典型方法——综摄法

类比法是主要的创新方法，古往今来，人类利用这一方法取得了无数的发明创造，例如，古代巧匠鲁班发明锯子就是从草割破手指而得到的启发；武器设计师通过分析鱼鳃启闭的动作，设计成枪的自动机构；人们从落地扇的升降支脚想到了升降式篮球架，又从升降式篮球架想到了折叠式篮球架；机械师从农用水车受到启发，设计了刮板输送机；飞机发明家莱特兄弟以"谁要飞行，谁就仿鸟"作为名言等。

在长期的创新实践过程中，类比创新方法得到了迅猛发展，在原有的类比创新方法的基础上逐渐发展出其他类比创新方法，如综摄法。在类比创新方法中，综摄法是最典型的方法。

一、综摄法的概念

综摄法是英文 Synectics Method 的译称，意思是把表面上不相关的各种不同的事物结合在一起。也有人将综摄法翻译为提喻法、集思法、群辨法、分合法等。

综摄法是指以外部事物或已有的发明成果为媒介，并将它们分成若干要素，对其中的元素进行讨论研究，综合利用激发出来的灵感，来发明新事物或解决问题的方法。

综摄法是由美国麻省理工学院教授威兼·戈登（W. J. Gordon）于 1944 年提出的一种利用外部事物启发思考、开发创造潜力的方法。戈登发现，当人们看到一件外部事物时，往往会得到启发思考的暗示，即类比思考。而这种思考的方法和意识没有多大联系，反而是与日常生活中的各种事物有紧密关系。后来乔治·普林斯同威廉·戈登一起研究，使综摄法得到进一步完善，成为理论性和操作性很强的创新方法。

二、综摄法的原理

综摄法以已知的事物为媒介，将表面看起来毫无关联、互不相同的知识要素综合起来，打开"未知世界的门扉"，勾起人们的创造欲望，使潜在的创造力发挥出来，产生众多的创造性设想。它是一种高效率利用知识的设计创新方法，是一种旨在开发人潜在创造力的思考方法。

综摄法的基本思路是：在构思设想方案时，对将要研究的问题适当抽象，以开阔思路，扩展想象力。将问题适当抽象，要根据激发创意的多少，逐步从低级抽象向高级抽象演变，直到获得满意的改进方案为止。这种做法，国外称之为抽象的阶梯。

1. 基本假设

综摄法的提出是以如下几个基本假设为基础的：
① 在每个人都有潜在的创造力，这种创新能力是可以开发的；
② 通过人的创新现象（包括艺术和科学），可以描述出共同的心理过程；
③ 在创新过程中，感情的非合理因素比理智的、合理的因素更重要；
④ 这种心理过程能用适当的方法加以训练、控制；

⑤ 集体经历的创造过程可以模拟个人的过程。

2. 综摄法的基本原则

综摄法是一种以类比为纽带进行联想的，适用于集体创造的，针对已有问题进行的专业的、系统的创新方法。威廉·戈登认为，综摄法的基本原则包含两个部分，即异质同化（变陌生为熟悉）和同质异化（变熟悉为陌生）。

（1）异质同化

新的发明大都是现在所没有的，人们对它是不熟悉的，然而人们却非常熟悉现有的东西。在创造发明不熟悉的新东西的时候，可以借用现有的知识来进行分析研究，启发出新的设想，这就叫作异质同化。

人的机体和思维，在本质上都排斥陌生的东西。当遇到陌生事物时，总是设法将它纳入一个可以接受的模式中。通过把陌生事物与熟悉事物联系起来，把陌生的转换成熟悉的，人们就能逐渐了解这个陌生事物。在变陌生为熟悉阶段，人们主要是了解问题，查明问题的主要方面以及各个细节，即当提出一个新问题时，借助于分析，设法将陌生的事物分解，尽可能地将之变为以前所熟悉的事物。例如，在发明脱粒机之前，谁也没有见过这种机械，要发明这样一种机械，就要通过当时现有的知识或熟悉的事物来进行创造。脱粒机实际上是一种使物体分离（将稻谷和稻草分开）的机械，可以使稻谷和稻草分离的方法有很多。有人根据使用雨伞尖顶冲撞稻穗，把稻谷从稻草上脱落下来的创造性设想，发明出一种带尖刺的滚筒状的脱粒机。

【案例 9-5】

巧妙的找水方法

上海《少年报》上曾刊登过《巧妙的找水方法》一文。文章说的是在非洲南部卡拉哈里沙漠边缘的草原地带，每逢旱季，当地居民就会因缺乏生活用水而大伤脑筋，甚至不得不离开故乡。但是人类是最聪明的，天无绝人之路，留下来的人们发现当地的动物——狒狒还是照样活动。可以肯定的一点是，没有水，狒狒是无法生活的。这说明狒狒能找到水源，于是人们就用"连环计"让狒狒向人们"报告"水源在什么地方。首先，人们诱捕狒狒，并给诱捕到的狒狒喂食盐，使狒狒口渴，然后将口渴的狒狒放走。此时口渴的狒狒就会奔向水源喝水解渴，而人们只需跟踪狒狒就会找到水源了。

"连环计"就是通过这样简单的方法让狒狒向人们"报告"水源在什么地方的。人们无法找到水源，但是人们却懂得怎么借助狒狒当"向导"去找水源，从而达到目的。这样的思考方法就是综摄法的异质同化。

（2）同质异化

对现有的某些早已熟悉的事物，根据人们的需要运用新的知识或从新的角度来加以观察、分析和处理，已摆脱陈旧固定看法的桎梏，启发出新的创造性设想来，就叫作同质异化。对待熟悉的事物要有意识地视作不熟悉，用不熟悉的态度来观察分析，并依照新的理论进行研究，从而启发新的创造设想。例如，热水瓶大家都很熟悉，将它改成茶杯大小，就成了保暖杯；将电子表装在笔中，就出现了电子计时笔。

事实证明，我们的很多发明创造，还有文学作品，都是受日常生活的事物启发而产生的灵感。这些事物，从自然界的高山流水、飞禽走兽，到各种社会现象，甚至各种神话、传说、幻想、电视节目等，比比皆是，范围极其广泛。澳大利亚曾发生这样一件事：在收获季节里，有人发现片甘蔗田的甘蔗产量竟提高了60%，这是怎么回事呢？原来在甘蔗栽种前一个月，有一些水泥撒落在这块田里，科学家们经过研究，发现正是水泥中的硅酸钙，使那片酸性土壤得到了改良，这才提高了甘蔗的产量。于是，可以用来改良酸性土壤的"水泥肥料"就发明出来了。

案例 9-6
威廉·哈维与血液循环理论

早期，人们对血液循环的认识来源于盖仑的血液循环理论，盖伦认为，血液在人体内像潮水一样流动之后，便消失在人体四周。由于他是一位名望极高的神医，于是人们把他这种血液理论奉为真理，不许怀疑。然而，哈维是一个善于思索的人，并不迷信权威的理论，更难能可贵的是他敢于怀疑权威的理论，他喜欢"打破砂锅问到底"。他问自己"血液真的流到人体四周就消失了吗？怎么会消失的呢？"等问题。哈维系统地分析了前人的研究情况，前人的研究成果，首先开拓了哈维的视野。

但是，当时哈维还无法弄清这个问题，但它一直在哈维脑里萦绕，他下决心要弄清这个谜。直到有一天，哈维由孩子们雨后"筑小水库"的游戏获得观察血液流动实验的灵感。他用绳子扎住动物的动脉血管，不一会，结扎处上方的血管就胀起来，而且越鼓越高，而结扎处下方的血管明显地瘪了下去。然后他解开结扎绳，血直向前涌，下方的血管又胀起来了，血管又恢复了常态。他又用同样的方法结扎静脉血管，发现情况恰恰相反，结扎处上方的血管马上瘪下去了，而结扎处下方的血管，反而明显地胀起来了。哈维反复进行了试验得出如下结论：动脉血管里的血是从心脏里流出来的，静脉血管里的血是流回心脏去的，血液的流动与心脏有着密切的联系。哈维又先后对80多种动物进行解剖心脏的实验，最后发现心脏收缩时，把血液压进动脉血管，放松时，静脉里的血又流回来。如此一缩一松，一张一弛，就使心脏跳动起来，心脏的跳动又促使血液流动，这样周而复始，也就是血液循环。1628年，他把自己的实验上升为理论，并写成著名的专著《心血循环运动论》。哈维的血液循环学说，第一次科学地解释了血液运动的现象，彻底否定了在此之前的错误理论。哈维的学说，对医学科学的发展产生了极为深远的影响。这一重大发现的价值无法估量。

在哈维创立血液循环理论的过程中，所遵循的即是同质异化原则。哈维没有被陈旧固定看法所桎梏，而是运用新的知识、从新的角度来加以观察、分析和判断血液循环，进而启发出新的血液循环理论来，推翻了人们对血液循环旧有的、错误的认识。

三、综摄法的类比技巧

为了加强发挥创造力的潜能，使人们有意识地活用异质同化、同质异化两大原则，戈登提出了四种极具实践性、具体性的类比技巧。

（1）人格性的类比

这是一种感情移入式的思考方法。先假设自己变成该事物以后，再考虑自己会有什么感觉，又如何去行动，然后再寻找解决问题的方案。

（2）直接性的类比

它是指以作为类比的事物为范本，直接把研究对象范本联系起来进行思考，提出处理问题的方案。

（3）想象性的类比

它是指充分利用人类的想象能力，通过童话、小说、幻想、谚语等来寻找灵感，以获取解决问题的方案。

(4) 象征性的类比

是指把问题想象成物质性的，即非人格化的，然后借此激励脑力，开发创造潜力，以获取解决问题的方法。

四、综摄法的实施步骤

综摄法具有很强的操作性，在各国都被广泛应用，其具体步骤也略有差别。此处只简单介绍一种由辽宁省普通高等学校创新创业教育指导委员会总结提出的具体实施步骤：

(1) 组成综摄法小组

综摄法在集体创造活动中，需要一个专业小组来实施。这个小组一般由 5～7 人组成。要有一名主持人，一名专家，其余为不同学科领域的非专业人员。

(2) 提出问题

由主持人将事先设定的、想要解决的问题向小组的成员宣读。此前，小组成员并不知晓该问题。

(3) 分析问题

由小组中的专家对主持人提出的问题进行解释和陈述，使小组成员了解有关问题的背景等信息，使非专业人员对该问题有一个大致的理解。

(4) 净化问题

小组成员围绕这一问题，运用直接类比、亲身类比、幻想类比、符号类比等方法展开联想，尽可能多地提出问题的解决方案。小组中的专家从专业的角度，说出每个想法的不足之处，从中选择两到三个比较有利于问题解决的设想，达到净化问题的目的。

(5) 理解问题——确定解决问题的目标

从所选择的设想中的某一部分开始分析，让小组成员从新的问题出发，展开联想，陈述观点，从而使小组成员理解解决问题的关键环节，并提出解决问题的目标。

(6) 类比灵活运用

确定了解决问题的关键环节后，主持人要有意识地抛开原来的问题，把问题从熟悉的领域转到远离问题的领域，让小组成员发挥类比设想作用。从小组成员的类比中，再选出可以用于实现解决问题的类比，并对其进行分析研究，找出更详细的启示。

(7) 适应目标

把从小组成员灵活运用类比过程中得到的启示，与在现实中能使用的设想结合起来，使之更好地适应目标，从而形成一种新颖独特的解决方案。

(8) 方案的确定与改进

专家对于形成的方案进行反复的论证，并对其中的缺陷进行改进，直到取得满意的结果。

在运用综摄法时，不一定要完全按照以上八个步骤，关键是要灵活运用类比。

另外，在运用综摄法时，还有四个问题需要多加注意。

① 在组建综摄法小组时，对小组成员要精挑细选。主持人和专家必须由合适的人担当，其他成员要具有不同的知识背景，同时要具有一定的隐喻能力、合作态度、冒险精神，这样才能开展大胆的类比设想，互相合作，集体攻关。

② 对所要解决问题的陈述，不能太过详尽，以防小组成员的思维受到限制，影响问题的深入讨论。

③ 在净化问题和确定解决问题的目标时，既要发扬民主，让小组成员充分讨论，尽可能多地提出设想。又要体现集中，由专家挑出 2～3 个设想，选出的设想要新颖、独特。

④ 专家要发挥积极作用，要能及时发现有益的启示。

除综摄法外，类比创新方法还包括直接类比法、亲身类比法、符号类比法等其他类比创新方法。

第三节 引申方法

类比法是以比较为基础的。人们在探索未知世界的过程中，可以借此将陌生的对象与熟悉的对象、将未知与已知相对比。推而广之，许多在质上虽不同的现象，只要它们符合某些相似的规律，往往就可以运用类比法来研究。由此物及于彼物、由此类及于彼类，可以启发思路、提供线索、触类旁通。正如康德所说"每当理智缺乏可靠论证的思路时，类比这个方法往往能指引我们前进"。

类比创新的实质是一种确定两个以上事物间同异关系的思维过程和方法，即根据一定的标准尺度，将几个彼此相关的事物加以对照，把握事物的内在联系进行创造。随着人们对类比创新方法的实质研究与运用，在原有的类比创新方法的基础上逐渐发展出一些引申的方法，如仿生法、模拟法、移植法、原型启发法等。

一、仿生法

【案例 9-7】

萤火虫与人工冷光

自从人类发明了电灯，生活变得方便、丰富多了。但电灯只能将电能的很少一部分转变成可见光，其余大部分都以热能的形式浪费掉了。而且电灯的热射线对人眼有害。那么，有没有只发光而不发热的光源呢？人类又把目光投向了大自然。在自然界中，有许多生物都能够发光，如细菌、真菌、蠕虫、软体动物、甲壳动物、昆虫和鱼类等，而且这些动物发出的光都不产生热，所以又被称为"冷光"。

在众多的发光动物中，萤火虫是其中的一类，萤火虫约有 1500 种，它们发出的冷光的颜色有黄绿色、橙色，光的亮度也各不相同。萤火虫不仅具有很高的发光效率，而且发出的冷光一般都很柔和，很适合人类的眼睛，光的强度也比较高。科学家研究发现，萤火虫的发光器位于腹部，这个发光器由发光层、透明层和反射层三部分组成，发光层拥有几千个发光细胞，它们都含有荧光素和荧光酶两种物质。在荧光酶的作用下，荧光素在细胞内水分的参与下，与氧化合便发出荧光。萤火虫发光，实质上是把化学能转变成光能的过程。

早在 20 世纪 40 年代，人们根据对萤火虫的研究，创造了日光灯，使人类的照明光源发生了很大变化。近年来，科学家先是从萤火虫的发光器中分离出纯荧光素，后来又分离出荧光酶，接着，又用化学方法人工合成了荧光素。由荧光素、荧光酶、ATP（三磷腺苷）和水混合而成，可在充满爆炸性瓦斯的矿井中充当闪光灯。由于这种光没有电源，不会产生磁场，因而可以在生物光源的照明下，进行清除磁性水雷等工作。现在，人们已能够用掺和某些化学物质的方法得到类似生物光的冷光，作为安全照明使用。

1. 仿生法的概念

仿生法是指通过模拟生物的结构、功能或原理等来进行发明创造的方法，是根据生物系统的结构和特征，为工程技术提供新的设计思想、工作原理和系统构成的创新思维方法。

简单地说，仿生法就是向大自然学习，通过对自然生物的系统分析和类比启发，从而创造新方案的方法，它是模仿生物的特殊本领的一种方法。仿生法通过有效观察、研究和模拟自然界生物以及生态的各种特殊本领，包括生物及生态本身的结构、原理、行为、各种器官功能、体内的物理和化学过程、能量的供给、记忆与传递等，从而为技术发明、产品设计提供新的思想、原理和系统架构，为系统管理提供新的分析思路与工具，产生有用的新技术、新产品与新方法，并能产生实际的效益。

2. 仿生法的内涵

生物在自然进化中，经历亿万年筛选淘汰和改进，形成了高度发展的各项功能。每种生物都有别的生物所不具备的特点和奇妙的功能。例如，水母能感受水声波而准确地预测风暴；蝙蝠能发出和听到超声波；鹰眼能从三千米高空敏锐地发现地面上运动着的小动物；蛙眼能迅速判断目标的位置、运动方向和速度，并能选择最好的攻击姿势和时间；狗的鼻子可以感觉出 200 万种物质和不同浓度的气味等，这些功能是人类所不具备的。但是，人脑的思维、创造功能却又是其他生物望尘莫及的。与生物构成的天然自然相比，人创造的人工自然——技术，却只有短暂的历史，人们在有些技术上所遇到的困难或问题，生物界早就在进化过程中妥善地解决了。生物独特的特点和功能，加上人类的创造功能和技术手段，使得人们借鉴生物来解决大量的技术难题或创造出更新的技术成为可能。

自然界无数生物的形体结构、外表特征以及它们的生存方式、肢体语言、声音特征、平衡能力、器官功能和工作原理等，会给人类传递出无穷的信息，启发人类的智慧和创造力。比如人们模仿变色龙变色逃生机制研制出了军事伪装设备；模仿蜻蜓与蜂鸟创新了自动控制与导航系统；模仿莲花"出淤泥而不染"的特性发明了新型防水材料；模仿蝙蝠的回音定位研制出了雷达装置；模仿壁虎可以吊在天花板上的技能研发出了一种超强黏性的胶带；模仿鱼鳍研制出了世界上结构最完美的新型推进器等。每当发现一种生物奥秘，它就有可能成为一种新的设计理念，也可由此诞生一种新产品。

3. 仿生法的原则

在运用仿生法进行创新活动时，应遵循以下几个原则。

（1）优先考虑原则

实施创新活动时，首先应确立向自然界生物学习的优先原则。因为生物在进化过程中采用了最为经济合理的路径与对策，形成了最为精妙的结构与高性材料，并且能够为人类提供几乎所有需要的创新启示。创新应优先考虑仿生，这样既多快好省，又能触类旁通，充分体现了大自然是人类最好的老师的哲理。这也是重要技术与管理创新应遵循的关键原则。

（2）需求导向原则

创新与技术发明等之间的最大区别在于创新起于发明而止于消费，即创新必须创造出具有价值的商品。因此，坚持需求导向原则意义重大，它体现了创新固有的价值性与目标导向性。

（3）系统化原则

仿生法遵循系统化原则将有助于发掘生物的整体智慧与系统功能。其中，在技术创新中系统模仿人类思维及行为最为常见。由于生物的生存状态不同，物种的性质、个体与群体行为、形体结构、构成材料等均体现出不同的特征与功能。因此，只有综合考虑生物特征，进行系统化仿生创新，才能取得意想不到的创新成果。

（4）环境适应原则

进行仿生创新时，应依据创新主题对类似生物的生存环境及其环境适应性进行分析，找出与创新主题最为接近的生物体进行仿生联想与对应，根据一个或一类生物环境适应性的映射与同构转换，有针对性地进行仿生创新。

（5）近似理想原则

由于生物的构造、功能及行为极其复杂，生命科学中存在许多尚未解决的难题与尚未能解释的现象，而人类在仿生创新过程中还存在许多技术问题，因而我们不可能实现完全意义上的仿生创新，但只要实现部分功能获得创新启示，或许就能实现人类所需的技术与管理创新。

(6) 生物极限组合原则

生物的过数万年进化,产生了众多的特殊性质或功能,但每一种生物物种的独特性质或功能可能是单一片面的,因此,在进行仿生创新时,应全面组合或集成与创新主题相关的一类或一组生物体特殊性质或功能进行仿生创新,得到等于或优于生物组合原型的创新成果。

(7) 多学科交叉原则

仿生创新渗及生物学、物理学、信息学、脑科学、工程学、数学、力学、系统学、心理学、医学、社会学、管理学、经济学、军事学等多个学科以及创新思维方法,单从某一个学科进行仿生创新难度较大,它需要具有多个学科背景的研究人员或专业人员共同参与,并有机配合才能完成。在多学科交叉仿生创新过程中,应以创新目标的学科或行业领域的创新对象为主体进行仿生,将其他学科的知识与方法交叉进来,从而实现有效的仿生创新。

二、模拟法

【案例 9-8】

"水立方"的设计

"水立方"(图9-7)全称国家游泳中心,位于北京奥林匹克公园内,是2008年北京奥运会标志性建筑物之一。这个看似简单的"方盒子"是中国传统文化和现代科技共同"搭建"而成的。中国人认为,没有规矩不成方圆,按照制定出来的规矩做事,就可以获得整体的和谐统一。在中国传统文化中,"天圆地方"的设计思想催生了"水立方",它与圆形的"鸟巢"——国家体育场相互呼应,相得益彰。方形是中国古代城市建筑最基本的形态,它体现的是中国文化中以纲常伦理为代表的社会生活规则。而这个"方盒子"又能够最佳体现国家游泳中心的多功能要求,从而实现了传统文化与建筑功能的完美结合。

在中国文化里,水是一种重要的自然元素,并激发起人们欢乐的情绪。国家游泳中心赛后将成为北京最大的水上乐园,所以设计者针对各个年龄层次的人,探寻水可以提供的各种娱乐方式,开发出水的各种不同的用途,他们将这种设计理念称作"水立方"。希望它能激发人们的灵感和热情,丰富人们的生活,并为人们提供一个记忆的载体。

为达此目的,设计者将水的概念深化,不仅利用水的装饰作用,还利用其独特的微观结构。基于"泡沫"理论的设计灵感,他们为"方盒子"包裹上了一层建筑外皮,上面布满了酷似水

图9-7 "水立方"

分子结构的几何形状,表面覆盖的ETFE膜又赋予了建筑冰晶状的外貌,使其具有独特的视觉效果和感受,轮廓和外观变得柔和,水的神韵在建筑中得到了完美的体现。

(一) 模拟法的概念

模拟是一种直接类比,有时把原来极不相关的一些事物联系在一起,运用其中的一点进行模仿。所以,模拟不是简单的模仿,需要一种洞察力,打破原来的旧框框,用全新的角度去看待旧事物。

运用模拟法,主要通过描述与创造发明对象相类似的事物、现象,去形成富有启发的创

造性设想。首先要对事物与创造发明对象进行比较。其次，借用被模拟的事物特点，利用它来启发解决问题的新思路，进而去解决眼前的问题。模拟过程中的前半段是相似联想，后半段是类推，两者结合，构成了模拟法。

（二）模拟法的分类

模拟法通常模仿客观事物的形态、结构和功能来启发解决问题的新思路，所以模拟法一般可分为形态模拟、结构模拟和功能模拟三类。

1. 形态模拟

形态模拟是基于不同事物形态相似的原理进行模拟。形态相似是指不同事物在形态上的相似，使人产生相似联想。形态包括形状、颜色、肌理（质感）三个方面，形态相似是形态模拟的基础。例如，甲壳虫形状的汽车（图9-8），仿照鸟巢形状设计的国家体育场（图9-9），形态模拟的实例比比皆是。

形态模拟是通过对事物外在形态的模拟，在造型设计中启发灵感和开拓思路的方法。形态模拟仅仅是对事物的外在形态进行模仿，而不考虑其内部组成成分和构成方式，因而形态模拟具有直观性和形象化的特点。形态模拟的基础是模拟的事物与被模拟的事物在形态上的相似。

图9-8　甲壳虫汽车　　　　　　　　　　　图9-9　北京"鸟巢"

2. 结构模拟

事物的结构是丰富多彩、千变万化的，但是各种事物间的结构又有着奇妙的相似性和规律性，看似完全不同的事物之间，有时却有着相似的结构和组成方式，例如天体的旋转和水中的波线、太阳的形状和葵花的形态，大气的涌动和流动的集市。有时，不同事物的组成部分搭配和排列上也具有相似性。例如，蚂蚁王国的社会结构与人类社会结构构成方面的相似，都是金字塔式的，都有各自的分工。又如，花生和豌豆的荚果在结构上相似，都是由两筛壳和夹在中间的种子组成；伞和蘑菇在结构上也具有相似性，都由一根柱（杆）支撑一个圆锥形的壳等。

结构模拟是发现相距甚远的事物之间的问题结构，然后通过联想和类比进行结构移植、结构仿生，以达到开辟新的解题思路的方法，例如电话机与人耳的结构相似、模仿人眼构造设计的照相机等。形态模拟是对事物外部特征的模仿，结构模拟则深入到事物的内部结构。一般来说，结构模拟的结果会产生相似的功能，也有的结构模拟自然伴随着形态上的相似。

结构模拟主要有结构移植和结构仿生两种方式。

（1）结构移植

结构移植就是将某种事物的结构方式应用到另一事物上的创新方法。事物的结构千差万别，但是对大量五花八门的事物进行结构分析与对比，就会发现许多事物之间有的结构原理相似，有的结构形态相似、有的结构方式相同。例如，奥斯卡·尼迈耶设计的巴西新首都巴西利亚的规划，整个城市的结构形态是一个喷气式飞机的形状，"机头"部分是"三权广场"；"机翼"各长约 6 千米，10 层楼高的政府部门建筑列延伸出去，直到"翼尾"；"机身"长度为 8km，包括了城市的休闲设施，动物园、植物园等；"机尾"为火车站。

(2) 结构仿生

结构仿生是从生物的结构上进行对应联想，从而得到启发，应用到设计中的方法。例如，科学家们发现了蝴蝶的鳞片有巧妙调节体温的作用：当太阳光直射时，鳞片会自动张开，以降低太阳光的辐射温度，从而减少吸收太阳光的辐射热能；当外界气温下降时，鳞片又会自动闭合，紧贴体表，使太阳光直射身上，从而吸收到更多的热量。因此，蝴蝶能使自己的体温始终控制在一个正常的范围内。科学家们模拟蝴蝶鳞片的结构，将人造卫星的控温系统制成了叶片正反两面辐射、散热能力相差很大的百叶窗样式。在每扇窗的转动位置安装有对温度敏感的金属丝，随温度变化可调节窗户的开合，从而保持了人造卫星内部温度的恒定，解决了航天事业中的一大难题。

(3) 功能模拟

所谓功能，是指事物的功效和作用。功能模拟是指在未弄清或不必弄清原型内部结构的条件下，仅仅以功能相似为基础，来模拟原型功能的一种模拟方法。功能模拟是以模型之间的功能相似为基础，通过从功能到功能的方式，模拟原型功能。它不受原型外观形态的制约，不受原型内部结构的制约，不受原型材质的制约，只对功能进行模拟。

功能模拟和结构模拟都是通过模型来模拟原型功能的，但是由于它们所依据的客观基础不同，因而它们再现原型功能的方式也不同。结构模拟以模型和原型之间的结构相似为基础，是在弄清原型的内部结构的条件下，通过模拟原型内部结构的方式来再现原型功能的。而像人脑这样复杂的功能系统，其内部结构难以弄清，难以复制，显然难以用结构模拟的方法来再现人脑的功能。运用功能模拟的方法，则可以在未弄清人脑内部结构的条件下，用模型来模拟人脑的某些功能。例如，目前常用的电子计算机就是通过功能模拟代替了人脑的一部分思维功能，如判断、选择和计算的功能，因而被称为"电脑"。

运用功能模拟时，一般按照以下步骤进行操作。

① 进行功能定义。用比较抽象的概念把原型的功能问题表达出来，体现出需要的本质问题。当我们要解决给定设计任务中的某一功能问题时，首先要准确定义出问题的实质，然后才能着手解决。

② 寻找具有相似功能的可替代物。例如有些植物的叶片受到损伤后会自动分泌一些液体来愈合伤口等。

③ 对原型的功能进行模拟。例如，对"植物的叶片"自动分泌一些液体来愈合伤口的功能进行模拟，构想在轮胎内部也含有一层材料，在受到划伤时会自动流出，见到空气后会自动凝结，具有愈合裂口的作用。

④ 通过材料研发等科学技术手段实现创意，使新模型具有与原型相同的功能。

三、移植法

【案例 9-9】

外科消毒法的起源

利斯特出生于英国，父亲是酒商，在父亲的言传身教之下，利斯特从小对科学有浓厚兴趣，并立志长大要当一名外科医生。1848 年，利斯特进入伦敦大学学习医学，当他亲眼看到英国第一次使用麻醉剂给病人动手术时,激动无比。但令他失望的是病人的病非但没有治好,反而因为伤口化脓致死。当时,仅因"医院坏疽"引起的复合骨折所进行的截肢手术,在英国多数医院中死亡率达40%,欧洲其他国家有些医院的死亡率高达60%。利斯特得知这些情况后,内心一阵阵绞痛。从此,他暗暗下定决心,要解决伤口化脓的问题。

1859年,他在格拉斯哥医院任外科医生,在名医指导下医术提高很快。其间他一直在密切注意观察病人伤口的愈合情况,发现病人死亡总是在伤口开刀之后发生,而那些虽骨头断裂而皮肤完整的病人一般皆会病愈,他设想伤口的腐败溃烂一定是来自空气的感染,可能是一种花粉样的微尘。

1864年4月7日,法国科学家巴斯德·路易在巴黎大学讲堂作了一次著名的演说:他出示了两个对比的瓶子,一个是曲颈瓶,一个是直颈瓶,瓶中装有同样的营养液,前者4年无变化,后者早已腐败。得出的结论是:生物不能自然地发生,细菌是物质产生腐败的原因。利斯特获此消息后深受启发,意识到是空气中的细菌使伤口感染化脓产生并发症,从而导致手术后病人死亡,因此消毒灭菌应是解决问题的关键。他深信只要手术后保护好伤口,不使细菌侵入,将会大大有利于创口的愈合。

经过实验,利斯特找到了苯酚这种有效的杀菌剂,利斯特选用苯酚作消毒剂进行临床试验,1865年8月12日他给一个断腿病人做手术。术前对手术室内的环境、手术器械用品以及自己的双手,利斯特均用苯酚溶液进行了消毒灭菌处理,手术后又对手术创口消毒,再用消毒过的纱布绷带仔细包扎。以后每次换药也要经消毒处理,结果病人伤口很快愈合。以后,利斯特在做其他外科手术时也采用了这些措施,结果因手术后创口感染致死的病例大大下降。研究成果公布后,英、德、法等国的医院纷纷采用。自1865年至1869年在他主管的病房中,手术后病人死亡率迅速地从45%下降到15%,他还把新的消毒法介绍到英国的爱丁堡医院。

(一)移植法的概念

"移植"一词的原义是指植物的嫁接种植方法。创造学中的移植法是指将某个领域的原理、技术、手段、方法、结构或功能引用和渗透到其他领域,用以创造新事物的方法。从思维角度看,移植是一种侧向思维方法。它通过相似联想、直接类比,力求从表面上看来仿佛是毫不相关的两个事物或现象之间,寻找它们的联系。

移植法是一种被应用广泛的创新方法。通览人类的科学技术成果,可以在不少地方发现这种方法的应用,而且在21世纪高新技术领域中为科学家所普遍采用。如"干细胞移植术治疗瘫痪病人""基因重造工程移植记忆"等。

移植法是更为具体的类比,其发明物与原型之间的相似之处更为明显。而且发明者在运用移植法之前有明确的目标(即要移植的指向),它的特点是从目标出发来寻找被移植的对象。所以移植往往不是先有原型,然后使人受到启发或让人模拟的,而是先有问题,然后带着问题去寻找原型,并巧妙地将原型应用到所要解决的问题上来。

英国剑桥大学教授贝弗里奇说:"移植是科学发展的一种主要方法。大多数的发现都可应用于所在领域以外的领域,而应用于新领域时,往往有助于促成进一步的发现。重大的科学成果有时来自移植。"

(二)移植法的运用技巧

移植法主要有侧向移植和侧向外推两种运用技巧。

1. 侧向移植

不同领域的知识和方法有时可以相互移植和借鉴，这就是侧向移植法。即不是按常规的做法，而是主动把注意力引向其他领域，使用其他领域的原理、技术、方案来解决问题。

采用侧向移植，首先要分析问题的关系所在，即搞清创造目的与创造手段之间的不协调、不适应问题；然后借助联想、类比手段，找到被移植的对象，确定移植的具体形式和内容，并通过实验研究和设计活动实现发明创造。侧向移植包括技术原理的移植和技术手段的移植两种类型。

（1）技术原理的移植

技术原理由于揭示了大部分技术对象的共性规律，而成为许多专业技术的共同基础。对这种基本的技术原理，只要根据不同的技术要求和技术目的，采用不同的物质手段，就可以物化为不同的技术。当一种技术原理最初在某一特殊技术领域实现后，经过适当提炼，就很容易移植到其他技术领域或其他技术对象上，从而产生新的创新方案。如红外辐射是一种很普通的物理过程，凡是高于绝对温度零度的物体，都有红外辐射，只是温度低时辐射量极微罢了。将这一原理移植到其他领域，可产生新奇的成果：有红外线探测、遥感、诊断、治疗、夜视、测距等，在军事领域则有红外线自动导引的"响尾蛇导弹"、装有红外瞄准器的枪械、火炮、坦克及红外扫描、红外伪装等。

（2）技术手段的移植

技术手段的移植是把一个领域中的技术装置程序或方法移植到另一个技术领域，根据新的技术要求进行变换和组合，而导致新的技术发明的侧向移植类型。例如，将激光技术移植到工业加工部门，可研制出激光打孔机；移植到精密测量技术部门，可发明出激光定向仪、激光测厚仪、激光全息照相术等。

应用侧向移植，关键是注意两个问题：一是要注意打破传统的思维定式；二是要注意打破专业的界限。

2. 侧向外推

当取得一项发明，或看到什么感兴趣的方法后，将它推广应用到其他领域，也就是寻找它的新用途，这就是侧向外推。

例如，美国一家制糖公司，每次往南美洲运方糖，方糖都会受潮，故而损失很大。公司里的一位工人受到轮船上通风洞的启发，建议在方糖包装盒的角落戳个针孔使之通风，以达到防潮的目的。这个建议，取得了意想不到的好效果。日本的一位发明家，听到戳小孔引出发明的消息后深受启发，于是他埋头研究，结果发现在打火机的火芯盖上钻个小孔，可以使打火机灌一次油，由原来的维持10天变成现在的50天之久。由此他大获收益。日本的发明家运用的发明方法就是侧向外推。

从思维角度看，侧向外推是一种侧向思维方法。这一点与侧向移植是一致的。两者都是将某个领域的原理、技术、方法引用或渗透到其他领域，用以改造或创造新的事物。从发明者的角度看，侧向外推是先有发明，然后试着把它向其他领域引申和推广；而侧向移植是试着把其他领域的技术拿过来为我所用。显然两者只是方向不同。

侧向外推的主要运用方法（途径）包括：技术原理的外推，如将微波炉的工作原理外推到筑路领域，研制成微波筑路机加热沥青，取得了很好的效果；技术功能的外推，如在自然界，河川中夹杂的有机物流入海洋却并不会使海洋受到污染，原因是海洋中生长着能消化有机物质的净化细菌，有机物经它的消化后会变成水和二氧化碳。环保专家将此功能移植于废水处理——引进净化细菌让它大量繁殖，以达到去污变清的目的。

3. 侧向移植与侧向外推的区别

两者的不同之处主要在于：首先，侧向移植是先有问题后有答案（办法），侧向外推是先有办法（答案）后找问题。其次，侧向移植是在没掌握方法之前积极去"寻找"和"引用"，侧向外推是在有了方法（发现）后积极去"推出"和"输出"。

对于某个发明主体来说，侧向移植和侧向外推是其应用移植发明的两个不同阶段和环节：侧向移植是发明创造的第一阶段，是寻求一个好的办法的环节；侧向外推是发明创造的第二阶段，是将好的发明创造推向更好的领域，是扩充运用这个好的办法的环节。而对于不同的发明主体而言，两者的区别是没有什么实际意义的。如激光技术被第一个人应用到工业上，研制出激光打孔机，这无疑是侧向移植。然后他又将这项技术应用到其他领域，研制出激光定向仪，这无疑是侧向外推。但如果第二个人受第一个人的激光打孔机的启发，将它应用到另外的领域，研制出全息照相机，对第二个人来说，这既可看作是侧向移植，也可看作是侧向外推，只能依照他的主观判断。他如果是先掌握了激光技术，然后想到移植，就是侧向外推。反之，就是侧向移植。

四、原型启发法

【案例 9-10】

海姆利希急救方法

开香槟酒瓶塞时有这样一种方法，那就是用力摇晃酒瓶，然后在其底部猛击一掌，由于瓶内液体及气体的猛烈冲击，使瓶塞冲离瓶口。

美国医生海姆利希博士，是一个思维非常活跃的人。在一次见到这种开瓶方式时，他突发奇想：这种奇特的方法，能不能在医学中派上用场呢？他想到：人的呼吸道也是某种意义上的"瓶子"，如果发生"气管异物"，能不能像开香槟酒瓶那样，利用呼吸道中的气体，将异物冲开呢？

经过研究，他发明了一种用来抢救人被食物或物体噎着或卡住气管而窒息的方法。该急救法简单易学，十分有效。具体操作如下：首先要让患者保持站立姿势，救护者站其身后抱住其腰部，一手握拳，并用其拇指侧顶住患者上腹部；另一只手握紧拳迅速向上、向内猛压腹部，挤压后随即放松，可重复数次。如果只有一个人在场或周围的人均未受过救生训练时，即应实施自救法：可一手握拳，掌心朝腹部，位于脐上，另一只手握在上面。靠在椅背、栏杆、水槽、桌沿等地方，抵紧腹部迅速用力反复挤压，直至有效。

1. 原型启发法的概念

原型启发是一个心理学的概念，意指根据事物的本质特征而产生新的设想和创意。原型启发法也称垫脚石法。它是指通过观察找到原型，在原型的启发下，产生创新设想的方法。它是一种最为笼统的类比方法。能够起启发作用的事物叫原型。原型可以来自于生活、生产和试验。例如，鱼的体形是创造船体的原型，飞鸟是世界上第一架飞机的原型，带齿小草是鲁班发明锯的原型。

原型启发法是一种创新思维方法，生活中所接触的每个事物的属性和特征在头脑中均可形成"原型"。在问题解决过程中，问题解决者在"原型"中获得一些原理的启发，使其结合当前问题的有关知识，形成解决方案，从而创造性地解决问题。原型启发理论有助于人们更清楚的认识创造性的思维过程，为创造性思维的培养提供。原型启发法是科学创造中一个十分有用的方法。

2. 原型启发法的特点

原型启发法的特点包括以下两方面。

首先，在受到原型启发前，有时创造者的目标并没有确定，有时虽然确定了目标，但不是在有意识地寻找下才发现原型。

其次，原型启发法强调的是启发，启发只是一个垫脚石，并不是要求启发物与发明物之间有明显的严格的相似关系，最终的发明物和启发物之间可能有很大的差别，甚至完全看不出启发物的痕迹。

3. 原型启发法的要求

原型启发法是根据人的创造性思维和运行方式，对偶然遇到的某些事物经过观察和分析，突然间启发出灵感的方法。它是以创新欲望为前提，以类比为基础而进行的一种创造活动。启发带有偶然性、机遇性，因此，运用原型启发法，需要具备一定的条件：

① 要有强烈的创新欲望，这样才能提高接受启发的敏感性；
② 要明确问题的实质，以鉴别把握可能得到的启发；
③ 要增加信息量，扩大知识面，为启发创造更多机会；
④ 要能大胆猜测事物之间可能的联系，寻找启发的原型。

拓展阅读 1

庄子的类比思维

庄子（约公元前369～前286年），战国时期宋国蒙（今河南省商丘）人，曾做过蒙地方的漆园吏，是继老子之后道家学派的代表人物。庄子的很多故事都是用类比来表达自己的思想。

成语"庄周贷粟""涸泽之鱼"来自一个故事。庄子很穷，有一天，家里穷得实在是揭不开锅了，等米下锅。他就去找监河侯借米。这个监河侯对他非常热情，说："好啊，我马上要去收税金，一旦把税金全收上来，我一下就借给你三百金。"话说得很漂亮，三百金是多大的一笔钱啊！庄子一听，"愤然作色"，他对监河侯说：昨天我也从这个地方过，路上忽然听到有人叫我的名字。我四下看了一下，发现在路上大车压出来的车里面，有一条小鲫鱼，在那儿跳呢。我就问鲫鱼，在那里干什么呢？小鲫鱼说："我是东海的水官，现在你要有一斗一升的水，就能救了我的命。"我说："好啊，我这就要去吴越那个地方，引来西江的水来救你。"这小鲫鱼说："你要这么说，不如早一点去卖鱼干的铺子里找我吧！"

一天，庄子正在涡水垂钓，楚王委派的二位大夫前来聘请他道："吾王久闻先生贤名，欲以国事相累。深望先生欣然出山，上以为君王分忧，下以为黎民谋福。"庄子持竿不顾，淡然说道："我听说楚国有只神龟，被杀死时已三千岁了。楚王珍藏之以竹箱，覆之以锦缎，供奉在庙堂之上。请问二位大夫，此龟是宁愿死后留骨而贵，还是宁愿生时在泥水中潜行曳尾呢？"二位大夫道："自然是愿活着在泥水中摇尾而行啦。"庄子说："二位大夫请回去吧！我也愿在泥水中曳尾而行"。

庄子快要死的时候，他的弟子们准备厚葬自己的老师。庄子知道后用幽默的口气说："我死了以后，大地就是我的棺椁，日月就是我的连璧，星辰就是我的珠宝玉器，天地万物都是我的陪葬品，我的葬具难道还不丰厚吗！你们还能再增加点什么呢？"学生们哭笑不得地说："老师呀，要那样的话，我们还不是怕乌鸦老鹰把老师吃了吗？"庄子说："扔在野地里你们怕乌鸦老鹰吃了我，那埋在地下就不怕蚂蚁吃了我吗？你们把我从乌鸦、老鹰嘴里抢走送给蚂蚁，为什么那么偏心眼呢？"

拓展阅读2

可口可乐瓶的设计

1898年鲁特玻璃公司一位年轻的工人亚历山大·山姆森在同女友约会中,发现女友穿着一套筒型连衣裙,显得臀部突出,腰部和腿部纤细,非常好看。他突发灵感,根据女友穿的这套裙子的形象设计出一个玻璃瓶,这个瓶子设计得非常美观,很像一位亭亭玉立的少女,他还把瓶子的容量设计成刚好能装一杯水。瓶子试制出来之后,获得大众交口称赞,有经营意识的亚历山大·山姆森立即到专利局申请专利。

当时,可口可乐公司的决策者德勒在市场上看到了亚历山大·山姆森设计的玻璃瓶后,认为非常适合作为可口可乐的包装,他便以600万美元的天价买下此专利。

亚历山大·山姆森设计的瓶子不仅美观,而且使用非常安全,易握但不易滑落,更令人叫绝的是,其瓶型的中下部是扭纹形的,如同少女所穿的条纹裙子;而瓶子的中段则圆满丰硕,如同少女的臀部。此外,由于瓶子的结构是中大下小,当它盛装可口可乐时,给人的感觉是分量很多,采用亚历山大·山姆森设计的玻璃瓶作为可口可乐的包装以后,可口可乐的销量飞速增长,在两年的时间内,销量翻了一倍。从此,采用山姆森玻璃瓶作为包装的可口可乐开始畅销美国,并迅速风靡世界,600万美元的投入,为可口可乐公司带来了数以亿计的回报。

思考题

1. 类比法的特征是什么?
2. 请简要描述类比法的实施过程。
3. 综摄法的原理是什么?
4. 直接类比法的类型有哪些?
5. 亲身类比法的特点是什么?
6. 仿生法的原则是什么?
7. 移植法的运用技巧有哪些?
8. 侧向移植与侧向外推有什么区别和不同?

第十章 组合法

☆ 【教学目标】
1. 掌握组合法的含义、内涵、原理及其类型。
2. 掌握形态分析法的内涵、特点及其实施步骤，了解形态分析法的运用要求。
3. 掌握信息交合法的概念、原理及其实施步骤，了解分解法、焦点法等其他组合创新方法的概念及其实施步骤。

宫商角徵羽五律变化出无穷无尽的新音调，组成新的音乐作品，每一首歌都不同；青白赤黑黄五色组合出目不暇接的新颜色，组成不同的风景、不同的作品；酸甜苦辣咸五味变化出尝不胜尝的味道，全世界各地方的口味都不相同。世界著名科学家布莱斯曾说过：组织得好的石头能成为建筑，组织得好的词汇能成为漂亮的文章，组织得好的想象能成为优美的诗篇。这就是组合的力量。

我们生活中处处充满了各种组合：裤子与袜子组合成为连袜裤；鸡尾酒将不同颜色、不同比重、不同口味的酒，按照一定的方式组合在一起，使之成为形态、味道各异的新品种；通过对各种家具进行结构上的改进与联系，使组合家具既利于组合又便于拆卸，使用率和有效性大大超过了传统家具；沙发床将床与沙发组合，通过结构的处理，将床与沙发的概念进行整合；此外还有工具箱、组合文具、组合刀具、礼盒包装（如补品礼盒、名酒礼盒等）等组合方式。

有人分析了1900年以来的480项重大创新成果发现，技术创新的性质和方式在20世纪50年代发生了重大变化，原理突破型成果的比例开始明显降低，而组合型创造上升为主要方式。据统计，在现代技术开发中，组合型成果已占全部发明的60%～70%。

第一节 组合法概述

▶【案例10-1】
不占用人行道的公共停自行车卡槽

近些年来，为减缓城市交通压力，响应绿色环保出行号召，许多城市开始大力推广自行车出行。对于政府部门来说，在原有已规划道路的基础上，如何更合理有效地设计和布局自行车停车位，既能保证骑行者停用方便和有序停放，又能保证自行车大量应用于拥挤的商业、娱乐等人流聚集区，均成为推广自行车出行需要解决的问题。

在解决上述问题的过程中,出现了一款非常独特的设计产品,可以解决部分道路自行车停放问题。产品设计师瞄准现有的人行道,在道路边缘设计了一款卡槽(图10-1),当人们需要停放自行车时,按起卡槽,将自行车前轮插入并上锁;当人们取出自行车时,卡槽又重新恢复到与地面齐平的位置。

这款设计开拓性地将人行道与停车卡槽组合在一起,合理利用资源,提供了更充足和便利的停车位;卡槽支撑架与卡槽本身在使用时的闭合与分离,更是巧妙地运用组合和分解方法,形成了富有创造性的设计方案。

图 10-1　公共停自行车卡槽

一、组合法的含义

组合是客观世界中十分普遍的现象,小至微观世界的原子、分子,大至宇宙中的天体、星系,到处都存在形形色色的组合现象。组合不仅处处有,它还创造了千姿百态的世界以及我们丰富多彩的生活。组合是无穷无尽、纷繁复杂的。组合的类型也是多种多样。组合创新能够涵盖人类生活的方方面面,人类很大的创新潜力就包含在组合里。以组合为基础的创新活动,在所有创新实践中占据主导地位。

1. 组合的含义

组合是一个多义的概念:"组合"在辞海中被解释为"组织成整体";在数学中"组合"是从 m 个不同的元素中任取 n 个成一组,即成为一个组合;逻辑学中也有组合逻辑、组合运算。这里所谓的组合,就是把多项貌似不相关的事物、思想或观念的部分或全部,通过想象加以连接,进行有机地组合、变革、重组,使之变成彼此不可分割的、新颖的、有价值的整体。

2. 组合法的含义

所谓的组合法,是以组合为基础的创新方法,即是将整个创造系统内部的要素分解、重组,与创造系统之间的要素进行组合,产生新的功能和最优结果的方法;是以两个或多个已有的技术、原理、形式、材料等要素为基础,按一定的规律或艺术形式进行组合,使之产生新的效用的创新思维方法。

组合创新方法反映了当代技术发明的时代特征,由组合求发展,由组合产生创新,已成为当代创造活动的一种重要形式。美国阿波罗登月计划总指挥韦伯也曾指出:"今天世界上,没有什么东西不是通过组合而创造的,阿波罗计划中就没有一项新发明的自然科学理论和技术,都是现成技术的运用,关键在于组合。"日本创造学家高桥浩认为:

"发明创造的根本原则归根到底不过一条，那就是将信息进行分割和重新组合。"爱因斯坦对组合原理说得更为深刻："组合作用似乎是创造性思维的本质特征。"可见组合法是一种非常重要的创新方法。

二、组合法的内涵

在当今世界，属于首创、原创的创新成果很少，大多数创新成果都是采用组合创新方法取得的。在组合创新时，组合只要合理有效，就是一项成功的创新。组合创新方法的特点是以组合为核心，把表面看来似乎不相关的事物，有机地结合在一起，合而为一，从而产生意想不到、奇妙新颖的创新成果。

组合的最基本要求是整体的各组成事物之间必须建立某种紧密关系，成为一个新生事物。一堆砖头放在一起只是一堆砖，只能算作杂乱堆放的混合物。一堆砖头若是按照一定的关系砌起来，就组合成一座建筑物。也就是说，不能产生有价值新生事物的胡乱拼凑、混合不叫组合。例如：自行车+自行车=双人自行车；数据+文字+图像+声音=多媒体；牙膏+中草药=中草药牙膏、飞机+飞机库+军舰=航空母舰、中医+西医=中西医结合、马克思主义哲学+马克思主义政治经济学+科学社会主义=马克思主义等。这些绝不是随意的凑合，而是属于我们所说的有机联系的创新组合。

世界上的事物千姿百态，可以进行的组合也是无穷无尽的。运用组合创新法时要注意以下问题：一是组合要有选择性。世界上的事物千千万万，将其一样一样不加选择地加以组合是不可能的，应该选择适当的物品进行组合，不能勉强凑合。二是组合要有实用性。通过组合要能提高效益、增加功能，使事物相互补充，取长补短，和谐一致。如将普通卷笔刀、盛屑盒、橡皮、毛刷、小镜子组合起来的多功能卷笔刀，不仅能削铅笔，还可以盛废屑、擦掉铅笔写错的字、照镜子，大大增加了卷笔刀的功能，实用性很强。三是组合应具创新性。通过组合要使产品内部协调，互相补充，互相适应，更加先进。组合必须具有突出的实质性特点和显著的进步，才能具备创新性。

三、组合法的原理

（一）组合法的依据和出发点

各种元素组合在一起的根本目的就是形成集合效应，实现单个元素实现不了的效果和价值，就如系统论中所描述的那样，系统的效果必须大于系统内各元素单独效果之和。但是各种元素组合的依据与出发点却是多种多样的。

1. 从需求出发进行组合

每种产品都能够满足人们的某种特定需求，当把这些产品有机地结合一起时，可以通过一种产品满足人们的多种需求。例如，被世界各国视为珍品的瑞士军刀（如图10-2所示），被认为是迄今为止最经典的组合。其中被称为"瑞士冠军"的款式最为难得，它由大刀、小刀、木塞拔、螺丝刀、开瓶器、电线剥皮器、钻孔锥、剪刀、钩子、木锯、刮鱼鳞器、凿子、钳子、放大镜、圆珠笔等31种工具组合而成，携刀一把等于带了一个工具箱，但整件长只有9厘米，重只有185克，完美得令人难以置信。正因为如此，素以苛求著称的美国现代艺术博物馆也收藏了一把瑞士军刀中的极品。这就是一种典型的从需要出发进行组合的创新产品。

2. 从新奇效果出发进行组合

2012年，法国巴黎塞纳河上架起一座"蹦床桥"（见图10-3）。该桥位于德比尔哈克姆大桥附近，提出这一设计方案的巴黎AZC建筑公司将桥和蹦床两种完全没有必然联系的事物结合在一起，建成了一座由三个直径为 30 米的可充气组件接合而成，里面灌入了 3700 立方米空气，充气组件中间是蹦床的新式桥梁。该公司表示："这项设计主要是让游客和居民在通过同一条河流时选择一条更新奇、更愉快的道路。"该公司的设计师们还表示："它建立在愉快和洒脱的理念上，与紧张的巴黎形成对照。"

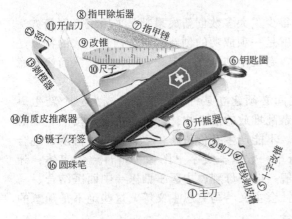

图 10-2　瑞士军刀

图 10-3　蹦床桥

3. 从结构完整巧妙出发进行组合

有些元素之间的组合司空见惯，比如包身和包带共同组成了包，包身主要起承装功能，包带主要起提拉功能，二者结合在一起共同完成了包的运载功能。从功能角度而言，二者的组合可谓完美，但同时也缺乏一种新意。这时，可以通过结构上的巧妙组合来实现创新，可将包身和包带分别作为完整构图中的部分，二者结合形成一个颇有创意的整体，见图 10-4。

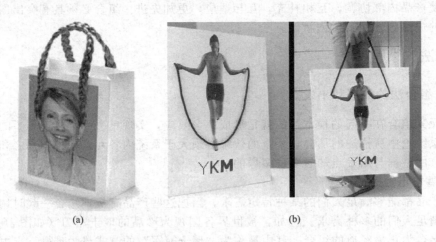

图 10-4　创意手袋

4. 从功能互补角度进行组

有些技术物存在明显的功能缺失，但是将其对立面功能物与该技术物组合到一起，就能有效规避其存在的功能缺失。很多的组合就是从功能互补的角度实现的。例如，铅笔主要的功能是书写，但是一旦写错就无能为力了，将橡皮与铅笔进行组合就能解决这个问题；对于小户型用户而言，既节省空间又功能多样的家具总是备受欢迎。如图 10-5 所示的这款"组插家具"就是其中之一，它由两只可单独使用的椅子组成，一旦组合在一起则又可以当作案桌使用，创意简单却非常实用。

 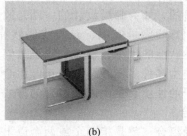

(a)   (b)

图 10-5 组插家具

（二）组合法的一般规律

把产品看成若干模块的有机组合，只要按照一定的工作原理，选择不同的模块或不同的方式进行组合，便可获得多种有价值的设计方案。组合要恰当，单纯的罗列是没有任何意义的。组合在功能上应该是 $1+1 \geqslant 2$，在结构上应该是 $1+1 \leqslant 2$。这样就要求尽量减少中间环节，利用中间环节。将两物组合制作成一件物品，由于这样的组合精简了生活用品的数量，所以可使生活更为方便。如果两物组合后同时产生异化，从而产生第三种功能，这就是一种高级的组合，是一个很值得研究的方向。这种"组合异化"是设计学的一种发展。

进行组合时，其形式多种多样，千变万化，下面介绍几种常用的组合形式：

① 把不同的功能组合在一起而产生新的功能，如将台灯与闹钟组合成定时台灯；将奶瓶与温度计组合成知温奶瓶等。

② 把两种不同的功能的东西组合在一起增加使用的方便性，如将收音机与录音机组合成收录机；将开瓶器和收集瓶盖的装置组合成可收集瓶盖的开瓶器等。

③ 把小东西放进大东西里，不增加其体积使功能增加，如将圆珠笔放进拉杆式教鞭里形成两用教鞭。

④ 利用词组的组合产生新产品。如将"微型"与系列名词组合可以得到微型车、微型灯、微型洗衣机、微型电视、微型电扇等。

四、组合法的类型

组合法不是以崭新技术原理为基础的基本发明或独立发明，而是以已有技术原理、手段、现象或材料为基础，通过巧妙地选择与组合创造出具有新功能的事物的方法。运用组合法进行发明创造时，最富创造性之处就在于组合要素的选择和新颖组合方式的提出。组合要素和组合方式越多也就意味着组合法的分类越丰富。根据不同的分类标准，可以将组合法分成不同的类型。

按组合要素不同，组合法可以分为技术手段的组合，如 CT 扫描仪就是将电子计算机与 X 射线照相装置结合起来用以诊断体内疾病的组合型仪器；原理组合，如空调就是将制冷和制热两种原理结合起来使用的设备；现象组合，如将两种或两种以上的科学现象组合在一起，形成新的技术原理；还有以合金制品为代表的材料组合等。

按组合方式不同，可以将组合法分为将两个相同或相反的事物结合到一起的成对组合；将外在因素组合入系统内部的内插式组合；将核心因素安插入不同系统的辐射组合；还有将不同系统之间的要素进行交叉组合的系统组合等。

按组合的难易程度不同，将组合形式分为非切割组合，即将现有的东西不加任何改造，或仅稍作外形改变，将原有的功能用于新的目的。如将防寒的棉手套用于隔热取物；通过切割的组合,即将现有东西中的部分结构要素切割开来,将这些结构要素所具有的功能组合起来,用于新的目的,如为邮局设计的一端是胶水、另一端是写字笔的"胶水笔";飞跃性的组合,运用已积累的大量知识、经验或偶然捕获的信息,以创造性思维变革知识、信息结构,从而产生飞跃性的创见、设想,以至最终创造出与现有东西在本质上有所不同的东西。

组合法的类型多种多样,迄今为止,组合法还未有一个统一的分类标准。本书根据参与组合的组合因子的性质、主次以及组合的方式,将组合法类型大体分为5大类。

1. 近缘组合

所谓的近缘组合,就是指两个或两个以上容易被想到、相互间差距不太远而有着密切关系的事物被组合在一起的方法。其特点是参与组合的对象与组合前相比,其基本性质和结构没有根本变化,只是通过数量的变化来弥补功能上的不足或得到新的功能。近缘组合又分为"同物组合"和"同类组合"两种。"同物组合"是指通过两个或多个相同事物之间的组合,形成新结构和功能的组合。例如装在一起的子母灯、双拉链、鸳鸯宝剑、双插座等都是最简单的同物组合。"同类组合",是指根据不同需要,将本来有着密切关系的两个或两个以上的事物组合在一起,产生新设计。例如,在各大商场文教用品专柜前,我们能看到各种组合文具包装精美,样式各异,品种齐全,里面装有订书机、剪刀、铅笔、圆珠笔、告事贴等,这就是一种简单的同类组合。近缘组合的模式是:a+a=N。简单的事物可以自组,复杂的事物也可以自组。

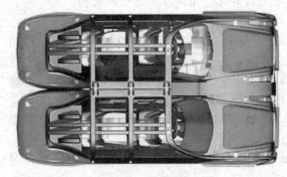

图 10-6 双体概念车

近缘组合的方法很简单,却很实用,将其应用于工业和生活产品的创新,常常可以产生意想不到的效果。例如吉利开发的一款双体概念车(如图 10-6 所示),其标新立异的外形和与众不同的内部结构,带来了一系列的概念突破。所谓的双体车包括两个左右并列的单体车,即主单体车和从单体车。主单体车和从单体车能够完全分离,且独立运行。两个单体车都由车体、前轮、后轮、主从电控系统组成。主单体车与从单体车之间通过一个机械连接机构固定在一起。固定后,主电控系统与从电控系统能通过一个电子连接机构,采用有线或无线通信方式相联系,由主电控系统控制从电控系统,实现整车运行。这种汽车有两套操作系统,若两位司机各自有事,去向不一,则可以脱离开来,"分道扬镳",灵活穿行于众多汽车之中或窄街小巷。办完事或进入高速公路时又可合二为一。双体车在分体状态下,两辆单体车可以分别驾驶,使常规四轮车辆遇到的通道狭窄、交通堵塞、停车不便等一系列问题迎刃而解。

近缘组合的应用一般遵循以下程序:第一,思考近缘组合的效果。任何事物都可以自组,但自组后的效果很不一样。在运用近缘组合时主要追求的是量变引起的质变。第二,解决近缘组合的结构问题。近缘组合过程中,参加组合的对象同组合前相比,其工作原理和基本结构没有什么变化,并在组合体中具有结构上的对称性。因此,近缘组合在连接上是比较容易的。但是对于某些创造性较强的同物自组,可能在结构设计时还是会碰到技术难题。这时,近缘组合能否成功就取决于创造者解决技术问题的能力。例如,普通电风扇因为只有一面叶片,所以只能向一个方向送风,即使加上摇头装置,也无法同时向多个方向传递凉意。某公司在革新电风扇时,运用同物组合的思路,提出三轴电风扇的新设想,经研制获得成功。这种"球面魔扇"以一个强力主马达经精密特殊的传动,带动 3 面叶片同时运转送风,并附有电脑控制器,可控制 3 面叶片作 360°回转或定点式 3 个方向同时送风,以加速空气对流。

2. 远缘组合

所谓远缘组合，是指两个或两个以上不同领域中的技术思想或两种以上不同功能的物质产品的组合，组合的结果带有不同的技术特点和技术风格。远缘组合实际上是异中求同、异中求新，由于其组合元素来自不同领域，参与对象能从意义、原理、构造、成分、功能等任何一个方面或多个方面进行互相渗透，从而使整体发生深刻变化，产生新的思想或新的产品。远缘组合的模式是：$a+b=N$。

很多重大的科学发现和技术发明都来自于远缘组合。MRI（磁共振成像）可以提供清晰的图像，了解人体器官的结构和功能，PET（正电子发射型计算机断层扫描）则可以提供更深层次的人体细胞代谢的信息。这两类信息在临床进行疾病诊断上都必不可少，如果分别进行 MRI 和 PET 检查通常需要花 1 小时以上的时间。西门子公司成功地研制出一种新的设备，将 MRI 与 PET 合二为一，做全身扫描只需要花费短短的

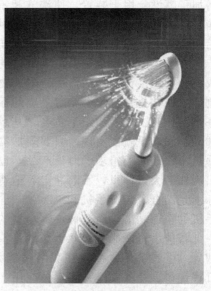

图 10-7 超声波电动牙刷

30 分钟，就可同时采集到患者的两种影像信息，可大大节省时间与医疗费用。同时，远缘组合也是一种非常有效的解决日常生活问题的策略。例如在购物网站上，一种新的超声波电动牙刷很受人们追捧（如图 10-7 所示）。它结合了电动牙刷和超声波的功能，清洁效果优于一般的电动牙刷和普通牙刷。超声波牙刷在刷牙时，利用强力的摆动速度，通过流体动力来清洁牙齿，摆动频率每分钟可达 31000 转，利用共振的原理，产生动态流体强力清洁作用。由于超声波牙刷是利用超声波能量的空化效应达到清除牙周的病菌和不洁物的目标，其可以全方位深入手动刷牙根本无法到达的牙缝甚至牙齿内。超声波能量通过刷头的刷毛传递到牙齿和牙龈表面，使菌斑、牙垢和细小的牙石松动，破坏在牙根及牙面各处隐藏的细菌的繁殖。同时，超声波能量通过触及牙齿的刷毛传递到牙齿表面，并渗透到牙齿内部，作用于细胞膜后，可以加速血液循环，促进新陈代谢，从而抑制牙周炎症和牙龈出血，防止牙龈萎缩。

远缘组合一般要遵循以下运用程序：第一，要确定一个基础组合元素。例如打算发明一种新式的牙刷。第二，根据发明创造的目的，进行联想和扩散思维，以确定其他组合元素。例如希望这种新式牙刷能够督促小朋友们及时刷牙，那就要考虑能起到督促作用的方式有哪些，如闹钟、提示器、哨子、红绿灯、上课铃等，还有小朋友喜欢的东西有哪些，如玩具、游戏、笑脸、父母的拥抱和亲吻等。第三，要把组合元素的各个部分、各个方面和各种要素联系起来加以考虑。如果将以上考虑到的元素与牙刷相结合，就能产生很多新式牙刷的创意，如玩具形状的定时牙刷、录制父母声音的牙刷、笑脸样式的牙刷等。

远缘组合具有以下几个特点：

① 被组合的事物来自不同的方面、领域，它们之间一般无明显的主次关系；

② 组合过程中，参与组合的事物从意义、原理、构造、成分、功能等方面可以互补和相互渗透，产生 $1+1 \geq 2$ 的价值，整体变化显著；

③ 异类组合实质上是一种异类求同，因此创新性较强。

3. 主体附加组合

主体附加组合又称添加法、主体内插式法，是指以某一特定的事物为主体，通过补充、

置换或插入新的事物，而得到新的有价值的整体。例如，最初的洗衣机只有搓洗功能，以后增加了喷淋、甩干装置，使洗衣机有了漂洗和烘干功能；电风扇开始也只有简单的吹风功能，后来逐渐增加了控制摇头、定时、变换风量等的装置后，才成为今天的样子；手机一开始叫大哥大，只有通话的功能，现在附加了短信、上网、照相等多种功能。

在主体附加组合中，主体事物的性能基本上保持不变，附加物只是对主体起补充、完善或充分利用主体功能的作用。附加物可以是已有的事物，也可以是为主体设计的附加事物。例如，在文化衫上印上旅游景点的标志和名字，就变成了具有纪念意义的旅游商品。同样，一本著作有了作者的亲笔签名，其意义也会不同。主体附加组合有时非常简单，人们只要稍加动脑和动手就能实现。只要附加物选择得当，同样可以产生巨大的效益。例如，现在智能手机不仅是人们追求的时尚产品，也是未来手机发展的新方向，"智能手机"这个词汇频频出现在各大媒体里，不断冲击着消费者的神经。那么，到底什么是智能手机呢？智能手机实际上是结合了传统手机和 PDA（个人数字助理）的一种新兴的科技产品。它不仅具备普通手机的全部功能，而且像一部小型的电脑，比传统的手机具有更多的综合性处理功能。成为一部智能手机所必备的几个条件是：①具备普通手机的全部功能，能够进行正常通话、发短信等；②具备无线接入互联网的能力；③具备 PDA 的功能，包括 PIM（个人信息管理）、日程记事、任务安排、多媒体应用、浏览网页等；④具备一个开放性的操作系统，在这个操作系统平台上，可以安装更多的应用程序，从而使智能手机的功能可以得到无限扩展，如图 10-8 所示。

图 10-8　智能手机

在运用主体附加组合时，首先要确定主体附加的目的，可以先全面分析主体的缺点，然后围绕这些缺点提出解决方案，再通过增加附属物来达到改善主体功能的目的。其次，根据附加目的确定附加物。主体附加组合的创新性在很大程度上取决于对附加物的选择是否别开生面，能否使主体产生新的功能和价值，以增强其实用性，从而增强其竞争力。

在运用主体附加组合时需注意以下几个方面。

① 主体不变或变化不大，即原有的事物、技术、思想等基本保持不变。

② 附加的事物只是起到补充完整主体的作用，不会导致主体大的变化。

③ 附加的事物有两种，第一种是已有的事物，第二种是根据主体的情况专门设计的新事物。

④ 附加的事物都是为主体服务的，用于弥补主体的不足。因此，在运用主体附加组合时应该全面考虑，权衡利弊，否则会事与愿违，费力不讨好。比如，有的文具盒由于附加物过多，既价格昂贵，又容易分散学生注意力，以致不少老师禁止学生携带布满按键机关的文具盒到学校。

4. 重组组合

重组组合简称重组，是指在同一个事物的不同层次上分解原来的事物或者组合，然后再以新的方式重新组合起来。重组组合只改变事物内部各组成部分之间相互位置，从而优化事物的性能，它是在同一事物上施行的，一般不增加新的内容。

任何事物都可以看作由若干要素构成的整体。各组成要素之间的有序结合，是确保事物整体功能和性能实现的必要条件。如果有目的地改变事物内部结构要素的次序，并按照新的方式进行重新组合，以促使事物的功能和性能发生变革，这就是重组组合。

重组组合能引起事物属性的变化。例如，传统玩具中的七巧板、积木，现在流行的拼板、变形金刚等（如图 10-9 所示），就是让孩子们通过一些固定板块、构件的重新组合，创造出千姿百态、形状各异的奇妙世界。组合玩具之所以很受儿童欢迎，是因为不同的组合方式可以得到不同的模型；由北京市某家具公司开发设计的新型构件家具，由 20 多种基本板件组成。通过不同的组合，能拼装出数百种款式的家具，使人们不仅可以随意改变家具的式样，还可以随意改变房间内的布局，充分体现主人的审美观念。重组组合作为一种创新手段，可以有效地挖掘和发挥现有事物的潜力。例如，自从螺旋桨飞机发明以来，螺旋桨都是设计在机首，两翼从机身伸出，尾部安装稳定翼。美国著名飞机设计专家卡里格•卡图按照空气的浮力和气流推动原理，将螺旋桨放在了机尾，即像轮船一样推动飞机前进，把稳定翼放在机头处，设计出世界上第一架头尾倒换的飞机。重组后的飞机，有尖端悬浮系统，更趋合理化的流线型机体外形，这不仅提高了飞行速度，而且排除了失速和旋冲的可能性，提高了安全性。由此可见，重组组合也能创新出杰出的成果。

图 10-9　积木和变形金刚玩具

重组组合有以下三个特点：
① 重组组合是在一件事物上施行的；
② 在重组组合过程中，一般不增加新的东西；
③ 重组组合主要是改变事物各组成部分之间的相互关系。

在进行重组组合时，首先要分析研究对象的现有结构特点。其次，要列举现有结构的缺点，考虑能否通过重组克服这些缺点。最后，确定选择什么样的重组方式，包括变位重组、变形重组、模块重组等。

5. 综合组合

所谓综合，即是对大量先进事物、思想、观念等实行融合并用，而形成新的有价值整体。综合是各类组合的集大成者，是一种更高层次的组合，具有系统性、完整性、全面性和严密性的特点。

牛顿说过："我是站在巨人的肩膀上。"这绝不是谦虚，牛顿定律不是其匠心独运，而是综合了天文学家开普勒的天体力学和物理学家伽利略的力学知识而提出来的。在管理领域，企业采用多种方法对资金、物流、人力资源等进行有效管理。项目管理、ERP 和 CRM、ISO 国际质量标准等管理方法综合并存，从而创造出有自己特色的管理方法和模式，如 ABC 管理模式和海尔管理模式。综合不是杂乱无章的"大拼盘"，而是完美的有机结合。在艺术上的综合也不例外。比如，陈钢、何占豪将传统越剧优美的旋律与交响乐浑厚的表现方式完美结合，奏出了轰动世界的《梁祝》；徐悲鸿、蒋兆和将中西画功底与表现技巧巧妙结合，创造出丹青泼墨等。在文学艺术创作中，综合一些人的特点，然后集中到一个人的身上，便能创造出典型人物，使之形象鲜明，血肉丰满，这是作家塑造人物形象的重要手段。现代科学技术突飞猛进，边缘学科不断兴起，各种科学技术你中有我，我中有你，呈现出各种综合化的趋势。这种综合化的趋势，使人们认识到那些大科学家，都是因为搞综合才有了重大突破性的成功。在科学技术史上，阿波罗登月计划是非常著名的典型案例。

20 世纪 30 年代以来，中国著名哲学家、哲学史家张岱年力倡"综合创新"的文化观，其思路是"兼综东西两方之长，发扬中国固有的卓越的文化遗产，同时采纳西方的有价值的精良的贡献，融合为一，而创成一种新的文化，但不要平庸的调和，而要做一种创造的综合"，即"一方面总结我国的传统文化，探索近代中国落后的原因，经过深入的反思，对其优点和缺点有一个明确的认识。另一方面要深入研究西方文化，对西方文化作具体分析，对其优点和缺点也要有一个明确的认识。根据我国国情，将上述两个方面的优点综合起来，创造出一种更高的文化。"张岱年界定说："创造的综合即对旧事物加以扬弃而生成新事物。一面否定了旧事物，一面又保持旧事物中之好的东西，且不惟保持之，而且提高之，举扬之。同时更有所新创，以新的姿态出现。凡创造的综合，都不只综合，而是否定了旧事物后而出现的新整体。"

综合创新，从综合来说，是创新的综合；从创新来说，是综合的创新。这里的综合具有为创新提供基础和条件的意义。张岱年提出文化的综合创新，一个重要的意旨是对多重文化因素进行复杂的融合、贯通和综合工作而走向创新。通过文化综合而实现的文化创新，既能达到文化上的多样性和丰富性，又能实现文化上的主体性和精神价值上的凝聚性，实现中国文化体系的全面复兴。中国是世界文明古国之一，中华文化曾经是世界历史上具有代表性的文化体系之一。但是，现在我们还没有建立起对世界产生广泛影响的新文化体系。没有思想、理论和文化创新的民族和国家，很难成为伟大的国家。因此，中国不仅要成为经济大国，而且还要成为世界文化大国，成为思想和文化创新大国，为人类文化的新发展作出自己的独特贡献。

第二节 典型方法——形态分析法

把几个独立存在的事物加以组合，往往可以产生新的事物。组合创新的机会无穷无尽，组合类创新方法也多种多样，组合类创新方法的经典方法是形态分析法，形态分析法就是通过对研究对象相关形态要素的分列和重新组合，全面探求一切可能解决问题的方案的创新方法。它是由美籍瑞士天文物理学家茨维基于 1942 年在美国加利福尼亚大学提出的，为组合创新提供了形式化的科学手段。

形态分析法是以组合、综合为基础的。形态分析法认为，创新并非全是新的东西，可能是旧事物的创新组合。因而，若能对创新对象加以系统分析和组合，便可以大大提高创新成功的可能性。

一、形态分析法起源

美国加州理工学院美籍教授弗里兹·扎维奇博士原是瑞士的一位天文学家，第二次世界大战期间来到美国工作。当时美国情报部门探听到法西斯德国正在研制一种新型巡航导弹，但费尽心机也难以获得有关技术情报。不甘落后的美国也集中了一批优秀的科学家进行火箭研制。弗里兹·扎维奇在研究火箭结构方案时，运用了一种创新方法，他将火箭分解为六大基本要素：使发动机工作的媒介物、与发动机相结合的推进燃料的工作方式、推进燃料的物理状态、推进的动力装置的类型、点火的类型、做功的连续性，然后又对每一个要素分别进行形态分析，见表10-1。

表10-1　扎维奇运用形态分析法获得的火箭构造方案

火箭必备的要素	形态1	形态2	形态3	形态4	形态数量统计
使发动机工作的媒介物	真空	大气	水	粒子流	4
推进燃料的工作方式	静止	移动	振动	回转	4
推进燃料的物理状态	气体	液体	固体		3
推进的动力装置的类型	内藏	外装	没有		3
点火的类型	自动点火	外点火			2
做功的连续性	持续	断续			2

根据当时可能的技术水平，在一周之内弗里兹·扎维奇一共得到了 $4\times4\times3\times3\times2\times2=576$ 种不同的火箭构造方案。其中有许多是对美国火箭事业的发展很有价值的构想。更为有趣的是，当时法西斯德国正在研制新型巡航导弹和火箭，美国情报部门费尽心机也没有获得有关技术情报。而在扎维奇的构想里则包括了当时法西斯德国正在研制并严加保密带脉冲发动机的"F-1型"巡航导弹和"F-2型"火箭。这种神奇的创新方法就是弗里兹·扎维奇于1942年创立的形态分析法。

二、形态分析法的内涵

所谓形态，就是指事物的形状或内外部状态，如事物的大小、形状、颜色、材料等。形态分析法又称形态方格法，是把需要解决的问题分解成若干基本因素（构成此问题的基本组成部分，即"独立变项"），并分别列出解决每个基本因素的所有可能的参量（形态值或技术手段），然后进行排列组合，以产生解决问题的系统方案或创新设想。

形态分析法就是借助形态学的概念和原理，通过对创造对象的构成要素进行分析（因素分析），再对构成要素所要求的功能属性进行分析（形态分析），列出各因素可能的全部形态（包括技术手段），在因素分析和形态分析的基础上，采取表格的形式进行方案聚合，再从聚合的方案中择优的一种系统思维的方法。形态分析法的基本理论是：一个事物的新颖程度与相关程度成反比，事物（观念、要素）越不相关，创新程度越高，即容易产生更新的事物。形态分析法用公式可表达为：某事物 M 有 A、B、C 三大要素，A 有 x 种可能选择，B 有 y 种可能选择，C 有 z 种可能选择，则某事物可能的方案数为

$$M=xyz$$

形态分析法是这样进行排列组合的：每个基本因素（独立变项）由一个坐标轴（或直线）表示，若有 n 个基本因素，就可以构成 n 维坐标轴（直线）。将每个基本因素所包含的参量尽可能地均列在坐标轴（直线）上，每个参量占据一个坐标点。从每个坐标轴上任取一个坐标点，进行组合，就是一个方案。每变换一个参量，就会产生一个新方案。这些方案，可以全面有序地显示在由各基本因素组合而成的立体交叉图上。

形态分析法的核心是组合，但在组合前要进行系统的分析。形态分析法的一个突出特点就是所得方案具有全解系的性质，获得的结果非常多、非常全面，有时又显得有些

烦琐和无边际。因此，运用此方法最好选取与最终目标关联性大的元素，以避免无限度延展，形成过于庞大的解决策略体系。形态分析法另一个特点是具有形式化的性质，它需要的不是发明者的直觉和想象，而是依靠发明者认真、细致、严密的工作和精通与发明课题有关的专门知识。因为它要求对问题进行系统分析并借此确定出影响问题解决的重要独立因素及其可能形态。经验证明，有专门知识和经验的个人或包括2~3名成员的小组是运用此法的比较适当的组织形式。试图凭借增加小组成员的数目来弥补专业知识的缺乏，是没有什么用处的。形态分析法经常应用于一些专业领域，并在专业领域的创新创造中起到了重要的作用。

三、形态分析法的特点

形态分析法的特点有以下几点。

① 全解性质。只要把创新课题的全部因素及各因素的所有可能形态都列出来，组合后的可能方案就是包罗万象的。

② 形式化性质。形态分析法需要的不是创新者的直觉和想象，而是依靠创新者认真、细致、严谨的工作及精通与创新课题有关的专门知识。

③ 较高的实用价值。形态分析法不仅适用于创新，而且也适用于管理决策、科学研究等方面。此外，实施形态分析法时既可以小组运用，也可以个人使用，从而引起人们的普遍重视。

四、形态分析法的实施步骤

形态分析法是将创新对象分解为相互独立的因素，找出每个独立因素各种可能的形态，然后将各因素和形态进行组合的创新方法。形态分析法的基本步骤就是对创新对象进行因素分解和形态组合，然后筛选求优，选择最佳解决方案。其实施具有一定的程序性，我们将结合一个简单而具体的问题来讲解形态分析法的实施步骤。

1. 确定创新对象

确定创新对象即明确需要解决的问题和研究的目标。确定创新对象必须十分准确地表述所要解决的创新课题或所要实现的功能，包括该创新对象所要达到的目的等，例如设计一款小游船。

2. 基本因素分析

基本因素分析即确定创新对象有哪些基本因素（独立变项），筛选出有助于解决问题的所有基本因素，这些要素不可存在包含关系且尽可能选取与最终目标关联性大的因素，给出每个基本因素尽可能多的选择值，编制形态特征表。这是应用形态分析法的重要环节，是确保获取创新设想的基础。在进行基本因素分析时，要使确定的因素满足两个基本要求：第一，确定的基本因素在功能上应是相对独立的和全面的，不要遗漏重要因素。这是形态分析法非常重要的一步，也是较难的一步。最终能否获得较为合适的创造性设想，完全取决于因素确定的恰当与否。如果确定的要素彼此包含或不重要，就会影响最终组合方案的质量，且使数量无谓增加，为评选工作带来困难。如果不全面遗漏了某些重要因素，则会导致有价值的创造性设想被遗漏。如前面所说的扎维奇用此法寻求火箭构造方案时虽然取得了满意的效果，但据苏联人后来分析发现，他当时忽略了一些重要因素，如果把这些因素考虑进去，会得到更多的方案，其中包括许多有重要价值的方案。第二，在数量上应该是适当的，如果数量过大，会使系统过大，使下步工作难度增加，组合时过于繁杂，很不方便。例如设计小游船这个问题，其基本因素主要包括动力、材料、外形、颜色，见表10-2。

表 10-2　小游船的要素分析

要素一	要素二	要素三	要素四
动力	材料	外形	颜色

3. 形态分析

形态分析就是对所列举的各个因素进行形态分析，寻找每个基本因素（独立变项）的可能解决方案（形态），分别列出与各基本因素相对应的形态。列出的形态要求尽量全面，尽可能列出无论是本专业领域的还是其他专业领域的所有具有这种功能特征的各种形态。在形式上，为便于分析和进行下一步的组合往往采取列矩阵表的形式，一般表格为二维的。每个因素的每个具体形态用符号 P_j 表示，其中 P 代表因素，j 代表具体形态。对较复杂的课题，也可用多维空间模式的形态矩阵。见表 10-3。

表 10-3　小游船的形态分析

要素	形态分析						形态数量统计
动力	划桨	脚踏	电动	明轮	喷水		5
材料	钢材	木材	铝合金	玻璃钢	塑料	橡胶	6
外形	天鹅	鸳鸯	画舫	飞碟	龙	荷花	6
颜色	白色	黄色	红色	蓝色	金色		5

4. 形态组合

分别将各因素的各形态一一加以排列组合，以获得所有可能的组合设想。上面的分析共产生 5×6×6×5＝900 种可能的组合设想。

5. 选择最优的方案

由于形态分析法会产生多种方案，一般采用新颖性、先进性和实用性等标准进行初选，选出少数较好的设想后，进行综合评价，通过进一步最优化，好中选优，最后选出最佳方案。

五、形态分析法的运用

运用形态分析法对创新对象的基本因素进行处理，不仅扩大了可供组合并分析的余地，还使创新有了数量上和质量上的保证。在解决创新问题时，形态分析法可使设计人员的工作合理化、构思多样化，帮助设计人员从熟悉的解答因素中发现新的组合，避免任何先入为主的看法，也帮助设计人员克服单凭头脑思考、挂一漏万的不足，从而推动创新活动的发展。

通过运用形态分析法，人们能够找到关于某个问题的所有变量，并通过变量矩阵，罗列变量之间组合的所有可能，以便人们充分利用现有技术变量创造不一样的技术物。在技术条件不允许进行根本性革新的情况下，或者在某技术刚刚产生的情况下，形态分析法无疑能够充分挖掘已有技术条件的潜力，利用逻辑排序的方式，穷尽各种技术或各种已有条件之间组合的可能性。

虽然形态分析法是一种能充分整合已有条件进行创造且操作简便、成果丰富的方法，但是并非所有的问题都适合运用形态分析法解决，其使用具有一定的局限性，这是由形态分析法自身的两组矛盾决定的。当我们在使用形态分析法解决问题时，要清楚地认识到这两组矛盾，想办法规避形态分析法的局限，以便最大限度地发挥其功效。

1. 第一组矛盾：要素分析的无限性与结果筛选的有限性之间的矛盾

运用形态分析法的关键步骤就是罗列研究对象的要素以及要素的形态，在这个过程中，我们经常会发现与某研究对象相关的要素特别多，从不同的角度可以罗列不同的要素和形态，很难抉择哪些是应该罗列的哪些是不需要罗列的，这就造成了要素分析的无限性。但是在解决具体问题时，我们需要的并不仅仅是解决方案的数量，更重要的是解决方案的质量和适宜性，也就是说我们必须从无数的结果当中筛选出有限的几个最优结果，这就是结果筛选的有限性。当具备充足的时间与人力物力时，我们可以慢慢进行筛选，但是问题的解决往往是伴随着时间和效率要求的，也就是说，必须对要素分析的无限性进行控制。虽然形态分析法的最大优势在于产生的结果很多，选择余地较大，但是其弊端也在于此，往往只是因为增加了一个因素或几个形态，最后的结果将以几何倍数增长，令人望而生畏。因此在进行形态分析法时要注意以下几个问题。

首先，要选择那些要素比较简单和明朗的问题作为解决对象，避免将其应用于要素复杂或者与问题相关性的要素不明朗的问题中。

其次，一定要尽可能地限定形态的数量，选择其中最重要的因素和形态进行分析。在如何限制和确定重要因素和形态方面，一些创造学家也做了方法上的尝试和努力，如德国创造学家施利克祖佩等对形态分析法进行了改良，他们认为，经过第二步确定下来的各个因素，对最终方案的影响是不同的。因此，可按一定的评价标准将这些因素按重要程度排队。然后按顺序逐次对那些重要因素及其各种形态两两相加组合并随之给予评价，就可得出相对最优的方案，而那些相对不重要的因素就可不必再去组合了。这样就可大大减少评价备选方案的数目，同时又可保证不会漏掉重要的备选方案。

另外，计算机技术的发展也为形态分析法的使用带来了福音，人们可以在计算机的辅助下，尽快从海量的排列组合结果中筛选出比较适宜的解决办法。

2. 第二组矛盾：要素的已存性与结果的创新性之间的矛盾

形态分析法中所罗列的要素和形态，往往是目前已经存在的技术成果和功能，而形态分析法的最终目的是要创造出尚未存在的成果或功效，这就是要素的已存性与结果的创新性之间的矛盾。运用已存的要素组合创新的成果固然是一种相对便捷可行的办法，但是却不易产生重大变革。在进行要素分析时，一般都是将该技术系统曾运用到的要素形态加以罗列。例如，在电力技术还没有被应用之前，各种机械的动力这一要素中绝不会出现电力这样一个形态，但是众所周知，正是电力技术的发明和应用，才使得整个世界进入了一个新的技术发展时代。同时，形态分析法基本上是在已有技术系统内部进行排列组合，不太关注系统外部因素的引入，这也导致了形态分析法只能对原有的技术体系进行有限创新。为了突破这个局限，有的学者在进行要素分析时，故意留存一个空白行，以便增加一些系统外的可借鉴的有助于解决问题的要素或者是新出现的技术成果，以便产生更先进、更高级、更优化的结果。

第三节　引申方法

巧妙的组合就是创新，组合在创新活动中极为常见并被广泛运用。组合创新方法，是以两个或多个事物为基础，按照一定的原理或目的，进行有效组合而产生的创新方法。在当今世界，属于首创、原创的创新成果很少，大多数创新成果的获得都是采用组合创新方法取得的。在进行创新时，组合只要合理有效，就是一项成功的创新。组合创新方法的特点就是：以组合为核心，把表面看来似乎不相关的事物，有机地结合在一起，合多而一，从而产生意想不到、奇妙新颖的创新成果。

随着人们对组合创新方法的实质研究与运用，组合创新方法得到迅速发展，并逐渐发展出一些引申的方法，如信息交合法、分解法、焦点法等。

一、信息交合法

【案例 10-2】

许国泰的故事

1983 年 7 月,中国创造学第一届学术讨论会在南宁召开。除了国内诸多学者、名流参加外,日本专家村上幸雄也受邀参会。村上先生给大家做了精彩的演讲,演讲中,他突然拿出一把曲别针说:"请大家想一想,尽量放开思路来想,曲别针有多少种用途?"与会代表七嘴八舌议论开了:"曲别针可用来别东西——别相片、别稿纸、别床单、别衣物。"有人想的要奇特一点:"纽扣掉了,可将曲别针拉长,代替纽扣。""可将曲别针磨尖,去钓鱼。"……

归纳起来,大家共说出了 20 来种曲别针的用途。在大家议论的时候,有代表问村上幸雄:"先生,那你能讲出多少种?"村上故作神秘地莞尔一笑,然后伸出 3 个指头。代表问:"30 种?"村上幸雄自豪地说:"不,300 种!"人们一下子愣住了。村上幸雄先生拿出早已准备好的幻灯片,展示了曲别针的诸种用途。

当时与会代表中就有许国泰,看着村上幸雄先生颇为自负的神态,他心里泛起浪潮:在硬件方面,或许我们暂时还赶不上你们,但是,在软件上——在思维能力即聪慧上,咱们倒可以一试高低!参会期间,他对村上先生说:"关于曲别针的用途,我能说出 3000 种、30000 种!"人们更惊诧了:"这不是吹牛吗?"许国泰登上讲台,在黑板上画出了图。然后,他指着图说:"村上先生讲的用途可用钩、挂、别、连 4 个字概括,要突破这种格局,就要借助一种新思维工具——信息标与信息反应场。"他首先把曲别针的若干信息加以排序,如材质、重量、体积、长度、截面、韧性、颜色、弹性、硬度、直边、弧等,这些信息组成了信息标 x 轴。然后,他又把与曲别针相关的人类实践加以排序,如数学、文字、物理化学、磁、电、音乐、美术等,并将它们连成信息 y 轴。两轴相交并垂直延伸,就组成了"信息反应场",如图 10-10 所示。只要将两轴各点上的要素依次"相交合",就会产生出人们意想不到的无数的新信息。比如,将 y 轴的数学点,与 x 轴上的材质相交,曲别针可弯成 "1" "2" "3" "4" "5" "6" 以及 "+" "−" "×" "÷" 等数字和符号,用来进行数学四则运算。同理,y 轴上的文字点与 x 轴上材质、直边、弧等点相交,曲别针可做成英、俄、法等各国语言的字母。再比如,y 轴上的电与 x 轴上的长度相交,曲别针就可以变成导线、开关、铁绳等。

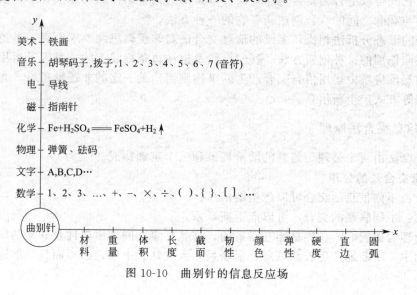

图 10-10　曲别针的信息反应场

第十章　组合法

许国泰构思曲别针用途所采用的方法就是其独创的信息交合法,许国泰认为人的思维活动就是大脑对信息及其联系的输入反映、运行过程和结果表达,一切创造活动都是创造者对自己掌握的信息进行重新认识、联系的组合过程。因此,如果有一种方法能够有助于大量信息的产生和重组,那么这个方法就能有效的促进创新。

(一)信息交合法的概念

信息交合法,又可以称为"魔球法",或称为"信息反应场法"。所谓"魔球"是指由多维信息组成的全方位信息反应场,其中包含着信息、信息标和信息反应场三要素。所谓的信息标,是指用来串联信息要素的一条指向线段。在运用信息交合法时,人们可将一个信息设定为一个要素,对于同一类型或同一系统的信息则可按要素展开,然后依照信息展开的顺序用指向线段连接起来,以帮助人们进行信息交合。

就其本质而言,人的思维过程是一个动态过程,并且还是一个有向过程。因而,引进信息标概念,不仅有利于人们进行科学思考,而且有利于人们进行有序联想,在创新过程中,可以使信息群的展开更具有系列性、层次性、逻辑性以及完整性。

信息反应场就是信息交合进行"反应"的场所。从本质上进行分析,任何新产品都是信息交合的产物。要想获得科学研究的成果,就必须进行信息交合。为实现这目标,人们应提供一个可使信息在一起发生"反应"的场所,这个场所就是所谓的信息反应场。信息反应场最少由二维信息标相连而成。越是复杂的信息交合过程,所需要的信息标就越多。因此,为了构思结构复杂或功能完备的系统,可以多设置几个相互联系的信息标,为信息交合创造条件。

信息交合法是在系统分解研究对象或问题的基础上将分解所形成的信息因子进行网络式的排列组合,以求创造新事物的一种方法。这种方法有其深刻的认识论基础——联想主义。洛克是联想主义的开创者,提出了"观念联想"的概念,认为新知识的产生来自于"观念联想"。洛克在其著作《人类理智论》书中说道:"知识无外是对于任何两个观念之间的联系与符合,或不符合与冲突的知觉。有这种知觉的地方,就有知识;没有这种知觉的地方,就没有知识。"在联想主义的影响下,哈特莱建立了联想主义心理学,他也认为新思想源自不同观念之间的联想。他认为联想有两种:同时性联想和相继性联想。这两种联想对观念的融合非常重要,它既可以组合为复合观念,又可以集结为具有新性质的复杂观念。信息交合法正是希望通过与观念之间的联合创造新事物的一种方法。

与二维的形态分析法相比,多维的信息交合法对非逻辑思维要求更高,是逻辑思维与非逻辑思维共同作用的一种创新方法。列出标线及标注每条标线上的信息因子运用的是逻辑思维,而在信息反应场中运用信息交合产生新事物则需借助一定的非逻辑思维,尤其是要借助想象、联想等方式产生新信息。

(二)信息交合法原理

信息交合法由两个公理、信息的增殖现象和三个定理构成。

1. 信息交合法的公理

公理一:不同信息的交合可以产生新信息。

公理二:不同联系的交合,可以产生新联系。

两个公理告诉我们,世界是相互联系的,信息是事物间本质属性及联系的印记。在联系的相互作用中,不断地产生着新信息、新联系。人类认识事物,必须而且只能通过信息才能实现。

2. 信息的增殖现象

① 自体增殖：指信息的复制现象，如录音、录像、复写、复印、基因复制等。

② 异体增殖：指不同质的信息交合导致新信息产生的现象。新产生的信息成为子信息，产生子信息的信息被称为父本信息和母本信息。例如，"钢笔"做母本信息，"望远镜"做父本信息，两者交合，即产生子信息"钢笔式单桶望远镜"；"沙发"为父本信息，"床"为母本信息，相交合后，产生子信息"沙发床"。

3. 信息交合法的定理

定理一：心理世界的构象即为人脑中勾勒的映像，由信息和联系组成。

定理二：新信息、新联系在相互作用中产生。

定理三：具体的信息和联系均有区域性，也就是有特定的范围和相对的区域与界限。

定理一表明：其一，不同信息、相同联系产生构象。比如，轮子与喇叭是两个不同信息，但交合在一起组成了汽车，轮子可行走，喇叭则可发出声音表示警告。其二，相同信息、不同联系产生构象。比如，同样是"灯"，可吊、可挂、可随身携带（手电），也可做成无影灯。其三，不同信息、不同联系产生构象。比如，独轮自行车本来与盒、碗、勺没有必然联系，但杂技演员将它们联系在一起，表演出惊险生动的节目。以上表明，心理活动是大脑中信息与联系的输入反应、运演过程和结果表达。

定理二表明：没有相互作用，就不能产生新信息和新联系，相互作用是中介。在一定条件下，任何信息之间、任何联系之间，都能发生不同程度的相互作用。比如，钢笔与枪是风马牛不相及的不同信息，但是在战争范畴（条件）内，则可以交合，有"钢笔式手枪"问世。

定理三表明：任何具体事物都在一定的时空范围内活动。人的局限性、地区的局限性、人们认识与思维的局限性等都是客观存在的，信息交合法的应用也只能局限在研究心理信息运演的范围之内。

（三）信息交合法的三原则

许国泰着重指出：信息交合法作为一种科学实用的创新方法，其运用不是随心所欲，瞎拼乱凑，要遵循一定的原则。

① 整体分解原则。先把对象及其相关条件整体加以分解，按序列得出要素。

② 信息交合原则。以一信息标上的要素信息为母本，以另一信息标上的要素信息为父本，相交合后可产生新信息。各个信息标上的各个要素都要逐一与另一信息标上的各个要素相交合。

③ 结晶筛选原则。通过对方案的筛选，找出更好的方案。如果研究的是新产品开发问题，那么，在筛选时应注意新产品的实用性、经济性、易生产性、市场可接受性等。

信息交合法是一种运用信息概念和灵活的手法进行多渠道、多层次的推测、想象和创新的方法。应用它进行创新，把某些看来似乎是孤立、零散的信息，通过相似、接近、因果、对比等联想手段搭起微妙的桥，使之曲径通幽，将信息交合成一项新的概括，它有着自己独特的特点，并具有系统性和实用性。

（四）信息交合法的实施步骤

许国泰认为，人的思维活动的实质，是大脑对信息及其联系的输入反映、运行过程和结果表达，一切创新活动都是创新者对自己掌握的信息进行重新认识、联系的组合过程。把信息元素有意识地组成信息标系统，使它们在信息反应场中交合，就会引出系列的新信息组合

(信息组合的物化是产品,信息组合及推导即构思),导出创新成果。因此,信息交合法在确立一个聚集点后,以此为中心,拉出许多不同的各种分解变量坐标,而每一变量坐标又可以不断分解设置下去,然后用线线相交或面面相交的办法,以求寻找新的创意。信息交合法的具体实施步骤如下。

第一步,定中心。确定立体信息场的聚集原点。确定一个中心,即零坐标。如研究"杯子"的革新,就应以"杯子"为中心,如图 10-11 所示。

第二步,画标线。画出标线(信息标),即根据需要将中心对象分解成两个或两个以上的信息因素。如将杯子分成功能、材料、形态结构三条信息标,如图 10-12 所示。

图 10-11 以杯子为中心

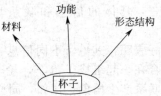

图 10-12 三条信息标

第三步,注标点。在信息标上注明信息因子,尽可能地将每一条信息标上的信息因子罗列清楚,如图 10-13 所示。因为信息标是一个有方向的矢量,可以将信息因子按照一定的顺序(重要性、等级、时空等)有序地排列在信息标上。如可以将杯子的材料这一信息因素分成塑料、玻璃、木头、纸、金属、瓷等信息因子,杯子的功能这一信息因素分成携带、观赏、储存、盛载等信息因子,杯子的形态结构这一信息因素分为杯盖、杯体、杯把等信息因子,并将其罗列在对应的信息标上。

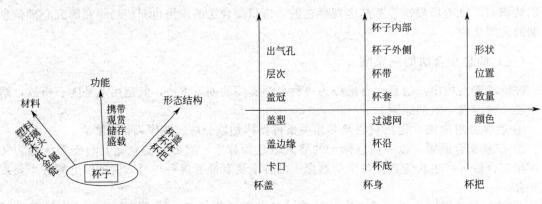

图 10-13 信息因子　　　　　　　　图 10-14 信息因子

也可以继续将信息标上的信息点细化,产生更多的信息,以便产生更多的信息交合。如将形态结构这条信息标上的信息进行细化,如图 10-14 所示。

第四步,信息交合。若干信息标形成信息反应场,信息在信息反应场中交合,以一个坐标线上的信息为"母本",另一个坐标线上的信息为"父本",彼此相交后即产生新信息。从这些新信息中可以发现某些有价值的新设想。比如,将杯把和储存两个信息交合在一起,可以产生开发一种杯把中放置茶包、汤匙等物件的杯子的想法;把纸和观赏交合在一起,可以联想到能否在杯子上加一些有用的信息,比如地图或数学公式,又或者直接将杯子和便笺纸结合在一起,做一个有记录功能的杯子。可以两个信息交合,也可多个信息交合,比如将玻璃、携带、杯体交合在一起,可以联想到能否开发一种具有玻璃内壁、塑料外壁的既透明、便携又安全、环保的杯子。信息之间可以随意交合，通过交合可以产生大量的信息。交合的结果有时是因人而异的，同一组信息交合产生的结果可以是多样的，其关键就在于通过信息交合使思路连续畅通，不至枯竭。

第五步，结晶筛选。在所有产生的新设想中进行筛选，寻找最优的方案。利用信息交合法产生的杯子的设计方案可以达到成百上千种，对于信息交合的结晶，需要围绕设计需求，根据可行性、实用性、美观性、科学性、创造性等原则，筛选出几种最优的设计方案。

通过以上五步，人们可以将某些看似是孤立、零散的信息，通过相似、接近、因果、对比等联想手段整合在一起。信息的引入和变换会引出系列的信息组合。只有这种新的组合，才能打破旧习惯，改变旧结构，创造新结构。这是不同信息之间相互渗透、相互制约、互为因果的反应过程，也是对人的潜意识能力的开发。

二、分解法

▶ 【案例10-3】

可拆卸插座

在传统的插座设计中，插座通常是固定不可拆卸的。但实际使用时某个空间可能仅需要用到一两个插座接口，而另外的空间可能需要用到更多的插座接口。人们只能根据特定需要购买特定大小的插座，用起来不够灵活多变，而且存在两个相邻的插座接头很容易因为插头过大而无法同时使用的状况。如果把每一个插座进行分离，插座由一个个分离状态的子插座组成，人们用到几个插座接口，就组合几个插座，并且每个插座都设计成立体且可自由旋转的，不就可以有效避免传统插座带来的困扰了吗？可拆卸插座（图10-15）打破了传统插座的设计局限，将壳体、电路板、连接头等进行分解，插座体由多枚的不同类型插座构成，成为非常有创意的家居用品。

图10-15　可拆卸插座

1. 分解法的概念与内涵

分解与组合是两种互为逆向的创新方法，分解是通过对某一事物（原理、结构、功能、用途等）进行分解以求创新的方法；组合则是由两个或两个以上的技术因素组合在一起而形成的方法。分解并不仅仅是一个简单分离的过程，从什么角度加以分解有一定的技巧；组合也并非简单的堆砌和罗列，组合偏重于系统性和目的性，既要符合创新者的意图又要形成一个完善的体系。在具体的创新过程中，分解与组合往往同时使用，形成一种互补式的创新方法。

一般来说，在创新活动中，分解是组合的前提，新组合的诞生往往建立在对旧事物分解的基础上。比如，活字印刷术就是一种典型的建立在分解基础上的新组合。组合则是分解的目的，事物分解的首要依据就是为了实现更有效的组合。比如，多功能螺丝刀将刀头和刀把加以分解，刀头可以随意更换，这种分解就是为了实现多个刀头和刀把之间的有效组合，以便应对不同类型的螺丝。

分解法是一种将看似一个整体的事物（原理、结构、功能、用途等）经过巧妙的分割，形成创新的方法。这里的分解并不是简单的拆分，而是有目的、有意义的分开，使一个整体成为相互独立的几个部分。有时候可以将其中不太合适的部分加以抽离，如手机就是在座机基础上抽离了机身，仅对听筒部分加以改造和完善形成的；有时候可以将其中有益的部分发展成独立的整体，脱离原来的母体单独存在，比如将电脑中的硬盘从电脑中抽离出来，变成了现在可以独立使用的移动硬盘；有时候可以通过拆分实现不同部分更加有效的配合，比如将地板分解成小块，是为了实现地板块之间更加灵活的组合。

通常，人们会将一些事物理所当然地视为一个整体，但事实上，这些事物之所以是现在这个样子，往往出于一种偶然，而并非是经过严密论证的结果。换句话说，人们完全可以将这些事物加以拆解，结果往往出人意料。我们通常看到的钟表，时针、分针、秒针都是放置在一起的，如果将它们分开会产生什么效果呢？比如，我们平时常用的自行车大多是两轮的结构，如果从两轮自行车这个整体中拆解出一个轮子，则可以设计出独轮自行车。

分解法不仅有助于突破陈旧的观念和思维定势，也有助于拓展和建立不同事物之间的联系，增加事物之间变化的可能性。有些美妙的图画分解来看，就会发现其用以构图的基本图案元素少之又少，有些画家甚至仅用一个简单的图案元素，如点、三角形、直线，就能完成一幅巨作。因此，如果将一个完整的事物分解成一些简单的元素，那么就可以将这些元素再重新组合成另外的一种事物，这样就打通了事物之间的界限，带来新奇的变化。比如，对于每天接触电脑的人来说，都需要一张电脑桌来摆放常用物品。可是你有没有想过让自己的桌子变得很酷呢？惠普公司就曾做过这样一个炫酷的电脑桌设计，惠普公司将其电脑包装盒分解成一张张长方形卡片，按照说明书就能组装成一个简易又环保的电脑桌。这个用纸板制作的电脑桌组装起来非常简便，可以承载66磅的重量，足够为普通用户提供办公场所。除了它一体式光滑的纸板顶外，额外的250个人形纸板板条则用来形成一个蜂窝一样的结构，实现承重功能。通过对电脑包装盒进行分解再组合制作完成的桌子，看起来相当令人惊奇。

分解法通过对局部的去除，置换和更新，将有助于增加事物的多效性和灵活性。为了增加事物的功效，人们常常会采取组合的策略，不断为事物增加配件。但实际上有些组合是建立在分解的基础上的，往往要先将整体打破，选出需要增加或完善的部分，才能实现更好的组合。比如，高跟鞋是女性服饰中不可缺少的重要元素，不同风格的服饰需要搭配不同高度、不同样式的鞋，如果能有双可以随意变换鞋跟高度的鞋子那就再好不过了。

2. 分解法的实施步骤

分解法的操作比较简单，其基本应用步骤如下。

① 选取一个完整的事物作为对象。比如，以闹钟为例。

② 根据需要将对象进行分解。可以将闹钟分解成闹钟开关和闹钟主体两部分。

③ 通过对分解的各个部分进行分割、抽离、删除、置换或改造形成新事物。比如，将闹钟开关和闹钟主体分开放置，将开关放在洗手间，闹钟响时就不得不起床到洗手间将闹钟关闭，这样有助于起早，避免赖床。

分解法的关键就在于分解方式的选取，不同的分解方式将带来不同的效果。通过整体还原成部分的方式，重新审视部分对整体的意义及部分与部分之间的关系，通过部分的变换带来整体的改变。

三、焦点法

1. 焦点法的概念与内涵

焦点法是美国C·H·赫瓦德创立的一种创新方法，也是一种典型的强制联想法。焦点法就是将要解决的问题作为焦点事物，随便选择几个偶然事物作刺激物，通过焦点事物和偶然事物的组合，获得新设想、新方案的创新方法。这种创新方法既以组合为基础，又充分地运用了联想机制，简单易学，富有想象力。应用这种方法，能在较短时间内能获得较多的新颖构思。自然界的一些现象看上去似乎与我们要解决的问题风马牛不相及，但是将它们联系组合起来，往往可以激发出许多耐人寻味、不同寻常的见解，有助于我们从困境中解脱出来。

焦点法是根据综合的原理，以一预定事物为中心、为焦点，依次与罗列的各事物构成联想点，寻求组合创新的方法。这一方法与任选两个事物进行组合不同，它是指定一个事物，任选另一个事物。也就是说，焦点法是就特定的事物寻求各种创新构思的方法，从而使产生的创新设想更加具体化。在上面的案例中，日本人就是通过焦点法，成功搜集了大庆油田的情报。

运用焦点法，在组合的同时，必须发挥我们的想象力。一个富于创新能力的人，不仅能从随处可见的各式各样的事物中获得灵感，甚至也能从看上去与问题完全无关的事物上得到刺激，不仅能够想象出互不相关的事物之间的组合，而且能够想出它们之间的新颖的、富于独创性的组合，从而导致问题的解决。焦点法除了用于新产品的开发，还可用于新产品、新技术、新思想的推广应用，并且还可以用来寻求某一问题的解决途径。

2. 焦点法的实施步骤

焦点法的实施步骤可概括为以下五个步骤。

① 选择焦点事物，确定目标。焦点就是希望创新的事物，或者是准备推广的思想、技术，将其填入中心圆圈内。

② 随意挑选与焦点事物风马牛不相及的事物或技术若干个，可以称为选择偶然事物若干。选择与焦点事物无关的偶然事物的要点是：可以从多角度、多方面罗列，尽量避免寻找与焦点事物相近的东西，甚至可借助购物指南、技术手册等随意摘录。将所选的偶然事物的内容逐一填入环绕焦点四周的小圆圈内。

③ 列举偶然事物的特征，强行将中心圆的焦点事物与周围小圆圈中的偶然事物的特征一一结合，得到多种组合方案。

④ 充分运用想象，对每种组合提出创新设想。

⑤ 评价所有的创新设想方案，筛选出新颖实用的最佳方案。

下面以椅子创新设计为例，对焦点法的实施步骤进行进一步说明。

焦点事物是椅子，椅子即为思考的焦点，它是不变项，将其填入中心圆圈内。另外几个偶然事物选什么都行，如面包、铁路、大楼和灯泡等，逐一填入环绕焦点四周的小圆圈内，如图10-16所示。

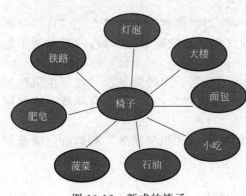

图10-16 新式的椅子

将一个偶然事物的特征一一列举。例如，我们选常见的灯泡。灯泡的特征有：玻璃、薄、球形、螺旋式、有电等。然后将椅子与灯泡的特征联系起来一一组合，考虑设计各种椅子：①玻璃制的椅子；②薄的椅子；③球形椅子；④螺旋式插入组合椅；⑤电动椅；⑥遥控椅等。

充分运用想象，上述想法可进一步发展，比如，上面第3个设想"球形椅子"，分别以"球"和"形"为中心进一步想象。球→球根→花（花形椅子）→花之香（香水椅子）→花之茎和叶（用花的茎和叶点缀椅子腿）→花之色（各种花颜色的椅子）→……

从上述设计方案中选出有市场竞争力的椅子进行试制。

四、其他组合创新方法

1. 一对关联法

一般认为，所谓"设想"就是把不同性质的信息组合在一起，并加以综合的思维过程，而"一对关联法"就是直接把这种思维方式变成创新方法的产物。假如能够掌握该方法，就可以得到意料之外的创新设想。因为它是一种朴素的创新方法，所以使用时十分便利。日本创造学家高桥诚在《创造技法手册》中收录了这一创新方法。

简言之，一对关联法的要点在于：首先，选择两个要素（人、物或自然现象），任凭思路发展，对它们进行各种自由的联想；接着，依次把联想到的若干项目结合在一起，从中得出与设想有关的启示或获得茅塞顿开的效果。

一对关联法在软课题的领域，如广告设计、开发销售渠道以及推销等方面，所能起到的作用更超过硬课题领域。在苦于得不到好的创新设想时，或是在某一想法萦绕脑际时，使用该创新方法，不仅可以对各种想法进行归纳整理，还可以使人意外地获得灵感。

下面以高桥诚所举的例子，来说明一对关联法的实施步骤。

大阪的储蓄促进会，决定以大阪市民为对象，进行关于储蓄的宣传。为此，可以假定把"大阪"和"储蓄"这两个要素联系起来进行设想。

首先，针对"大阪"进行联想：①大城市；②商业城市；③有利就干；④丰臣秀吉；⑤万国博览；⑥港口；⑦绿色少；⑧相声……

然后，同样地对"储蓄"进行联想：①积蓄；②利息；③晚年生活；④积少成多；⑤良好习惯和美德；⑥信用卡……

如上所述，针对两个事物随意地进行想象，扩大联想的范围，并把它们写出来，然后并列地记录。并在并列记录的同时，把两个项目结合起来，考虑是否可以得出创新设想，如图10-17所示。

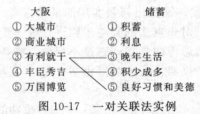

图10-17　一对关联法实例

例如，考虑一下："大阪"中的第3项"有利就干"与"储蓄"中的第5项"良好习惯和美德"相结合，情况如何？是否能构成引人注意的宣传储蓄的短语呢？如："有利就干是一种值得珍视的美德。"

再考虑一下，"大阪"中的第3项"有利就干"与"储蓄"中的第3项"晚年生活"相结合，情况如何？是否也能构成引人注意的宣传储蓄的短语呢？如："只有有利就干才能使你的生活衣食无忧。"

"大阪"中的第4项"丰臣秀吉"与"储蓄"中的第4项"积少成多"相结合，情况如何呢？

"丰臣秀吉非常厌恶浪费行为。"

"因为他懂得，如果不积聚很多金钱，就将一事无成。"

"要勤俭持家就要尽力储蓄……"

这些行为是"积少成多"的具体表现。

按照这一要领把两个项目结合起来寻求创新设想，这就是一对关联法。

2. 二元坐标法

二元坐标法，就是建立平面二元直角坐标系，把不同的信息（联想元素）分别列在二元坐标上，按顺序轮番地进行两两组合，然后选出有意义的组合物的创新方法。

下面以一个简单的例子进行说明。

利用二元坐标法选择创新联想元素：扇子、日历、灯、杯，以及纸、笔筒、车、玻璃。在二维坐标上分别列出扇子、日历、灯、杯（y 轴），以及纸、笔筒、车、玻璃（x 轴），如图 10-18 所示。然后用联想线沟通各个联想元素绘制联想图。下面就可以进行组合和判断了。比如，扇子与玻璃进行组合，可以考虑有透明扇、水晶扇、折叠玻璃等。然后从组合中摘出有意义的组合，对有意义的组合进行可行性分析。

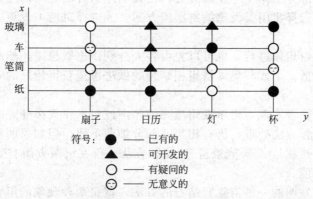

图 10-18　二元坐标法示意图

作为二元坐标法的坐标元素所代表的事物，可以是具体的人造产品，如衣服、床、灯具、机枪、蛋糕、汽车之类；也可以是非人造物，如风、雨、云、泉水、老虎、太空等；还可以是一些概念术语，如圆形、旋转、变色、空心、闪光、卧式等。在没有预期目标的情况下使用二元坐标法时，联想元素可以是随意的，不必有所限制。假如已经确定了总体目标，如开发某一种新产品，则应将与该产品有关的若干信息（如外形、结构、材料、功能等）也列入联想元素，然后再随意提出若干其他元素。通过"拉郎配"式的组合，可以突破习惯观念，克服惰性意识，促进标新立异。二元坐标法形式简捷而不单调，运用时不受任何限制，适宜二个人或集体的创造活动。但应注意的是，此法仅适用于技术创造活动的选题阶段，可行的课题一经确定，二元坐标法就完成了使命。至于课题的下一步做法，则须另行研究探讨了。

二元坐标法的实施步骤主要包括以下四个步骤。

（1）提出联想元素

联想元素就是通过二元坐标相互交会并强制产生联想的各个信息点。联想元素可以是具体的事物或物质（如钢笔、汽车、塑料、铝合金等），也可以是抽象的概念（如液体、圆形、彩色的等），还可以是各种现象（如发光、变形、发声等）。为了使联想产生良好的效果，应注意联想元素的广泛性、差异性，切忌同类事物组合。另外，数量也必须足够多，以保证在获取大量设想的基础上诱发创造性设想。

（2）建立坐标体系

建立由两垂直相交的坐标轴组成的坐标系，将提出的所有联想元素在每根轴上分别列出一次。为了简化图形，可以把联想元素只列在原点的右方和上方，即只考虑在第一象限交会。

建立坐标体系后。即可依次将不同轴上的元素两两相交，获得一系列信息交会点。m

个联想元素能获得的交会点总数为 $n=\frac{1}{2}m(m-1)$ 个。

(3) 完成组合联想图

在每个信息交会点上的组合进行强制联想，同时对获得的设想进行分类，并用相应的符号在图上表示出来。

设想的分类可根据前面的方法完成，即分为一般性、奇特性和实用性三类。另外，由联想图本身的特点所决定，每一联想元素也会同自己交会一次。这种交会是没有意义的，因此，还要标出这一类无意义的交会点。

(4) 设想处理

设想处理的前半部分工作——设想分类，已在制作组合联想图的过程中完成，接下去的工作是设想开发。可选择实用类设想编制实施方案，或选择奇特类设想进行二次开发。一般都应该写出文字说明。

设想处理工作可以集体进行，也可以先由各人分别作出联想图，然后交换，以便相互得到启发，促进思维扩散。个人与集体联想相结合的做法可望获得较好的效果。

3. 技术组合法

上海一些科技工作者发现，当单独用激光或超声波对水作灭菌处理时，都只能杀死部分细菌。如果先后用两种方法处理，仍有相当一部分细菌不死。但如果两种方法同时使用，则细菌就会全军覆没，这就是"声-光效应"。这种方法不仅在灭菌方面有效，在化学研究方面也有着潜在的巨大价值。

联邦德国科学家发明的一种清除肾结石的方法，就是两种现象的组合。一种现象是电力液压效应，水中两个电极进行高压放电时，产生的巨大冲击力能把坚硬的宝石击碎；另一种现象是在椭球面上的一个焦点上发出声波，经反射后会在另一个焦点上汇集。同时利用这两种现象便可设计出击碎人体内肾结石的装置。其治疗过程是让患者卧于温水槽中，并使结石位于椭球面的一个焦点上，把电极置于椭球面的另一个焦点上。经过约一分钟的不断放电，分散通过人体的冲击波就可汇集作用于结石，将结石击得粉碎。

上述两个例子中所使用的方法即是技术组合法。技术组合法是将现有的不同技术、工艺、设备等技术要素加以组合，形成解决新问题的新技术手段的发明方法。随着人类实践活动的发展，在生产、生活领域里的需求也越来越复杂，很多需求都远不是通过一种现有的技术手段所能够满足的，通常需要使用多种不同的技术手段的组合来实现一种新的复杂技术功能。

技术组合方法可分为聚焦组合方法和辐射组合方法。

(1) 聚焦组合

聚焦组合方法是指以待解决的问题为中心，在已有的技术手段中广泛地寻求与待解决问题相关的各种技术手段，最终形成一套或多套解决这一问题的综合方案。如图 10-19 所示，为提升船体建造效率，通过钢结构技术、焊接技术、成型技术、切割技术、新材料技术、防腐技术、分段拼接技术等的聚焦，就可形成多种以提升船体建造效率和质量为目的创新方案。

应用这种方法的过程中特别重要的问题是寻求技术手段的广泛性，要尽量将所有可能与所求解问题有关的技术手段包括在考察的范围内，只有通过审慎的考察，不漏掉每一种可能的选择才可能组合出最佳的技术功能。

前些年西班牙要修建新的太阳能发电站，需要解决的最重要的技术问题是如何提高太阳能的利用效率。针对这一要求，他们广泛寻求与之有关的所有技术手段，经过对温室技术、风力发电技术、排烟技术、建筑技术等的认真分析，最后形成一种富于创造性的新的综合技

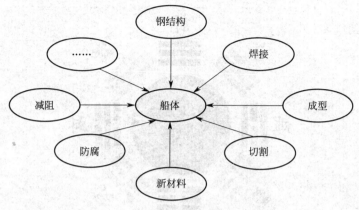

图 10-19　聚焦组合

术——太阳能气流发电技术。这种太阳能气流发电厂的结构非常简单，发电厂的下部是个宽大的太阳能温室，温室中间耸立着一个高大的风筒，风筒下安装风力发电机，这里应用的各个单项技术本身都是很成熟的，经过组合就形成了世界上最先进的太阳能发电技术。

(2) 辐射组合

辐射组合方法是指从某种新技术、新工艺、新的自然效应出发，广泛地寻求各种可能的应用领域，将新的技术手段与这些领域内的现有技术相组合，可以形成很多新的应用技术。应用这种方法可以在一种新技术出现以后迅速地扩大它的应用范

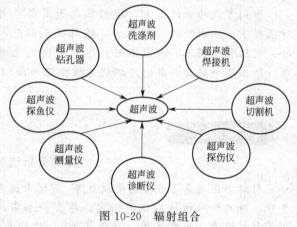

图 10-20　辐射组合

围，世界发明史上有很多重大的技术发明都经历过这样的组合过程。例如，以超声波技术为核心，应用辐射组合可形成多种应用，如图 10-20 所示。

拓展阅读 1

组合在《周易》中的作用

宋朝大哲学家朱熹在他所作的《周易本义》序言中写道："易之为书，卦、爻、象、象之义备，而天地万物之情见。"意思是《周易》把天地万物之情都表现出来了。这么神妙的智慧是什么呢？朱熹说就是两个字：阴阳。八八六十四卦是阴阳，三百八十四爻也是阴阳，只要把阴阳两个字弄懂了，整个《周易》就会一通百通。

的确，《周易》系统的核心就是阴阳的不同组合：三个相同或不相同的阴阳组合组成八卦，两个相同或不相同的八卦组成六十四卦，六十四卦中每卦有六个爻，共三百八十四爻。卦与爻都是阴阳交织的整体作用，组合后被赋予了丰富的含义。

《周易》的智慧在"和谐"。《周易》中的八卦依次为乾卦、坤卦、震卦、巽卦、坎卦、离卦、艮卦和兑卦（图 10-21）。乾为天，是纯阳之卦；坤为地，是纯阴之卦。乾坤两卦被看作是父亲和母亲，父母交合以后生出六个孩子，就是"乾坤六子"。震卦为长男，坎卦为中男，艮卦为少男。巽卦是长女，离卦是中女，兑卦是少女。

图 10-21 八卦图

我们常说的否极泰来,指的就是否卦与泰卦。否卦是乾卦在上,坤卦在下;泰卦是坤上乾下。从阴阳的角度来讲,乾卦代表阳气,坤卦代表阴气,否卦是阳气上升阴气下降,阴阳背道而驰,所以不好;泰卦是阴气上升,阳气下降,阴阳互相交合,天地交而泰,所以是个好卦,卦的好坏就是根据阴和阳相互之间的关系确定的。

拓展阅读 2

形态分析法的趣例

针对中国历史上众多的爱情故事,有学者运用形态分析法分析后,发现这些故事虽然年代、地点和人物姓名各不相同,却有一个雷同的模式,即"书生落难、小姐搭救、后花园私订终身、应考及第、衣锦团圆。"此模式中独立可变的因素有书生、落难、小姐、搭救、后花园、私订终身、应考及第、衣锦团圆 8 个因素。再将这些因素分别列出形态若干个,每个因素的形态分别是:

(1) 书生。①旧式书生;②新式大学毕业生;③音乐家;④未成名的工程师;⑤画家;⑥中国书生;⑦外国书生;⑧老童生;⑨未成功的企业家;⑩到外国去的中国厨师;⑪青年科学家;⑫医生;⑬文学家。

(2) 落难。①没有路费;②被冻风雪之中;③途遇强盗;④患病;⑤游泳遇险;⑥车祸;⑦画卖不出去;⑧工程受到意外损失;⑨未婚妻变心;⑩从事科学研究心身疲惫;⑪开演奏会无人光顾;⑫演奏时晕倒;⑬写完小说不能出版;⑭在国外洗盘子。

(3) 小姐。①大家闺秀;②酒吧女郎;③高中女学生;④时尚女郎;⑤校花;⑥歌星;⑦外国女郎;⑧航空小姐;⑨游泳健将;⑩网球明星;⑪导游。

(4) 搭救。①赠款;②示爱;③鼓励用功;④恳求爸爸给他安排职业;⑤跳下水去营救他;⑥长年看护病人;⑦帮他补课;⑧拜托有钱的叔叔给他开演奏会;⑨赞助留学费用。

(5) 后花园。①东京;②台北;③伦敦;④咖啡馆;⑤书房;⑥邻家;⑦博物馆;⑧飞机上;⑨游泳场;⑩途中;⑪山中;⑫女郎家中;⑬河畔;⑭医院;⑮学校;⑯演奏大厅。

(6) 私订终身。①接吻;②默许;③送信物;④郊游;⑤给予鼓励;⑥通信;⑦互相研讨音乐艺术;⑧男弹琴女唱歌;⑨讨论学术问题。

（7）应考及第。①旧时中状元；②中探花；③洋博士；④中国博士；⑤演奏会盛况空前；⑥一幅画被博物馆收藏了；⑦做生意发大财；⑧考取大学；⑨成名；⑩做官；⑪大病痊愈；⑫做出发明。

（8）衣锦团圆。①结婚；②他或她变了心；③死掉；④一个人远走高飞；⑤家庭同意结婚；⑥母亲不同意；⑦私奔；⑧没有结局；⑨长相思；⑩环球旅行结婚。

从上面这些因素及其可变形态可以推知，由这些形态可组合出 4 亿多个故事来。如按（1）③＋（2）④＋（3）⑥＋（4）⑥＋（5）⑫＋（6）⑤＋（7）⑨＋（8）⑨的组合选取，便可构造下述故事：一位小提琴手忽然患了严重的疾病，精神几乎崩溃。他的女朋友，现在已是歌星的她日夜看护着他。在女朋友家，他受到鼓励，恢复了练琴的勇气，终于在演奏会上一举成名。当他带着鲜花赶回女朋友家时，伊人竟不知去向，空留下永恒的怀念。如果将这一故事再做些充实、修饰，就可成为一篇动人的小说。

思考题

1. 请举例说明组合法的含义。
2. 组合创新的原理是什么？
3. 组合创新方法有哪几种类型？请各举例说明。
4. 形态分析法的内涵是什么？
5. 请通过具体实例来说明形态分析法的实施步骤。
6. 信息交合法原理是什么？
7. 运用信息交合法时应遵循什么原则？

第十一章 TRIZ 创新方法基础

⭐ 【教学目标】
1. 掌握 TRIZ 的定义；掌握 TRIZ 的核心思想。
2. 掌握 TRIZ 理论的技术系统进化法则、矛盾及其解决原理。
3. 了解物理矛盾的概念；理解物理矛盾解决原理；了解物理矛盾解决原理应用。
4. 了解技术矛盾的概念；理解 40 个发明创新原理及应用；了解矛盾矩阵及应用。

第一节 TRIZ 理论的起源与发展

▶ 【案例 11-1】

如何用普通温度计测量甲壳虫的体温

有一次，科学家们聚集在一起讨论小甲壳虫的问题。大家发现对小甲壳虫的生存条件研究得很少，比如，虫子的体温是多少度？还没有人进行过测量。

"小甲壳虫那么小。"一位科学家说，"我们不能用常规的温度计进行测量。"

"我们要设计一个专用仪器，"另一位科学家附和道，"但需要很长时间来完成实验和制造。"

"不，我们不需要特别的仪器，就只用一只普通的温度计来测量小甲壳虫的体温。"TRIZ 先生说。

他如何来完成这个测量呢？

原来他提出：可以取大量的小甲壳虫，然后将它们放在一个隔热相对好一点的容器里，比如保温瓶，放满，在保温瓶塞上开小口刚好插入温度计，将温度计插入甲壳虫群中，塞上塞子，进行温度测量。

一、TRIZ 理论的起源

TRIZ 源于"发明问题解决理论"的俄文单词的首字母缩写，按照国际标准 ISO/R9-168E 的规定，把俄文转换成拉丁文以后，取拉丁文词头缩写就成为 TRIZ，因此，TRIZ 只是一个特殊缩略语，既不是俄文，也不是英文，其实际含义就是"发明问题解决理论"。它是 1946 年开始由苏联发明家根里奇·阿奇舒勒联合大学、研究所和企业所组成的数百人的研究组织分析研究了世界近 250 万件发明专利，综合多个学科领域的原理、法则创立了一套具有完整体系的发明问题解决理论和方法。其主要目的是研究人类进行发明创造、解决技术困难过程中所遵循的科学原理和法则，并将之归纳总结，形成能指导实际新产品开发的理论方法体系。运用这一理论，可大大加快人们创造发明的进程而且能得到高质量的创新产品。

任何领域的产品改进、技术的变革、创新和生物系一样，都存在产生、生长、成熟、灭亡的过程，是有规律可循的。人们假如把握了这些规律，就能能动地进行产品设计并能猜测产品的未来发展趋势。TRIZ通过分析人类已有技术创新成果即高水平发明专利，总结出技术系统发展进化的客观规律，并形成指导人们进行发明创新、解决工程题目的系统化的方法学体系。

二、TRIZ 理论之父

TRIZ之父根里奇·阿奇舒勒于1926年10月出生于苏联北部城市塔什干（Tashkent，今乌兹别克共和国首都）。阿奇舒勒14岁就发明了水下呼吸器，并获得了首个专利证书，15岁发明了一种以碳化物为燃料的喷气式发动机，并将其作为船只的动力。由于卓越的发明才能，自1946年开始，阿奇舒勒进了海军的专利评审机构进行专利的评审工作。就是在这一工作期间，在研究了成千上万项发明专利后，发现创造发明和技术系统的发展背后存在着一定的规律，并由此形成了发明创造问题解决理论的雏形，由此为TRIZ理论的建立打下了基础。他发现各个领域的技术变革和产品改造都跟生物系统一样有规律可循，存在产生、生长、成熟和衰亡的过程。为了检验自己的理论，他做出了很多项军事发明，其中一项排雷装置使他获得了苏联发明竞赛的一等奖。

第二次世界大战结束后的1948年，苏联政府协议要把德国缴获的专利书库捐给美国，而从美国换回的将是金属开采设备、印刷术设备以及一些其他的设备。阿奇舒勒在1948年12月写了一封引来危险的信，信封上写着"斯大林同志亲启"，他严厉地抨击了此事，向国家领袖指出当时苏联对发明创造缺乏创新精神的混乱状态，在信的末尾他还表达了更激烈的想法：有一种理论可以帮助工程师进行发明，这种理论能够带来可贵的成果并可以引起技术世界的一场革命。然而这封信却给他带来了牢狱之灾。1950年，他被指控利用发明技术进行阴谋破坏，被判刑25年，发配到西伯利亚集中营劳改。但在这样艰苦的条件下，阿奇舒勒没有停止对解决发明创造问题的研究，在古拉格集中营瓦库塔煤矿期间，他每天利用12～14小时研究TRIZ理论，并不断地为煤矿发生的紧急技术问题出谋献策。

平反以后，阿奇舒勒围绕发明创造问题解决，发表了多项研究成果。1956年，阿奇舒勒和沙佩罗合写的文章"发明创造心理学"在《心理学问题》杂志上发表了。对研究创造性心理过程的科学家来说，这篇文章无疑像一枚重磅炸弹。直到那时，苏联和其他国家的心理学家还都在认为，发明是由偶然顿悟产生的——来源于突然产生的思想火花。1961年出版了第一本有关TRIZ理论的著作《怎样学会发明创造》。他于1970年一手创办的一所进行TRIZ理论的研究和推广的学校后来培养了很多TRIZ应用方面的专家。从1985年开始，早期的TRIZ专家中的一部分移居到欧美等国，从而促进了TRIZ在全世界范围内的传播。1989年，阿奇舒勒集合了当时世界上数十位TRIZ专家，在彼得罗扎沃茨克建立了国际TRIZ协会，阿奇舒勒担任首届主席。国际TRIZ协会从建立至今一直是TRIZ理论最权威的学术研究机构，目前它在全球10多个国家和地区拥有30余个成员组织，共拥有数千名TRIZ专家。阿奇舒勒1998年9月24日逝世于彼得罗扎沃茨克，享年72岁。

三、TRIZ 理论的发展历程

第一阶段为开创奠基时期（1946～1980年）。在这一时期，阿奇舒勒带领他的团队开发TRIZ，他们通过对大约20万份专利文献的研究，建立了TRIZ概念基础。1946～1950年，阿奇舒勒开始研究 TRIZ 早期的培训，同时，他已认识到解决技术冲突是获得创新解决方案的关键。1950 年阿奇舒勒给斯大林写了一封信，批评当时苏联的创新系统。结果，他作为政治犯被捕入狱。1954 年他被释放，恢复名誉。1956 年，阿奇舒勒发表了一篇"关于技术创造"的论文，该文是第一篇正式发表的 TRIZ 论文，介绍了技术冲突、理想化、创造性系统思维、技术系统完整性定律、发明原理等。同年，最初的发明问题解决算法也诞生了，该算法包含 10 步及最初的 5 条发明原理（到 1963 年变成了 40 条发明原理的一部分）。发现新的发明原理的研究开始。1959 年，正式提出发明问题解决算法，包含 15 步、18 条发明原理。1961 年，首次出版书籍《如何学会发明》。1963 年，术语"ARIZ"正式引入，一种改进的 ARIZ 算法包含 18 步及 7 条发明原理，阿奇舒勒发表了最初的技术系统进化系统定律。1964 年，提出了改进的 ARIZ 算法，包含 18 步、31 条发明原理，同时提出了技术冲突解决矩阵的最初形式，该矩阵为 16×16 个参数。1968 年，诞生了另一个 ARIZ 版本，包含 25 步及 35 条发明原理，更新了矩阵（32×32 个参数），同时，阿奇舒勒和他的同事开始研究创新思维系统，提出了理想机器的概念。1969 年，阿奇舒勒建立了阿塞拜疆创新与发明研究所，又建立了发明方法公共实验室，该实验室为 TRIZ 的推广应用提供资源。1971 年，ARIZ-71 诞生，包含 35 步、40 条发明原理，冲突解决矩阵已包含 39×39 个参数（该矩阵到今天一直应用）。1974 年，在圣彼得堡建立了 TRIZ 学校，是苏联最有影响的 TRIZ 学校。1975 年，阿奇舒勒提出了物质-场模型及 5 种标准解。1977 年，提出了 ARIZ-77，包含 31 步、引入了物理冲突，发表了 18 个标准解。1979 年，出版了《创造是一门精密的科学》，同时，他定义了技术系统进化理论作为另一个研究主题，确定了若干技术进化路线，这就是后来的技术进化系统 9 定律。1980 年，在苏联召开了全世界第一届 TRIZ 大会，自此 TRIZ 开始引起大众的关注。

　　第二阶段为发展应用时期（1981～1991 年）。在阿奇舒勒的领导下，这一时期开始设立与 TRIZ 有关的培训学校。1982 年，ARIZ-82 诞生，包含 34 步，引入了 X-元件及小问题的概念，还引入了一个冲突表、物理冲突解决原理、小人方法，发表了 54 个发明原理，阿奇舒勒启动了生物效应的研究，认为与物理效应研究类似，TRIZ 开始在其他领域的应用，如数学及艺术。1985 年，发布了 ARIZ-85C。一直到今天，该算法都是被广泛接受的 ARIZ 版本，它包含 32 步、一些建议、采用时间、空间及物质-场资源，获得理想解，标准解系统被分为 5 类，共 76 个标准解（并一直沿用至今）。同时，物理效应知识库、几何及化学效应知识库也开发成功。阿奇舒勒作出结论：ARIZ-85C 不需要再进一步改进，因为，该算法已经过成千上万个解决实际问题的检验。他认为 ARIZ 及技术进化系统的进一步发展是创新思维通用理论。并行的研究还有系统进化定律及趋势的研究，获得了一些趋势及技术进化路线。1986 年，阿奇舒勒将他的研究转向创新个性。与他的助手一起研究了大量具有创造性名人的传记，开始研究"创造性个性开发理论"。该理论将确认具有创造性的人才生命中所遇到的冲突类型及他们如何解决冲突，在这段时间，面向儿童的 TRIZ 版出现了，在很多学校及幼儿园进行了实验，如果在这之前解决问题均采用 ARIZ，现在开始单独使用不同的方法，如标准解、效应等。1989 年，第一个基于 TRIZ 的计算机辅助创新软件在实验室诞生了，该软件包括功能分析、40 条发明原理、技术冲突解决矩阵、76 个标准解、效应知识库、特征传递（新系统产生）等。同时，技术效应知识库建立了技术功能与特定技术之间的关系，也是在该年，苏联 TRIZ 联合会成立。

　　第三阶段为全球扩散时期（1992 年至今）。1992 年，Boris Zlotin 和 Alla Zusman 在美国创立 Ideation 公司，TRIZ 传到美国并走向世界。1994～1998 年，俄罗斯 TRIZ 联合会变成了国际 TRIZ 联合会。1997 年日本引入 TRIZ 理论，在东京大学成立了 TRIZ 研究团体，1997 年起，日本三菱研究院开始向企业提供 TRIZ 培训和软件产品，1998 年后日本大阪大学建立了日本 TRIZ 网站，日本三洋管理研究所成立了日本 TRIZ 小组，向企业、大学、研究机构提供 TRIZ 理论培训和咨询。1998 年俄罗斯学者 Mitrofanov 在其著作中探讨了 TRIZ 是制造缺陷通向科学发展的桥梁。同年，美国学者从制造创新的角度探讨了 TRIZ 理论。1998~2004 年，由不同 TRIZ 专家领导的组织开发自己的 TRIZ 版本（I-TRIZ、TRIZ＋、xTRIZ、CreaTRIZ、OTSM-TRIZ），一系列的 TRIZ 工具诞生了，1998 年之前由阿奇舒勒主持开发的 TRIZ 称为经典的 TRIZ，以防止混淆。在经典的 TRIZ 版本之外，解决技术冲突的新版矩阵出现了，40 条发明原理在不同领域中得到应用（商业、艺术、建筑、不同工业领域等）。但经典的 40 条发明原理及矩阵一直被采用，尽管其可应用性受到一些限制。一种 TRIZ 的简化版出现了，即系统发明思维（SIT）及其变形（ASIT：高级系统发明思维、USIT：标准化系统发明思维），但这种理论忽略了一些 TRIZ 的核心概念而不被 TRIZ 群体所支持。欧洲 TRIZ 联合会成立、法国 TRIZ 联合会成立、意大利 TRIZ 联合会成立。阿奇舒勒 TRIZ 研究所在美国成立。由于在创新概念设计过程中的强大功能，TRIZ 理论已在俄罗斯、美国、欧洲、日本、韩国等国家和地区受到高度重视，其研究与应用获得很大的普及和发展，大大提高了创新的效率，并且已为众多知名企业取得了显著的效益。这一时期 TRIZ 研究的特点是深入讲究 TRIZ 理论在生产实践中存在的问题，开发 TRIZ 软件系统，把 TRIZ 理论与其他创新理论整合，不断拓宽其应用领域。

伴随着 TRIZ 在欧美亚的大规模研究、探索与应用的星期，TRIZ 的发展如图 11-1 所示。在这一进化过程中，世界各地的 TRIZ 研究人员广泛吸收产品研究与技术创新的最新成果，试图建立基于 TRIZ 的技术创新理论体系。

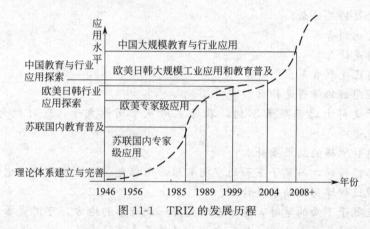

图 11-1　TRIZ 的发展历程

经过半个多世纪的发展，TRIZ 理论已发展成一套解决新产品开发实际问题的成熟的理论和方法体系。它实用性强，并经过实践检验，应用领域也从工程技术领域扩展到管理社会等方面。现在 TRIZ 理论在西方工业国家受到极大重视。实践证明，利用 TRIZ 理论可以大大加快人们创造发明的进程，而且能得到高质量的创新产品。它能够帮我们系统分析问题情境，快速发现问题本质或者矛盾，它能够准确确定问题探索方向，不会错过各种可能，而且它能够帮助我们突破各种思维障碍，打破思维定势，以新的视觉分析问题，进行逻辑性和非逻辑性的系统思维，还能根据技术进化规律预测未来发展趋势。

四、TRIZ 在中国

在中国最早介绍 TRIZ 的书籍产生于 1986 年，由赵惠田、谢燮正撰写的《发明创造学教程》。随后魏相、徐明泽编译了《创造是精密的科学》，吴光威、刘树兰编译的《技术创造原理》与《创造是一门精密的科学》也相继面世。这些书籍中介绍的 TRIZ 知识大都出自于 1979

年出版的阿奇舒勒所著《创造是一门精密的科学》。自从 1998 年牛占文教授在中国发表首篇介绍 TRIZ 的论文以来，TRIZ 在很多研究领域都受到关注。TRIZ 被大学和相关政府部门列为国家创新工程得到财政支持，国家及省市级的一些基金委员会特别把 TRIZ 确定为资助项目。2001 年开始，随着 TRIZ 理论的专门培训被引入中国，许多企业和大学开始系统学习和重视 TRIZ 理论的应用。同时，TRIZ 理论培训软件应用，以及 TRIZ 国际认证体系建立，极大促进了 TRIZ 理论在中国的发展和推广。2008 年科技部、发改委、教育部和中国科协联合下发《关于加强创新方法工作的若干意见》，提出"推进 TRIZ 等国际先进技术创新方法与中国本土需求融合"，使更多企业、高校和研发机构能够运用 TRIZ 理论开展发明创造和技术创新。

第二节　TRIZ 理论的重要概念

【案例 11-2】

农场养兔子的问题

农场主有一大片农场，放养大量的兔子，兔子需要吃到新鲜的青草，但农场主不想兔子走得太远而照看不到，也不愿意花费大量的资源割草运回来喂兔子，于是矛盾产生。请分析并提出最终理想解。

分析过程如下所示。

(1) 设计的目的是什么？

兔子能随时吃到青草。

(2) 理想解是什么？

兔子永远自己吃到青草。

(3) 达到理想解的障碍是什么？

为防止兔子走得太远而照看不到，农场主用笼子圈养兔子，这样放兔子的笼子不能移动。

(4) 出现这种障碍的结果是什么？

由于笼子不能移动，而笼子下面的空间有限，所以兔子不能自己持续吃到青草。

(5) 不出现这种障碍的结果是什么？

当兔子吃光笼子下面的草时，笼子移动到另一块有草的地方，可用资源是兔子。

解决方案：给笼子装上轮子，兔子自己推着笼子去寻找青草。

一、技术系统

技术系统是 TRIZ 方法中最重要的核心概念之一。从人类技术发展的现状来理解，技术系统是指能够提供人们所需功能的相互联系要素的组合，以实现某种功能或职能的事物的集合。任何技术系统均包括一个或多个子系统，每个子系统执行自身功能，它又可分为更小的子系统。更细化的、可以实现各种基本功能的组成部分，称为技术系统的子系统。例如，手机是键盘、电池、芯片、显示屏、机壳等要素的组合，它既可以满足人们通话所需，也能够提供照相、录音、录像、视频音频播放等多种不同的功能。

原则上，一台计算机、一辆汽车、一栋楼房、一部电梯等都可看作技术系统。当技术系统置于更大系统时，它作为子系统，而更大的系统则是超系统。超系统是技术系统之外的系统或系统的组成部分，往往是指技术系统所隶属的外部环境，技术系统的构成关系如图

11-2 所示。所有的子系统均在更高层系统中相互连接，任何子系统的改变将会影响到更高层系统，当解决技术问题时，常常要考虑与其子系统和更高层系统之间的相互作用。例如，如图 11-3 所示，汽车作为一个技术系统，轮胎、发动机、方向盘等是汽车的子系统。而每辆汽车都是整个交通系统的组成部分，因此对于汽车而言，交通系统就是汽车的超系统。一部手机在整个无线移动通信系统中，移动通信系统是超系统。站在超系统的层面看待和处理问题，会让问题更容易理解和解决。

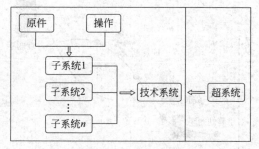

图 11-2　技术系统的构成关系图

图 11-3　汽车的技术系统

二、技术系统进化论

技术系统的进化是指实现技术系统功能的各要素从低级到高级、从低效到高效，系统功能从单一到集成不断演化的过程。技术系统进化论属于 TRIZ 的基础理论，技术系统进化论的主要观点是：科技产品的进化并不是随意的，也同样遵循着一定的客观规律和模式，所有技术的创造与升级都是向最强大的功能发展的。例如，我们平日里用的手机，引入"红外""蓝牙""MP3"等新技术，带动手机在"通话"功能的水平上不断进化与升级，也就提高利润的效益。

技术系统进化就是指实现系统功能的技术从低级向高级变化的过程。对于一个具体的技术系统来说，对其子系统或元件进行不断地改进，以提高整个系统的性能，就是技术系统的进化过程。例如，黑白电视机向彩色电视机的进化；BB 传呼机向智能手机的进化；木船向轮船的进化；手工操作向机器自动化的进化。

【案例 11-3】
自行车的进化

自行车是 1817 年法国人西夫拉克发明的，称为"木房子"的第一辆自行车由机架及木制的轮子组成，没有手把，骑车人的脚是驱动装置，该车不能转向，不舒适。1861 年，基于"木房子"的新一代自行车设计成功，该车是现在所说的"早期踏板车"，"木房子"的缺点依然存在。1870 年，被称为"Ariel"的自行车设计成功，该车前轮安装在一个垂直的轴上，使转向成为可能，但依然不安全、不舒适、驱动困难。1879 年，脚蹬驱动、链轮及链条传动的自行车设计成功，该类车的速度可以达到很高，但该类自行车没有车闸，因此高速

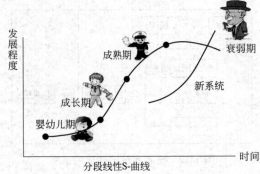

图 11-4 技术系统进化的 S 曲线

骑车时很危险。1888 年，车闸设计成功，前轮直径已经变大，但零部件材料不过关，影响了自行车的速度。20 世纪，各种新材料用于自行车零件，并且有了折叠自行车、变速自行车。21 世纪，电动自行车产生。

在自行车进化的过程中，全世界申请了相关专利 1 万件。从历史的观点看，产品处于不断进化之中。TRIZ 理论认为所有产品都是处于进化中的"技术系统"，进化是指技术系统特性参数即性能的进化。

任何一种产品、工艺或技术都在随着时间向着更高级的方向发展和进化，并且它们的进化过程都会经历相同的几个阶段。每个技术系统的进化一般都要经历如 S-曲线所示的四个阶段：婴幼儿期、成长期、成熟期、衰弱期，如图 11-4 所示。S-曲线描述了技术系统完整的生命周期，其横轴表示时间，纵轴表示系统的性能参数。例如，在飞机这一技术系统中，飞机的速度、安全性等都是其重要的性能参数。

1. 技术系统的诞生和婴幼儿期

当有一个新需求、而且满足这个需求是有意义的两个条件同时出现时，一个新的技术系统就会诞生。新的技术系统一定会以一个更高水平的发明结果来呈现。处于婴幼儿期的系统尽管能够提供新的功能，但该阶段的系统明显地处于初级，存在着效率低、可靠性差或一些尚未解决的问题。由于人们对它的未来比较难以把握，而且风险较大，因此只有少数眼光独到者才会进行投资，处于此阶段的系统所能获得的人力、物力上的投入是非常有限的。处于婴幼儿期的系统的特征：性能的完善非常缓慢，此阶段产生的专利级别很高，但专利数量较少，系统在此阶段的经济收益为负。

2. 技术系统的成长期（快速发展期）

进入发展期的技术系统，系统中原来存在的各种问题逐步得到解决，效率和产品可靠性得到较大程度的提升，其价值开始获得社会的广泛认可，发展潜力也开始显现，从而吸引了大量的人力、财力，大量资金的投入会推进技术系统获得高速发展。处于成长期的系统的特征：性能得到急速提升，此阶段产生的专利级别开始下降，但专利数量出现上升。系统在此阶段的经济收益快速上升凸显出来，这时候投资者会蜂拥而至，促进技术系统的快速完善。

3. 技术系统的成熟期

在获得大量资源的情况下，系统从成长期会快速进入第 3 个阶段：成熟期，这时技术系统已经趋于完善，所进行的大部分工作只是系统的局部改进和完善。处于成熟期的系统的特征：性能水平达到最佳。这时仍会产生大量的专利，但专利级别会更低，此时需要警惕垃圾专利的大量产生，以有效使用专利费用。处于此阶段的产品已进入大批量生产，并获得巨额的财务收益，此时，需要知道系统将很快进入下一个阶段衰退期，需要着手布局下一代的产品，制定相应的企业发展战略，以保证本代产品淡出市场时，有新的产品来承担起企业发展的重担。否则，企业将面临较大的风险，业绩会出现大幅回落。

4. 技术系统的衰弱期

成熟期后系统面临的是衰弱期。此时技术系统已达到极限，不会再有新的突破，该系统因不再有需求的支撑而面临市场的淘汰。衰弱期出现的原因有新系统已经发展到第二阶段，迫使现有系统退出市场；超系统的改变导致对系统需求的降低；超系统的改变导致系统生存困难。例如，胶片照相机、电脑软盘等。

三、矛盾

矛盾是哲学的基本范畴，泛指事物自身所包含的既相互排斥又相互依存，既对立有统一的关系。在 TRIZ 理论中，矛盾是一个首要的问题模型和基本术语，可以用来表述技术活动中遇到的问题，例如，在提高产品的某种性能时，需要改变其中的某一部件，而这一改变却可能对产品的其他性能带来不利影响，这样，提高产品性能的矛盾就出现了。TRIZ 理论认为，创造性问题包含至少一个矛盾的问题。矛盾是事物发展的动力，发明创造所要做的工作，就是解决技术活动过程中出现的各种矛盾。可以说，矛盾是发明创造活动的核心和切入点。在 TRIZ 中，工程中所出现的种种矛盾可以归结为三类：物理矛盾、技术矛盾和管理矛盾。

1. 物理矛盾

通俗来讲，物理矛盾就是指系统中的问题是由 1 个参数导致的，其中的矛盾是，系统一方面要求该参数正向发展，另一方面要求该参数负向发展。通常，物理矛盾会让人们感到左右为难、无所适从。例如，软件应该容易使用，但同时需要许多复杂功能和选项；自行车在使用的时候，体积要足够大，以方便人来骑乘；在停放或携带其乘坐其他交通工具的时候体积要小，以便少占空间。在多数技术系统中都存在这样的矛盾，物理矛盾的解决是解决发明问题的核心。例如，现在手机制造要求整体体积设计得越小越好，便于携带，同时又要求显示屏和键盘设计得越大越好，便于观看和操作，所以对手机的体积设计要求具有大、小两个方面的趋势，这就是手机设计的物理矛盾。物理矛盾一般来说有两种表现：一是系统中有害性能降低的同时导致该子系统中有用性能的降低；二是系统中有用性能增强的同时导致该子系统中有害性能的增强。

2. 技术矛盾

技术矛盾就是指系统中的问题是由 2 个参数导致的，2 个参数相互促进、相互制约，当其中某个参数得到改善时，常常会引起另一些参数的恶化。例如，为了增强桌子的强度，就需要加厚桌面和桌腿，这势必会导致桌子质量的增加；增大桌子面积，势必会导致桌子体积的增大。技术矛盾通常表现为以下三种形式：一是在系统中引入一个有用功能，导致系统产生有害功能，或使有害功能加强；二是消除一个有害功能，导致另外一个有用功能的变坏；三是有用功能的加强或有害功能的减小导致系统变得更为复杂。解决技术矛盾问题的传统方法是在多个要求间寻求"折中"，也就是"优化设计"，但每个参数都不能达到最佳值，而 TRIZ 则是努力寻求突破性方法消除冲突，即"无折中设计"。

3. 管理矛盾

所谓管理矛盾是指，在一个系统中，各个子系统已经处于良好的运行状态，但是子系统之间产生不利的相互作用、相互影响，使整个系统产生问题。比如：一个部门与另一个部门的矛盾，一个工艺与另一个工艺的矛盾，一个机器与另一个机器的矛盾，虽然各个部门、各个工艺、各个机器等都达到了自身系统的良好状态，但对其他系统产生副作用。

▶【案例 11-4】

零件淬火

一个车间突然接到在油中淬火一批大尺寸零件的订单，但车间没有单独的地方对零件进行淬火，只能在公用的地方进行。桥式吊车从煅炉中吊起来炽热的零件放入油槽中淬火，零件刚一接触到油槽中的油，车间马上充满了刺鼻的浓烟。浓烟向上漂浮，严重地影响到吊车司机的工作，使其无法呼吸。

在这个例子中，吊车司机的工作和淬火的工作本身都没有很大的问题，但是淬火已经严重影响到吊车司机，这就可以看成车间这个系统中的管理矛盾。对于管理矛盾是要依靠具体子系统的物理矛盾或是技术矛盾来解决的。在该例中，可以将管理矛盾转变成淬火的技术矛盾，即淬火能正常进行，而不产生浓烟。最后的解决办法可以是在油的表面放置二氧化碳气体，当炽热的零件接触到油的时候，就不会使空气中的氧气和油相接触，于是就产生不了浓烟了。

4. 技术矛盾、管理矛盾和物理矛盾之间的关系

管理矛盾是为了避免某些现象或希望取得某些结果，需要有具体的行动去实现，但不知如何开展具体的行动。例如：希望提高产品质量、提升产品的生产效率、降低原材料成本，但不知如何实现；希望通过提高计算机性能以提高企业的工作效率、增加收入、拓宽业务面等。这些矛盾就称之为管理矛盾。所有的人工系统、机器、设备、组织或工艺流程，它们都是相互联系、相互作用的参数的综合体，管理矛盾就是子系统间产生的矛盾。TRIZ 理论认为管理矛盾是非标准矛盾，不能直接消除，一般将管理矛盾转化为技术矛盾或者物理矛盾进行解决。

技术矛盾是如果改进系统一个元素的参数，而不允许系统的另一个参数恶化，是同一系统不同参数之间的矛盾。

物理矛盾是当对系统中某一个参数提出互为相反的要求时，就产生了物理矛盾，这是同一系统同一参数内的矛盾。

从上述定义可以看出，管理矛盾是系统与系统之间的矛盾，技术矛盾是一个系统内两个不同参数间的矛盾，物理矛盾是同一参数之间相反的需求。从管理矛盾到物理矛盾，矛盾的聚焦点越来越小，矛盾的原因也就越来越清晰，有利于解决实际技术问题。

四、分离

分离原理是 TRIZ 针对物理矛盾的解决而提出的，主要内容就是将矛盾双方分离，分别构成不同的技术系统，以系统与系统之间的联系代替内部联系，将内部矛盾外部化。例如，根据手机整体设计趋向最小化的要求，可以在整体体积固定的情况下，将手机的显示屏和键盘分离，使其重叠，令表面上显示屏最大化，键盘做成隐藏式的，使用键盘时可以从显示屏后将键盘抽出，这样就解决了手机设计的这个物理矛盾。

TRIZ 理论在总结物理矛盾解决的各种研究方法的基础上，将各种分离原理总结为 4 种基本类型，即空间分离、时间分离、条件分离和整体与部分分离。这 4 种分离方法的核心思想是完全相同的，都是为了针对同一对象（系统、参数、特性、功能等）的相互矛盾的需求分开，从而使矛盾的双方都得到完全的满足。它们的不同点在于，不同的分离方法通过不同的方向来分离矛盾的双方，在分离法确认后，可以使用符合这个分离方法的创新原理来得到具体问题的解决方案。

五、理想度

阿奇舒勒在研究中发现，所有的技术系统都在沿着增加其理想度的方向发展和进化。系统中有益功能的总和与系统中有害功能和成本的比率称为理想度。技术系统中的理想度与有用功能之和成正比，与有害功能之和成反比，理想度越高，产品的竞争力越强。

理想度被誉为 TRIZ 的四大理论支柱之一，在技术系统进化论中有着举足轻重的作用。理想度的提出源于技术进化过程中存在的机制，反映了技术系统在进化过程中对于社会需求的适应程度。

随着技术系统的不断进化，其理想度会不断提高，即技术系统变得越来越理想。当技术系统的有用功能趋向于无穷大，有害功能为零，成本为零的时候，就是技术系统进行的终点。此时，由于成本为零，所以技术系统已经不再具有真实的物质实体，也不消耗任何资源，这样的技术系统就是理想系统。理想系统知识一个理论上的、理想化的概念，是技术系统进化的极限状态，是一个在现实世界中永远无法达到的终极状态，但是，理想系统为设计人员和发明家指出了技术系统进化的最终目标，是寻找问题解决方案和评价问题解决方案的最终标准。

产品创新的过程中，就是产品设计不断迭代，理想化的水平不断由低级向高级演化的过程，无限逼近理想状态。当设计人员不需要额外花费就实现了产品的创新设计时，这种状况就称为最终理想结果，或者基于理想系统的概念而得到的针对一个特定技术问题的理想解决方案，称为最终理想解。

第三节　TRIZ 理论的核心思想

【案例 11-5】

发电药丸

电力可以随身携带，又不像电池会造成环境负担，这是我国台湾工研院最近研发出的"发电药丸"。研究团队将发电原料"氢"做成固态，只要放进水里，就可以充电。因为燃料电池需要靠氢，研究团队研发用化学方式将氢储存起来，制作成固体小药丸，方便携带随时使用。一颗"电力丸"可以发出 3 瓦的电，相当于充饱手机的量，用完的残留物更无毒无负担。

阿奇舒勒的研究发现：技术系统进化过程不是随机的，而是有客观规律可以遵循的，这种规律在不同领域反复出现。他提出了在解决发明问题的实践中，人们遇到的各种矛盾以及相应的解决方案总是重复出现；用来彻底而不是折中解决技术矛盾的创新原来与方法，其数量并不多，一般科技人员都可以掌握；解决本领域技术问题的最有效的原理与方法，往往来自其他领域的科学知识等观点。TRIZ 的核心思想是：

① 无论是一个简单产品还是复杂的技术系统，其核心技术的发展都有客观的进化规律和模式；

② 各种技术难题、冲突和矛盾的不断解决是推动这种进化过程的动力；

③ 技术系统发展的理想状态是用尽量少的资源实现尽量多的功能。

TRIZ 理论认为，大量发明面临的基本问题和矛盾是相同的，只是技术领域不同而已。同样的技术发明和相应的解决方案一次次地在后来的发明中被重新使用。将这些有关的知识进行提炼和重新组织，形成一种系统化的理论知识，就可以指导后来者的发明创造和创新。TRIZ 理论体系正是基于这一思路提出的，它打破了人们思考问题的惰性和片面的制约，避免了创新过程中的盲目性和局限性，明确指出了解决问题的方法和途径。

发明问题解决理论的核心思想是技术进化原理。按这一原理，技术系统一直处于进化之中，解决冲突是其进化的推动力。进化速度随技术系统一般冲突的解决而降低，使其产生突变的唯一方法是解决阻碍其进化的深层次冲突。TRIZ 理论已在发明创造解决理论的基础上，将产生新技术或产品的工作原理具体化，提出一系列创造发明的规则、算法与发明创造原理供发明人员和研究人员使用；同时，构建了一套较为完备的普适性方法和问题解决工具，以帮助使用者尽快获得满意的概念解。

阿奇舒勒的技术系统进化论可以与自然科学中的达尔文生物进化论和斯宾塞的社会达尔

文主义齐肩，被称为"三大进化论"。TRIZ 的技术系统八大进化法则分别是：提高理想度法则、完备性法则、能量传递法则、协调性法则、子系统不均衡进化法则、向超系统进化法则、向微观级进化法则、动态性进化法则。技术系统的这八大进化法则可以应用于产生市场需求、定性技术预测、产生新技术、专利布局和选择企业战略制定的时机等。它可以用来解决难题，预测技术系统，产生并加强创造性问题的解决工具。

1. 提高理想度法则

技术系统的理想度法则包括：①一个系统在实现功能的同时，必然有两方面的作用：有用功能和有害功能；②理想度是指有用作用和有害作用的比值；③系统改进的一般方向是最大化理想度比值；④在建立和选择发明解法的同时，需要努力提升理想度水平。

也就是说，任何技术系统，在其生命周期之中，是沿着提高其理想度向最理想系统的方向进化的，提高理想度法则代表着所有技术系统进化法则的最终方向。理想化是推动系统进化的主要动力。比如手机的进化、计算机的进化。

最理想的技术系统应该是：并不存在物理实体，也不消耗任何的资源，但是却能够实现所有必要的功能，即物理实体趋于零，功能无穷大，简单说，就是"功能俱全，结构消失"。

提供理想度可以从以下 4 个方向予以考虑：增加系统的功能；传输尽可能多的功能到工作元件上；将一些系统功能移转到超系统或外部环境中；利用内部或外部已存在的可利用资源。

2. 完备性法则

要实现某项功能，一个完整的技术系统必须包含以下 4 个部件：动力装置、传输装置、执行装置和控制装置。完备性法则有助于确定实现所需技术功能的方法并节约资源，利用它可对效率低下的技术系统进行简化。完备性法有助于我们准确地判断，现有的组件集合是否构成完整的技术系统，提高技术系统的效率。

3. 能量传递法则

技术系统要现实其功能，能量必须能够从能量源流向技术系统的所有元件。如果技术系统中的某个原件不能接收能量，它就不能发挥作用，那么整个系统就不能执行其有用功能，或者有用功能作用不足。例如，收音机的能量传递，收音机在金属屏蔽的环境（如汽车中）就不能收听到高质量的广播，尽管收音机内各子系统功能都正常，但电台传导的能量源受阻，使整个系统不能正常工作，在汽车外加装天线，问题就解决了。降低能量损失可采取的措施：提高系统各部分的传导率，如能量从技术系统的一部分向另一部分的传递可以通过物质媒介（轴、齿轮等）、场媒介（磁场、电流等）来完成；减少能量转换的形式，能量既不会消灭，也不会创生，它只会从一种形式转化为其他形式，或者从一个物体转移到另外一个物体，而在转化和转移的过程中，能量的总和保持不变；使系统各部分间的能量传递路径最短。懂得了能量传导性法则，就可以在特定阶段为新技术系统提供最大功率。有助于我们减少技术系统的能量损失，保证其在特定阶段提供最大效率。

4. 协调性法则

结构完善，能量可以传递，然后需要的就是结构之间的协调。技术系统进化是沿着各个子系统相互之间更协调的方向发展，即系统的各个部件在保持协调的前提下，充分发挥各自的功能。这也是技术系统充分发挥功能的必要条件。子系统协调包括：结构上的协调、各性能参数的协调、节奏频率的协调。例如，英国研制出一种没有噪音的风扇，里面安装有麦克和扩音器，麦克风捕获电机和叶片的噪声，通过电子组件转换成相反相位的声音并被扩音器再次播放出来，噪音就被彻底消除了。协调各部分工作，可以节约资源提高效率，保证技术系统的高度可控性的进一步的自动控制性。

5. 子系统不均衡进化法则

每个技术系统都由多个实现不同功能的子系统组成。任何技术系统所包含的各个子系统都不是同步、均衡进化的，每个子系统都是沿着自己的 S-曲线向前发展，这种不均衡的进化经常会导致子系统之间的矛盾出现，整个技术系统的进化速度取决于系统中发展最慢的子系统的进化速度。利用这一法则的知识，可以及时发现技术系统的不理想子系统，及时改进不理想的子系统或以较先进的子系统替代它们，使得可能以最小成本改进系统的基础参数，可以帮助人们及时发现并改进最不理想的子系统。

6. 向超系统进化法则

技术系统的进化是沿着从单系统、双系统、多系统的方向发展，技术系统进化达到极限时，它实现某项功能的子系统会从系统中剥离，转移至超系统，作为超系统的一部分，在该子系统的功能得到增加改进的同时，也简化了原有的技术系统。例如，飞机在长距离飞行时，需要在飞行中加油。最初燃油箱是飞机的一个子系统，进化后，燃油箱脱离了飞机，进化至超系统，以空中加油机的形式给飞机加油。飞机系统简化，不必再携带数百吨的燃油。

7. 向微观级进化法则

技术系统的进化是沿着减小其原件尺寸的方向发展的，即原件从最初的尺寸向原子等基本粒子的尺寸进化，同时能够更好地实现相同功能。例如，录音机、随身听、便携 CD 机、MP3、耳环播放器的微观进化。

8. 动态性进化法则

技术系统的进化应该沿着结构柔性、可移动性、可控性增加的方向发展，以适应环境状况或执行方式的变化。掌握了"动态性进化法则"，有助于提高技术系统的高度适应性。例如，路灯的进化，直接控制——每个路灯都有开关，有专人负责定时开闭；间接控制——用总电闸整条线路的路灯；引入反馈控制——通过感应光亮度，控制路灯的开闭；自我控制——通过感应光亮度，根据环境明暗自动开闭并调节亮度。

第四节　TRIZ 理论的体系结构

【案例 11-6】

空中加油机

长距离飞行时，飞机需要携带大量的燃油。最初，是通过携带副油箱的方式得以实现的。此时，副油箱被看作飞机的一个子系统。通过进化，将副燃油箱从飞机中分离出来，转移至超系统，以空中加油机的形式给飞机加油。此时，一方面，由于飞机不需要携带副油箱，使得飞机的飞行重量降低，系统得以简化；另一方面，加油机可以携带比副油箱多得多的燃油，大大提高了为飞机补充燃油的能力。

阿奇舒勒认为发明创造问题的基本规律和原理是客观存在的。大量的发明创造和技术创新过程中的内在矛盾和基本问题是相同的，知识所涉及的领域不同，将发明创造问题解决办法和知识进行提炼和汇总，就逐步形成了系统化的 TRIZ 理论体系。TRIZ 理论体系较为庞大，包含着众多系统的、具有可操作性的创造性思维方法和发明问题的解决方法，而且还在不断发展和完善中，如图 11-5 所示。

1. 技术系统进化法则

技术系统进化法则是技术系统为提高自身有用功能，从一种状态过渡到另一种状态时，系统内部之间、系统组件与外界环境间本质关系的体现。即技术系统与生物系统一样，也有一个

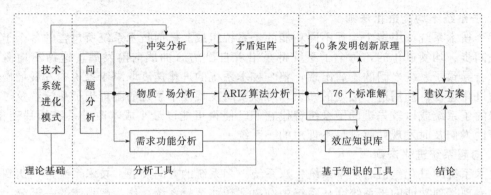

图 11-5 TRIZ 理论的体系结构

进化发展的过程，并且这个进化发展过程具有一定的规律性，这些技术系统进化发展的规律就是技术系统进化法则。TRIZ 理论的技术系统进化法则包括技术系统完备性法则、技术系统能量传递法则、技术系统协调性法则、动态性进化法则、提高理想度法则、子系统不均衡进化法则、向超系统进化法则和向微观进化法则。这些进化法则可以用来解决技术难题、预测技术系统、产生创造性问题的解决工具，主要应用于定性技术预测、技术革新、专利布局和制定企业战略等，可以指导人们在设计过程找那个沿着正确的方向寻找问题的解决方案。

2. 矛盾解决原理

矛盾是普遍存在的，矛盾也同样存在于各种产品或技术系统中。例如，在提高产品的某种性能时，需要改变其中的某一部件，而这一改变可能对产品的其他性能带来不利影响，这样，提高产品性能的技术矛盾就出现了，人们往往会按照这种的办法来加以处理，但折中法只能降低矛盾的程度，不能彻底解决系统中的矛盾。在 TRIZ 研究中，阿奇舒勒及其同事们查阅了世界各国的大量专利，并从中挑选出了那些成功地解决了矛盾的专利进行研究。TRIZ 理论提出用 39 个工程参数来描述技术矛盾，将组成矛盾双方的性能用 39 个工程参数来表示，将实际工程技术中的矛盾转化为一般的标准技术矛盾。根据对矛盾出现和解决的分析，阿奇舒勒总结出了 40 个发明原理，这 40 个发明原理是解决技术矛盾的独特工具，每一个解决方案都是一个有针对性的指导建议，可以使系统产生特定的变化以消除存在的技术矛盾冲突。

物理矛盾是技术系统中一种常见的烦人的、更难以解决的矛盾。例如，同样一块菜地，在同一时间既要全部种白菜，又要全部种萝卜，这就会让人们感到左右为难。解决物理矛盾的核心思想是实现矛盾双方的分离。分离原理是阿奇舒勒针对物理矛盾的解决而提出的，分离方法共有 11 种，归纳概括为 4 大分离原理，分别是空间分离、时间分离、条件分离和系统级别分离。

3. 物场模型分析

阿奇舒勒认为，每一个技术系统都可由许多功能不同的子系统组成，因此，每一个系统都有它的子系统，而每个子系统都可以再进一步细分，直到分子、原子、质子与电子等微观层次。无论大系统、子系统还是微观层次，都具有功能，所有功能都可分解为两种物质和一种场。在物质场模型的定义汇总，物质是指某种物理或过程，可以是整个系统，也可以是系统内的子系统，或单个物理甚至是整个环境，取决于实际情况；场是指完成某种功能所需的手法或手段，通常是一些能量形式，如磁场、重力场、电能、热能、化学能、机械能、声能、光能等。物场模型分析是 TRIZ 理论中的一种分析工具，主要用于建立与已存在的系统或新技术系统的问题相联系的功能模型。

4. 发明问题的标准解法

发明问题的标准解法是阿奇舒勒于 1985 年创立的，共有 76 个，分成 5 级，各级中解法的先后顺序也反映了技术系统必然的进化过程和进化方向，标准解法可以将标准问题在一两步中快速进行解决，标准解法是阿奇舒勒后期进行 TRIZ 理论研究的最重要的课题，同时也是 TRIZ 高级理论的精华。标准解法也是解决非标准问题的基础，非标准问题主要应用 ARIZ 来进行解决，而 ARIZ 的主要思路是将非标准问题通过各种方法进行变化，转化为标准问题，然后应用标准解法来获得解决方案。

5. 发明问题解决算法

发明问题解决算法（ARIZ）是发明问题解决过程中应遵循的理论方法和步骤，ARIZ 是基于技术系统进化法则的一套完整问题解决的程序，是针对非标准问题而提出的一套解决算法。ARIZ 的理论基础由以下 3 条原则构成：ARIZ 是通过确定和解决引起问题的技术矛盾；问题解决者一旦采用了 ARIZ 来解决问题，其惯性思维因素必须被加以控制；ARIZ 也不断地获得广泛的、最新的知识基础的支持。ARIZ 最初由阿奇舒勒于 1977 年提出，随后经过多次完善才形成比较完善的理论体系，ARIZ-85 包括九大步骤：分析问题；分析问题模型；陈述 IFR 和物理矛盾；动用物-场资源；应用知识库；转化或替代问题；分析解决物理矛盾的方法；利用解法概念；分析问题解决的过程等。

6. 科学效应和现象知识库

TRIZ 理论中的科学效应和现象知识库是一种基于物理、化学、几何学等工程学知识的解决问题工具，为相关领域的发明创造和技术创新提供丰富的方案来源，对发明问题的解决有着巨大作用。迄今为止，人类发明和正在应用的任何一个技术系统都必定依赖于人类已经发现或尚未被证明的科学原理，因此，最基础的科学效应和科学现象是人类创造发明的不竭源泉。阿基米德定律、伦琴射线、超导现象、电磁感应、法拉第效应等都早已经成为我们日常生产和生活中各种工具和产品所采用的技术和理论。科学原理，尤其是科学效应和现象的应用，对发明问题的解决具有超乎想象的、强有力的帮助。

第五节　物理矛盾及解决原理

【案例 11-7】

圆珠笔

1888 年出现圆珠笔这一名称，一位名叫约翰·劳德的美国记者曾设计出一种利用滚珠作笔尖的笔，但他未能将其制成便于人们使用的商品。圆珠笔之所以能够写字，是因为笔头里的钢珠在滚动时，能将速干油墨带出来转写到纸上。据说，日本的圆珠笔芯里装的干油墨，足够可以书写 2 万个字。但是，书写的字数一多以后，钢珠与钢圆管之间的空隙会渐渐变大，这样油墨就会从缝隙中漏出来，常常会沾污衣物等，十分使人感到不愉快。

问题就是圆珠笔方便书写，但是漏墨容易污染衣物等。在这矛盾中找到一个参数及其相反的两个要求，钢珠与钢圆管之间的空隙小不容易漏油、钢珠与钢圆管之间的空隙大容易书写，这就是物理矛盾。

一、物理矛盾

物理矛盾是当一个技术系统的工程参数具有相反的需求，就出现了物理矛盾。比如说，要求系统的某个参数既要出现又不存在，或既要高又要低，或既要大又要小等。物理矛盾是对技术系统的同一参数提出相互排斥的需求这样一种物理状态。无论对于技术系统的宏观参数，还是描述微观量的参数，都可以对其中存在的物理矛盾进行描述。常见的物理矛盾可以是针对几何参数、物理参数的，也可以是针对功能参数的，如表 11-1 所示。

表 11-1　常见的物理矛盾

类别	物理矛盾							
几何类	长与短	对称与非对称	平行于交叉	厚与薄	圆与非圆	锋利与钝	窄与宽	水平与垂直
材料及能量类	多与少	密度大与小	导热率高与低	温度高与低	时间长与短	黏度高与低	功率大与小	摩擦力大有小
功能类	喷射与堵塞	推与拉	冷与热	快与慢	运动与静止	强与弱	软与硬	成本高与低

对于某个技术系统的元素，物理矛盾有以下三种情况：第一种情况，这个元素是通用工程参数，不同的设计条件对它提出了完全相反的要求，例如，对于建筑领域，墙体的设计应该有足够的厚度以使其坚固，同时墙体又要尽量薄以使建筑进程加快并且总重比较轻，建筑结构的材料密度应该接近于零以使其轻便，同时材料密度也应该足够高以使其具有一定得承重能力；第二种情况，这个元素是通用工程参数，不同的工况条件对它有着不同的要求，例如，灯泡的功率既要是25 瓦，又要是 100 瓦；第三种情况，这个元素是非工程参数，不同的工况条件对它有着不同的要求，例如，冰箱的门既要经常打开，又要经常保持关闭。具体来讲，物理矛盾表现在以下四点。

① 系统或关键子系统必须存在，又不能存在。例如，道路某路口既要有红绿灯，又要没有红绿灯。

② 系统或关键子系统具有性能 "F"，同时应具有性能 "-F"，"F" 与 "-F" 是相反的性能。例如，飞机中机翼应该大，以便在起飞时提供更大的升力，同时又不应该大，以便在高速飞行时具有较小的阻力。

③ 系统或关键子系统必须处于状态 "S" 及状态 "-S"，"S" 与 "-S" 是不同的状态。例如，钢笔的笔尖应该细，以使钢笔能够写出较细的文字；同时钢笔的笔尖又应该粗，以避免锋利的笔尖将纸划破。

④ 系统或关键子系统不能随时间变化，又要随时间变化。例如，在某一时间点，工作人员必须在这个地点工作，同时另一个地点也需要工作人员。

从功能实现的角度，物理矛盾可表现在：

① 为了实现关键功能，系统或子系统需要具有有用的一个功能，但为了避免出现有害的另一个功能，系统或子系统又不能具有上述有用功能；

② 关键子系统的特性必须是取大值，以取得有用功能，但又必须是小值以避免出现有害功能；

③ 系统或关键子系统必须出现以获得一个有用功能，但系统或子系统又不能出现，以避免出现有害功能。

二、物理矛盾解决原理

【案例 11-8】

欧洲鞋业公司遇到的问题

某欧洲鞋业公司生产一种知名品牌的运动靴。为了节约生产成本，该公司把生产地点转移到了东南亚某个国家。刚开始时生产工艺和质量控制得非常严格，一切似乎都很顺利。但是没有过多久，问题出现了，管理者很快发现少数当地工人有偷靴子的行为。管理者曾多次公开警告，包括使用降薪、开除等管理手段，但始终难以奏效。

我们现在来分析一下这个欧洲鞋业公司遇到的问题。生产过程需要降低成本，因此需要让东南亚国家的当地人生产靴子，但是因为有当地工人偷靴子，所以又不能让当地工人生产靴子。在这里,"既要"又"不要"让当地工人生产靴子的矛盾出现了,这是一个典型的物理矛盾。

解决这个矛盾的资源,实际上就是在这双靴子的本身。

在咨询了技术创新专家以后,这个欧洲鞋业公司选择了如下的生产方案。生产地点还是选择在东南亚,但是,在某个国家生产左靴子,在另外一个国家生产右靴子,在第三个国家生产靴带子。对于生产地点来说,应用的空间分离原理;对于靴子来说,应用的是整体与部分的分离原理。此后,工人偷靴子的现象基本上就杜绝了。

同理,在生产诸如枪械等军工产品的时候,也常常采用把枪栓、撞针等零部件异地生产的方法,以避免在某一地枪支零部件丢失以后被窃贼装成整枪的危险。

解决物理矛盾的核心思想是实现矛盾双方的分离,物理矛盾的解决方法一直是TRIZ研究的重点内容。阿奇舒勒在20世纪70年代提出了11种解决方法,20世纪80年代Glazunov提出了30种解决方法。20世纪90年代Savrabsky提出了14种解决方法。现代TRIZ在总结物理矛盾各种解决方法的基础上,提出分离原理来解决物理矛盾。

下面介绍11种阿奇舒勒经典TRIZ理论中解决物理矛盾的方法。

① 相反需求的空间分离。从空间上进行系统或子系统的分离,以在不同的空间实现相反的需求。例如,矿井中,喷洒弥漫的小水滴是一种去除空气中的粉尘很有效的常用方式,但是,小水滴会产生水雾,影响可见度。

② 相反需求的时间分离。从时间上进行系统或子系统的分离,以在不同的时间实现相反的需求。例如,根据焊接的缝隙宽窄焊接电极的波形带宽,这样电极的波形带宽随时间是变化,以获得最佳的焊接效果。

③ 系统转换(1a)。将同类或异类系统与超系统结合。例如,在多地震地区,用电缆将各建筑物连接起来,通过各建筑物的自由摆动对地震进行监测和分析预报。

④ 系统转换(1b)。将系统转换为反系统,或将系统与反系统相结合。例如,在抢救伤员时,为了止血,在伤口上贴上含有不用相容血型血的纱布垫。

⑤ 系统转换(1c)。系统具有一种特性,其子系统有其相反的特性。例如,自行车的链轮传动结构中的链条,其链条中的每颗链节是刚性的,多颗链节连接组成的整个链条却具有柔性。

⑥ 系统转换(2)。将系统转换到微观级系统。例如,用微波炉来代替电炉加热食品。

⑦ 相变1。改变一个系统的部分相态或改变其环境。例如,氧气以液体形式进行储存、运输、保管,以便节省空间,使用时压力释放下转化为气体。

⑧ 相变2。依据工作条件来改变相态,使系统从一种状态转变为另一种状态。例如,热交换包含镍钛合金箔片,在温度升高时,交换镍钛合金箔片位置,以增加冷却区域。

⑨ 相变3。联合利用系统变化所伴随的现象。例如,为增加模型内部的压力,事先在模型中填充一种物质,这种物质一旦接触到液态金属就会气化。

⑩ 相变4。以具有两种状态的物质代替具有一种状态的物质。例如,抛光液由含有铁磁研磨颗粒的液态石墨组成。

⑪ 物理—化学转换。物质的创造—消灭是作为合成—分解、离子化—再结合的一个结果,通过物理作用和化学作用使物质从一种状态向另一种状态过渡。例如,热导管的工作液态在管中受热区蒸发并产生化学分解,然后,化学成分在受冷区重新结合恢复到工作液态。

对于物理冲突,TRIZ给出了下四条分离作用原理。

① 从时间上分离相反的特性:物体在一时间段内表现为一种特性,而在另一时间段内则表现为另一种特性。

② 从空间上分离相反的特性:物体的一部分表现为一种特性,而另一部则分表现为另一种特性。

③ 从整体与部分上分离相反的特性：整体具有一种特性，而部分具有相反的特性。

④ 在同一种物质中相反的特性共存：物质在特定的条件下表现为唯一的特性，在另一种条件下表现为另一种特性。

使用分离原理解决物理矛盾的方法包括：空间分离、时间分离、条件分离和整体与部分分离四个分离原理。

1. 空间分离

空间分离是将矛盾双方分离在不同的空间，以降低解决问题的难度。当系统矛盾双方在某一空间只出现一方时，空间分离是可能的。使用空间分离前，先确定矛盾的需求在整个空间中是否都在沿着某个方向变化，如果在空间中的某一处，矛盾的一方可以不按一个方向变化，则可以使用空间分离原理来解决问题。

【案例 11-9】

海底声呐测量

在利用声呐对海底进行测量。

物理矛盾：如果将声呐探测器安装在船上，那么轮船发出的噪声就会影响测量的精度。

解决方案：可以用一根很长的电缆将声呐探测器拖在船后很远的地方，从而在空间上将声呐探测器与产生噪声的船分离开。

【案例 11-10】

电容器

在动态随机存取存储器设备中，信息储存在集成电路板的半导体电容器里。

物理矛盾：目前随着设备尺寸的不断减小，电容器容量受到了限制，需要寻找一种方法，能在缩小电容器尺寸的同时，提高其电容量。

解决方案：可以在电容器的两个电极间按一定间隔排列一些比电容器尺寸小得多的凹槽和凸起，这样大大增加了电极的表面积，所以电容量会大大增加，而且不会多占用半导体的空间。

【案例 11-11】

立交桥的空间分离

在十字路口，去往不同方向的汽车都要通过相同的区域。

物理矛盾：不同方向的汽车不能同时通过相同的区域，否则就会造成交通事故。

解决方案：利用立交桥可以使去往不同方向的汽车在同一时间利用不同的空间位置通过相同区域，这就是空间分离。

【案例 11-12】

炮弹

物理矛盾：炮管直径必须足够大以使炮弹容易射出，又要足够小，以免泄漏火药爆炸推进力。

解决方案：炮管内径分为两部分，后部爆炸室作成锥形，让球形炮弹与锥形爆炸室总可以形成封闭的空间。

【案例 11-13】

轮船下水运输车

物理矛盾：运输车必须在水上，以免水对车轮的阻滞，但运输车必须要在水下，以完成将轮船运入水中。

解决方案：车轮保护盖做成 5 面封闭体，利用空气绝缘现象，形成气室，让轮子保持在空气环境中。

2. 时间分离

时间分离是指时间上将矛盾双方互斥的需求分离开，即通过在不同时刻满足不同的需求，从而解决物理矛盾。使用时间分离前，先确定矛盾的需求在整个时间段上是否都在沿着某个方向变化，如果在时间段的某一段，矛盾的一方可以不按一个方向变化，则可以使用时间的分离来解决问题。当系统或关键子系统矛盾双方在某一时间段中只出现一方时，则使用时间的分离原理是可能的。

【案例 11-14】

土地爷的时间分离

古时候有一神话故事说，有一次土地爷外出，临行前嘱咐儿子们把祈祷者的话记下来。他走后，来了 4 个祈祷者：船夫祈祷赶快刮风，果农祈祷别刮风，农民祈祷赶紧下雨，行路人祈祷千万别下雨。

物理矛盾：4 个祈祷者有着相互矛盾的要求，要都能满足这些人的彼此不同的要求，有一定的难度。

解决方案：土地爷回来后，看了儿子们的记录，便在上面批了 4 句话：刮风莫刮果树园，刮到河边好行船；白天天晴好走路，夜晚下雨润良田。如此一来，4 个不同的祈祷者都如愿以偿、皆大欢喜。其实，土地爷的前两句话说的是风的"空间分离"，后两句话说的是雨的"时间分离"。

【案例 11-15】

焊接过程的研究

物理矛盾：一个实验要研究焊接过程中电弧的变化和焊丝的熔化过程。录像时发现只能看见电弧，看不见金属滴熔化过程，于是加强光束，但只能看到焊丝和熔化的金属滴，电弧却看不见了。

解决方案：分两次录像，用两台投影机同时放映，使影像重合。

【案例 11-16】

红绿灯的时间分离

在十字路口，去往不同方向的汽车都要通过相同的区域。

物理矛盾：不同方向的汽车不能同时通过相同的区域，否则就会造成交通事故。

解决方案：利用红绿灯使去往不同方向的汽车在不同的时间通过相同的区域，这就是时间分离。

3. 条件分离

条件分离是指将矛盾双方在不同的条件下分离，即通过在不同条件下满足不同的需求，以降低解决问题的难度。当系统矛盾双方在某一条件下只出现一方时，条件分离是可能的。在基于条件分离前，先确定矛盾的需求在各种条件下，是否都在沿着某个方向变化，如果在某种条件下，矛盾的一方可不按一个方向变化，则可以使用基于条件的分离原理来解决问题。当系统矛盾双方在某一条件下只出现一方时，条件分离是可能的。

【案例 11-17】

自抛光防污涂层保护船体

物理矛盾：含有防污剂的不溶解涂层可以用来保护船体。当这些涂层暴露在水中，由于受到水的侵蚀会使船体的表面变得凹凸不平，这种凹凸不平的表面增加了船体表面与水的摩擦并形成涡流。另外在涂层受到侵蚀后，船体就丧失了避免受海洋生物污染的能力，因此，船体将很容易被损坏。所以，需要一种方法能够形成更有效的涂层对船体进行有效的保护。

解决方案：建议采用自抛光防污涂层来对船体进行有效的保护。自抛光防污涂层含有可水解成分和防污剂，可水解成分是通过二价金属不饱和脂肪酸的皂化反应生产的，将防污剂添加到可水解成分中，通过皂化的脂肪酸与环境空气中的氧气之间相互作用产生可水解的薄膜，该薄膜覆在船体上从而形成了自抛光涂层。在海水中该涂层可以逐渐的水解，水解的过程中，涂层不断地产生光滑更新的表面，即进行自抛光处理。自抛光涂层不会受水的侵蚀，并同时防止船体表面与海水接触，对船体进行保护。另外，涂层中含有的防污剂可以防止船体被污损。如果船体的表面达到了防污保护的效果，船体和水之间的摩擦就能最大限度的减小。因此，自抛光防污涂层可以有效地对船体进行保护。

【案例 11-18】

可变色眼镜

物理矛盾：对于近视的人来说，当太阳光很强的时候，希望镜片的颜色深一些，当太阳光弱的时候，希望镜片的颜色浅一些，甚至是无色。

解决方案：在镜片中加入少量氯化银和明胶。其中，氯化银是一种见光能够分解的物质，分解出来的金属银颗粒很细，但可使镜片的颜色变暗变深，降低镜片的透明度。在没有太阳光直射的情况下，明胶能使已经分解出来的银和氯重新结合，转变为氯化银。利用这种镜片制成的眼镜可以根据光线强度的不同，呈现不同深浅的颜色。

【案例 11-19】

环岛的条件分离

在十字路口，去往不同方向的汽车都要通过相同的区域。

物理矛盾：不同方向的汽车不能同时通过相同的区域，否则就会造成交通事故。

解决方案：利用环岛使去往不同方向的汽车在同一时间通过相同的区域，汽车从各个入口进入环岛，再按照不同的目的地，选择不同的出口从环岛驶出，这就是条件分离。

4. 整体与部分分离

整体与部分分离是指将矛盾双方在不同的层次分离，以降低解决问题的难度。当系统矛盾双方在系统层次只出现一方时，整体与部分分离是可能的。

▶【案例 11-20】

自行车链条

物理矛盾：自行车链条应该是柔软的，以便精确地环绕在传动链轮上，但它又应该是刚性的，以便在链轮之间传递相当大的作用力。

解决方案：链条上的每一个链节（系统的各个部分）是刚性的，但是链条在整体上是柔性的。

▶【案例 11-21】

自动装配生产线

物理矛盾：自动装配生产线与其零部件供应的批量化之间存在矛盾，自动生产线要求零部件连续供应，但零部件从自身的加工车间或供应商运送到装配车间时，需要批量运输。

解决方案：运用整体与部分分离原理，使用专门的转换装置接受批量零部件，连续地将零部件输送给自动装配生产线。

▶【案例 11-22】

水管

物理矛盾：水管刚性好，以免因水的重量而变形，但水管要软，以避免在冬天被冻坏。

解决方案：基于条件的分离，水管用弹塑性好的复合材料。

三、物理矛盾解决原理应用案例分析

▶【案例 11-23】

近视眼镜和远视眼镜的集成

有些人同时具有两种视力问题：近视和远视。近视和远视可以分别通过不同的眼镜来进行视力矫正。

物理矛盾：对于既近视又远视的情况，该怎么办呢？或人到中年，由于晶体调节能力的减弱，解决要看远处，又要看近处的问题就是物理矛盾问题。

解决方案：

① 空间分离：1784年，富兰克林将两种不同度数的镜片装入一个眼镜框中，以解决既要看远又要看近的问题，成为眼镜发展史上一个里程碑。随后人们相继发明了许多种双光眼镜，给工作与生活带来了极大的便利。这一成就在人们不断的改进和发展中持续了200多年。1959年，一种新产品——渐进多焦点眼镜片的问世，给人们带来了心得喜悦，渐进多焦点眼镜片在国外一些先进国家已经得到了广泛认可。

② 时间分离：两幅眼镜，根据需要换着戴。

③ 条件分离：安装像照相机镜头那样的自聚焦透镜。

④ 整体与部分分离：可以安装改变曲率和焦距的塑料透镜。

▶【案例 11-24】

北京公交系统

物理矛盾：北京交通经常出现拥堵的情况，排队等候红绿灯的公交车辆，反复制动、启动，增加了不必要的汽油消耗，也排放了大量汽车尾气，严重污染了北京的空气，也造成了能源浪费。

解决方案：

① 空间分离：采用专用公交线，减少停靠站，或者公交直线单路号车，拐弯换其他路号的公交车。

② 时间分离：区分行车高峰区和低谷区，在上下班时间缩短发车时间间隔，在上班时间或夜间扩大发车时间间隔，或者合理安排发车时间以解决北京单路车因路线长而总是不按时到达，或多路车在一条线上拥堵和占道。

③ 条件分离：采用在上下班时更短时间发一次车，并规定向左（或右）拐弯都必须重新换乘其他车辆。

④ 整体与部分的分离：如果单位里或单位旁有更多的物美价廉的食堂，会在时间上分离一部分的集中上下班的乘客，而使大家不必着急下班乘车而能按时吃饭。

【案例 11-25】

燃灶燃气输入控制方法

分析问题：燃具工作时燃气的输入大小希望可控，从而减少能源的浪费。当加热锅时，应加大燃气输入量，当锅是空的或锅不在位置时，应仅输入少量燃气，起保温或保持炉火燃烧的功能。

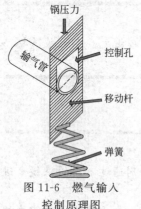

图 11-6 燃气输入控制原理图

物理矛盾：根据条件的不同，希望燃气输入可大可小，构成物理矛盾。

解决方案：
使用分离原理中的条件分离原理来解决。一项大小火自控装置的发明，巧妙地运用了条件分离办法解决了这个矛盾，如图 11-6 所示。当锅被取走或锅内食物较轻时，移动杆受弹簧推力向上移动，移动杆上的控制孔与输气管道上的孔几乎封合，燃气输入会变小。当锅内装有食物放在此燃具上时，移动杆受锅的重力下移量增加，控制孔与主管上的孔口相连部分变大，输气量也随之变大。

【案例 11-26】

打桩问题

为了建筑的基础牢固，通常软土地带都要采用钢桩或混凝土桩来打桩。

物理矛盾：在打桩的过程中，希望桩头锋利，以便容易被打入土中；在打桩结束后，又不希望桩头继续保持锋利，因为在桩到达位置后，锋利的桩头不利于桩承受较重的负荷。

① 空间分离：在桩的上部加上一个锥形的圆环，并将该圆环与桩固定在一起，从空间上将矛盾进行分离，既保证了钢桩容易打入，同时又可以承受较大的载荷。

② 时间分离：在钢桩的导入阶段，采用锋利的桩头将桩导入，到达指定的位置后，将桩头分成两半或者采用内置的爆炸物破坏桩头，使得桩可以承受较大的载荷。

③ 条件分离：在钢桩上加入一些螺纹，将冲击式打桩改为将桩螺旋拧入的方式。当将桩旋转时，桩就向下运动；不旋转桩时，桩就静止。从而解决了方便地导入桩与使桩承受较大的载荷之间的矛盾。

④ 整体与部分分离：运用整体与部分的分离解决打桩的问题。将原来的一个较粗的钢桩用一组较细的钢桩来代替，从而解决方便地导入桩与使桩承受较重的载荷之间的矛盾。

第六节　技术矛盾及解决原理

【案例 11-27】

飞机发动机的改进

波音公司在改进 737 的设计时，需要将使用中的发动机加大功率。功率越大，发动机工作时需要的空气越多，发动机罩的直径随之增大，导致机罩离地面的距离减小，而距离的减小是不允许的，如图 11-7 所示。

上述的改进设计中已出现了一个技术矛盾，既希望发动机吸入更多的空气，但又不希望发动机罩与地面的距离减少。最终的设计为：将发动机和机罩分割考虑，要增加发动机的功率，势必要增加其直径，而发动机罩的直径也相应增加，以便增加空气的吸入量，但为了保持与地面的距离，把发动机罩的底部由圆弧变为平直线。

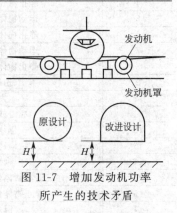

图 11-7　增加发动机功率所产生的技术矛盾

技术矛盾是发明创造活动中遇到的一大类技术问题，围绕这一类问题的解决，TRIZ 发展和建立起了一套程序化的解题模式，这就是矛盾矩阵方法。由于技术系统结构的层次性、内外联系的复杂性，一个技术因素的改变往往会引起多种技术因素的改变，同样一个技术因素的改变也往往是由多种因素引起的。因此，一个技术系统总是并存着多种技术矛盾，一个技术矛盾又往往交织着多种因素的作用。TRIZ 理论将导致技术矛盾的因素归纳为 39 个通用工程参数，建立了矛盾矩阵表，并相应地给出了 40 个解决技术矛盾的创新原理。将技术系统存在的实际问题转化为技术矛盾以后，利用矛盾矩阵，就可得到技术矛盾所对应的创新原理。以这些创新原理为导向，就可以找到具体问题的相应解决办法。

一、39 个通用工程参数

【案例 11-28】

军用飞机油箱

当军用飞机的油箱破损时，极易引起燃料大量外泄，继而引发爆炸的事故。为此，人们将油箱分隔成很多小隔间，以防止这类事故的发生。但这种办法在理论上可行，而实际操作上并不方便，怎么办呢？利用分割原理，人们找到了解决问题的办法，即在军用飞机油箱中，装设一种蜂窝状材料。这种看来有点粗糙的材料，实际是一种多孔的海绵体，它们将油箱分成无数个小"隔间"。从而比较理想地解决了这个难题。

大多数针对技术矛盾的启发式方法都是由阿奇舒勒在 1940 年到 1970 年期间验证和确认的。通过大量发明专利的研究，他总结出了工程领域内常用的表述系统功能的 39 个通用工程参数，这些工程参数如表 11-2 所示。现代 TRIZ 理论研究的相关专家对这些通用工程参数进行了补充，不过，这 39 个通用工程参数仍旧是应用最广泛，也是最典型的通用工程参数。

表 11-2 39 个通用工程参数

序号	名称	序号	名称
1	运动物体的重量	21	功率
2	静止物体的重量	22	能量损失
3	运动物体的长度	23	物质损失
4	静止物体的长度	24	信息损失
5	运动物体的面积	25	时间损失
6	静止物体的面积	26	物质或事物的数量
7	运动物体的体积	27	可靠性
8	静止物体的体积	28	测试精度
9	速度	29	制造精度
10	力	30	物体外部有害因素作用的敏感性
11	应力或压力	31	物体产生的有害因素
12	形状	32	可制造性
13	结构稳定性	33	可操作性
14	强度	34	可维修性
15	运动物体作用时间	35	适应性及多用性
16	静止物体作用时间	36	装置的复杂性
17	温度	37	监控与测试的困难程度
18	光照度	38	自动化程度
19	运动物体的能量	39	生产率
20	静止物体的能量		

在39个通用工程参数中，任意两个不同的参数就可以表示一对技术矛盾。通过组合，可以表示1482种最常见、最典型的技术矛盾，足以描述工程领域中出现的绝大多数技术矛盾。

在39个通用工程参数中，经常用到"运动物体"和"静止物体"两个概念。其中，运动物体是指可以很容易地改变空间位置的对象，不论对象是靠自己的能力来运动，还是在外力作用下运动。例如，车辆、船舶等交通工具、手机、笔记本等被设计为便携式对象都属于运动对象。而静止物体是指空间位置不变的对象，不论对象是靠自己的能力来保持其空间位置不变，还是在外力作用下保持其空间位置不变的。例如，建筑物、台式计算机、洗衣机、写字台等。判断运动或静止的标准是在对象实现其功能的时候，其空间位置是否保持不变。

二、39个工程参数的含义

以下对39个工程参数的具体含义作简要说明，以便进一步熟悉和运用这些工程参数，描述技术系统。

① 运动物体的重量。在重力场中运动物体所受到的重力。如运动物体作用于其支撑或悬挂装置上的力。

② 静止物体的重量。在重力场中静止物体所受到的重力。如静止物体作用于其支撑或悬挂装置上的力。

③ 运动物体的长度。运动物体的任意线性尺寸，不一定是自身最长的尺寸。例如，一个运动的长方体的长、宽、高都可以都认为是其长度。

④ 静止物体的长度。静止物体的任意线性尺寸，不一定是自身最长的尺寸。例如，一个静止的长方体的长、宽、高都可以都认为是其长度。

⑤ 运动物体的面积。运动物体内部或外部所具有的表面或部分表面的面积。面积不仅可以是平面轮廓的面积，也可以是三维表面的面积，或一个三维物体所有平面、凸面或凹面的面积之和。

⑥ 静止物体的面积。静止物体内部或外部所具有的表面或部分表面的面积。

⑦ 运动物体的体积。运动物体所占有的空间体积。
⑧ 静止物体的体积。静止物体所占有的空间体积。
⑨ 速度。物体的运动速度,过程或活动与时间之比。
⑩ 力。力是两个系统之间的相互作用。对于牛顿力学,力等于质量与加速度之积,在 TRIZ 中,力是试图改变物体状态的任何作用。
⑪ 应力或压力。单位面积上的力,也包括张力。应力是指对象截面某一单位面积上的内力,压力是指垂直作用在物体表面上的力。
⑫ 形状。物体外部轮廓,或系统的外貌。
⑬ 结构稳定性。系统的完整性及系统组成部分之间的关系的稳定性。磨损、化学分解及拆卸都降低稳定性。
⑭ 强度。强度是指物体抵抗外力作用使之变化的能力,或者对象在外力作用下抵抗永久变形和断裂的能力。
⑮ 运动物体作用时间。运动物体完成规定动作的时间、持续时间和服务时间。
⑯ 静止物体作用时间。静止物体完成规定动作的时间、持续时间和服务时间。
⑰ 温度。物体或系统所处的热状态,包括其他热参数,如影响改变温度变化速度的热容量。
⑱ 光照度。单位面积上的光通量,也可以是系统的光照特性,如亮度,光线质量。
⑲ 运动物体的能量。运动物体做功的一种度量。在经典力学中,能量等于力与距离的乘积。能量也包括电能、热能及核能等。
⑳ 静止物体的能量。静止物体做功的一种度量。在经典力学中,能量等于力与距离的乘积。能量也包括电能、热能及核能等。
㉑ 功率。单位时间内所做的功。
㉒ 能量损失。做无用功消耗的能量。为了减少能量损失,需要不同的技术来改善能量的利用。
㉓ 物质损失。物体在材料、物质、部件或者子系统上,部分或全部、永久或者临时的损失。
㉔ 信息损失。系统数据或系统获取数据部分或全部、永久或者临时的损失。
㉕ 时间损失。一般活动持续时间、改善时间的损失,一般指减少活动内容时所浪费的时间。
㉖ 物质或事物的数量。物体或事物的材料、物质、部件及子系统等的数量,它们可以被部分或全部、临时或永久的被改变。
㉗ 可靠性。系统在规定的方法及状态下完成规定功能的能力。
㉘ 测试精度。系统特征的测量值与实际值之间的误差。减少误差将提高测试精度。
㉙ 制造精度。所制造的产品在性能特征上,与技术规范和标准所预定内容一致性程度。
㉚ 作用于物体的有害因素。环境或系统对于物体的有害作用,使物体的功能参数退化。
㉛ 物体产生的有害因素。物体或系统的功能、效率或质量降低的有害作用,这些有害作用一般来自物体或者其操作过程有关的系统。
㉜ 可制造性。物体或系统制造过程中简单、方便的程度。
㉝ 可操作性。操作步骤少、所需要的工具少,同时又能保证较高的产出效率,则可操作性越高。
㉞ 可维修性。对于系统可能出现失误所进行的维修要时间短、方便和简单。
㉟ 适应性及多用性。物体或系统响应外部变化的能力,或应用于不同条件下的能力。
㊱ 装置的复杂性。系统中元件数目及多样性,如果用户也是系统中的元素将增加系统的复杂性。掌握系统的难易程度是其复杂性的一种度量。
㊲ 监控与测试的困难程度。如果一个系统复杂、成本高、需要较长的时间建造及使用,或部件与部件之间关系复杂,都使得系统的监控与测试困难。测试精度高,增加了测试的成

本也是测试困难的一种标志。

㊳ 自动化程度。是指系统或物体在无人操作的情况下完成任务的能力。自动化程度的最低级别是完全人工操作。最高级别是机器能自动感知所需的操作、自动编程和对操作自动监控。中等级别的需要人工编程、人工观察正在进行的操作、改变正在进行的操作及重新编程。

㊴ 生产率。是指单位时间内所完成的功能或操作数，或者完成一个功能或操作所需时间，以及单位时间的输出，或单位输出的成本等。

为了应用方便，上述39个通用工程参数可分为如下三类：

① 通用物理及几何参数。运动物体和静止物体的重量、运动物体和静止物体的尺寸（长度）、运动物体和静止物体的面积、运动物体和静止物体的体积、速度、力、应力或压强、形状、温度、照度、功率。

② 通用技术负向参数。运动物体和静止物体的作用时间、运动物体和静止物体的能量消耗、能量损失、物质损失、信息损失、时间损失、物质的量、作用于对象的有害因素、对象产生的有害因素。

③ 通用技术正向参数。对象的稳定性、强度、可靠性、测量精度、制造精度、可制造性、操作流程的方便性、可维修性、适应性和通用性、系统的复杂性、控制和测量的复杂度、自动化程度、生产率。

所谓负向参数，是指当这些参数的数值变大时，会使系统或子系统的性能变差。如子系统为完成特定的功能时，所消耗的能量（上述⑲⑳）越大，则说明这个子系统设计得越不合理。

所谓正向参数，是指当这些参数的数值变大时，会使系统或子系统的性能变好。如子系统的可制造性（上述㉜）指标越高，则子系统制造的成本就越低。

三、40个发明创新原理及应用

【案例11-29】

会变身的自行车

对很多人来说，学骑自行车可能是件令人烦恼的事，经常会摔倒，尤其儿童学骑自行车时可能会产生危险。现在，人们将不再有这种顾虑了。美国帕杜大学的工业设计师根据发明创新原理发明出了一种"变身三轮车"，当骑车者加速时，它的2个后轮会靠的越来越近，而减速或停车时，2个后轮又会分开，骑车者根本不用担心车子会侧翻。

通过对全世界上百万份专利分析研究，阿奇舒勒提出了40个发明创新原理，如表11-3所示。这40个创新原理囊括了发明创造和创造活动所遵循的共性原理，是TRIZ理论用以解决技术矛盾的基本方法，也是容易学习和行之有效的创新方法。

表11-3 40个发明创新原理简表

序号	原理名称	序号	原理名称	序号	原理名称	序号	原理名称
1	分割	11	事先防范	21	紧急行动	31	多孔材料
2	抽取	12	等势性	22	变害为利	32	改变颜色
3	局部质量	13	逆向作用	23	反馈	33	同质性
4	非对称	14	曲面化	24	中介物	34	抛弃与修复
5	合并	15	动态化	25	自服务	35	参数变化
6	多用性	16	不足或过度作用	26	复制	36	相变
7	嵌套	17	维数变化	27	廉价替代品	37	热膨胀
8	重量补偿	18	振动	28	机械系统的替代	38	加速强氧化
9	预先反作用	19	周期性动作	29	气动与液压结构	39	惰性环境
10	预操作	20	有效运动的连续性	30	柔性壳体或薄膜	40	复合材料

1. 分割原则

① 将物体分成独立的部分。例如,过去的电视机所有按钮(开关、选台、音量、颜色)都在机体上,每个动作都要到电视机跟前才能操作。现在的电视机都是带遥控器的。

② 使物体成为可拆卸的。例如组合家具;我国过去公路运输车基本上都是整体式的载货汽车,现在以半挂式列车为主。

③ 增加物体的分割程度。例如,用软的百叶窗代替整幅大窗帘。

2. 抽取原则

① 从物体中抽出具有负面影响或干扰作用的部分或需要的特性。例如,由于压缩机用于压缩空气,所以安装空调时将嘈杂的压缩机放在室外。

② 从物体中抽取出必要的部分和需要的特性。例如,用狗叫声作为报警器的警报声。

3. 局部质量原则

① 从物体或外部介质(外部作用)的一致结构过渡到不一致结构。例如,采用温度、密度或压力的梯度,而不用恒定的温度、密度或压力。

② 物体的不同部分应当具有不同的功能。例如,午餐盒被分成放热食、冷食及液体的空间。

③ 物体的每一部分均应具备最适于它工作的条件。例如,带有橡皮的铅笔,带有起钉器的榔头等。

4. 非对称原则

① 物体的对称形式转为不对称形式。例如,模具设计时对称位置的定位销设计成不同直径。

② 如果物体不是对称的,则加强它的不对称程度。例如,将圆形垫片改成椭圆形或异型,来提高垫片的密封性。

5. 合并原则

① 把相同的物体或完成类似操作的物体联合起来。例如,集成电路板上的多个电子芯片。

② 把时间上相同或类似的操作联合起来。例如,冷热水龙头。

6. 多功能原则

一个物体执行多种不同功能,因而不需要其他物体。例如,提包的提手可同时作为拉力器;便携式水壶的盖子同时也是水杯。

7. 嵌套原则

① 一个物体嵌入另一物体之内,而后者又嵌入第三个物体之内等。例如,俄罗斯套娃。

② 一个物体穿过另一个物体的空腔。例如,伸缩天线;汽车安全带卷收器。

8. 重量补偿原则

① 将物体与具有上升力的另一物体结合以抵消其重量。例如,用气球携带广告条幅。

② 将物体与介质相互作用以抵消其重量。例如,飞机机翼的形状使其上部空气压力减少,下部压力增加,从而产生升力。

9. 预先反作用原则

① 预先施加反作用,用来消除不利影响。例如,缓冲器能吸收能量、减少冲击带来的负面影响。

② 如果物体处于或将处于受拉伸状态,预先增加压力。例如,浇混凝土之前的预压缩钢筋。

10. 预操作原则

① 预先完成要求整个的或部分的作用。例如,手术前将手术器具按所用顺序排列整齐。

② 预先将物体安放妥当，使它们能在现场和最方便地点立即完成所需要的作用。例如，道路上转弯或出口的预先提示牌。

11. 预先防范原则

以事先准备好的应急手段补偿物体的相对较低的可靠性。例如，汽车安全气囊；应急电路照明；防火通道。

12. 等势原则

改变工作条件，以减少物体提升或下降的需要。例如，换汽车轮胎时，要用千斤顶把汽车一侧顶起到与车轴水平的位置，以便装卸轮胎。

13. 逆向作用原则

① 颠倒过去解决问题的办法。例如，为了松开粘连在一起的物体，不是加热外部件，而是冷却内部件。

② 使物体中的运动部分静止，静止部分运动。例如，加工中心将刀具旋转转变为工件旋转，刀具固定。

③ 使一个物体的位置颠倒。例如，把杯子倒置从下面喷水来进行清洗。

14. 曲面化原则

① 从直线部分过渡到曲线部分，从平面过渡到球面，从正六面体或平行六面体过渡到球形结构。例如，在结构设计中用圆角过渡，避免应力集中。

② 采用滚筒、球体、螺旋状等结构。例如，螺旋形楼梯。

③ 用旋转运动代替直线运动，利用离心力。例如，甩干洗衣机。

15. 动态化原则

① 使物体或其环境自动调整，以使其在每个动作阶段的性能达到最佳。例如，可调整座椅、可调整反光镜。

② 把物体分成几个部分，各部分之间可改变相对位置。例如，笔记本电脑。

③ 将静止的物体该变成可动的，或使物体具有自适应性。例如，用来检查发动机的柔性内孔窥视仪。

16. 不足或过度作用原则

如果难于取得百分之百所要求的功效，则应当取得略小或略大的功效。此时可能把课题大大简化。例如，缸筒外壁刷漆，可将缸筒浸泡在盛漆的容器中完成，但取出缸筒后外壁粘漆太多，通过快速旋转可以甩掉多余的漆。

17. 维数变化原则

① 将物体从一维变到二维或三维空间。例如，螺旋楼梯可以减少占用的房屋面积。

② 将物体用多层结构代替单层结构。例如，多碟CD机、立体车库。

③ 使物体倾斜或侧向放置。例如，自装自卸车。

④ 使用给定表面的反面。例如，印制电路板，两面都焊接电子元器件。

18. 振动原则

① 使物体处于振动状态。例如，剃须刀。

② 对于振动物体，增加其振动频率，甚至到超声波。例如，超声波可以探伤、测厚、测距、遥控和超声成像技术。

③ 使用共振频率。例如，弦乐器中的共鸣箱、无线电中的电谐振等，就是使系统固有频率与驱动力的频率相同，发生共振。

④ 使用压电振动器代替机械振动器。例如，石英晶体振荡驱动高精度钟表。

⑤ 使用超声波与电磁场振荡耦合。例如，在电频炉里混合合金，使混合均匀。

19. 周期性动作原则
① 用周期性动作或脉动代替连续动作。例如，点焊、警灯。
② 对周期性的动作改变其动作频率。例如，用变幅值与变频率的报警器代替脉动报警器。
③ 利用脉动之间的间隙来执行另一动作。例如，医用心肺呼吸系统中，每5次胸腔压缩后进行1次呼吸。

20. 有效运动的连续性原则
① 持续采取行动，使对象的所有部分一直处于满负荷状态。例如，汽车在路口暂停时，飞轮或液压蓄能器储存能量，发动机在适当功率下工作，以便汽车随时运动。
② 消除空闲的、间歇的行动。例如，打印机的打印头在回程过程中也进行打印。

21. 紧急行动原则
以最快的快速完成有害的操作。例如，修理牙齿的钻头高速旋转，以防止牙组织升温被破坏。

22. 变害为利原则
① 利用有害因素（特别是介质的有害作用）获得有益的效果。例如，化工厂里的废热发电、回收物品二次利用、处理垃圾得到沼气或发电。
② 通过有害因素与另外几个有害因素的组合来消除有害因素。例如，法国著名的生物学家巴斯德便是从狂犬的脑组织中分离出狂犬病毒，并把它加以培养，制成病毒疫苗，来预防和医治狂犬病毒的。
③ 将有害因素加强到不再是有害的程度。例如，逆火灭火，烧掉一部分植物，形成隔离带，防止森林大火蔓延。

23. 反馈原则
① 引入反馈，改善性能。例如，声控喷泉；用于探测火与烟的热烟传感器。
② 如果已引入反馈，改变其控制信号的大小或灵敏度。例如，飞机接近机场时，改变自动驾驶系统的灵敏度。

24. 中介物原则
① 利用可以迁移或有传送作用的中间物体。例如，用拨子弹琴。
② 把另一个（易分开的）物体暂时附加给某一物体。例如，饭店上菜的托盘。

25. 自服务原则
① 使物体具有自补充、自恢复的功能。例如，自清洁玻璃、自动饮水机。
② 灵活利用废弃的材料、能量与物质。例如，包装材料的再利用、玉米丰收后秸秆还田。

26. 复制原则
① 用简单而便宜的复制品代替难以得到的、复杂的、昂贵的、不方便的或易损坏的物体。例如，虚拟驾驶游戏机。
② 用光学拷贝或图像代替实物，可以按比例放大或缩小图像。例如，用卫星照片代替实地考察。

27. 廉价替代品原则
用便宜的物体代替昂贵的物体，同时降低某些质量要求，实现相同的功能。例如，一次性纸杯、一次性医药用品。

28. 机械系统替代原则
① 用视觉、听觉、嗅觉系统代替机械系统。例如，天然气中混入难闻的气体代替机械或电子传感器来警告人们天然气的泄漏。
② 使用与物体相互作用电场、磁场及电磁场。例如，为了混合两种粉末，使其中一

带正电荷，另一种带负电荷。

③ 用动态场替代静态场，确定场替代随机场。例如，早期的通信系统用全方位检测，而现在用特定发射方式的天线可以获得更加详细的信息。

④ 将场和铁磁粒子组合使用。例如，铁磁催化剂，呈现顺磁状态。

29. 利用气动和液压结构的原则

将物体的固体部分用气体或流体代替，如利用气垫、液体静压、流体动压产生缓冲功能。例如，充气床垫。

30. 柔性壳体或薄膜原则

① 用柔性壳体或薄膜代替传统三维结构。例如，薄膜开关。

② 使用柔性壳体或薄膜将物体与环境隔离。例如，餐厅内部的屏风、舞台上的幕布将舞台与观众隔开、鸡蛋专用箱。

31. 利用多孔材料原则

① 使物体多孔或增加多孔元素（通过插入、涂层等）。例如，充气砖、泡沫材料。

② 如果物体已是多孔结构，利用多孔结构引入有用的物质或功能。例如，药棉。

32. 改变颜色原则

① 改变物体或环境的颜色。例如，科技大厦车库分区：粉红、蓝、绿。

② 改变一个物体的透明度，或改变某一过程的可视性。例如，老榆木家具，用开放漆，可见木材纹理。

③ 采用有颜色的添加物，使不易被观察到的物体或过程被观察到。例如，飞机表演。

④ 如果已添加了颜色添加物，则用发光迹线追踪物质。

33. 同质性原则

主要物体与其相互作用的其他物体采用同一材料或特性相近的材料。例如，用金刚石切割钻石。

34. 抛弃与修复原则

① 采用溶解、蒸发等手段废弃已完成功能的零部件，或在工作过程中直接变化。例如，可降解餐具、子弹壳、多级火箭。

② 在工作过程中迅速补充消耗或减少的部分。例如，水循环系统、自动铅笔。

35. 参数变化原则

① 改变物体的物理状态。例如，酒心巧克力。

② 改变物体的浓度或黏度。例如，洗手液。

③ 改变物体的柔性。例如，排气系统中的软连接。

④ 改变物体的温度。例如，降低医用标本保存温度以备后期解剖。

⑤ 改变物体的压力。

36. 相变原则

利用物质相变时产生的某种效应，如：体积改变、吸热或放热。例如，合理利用水在结冰时体积膨胀的原理。

37. 利用热膨胀原则

① 利用材料的热膨胀或热收缩性质。例如，在过盈配合装配中，冷却内部件，加热外部件，装配完成后恢复常温，两者实现紧配合。

② 使用具有不同热膨胀系数的材料。例如，双金属片传感器。

38. 加速氧化原则

① 用富氧空气代替普通空气。例如，水下呼吸系统中存储浓缩空气。

② 用纯氧代替空气。例如，用氧气-乙炔火焰高温切割。
③ 用电离射线处理空气或氧气，使用离子化的氧气。例如，使用离子空气清新机。
④ 用臭氧代替离子化的氧气。例如，臭氧溶于水中去除船体上的有机污染物。

39. 惰性环境原则

① 用惰性气体环境代替通常环境。例如，为了防止炽热灯丝的失效，让其置于氩气中（霓虹灯）。
② 在物体中添加惰性或中性添加剂。例如，高保真音响中添加泡沫吸收声振动。
③ 使用真空环境。例如，真空包装。

40. 复合材料原则

用复合材料代替均质材料。例如，钢筋混凝土结构、具有良好的阻燃性能混纺地毯。

四、矛盾矩阵

当技术系统中任意两个参数产生矛盾是，可以运用 40 个发明创新原理来解决矛盾。问题是解决具体矛盾的过程中，需要应用到哪一个或哪些创新原理？在解决问题的过程中，是否需要将 40 个发明创新原理逐一分析？有没有办法在确定了一对技术矛盾后能快速找到相应的发明原理呢？为了解决这些问题，阿奇舒勒将通用工程参数的矛盾与发明创新原理建立了对应关系，整理构成了矛盾矩阵表，便于人们应用时进行查找，大大提高了解决技术矛盾的效率。矛盾矩阵表所体现的基本内容就是创新规律性，部分矩阵表如表 11-4 所示。

表 11-4 矛盾矩阵简表（节选）

改善的参数 \ 恶化的参数	运动对象的重量	静止对象的重量	运动对象的长度	静止对象的长度	运动对象的面积	静止对象的面积
运动对象的重量		—	15,8,29,34	—	29,17,38,34	—
静止对象的重量	—		—	10,1,29,35	—	35,30,13,2
运动对象的长度	8,15,29,34	—		—	15,17,4	—
静止对象的长度	—	35,28,40,29	—		—	17,7,10,40
运动对象的面积	2,17,29,4	—	14,15,18,4	—		—
静止对象的面积	—	30,2,14,18	—	26,7,9,30	—	
运动对象的体积	2,26,29,40	—	1,7,4,35	—	1,7,4,17	—
静止对象的体积	—	35,10,19,14	19,14	35,8,2,14	—	—
速度	2,28,13,38	—	13,14,8	—	29,30,34	—
力	8,1,37,18	18,13,1,28	17,19,9,36	28,10	19,10,15	1,18,36,37
应力或压力	10,36,37,40	13,29,10,18	35,10,36	35,1,14,16	10,15,36,28	10,15,36,37
形状	8,10,29,40	15,10,26,3	29,34,5,4	13,14,10,7	5,34,4,10	—
对象的稳定性	21,35,2,39	26,39,1,40	13,15,1,28	37	2,11,13	39
强度	1,8,40,15	40,26,27,1	1,15,8,35	15,14,28,26	3,34,40,29	9,40,28
运动对象的作用时间	19,5,34,31	—	2,19,9	—	3,17,19	—
静止对象的作用时间	—	6,27,19,16	—	1,40,35	—	—

在矛盾矩阵中，第一列表示有待改善的参数，第一行表示恶化的参数。在技术矛盾时，只要明确有待改善的参数和恶化的参数，就可以在矛盾矩阵中找到一组相对应的创新原理序号，这些原理就构成了矛盾解决方法的结合。使用矛盾矩阵的具体步骤如下：

① 从问题中找出改善的参数；
② 从问题中找出被恶化的参数；
③ 在矛盾矩阵左第一列中，找到要改善的参数；在矛盾矩阵的上第一行中，找到被恶

化的参数;从改善的参数所在的位置向右作平行线,从恶化的参数所在的位置向下作垂直线,位于这两条线交叉点处的单元格中的数字,就是矛盾矩阵推荐给我们的、用来解决由改善的参数和被恶化参数所构成的这对技术矛盾的、最常用的发明原理的序号。

需要注意以下几个方面。

① 对于某一对确定的技术矛盾来说,矛盾矩阵所推荐的发明原理只是给我们指出了最有希望解决这种技术矛盾的思考方向,而这些思考方向是基于对大量高级别专利进行概率统计分析的结果。因此,对于实际工作中所遇到的某对具体的技术矛盾来说,并不是每一个被推荐的发明原理都一定能解决该技术矛盾。

② 对于复杂问题来说,如果我们使用了某个发明原理,而该发明原理又引起了另一个新问题的时候(副作用),不要马上放弃这个发明原理。我们可以先解决现有问题,然后将这种副作用作为一个新问题,想办法加以解决。

③ 矛盾矩阵是不对称的。

矛盾矩阵将描述技术矛盾的39个通用工程参数与40条发明创新原理建立了对应关系,最大限度地排除了不可能解,集中给出了可能解,并按其使用频率进行了排序,解决了技术矛盾解决过程中如何选择发明创新原理的难题,快速给出了符合创新规律的技术改进方向,大大提高了发明创造和创新效率。

【案例 11-30】

太空中的锤子

问题:在地面上使用锤子时,由于重力作用,冲击后的锤子不可能产生反弹;但在太空中,由于没有重力,锤子经冲击后,会以非常危险的速度向使用者的头部反弹。

第一步,确定技术系统名称

系统名称:锤头

第二步,问题描述

需在太空中使用锤子钉钉子

但太空中没有重力,锤子会反弹伤害操作者

第三步,定义技术矛盾

改善的参数:"力"(10)

恶化的参数:"物体产生的有害因素"(31)

第四步,查找矛盾矩阵表(13,3,36,24)

第五步,产生想法

发明原理序号	发明原理名称	想法
13	逆向思维	产生与重力场中结果相反的力,就不会伤害到人
3	局部质量	将锤子头部的一致实体结构变成不一致结构,局部改为真空
36	相变	利用材料的相变产生力,但会增加锤子的复杂性
24	借助中介物	在真空处加入中介物水银传递或执行力

第六步,最终解决方案:

使用了逆向思维、局部质量、借助中介物三个原理,将高密度的液态物质(水银)置于锤头的空腔内。通过引入水银,在锤子下落时,高密度的水银位于锤头空腔的顶部;在冲击的瞬间,水银将产生惯性力抵消了锤子的反弹力。

> **拓展阅读 1**

请你做侦探

一家粮油公司购买的食用油，用油罐车来运装，每罐可装 3000 升。但老板发现每次卸出的油都短缺 30 升，经过核准流量仪、检查封条和所有可能漏油部位后，没有找到短缺的原因。

没办法，请来了老侦探调查这个问题，老侦探进行了暗地跟踪，发现油罐车在运送途中没有停过车，但依然短缺了 30 升，连老侦探也百思不得其解。

突然，TRIZ 先生出现了。

"我们只要思考一下，"他说，"就知道是司机偷了油。"

接着，他解释了这个基于预先作用原理的问题答案。

原来司机事先在油罐内挂了一个桶，当油罐中注满食用油时，桶中就盛满了食用油。但是卸油后，桶中的油却保存了下来。司机随后伺机取出这一桶油。

司机真是聪明啊！

> **拓展阅读 2**

巧克力的窍门

这一天是一个漂亮女孩的生日，有一个客人带来了一大盒巧克力糖，这是一种酒瓶形的果汁巧克力糖，巧克力的中心是液态的果汁，大家都非常喜欢。一边吃着巧克力，有位客人好奇地问道："我很纳闷这种果汁巧克力的果汁是怎么装进去的？"

"先做好巧克力，然后往里面灌上果汁，再封口。"另一位客人猜测道。

"果汁必须非常稠，要不然会影响巧克力成型，"第三位客人说，"但是果汁不容易灌进巧克力中。通过加热是可以让果汁稀些以便灌入，却会熔化巧克力。"

……

突然，TRIZ 先生出现了。

于是一个基于逆向思维的解决方案产生了。

先将果汁降温，降到冰冻状态，将一颗颗冰冻的果汁颗粒放入巧克力中，然后进行成型，随后冰冻的果汁会在常温下恢复液体。果汁巧克力就完成了。

> **拓展阅读 3**

免充气空心轮胎

应用背景：徐州有位发明家通过观察发现，现有的自行车、残疾人用车的轮胎都必须时常充气；而一旦轮胎被意外戳破或刮破，就必须立即修补和充气，给日常生活带了不便和烦恼。那用实心轮胎能解决这个问题吗？的确可以。但实心轮胎如同飞机起落架轮胎一样，不仅造价贵，还十分笨重。于是，该发明家想：能否发明一种既不需要充气，又能在一定承重条件下保持较大弹性的轮胎呢？

用 TRIZ 法来尝试一下。对照 39 个通用工程参数，采用实心轮胎时参数 27 可靠性得到改善，而由于采取实心轮胎导致参数 1 运动物体的重量的恶化。特性参数 27 和特性参数1之间构成矛盾对。通过查询附录 A 技术矛盾矩阵表得：M27-1＝[3，8，10，40]，对应的发明创新原理为：

原理 3：局部质量原理；

原理 8：质量补偿原理；

原理 10：预加作用原理；

原理 40：应用复合材料原理。

对照这四条发明创新原理，可以构思出免充气轮胎的方案。

局部质量原理：首先取消内胎，只用外胎。

在具体设计制造时，先用钢丝包裹橡胶做成一个环形的框架，从框架的径向截面看，是一个网络状结构。在该环形框架表面再敷一层较厚的橡胶外胎层，就成为一只免充气轮胎。

采用钢丝包裹橡胶符合原理 40（应用复合材料）。在网状结构中，质量即钢丝和橡胶只分布在网状的网线上，网线间的孔是空白的，符合原理 3（局部质量）。同时网状结构的网线的布置以考虑能使轮胎承受压力为主，符合原理 8（质量补偿）和 10（预加作用）。

实验数据表明，免充气自行车轮胎的寿命可超过充气轮胎。在免充气的自行车轮胎上扎若干小孔，根本不影响其正常工作，目前产品已经行销海内外。

在水面上装配船体消除对大型造船厂的需求

初始的工况：装配船体通常在造船厂进行。

问题描述：然而，海运经济增长的需求导致船只的大小迅速增大。因此，需要能够装配这种大型船只的大型造船厂。

技术矛盾：提高静止物体的长度（船体的大小）却增加了静止物体（装配船体的造船厂）的体积。

应用创新原理：应用重量补偿原理。

根据重量补偿原理，让船体在受保护的水域，例如，海港，利用浮动的组装段进行装配。

首先，通过将多个中空防水的短圆柱体焊接，组装成两个长圆柱体。长圆柱体的浮力大，在装配过程中该浮力可用于补偿其余组建部分的重量。同时，它们为船体提供浮力。

然后，两个长圆柱体彼此相互平行排列。通过起重机，将船体底部分为，分别安装在长圆柱体上，两部分焊接。这样所组装的双底船体可作为下一步装配的支撑。

应用结果：浮动分段组装的应用使得在水面上装配船体成为可能。这样就消除了对大型造船厂的需求。

拓展阅读 4

后母戊鼎与分割原理

青铜时代距离我们现在已有 3000 多年的历史了。在那个遥远的年代，古人制作青铜器的精巧工艺就已经达到了炉火纯青的地步。我国现存最大的青铜器，是商代的后母戊大铜鼎。鼎四周有盘龙纹和饕餮纹，腹内刻有"后母戊"三字。大鼎带耳高 133 厘米，长 110 厘米，宽 78 厘米，重达 875 公斤。其优美纹饰和雄伟的造型令人欣赏和赞叹。

欣赏和赞叹之余，人们一定会问，这么大的青铜器在3000多年前是如何铸造成功的呢？

根据考古专家的分析，推断当时青铜器的制作程序是传统的铸造方法——陶范法。范，实际上就是铸造所用的模子。陶范，是泛指用泥土制成（或经过火烧后）所成型的铸模。

陶范一般至少由外范、内范两部分组成，在制范前，首先作模子，即所造器物的初胎。模子做好后，就可以制外范，外范可雕镂花纹或铭文。如果要铸造的青铜器物形状比较大，那么外范还需要进行进一步的分割。最后将分割成的几块外范合拢在一起，形成器物的外腔。内范是比外范较小的范芯，制作器皿时，用外范包住内范，在内外范之间，灌注熔化的铜液，凝固后取出器物，再经过打磨加工，就成为一件完好的青铜器物了。

如果所铸造器物结构复杂，体型较大，那么就须用合范法来制造。什么是合范法？就是将器物的某些凸出结构或细节部分予以适当分割、分段，先行铸造，然后再铸好的部件拼合铸造在整体中。后母戊大铜鼎就是用合范法铸成的，即耳、身、足分别铸成后，再合铸成一个整体。

这里还有一个小插曲：经过对后母戊大铜鼎的测量分析，发现它的一条腿是后铸造的，原因可能是在整体铸造时，对陶范加热不够，铜液在流动的过程中有冷凝现象，没有一次流到位，所以形成了局部缺陷，最后工匠们又单独补铸了这条腿，但是从外观上几乎无法察觉。这么复杂的工艺过程能一步步顺利实现，而且还能对大鼎进行严丝合缝的修补，说明我国青铜冶铸业早在3000多年前就已达到了非常高的水平。

分析点评

庞大器物，分步浇铸。内范与外范分开，是一种分割方式；外范分块或分段，是一种分割方式；将某些零部件分开先行铸造，也是一种分割方式。

思考题

1. 请简述TRIZ的核心思想。
2. 自行列举生活或工作中的例子，说明存在的问题，并综合应用TRIZ理论给出解决办法。
3. 简述技术矛盾的解决原理。
4. 简述物理矛盾的解决原理。
5. 简述物-场模型分析方法的含义及其物-场模型的分类。
6. 阐述TRIZ的40个发明原理中的两个原理，并各举出2种应用实例。
7. 阐述解决物理矛盾的分离原理，并针对四种类型的分离原理各举一个应用实例。
8. 根据所学的TRIZ理论，分析如何在汽车发生碰撞的情况下，最大限度地保护驾驶员和乘客的安全？安全气囊充气压力不足，对乘客不能起到有效的保护作用；安全气囊的充气压力过大，则又会造成压力过大，对乘客造成伤害，利用某一进化法则提出解决方案。
9. 治疗肿瘤时，需要一束高强度的辐射光杀死肿瘤细胞，但同时会破坏细胞周围的组织。请分析其中的物理矛盾,并找出解决方案。

10. 发明原理 6——多用性原理,是指使得物体或物体的一部分实现多种功能,以代替其他部分的功能。如内部装有牙膏的牙刷柄,请另外举一相关实例,用该原理做解释。

11. 发明原理 11——预先应急措施,是指针对物体相对较低的可靠性,预先准备好相应的应急措施。如降落伞、消防设施,请另外举一相关实例,用该原理做解释。

12. 以显微镜观察微小生物时,需要移动玻片或玻片上的物体,有时候只有百分之一或千分之一厘米,为了做到,通常使用螺纹机构移动握住的玻片滑片,当工程师聚在一起,问着:"我们怎样使机构更精确、可靠与便宜?""有矛盾!"一位工程师说:"高精密螺纹是很昂贵,且磨耗很快,但较粗糙的螺纹又达不到所需的精度。"请分析其中的技术矛盾,并找出解决方案。

参 考 文 献

[1] 冯林，张崴．批判与创意思考．北京：高等教育出版社，2015．
[2] 周苏，王硕苹等．创新思维与方法．北京：中国铁道出版社，2016．
[3] 张海霞 等．创新工程实践．北京：高等教育出版社，2016．
[4] 冯林．大学生创新基础．北京：高等教育出版社，2017．
[5] 辽宁省普通高等学校创新创业教育指导委员会．创造性思维与创新方法．北京：高等教育出版社，2013．
[6] 王传友，王国洪．创新思维与创新技法．北京：人民交通出版社，2006．
[7] 杜德斌，何舜辉．全球科技创新中心的内涵、功能与组织结构．中国科技论坛，2016．
[8] 周城雄．推动科技创新与文化产业融合发展的思考．政策与管理研究，2014，29（4）：474-484．
[9] 温兆麟．创新思维与机械创新设计．北京：机械工业出版社，2012．
[10] 余伟．创新能力培养与应用．北京：航空工业出版社，2008．
[11] 吴寿仁．创新思维力．北京：新华出版社，2016．
[12] 胡飞雪．创新思维训练与方法．北京：机械工业出版社，2009．
[13] Thomas Vogel，陶尚芸译．创新思维法：打破思维定式，生成有效创意．北京：电子工业出版社，2016．
[14] 周苏．创新思维与方法．北京：机械工业出版社，2017．
[15] 李艳，冯林，张崴．高校 MOOC 学习行为分析——以智慧树平台《创造性思维与创新方法》为例．教育现代化，2017（42）．
[16] 杨宗德．创新设计过程中的创新思维方法．机械研究与应用，2001（s1）：52-54．
[17] 刘永和．试论思维的方向性．上海教育科研，2003（9）：62-64．
[18] 高政一，魏宗仁．训练发散思维发展创造能力．清华大学教育研究，1995（2）：26-30．
[19] 杨文圣，李振云．试析发散思维是创新思维的核心．衡水学院学报，2003，5（4）：64-66．
[20] 刘秀．科学研究中的收敛思维．长安大学，2008．
[21] 周雪霞．发散思维与收敛思维的培养．学苑教育，2011（16）：12-13．
[22] 刘汉民．论逆向思维．重庆理工大学学报，2005，19（9）：96-100．
[23] 季冠芳，晁连成．简论横向思维．黑龙江社会科学，1997（5）：14-16．
[24] 闫会才．巧用纵向思维．新读写，2014（3）：44-45．
[25] 刘春杰．略论纵向思维与横向思维．青海师范大学学报：哲学社会科学版，1987（1）：8-13．
[26] 冯林等．创造性思维与创新方法．北京：高等教育出版社，2013．
[27] 张哲，张润昊等．创新思维与能力开发．南京：南京大学出版社，2016．
[28] 肖明等．大学生创新思维训练．上海：立信会计出版社，2017．
[29] 陈波．逻辑学导论．北京：中国人民大学出版社，2014．
[30] 《逻辑学编写组》．逻辑学．北京：高等教育出版社，2017．
[31] 周建武．逻辑学导论—推理、论证与批判性思维．北京：清华大学出版社，2013．
[32] 谷振诣，刘壮虎．批判性思维教程．北京：北京大学出版社，2017．
[33] 朱锐．批判性思维与创新型思维的关系研究．北京：中央民族大学，2017．
[34] 周建武，武宏志．批判性思维—逻辑原理与方法．北京：清华大学出版社，2015．
[35] 王惠连，赵欣华，伊嫱．创新思维方法．北京：高等教育出版社，2013：115-116．
[36] 洪文明．大学生知识创新基础．北京：中国财政经济出版社，2006．
[37] 黄漫容，文向东，郭少云．头脑风暴法在护理质量改善中的应用．中华现代护理杂志，2002，8（9）：707-707．
[38] 陈圣鹏，伍铁军．头脑风暴法对个体创意产生的影响．机械制造与自动化，2016（5）：150-151．
[39] 张明珠，李振兴，王高峡，李振华．头脑风暴法在大学试点教学课堂中的应用，教育教学论坛，2017（16）：181-182．
[40] 周鹏．"头脑风暴"教学法在机械制造基础课程中的应用．当代教育理论与实践，2017，9（7）：82-86．
[41] 杨春燕，李兴森．可拓创新方法及其应用研究进展．工业工程，2012，15（1）：131-137．
[42] 邹慧君，孔凡国．机构创新方法研究．全国齿轮材料、强度及热处理技术研讨会．1997．
[43] 徐瑞霞．公共图书馆服务创新方法探索．图书馆杂志，2007，26（6）：34-35．
[44] 王树恩．科学技术论与科学技术创新方法论．天津：南开大学出版社，2001．
[45] 杨红燕，陈光，顾新．TRIZ 创新方法的应用推广及问题对策．情报杂志，2010，29（s1）：16-18．
[46] 邵云飞，叶茂，唐小我．技术创新方法的发展历程及解决方案研究．电子科技大学学报（社会科学版），2009，11（5）：1-8．

[47] 创新方法研究会. 创新方法教程. 北京：高等教育出版社，2012.
[48] 邵云飞，谢健民，唐小我. TRIZ 与六西格玛集成的创新方法框架与模式研究. 电子科技大学学报（社会科学版），2010（6）：1-6.
[49] 梁文宾. 基于 QFD 与 TRIZ 的服务创新方法研究. 天津大学，2007.
[50] 刘晓红，郑逸婕. 成对列举法在产品设计中的应用与改进. 包装工程，2014（6）：75-79.
[51] 王星河. 缺点列举法与希望点列举法在产品设计中的组合应用. 艺术设计，2010（3）：62-63.
[52] 吕丽，流海平，顾永静. 创新思维—原理·技法·实训. 北京：北京理工大学出版社. 2014.
[53] 张家祺，胡茜雯. 基于特性列举法的羽毛球拍设计应用研究. 设计艺术与理论，2015（3）59-60.
[54] 张燕. 基于缺点列举法的调味瓶设计. 新经济，2016（6）：124-125.
[55] 冯立杰，冯奕程. 创新方法研究. 北京：科学出版社，2017.
[56] 侯光明，李存金，王俊鹏. 十六种典型创新方法. 北京：北京理工大学出版社，2015.
[57] 温兆麟，周艳，刘向阳. 创新思维的培养. 北京：清华大学出版社，2016.
[58] 蒋祖星. 创新思维导论. 北京：机械工业出版社，2017.
[59] 任露泉，梁云虹. 仿生学导论. 北京：科学出版社，2017.
[60] 王仁法. 创新创造的思维工具：类比逻辑. 广州：暨南大学出版社，2017.
[61] 约翰波拉克著，青立花，胡红玲，陆小虹译. 创新的本能：类比思维的力量. 北京：中信出版社，2016.
[62] 侯光明，李存金，王兆华. 创新方法系统集成及应用. 北京：科学出版社，2012.
[63] 王亚东等. 创造性思维与创新方法. 北京：清华大学出版社，2018.
[64] 周苏. 创新思维与 TRIZ 创新方法. 北京：清华大学出版社，2015.
[65] 陈光. 创新思维与方法：TRIZ 的理论与应用. 北京：科学出版社，2016.
[66] 杨清亮. 发明是这样诞生的：TRIZ 理论全接触. 北京：机械工业出版社，2006.
[67] 赵敏，史晓凌，段海波. TRIZ 入门及实践. 北京：科学出版社，2009.
[68] 杨廷双. TRIZ 理论入门导读出版发行. 哈尔滨：黑龙江科学技术出版社，2007.
[69] 赵敏，张武城，王冠殊. TRIZ 进阶及实战：大道至简的发明方法. 北京：机械工业出版社，2016.
[70] 檀润华. 创新设计 TRIZ：发明问题解决理论. 北京：机械工业出版社，2002.
[71] 周苏. 创新思维与科技创新. 北京：机械工业出版社，2016.
[72] 赵新军. 技术创新理论（TRIZ）及应用. 北京：化学工业出版社，2004.
[73] 李海军，丁雪燕. 经典 TRIZ 通俗读本. 北京：中国科学技术出版社，2009.
[74] 王亮中，孙峰华. TRIZ 创新理论与应用原理. 北京：科学出版社，2010.
[75] 孙永伟. TRIZ：打开创新之门的金钥匙. 北京：科学出版社，2015.
[76] 黑龙江省科学技术厅. TRIZ 理论入门导读. 黑龙江：黑龙江科学技术出版社，2007.
[77] 沈世德. TRIZ 法简明教程. 北京：机械工业出版社，2010.
[78] 百度. www.baidu.com.